Martin Bergbauer

WIE AUS CHAOS GEIST ENTSTEHT

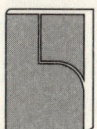

Martin Bergbauer

WIE AUS CHAOS GEIST ENTSTEHT

Aus dem Nichts zur Unendlichkeit

bettendorf

Achtung!

Das Lesen dieses Buches ist gefährlich.
Es könnte Ihre Weltanschauung beeinflussen!

© 1996 by bettendorf'sche verlagsanstalt GmbH
München – Essen – Bartenstein
Alle Rechte vorbehalten

Schutzumschlag: Zero Grafik und Design GmbH
Lektorat: Elisabeth Manzke
Satz: DTP Team Mayer & Ryll, München
Druck und Binden: Franz Spiegel Druck GmbH, Ulm
Printed in Germany

ISBN 3-88498-090-4

INHALT

AUFBRUCH ZUR REISE

Ich bin, ich weiß nicht wer.
Ich komme, ich weiß nicht woher.
Ich gehe, ich weiß nicht wohin.
Mich wunderts, daß ich so fröhlich bin.

Angelus Silesius (1624–1677),
Cherubinischer Wandersmann

Dieses Buch handelt von Selbstverständlichkeiten. Wir haben uns damit abgefunden, daß die Natur so ist, wie sie ist, und unser Interesse richtet sich in der Regel eher darauf, wie wir mit den gegebenen Umständen zurechtkommen. Manche von uns sind in der glücklichen Lage, daß sie den Lauf der Welt mehr oder weniger beeinflussen können. Der globale Rahmen für dies alles, die Existenz an sich, entzieht sich aber unserer Manipulierbarkeit. Sie ist einfach da und ebenso selbstverständlich wie der Raum oder die Zeit. Dennoch haben sich die Menschen noch nie damit zufriedengegeben, diese selbstverständlichen Gegebenheiten unkommentiert zur Kenntnis zu nehmen. Es gab und gibt offenbar ein starkes Bedürfnis, die Frage nach dem Warum zu stellen.

Naturwissenschaftler sind zunächst bescheidener und fragen nach dem Wie. Der wichtigste Schritt bei der Suche nach dem Verständnis der Welt war die Erkenntnis, daß diese sich von den subatomaren Partikeln bis hin zu den unvorstellbaren Weiten des Universums an die Spielregeln der Natur hält. Um diese Spielregeln geht es hier. Wir sind

7

nämlich in der Lage, diese zu erkennen. Warum das so ist bleibt Spekulationen überlassen. Die Natur hätte es nämlich genausogut so einrichten können, daß uns ihre Gesetze für immer verborgen bleiben. Wir finden aber Gesetzmäßigkeiten, können hieraus Regeln ableiten und diese mit Hilfe der Logik oder des Experimentes überprüfen und verallgemeinern. Diese Methode ist so erfolgreich, daß wir sogar verläßliche Aussagen über Dinge machen können, die sich unserem unmittelbaren Einflußbereich entziehen. Ebenso versetzt uns die Kenntnis der Naturgesetze in die Lage, über die Vergangenheit und zum Teil sogar über die Zukunft Bescheid zu wissen. Wir haben entdeckt, daß diese Gesetze von globaler Gültigkeit sind. Sie gelten an allen Orten und zu allen Zeiten gleichermaßen. Obwohl wir dies nicht konkret überprüfen können, sind wir dennoch in der Lage, diese Aussage zu beweisen.

Es ist schon erstaunlich genug, daß unsere primär für die Nahrungssuche und die Reproduktion entwickelten Gehirne in der Lage sind, Fragen nach den innersten Zusammenhängen unserer Welt zu stellen. Wir können aber nicht erwarten, daß die Natur auf unsere Beschränkungen Rücksicht nimmt und sich so darstellt, daß wir sie intuitiv verstehen können. Unsere Umwelt erfahren wir mit Hilfe unserer Sinnesorgane, die uns nur einen winzigen Ausschnitt der Realität übermitteln. Die Natur vollzieht sich aber zum großen Teil in Bereichen, die wir sinnlich nicht erfassen können. Ihr wahres Wesen spielt sich eben nicht nur in einer optischen und akustischen Umgebung mittlerer Größenordnungen ab. Die technischen Hilfsmittel, angefangen vom Fernrohr Galileis bis hin zu den riesigen Teilchenbeschleunigern unserer Tage, haben unsere Fähigkeit, die Welt zu verstehen, zwar erheblich erweitert, andererseits sind wir aber auch gerade durch diese Hilfsmittel an die Grenzen unseres Verstandes gestoßen.

Zum Glück haben wir aber ein mächtiges Werkzeug entdeckt, mit dessen Hilfe wir die Schranken unserer Verständnisfähigkeit überwinden können. Die Regeln der Natur sind nämlich in einer bestimmten Sprache aufgeschrieben, und wir können diese Sprache erlernen (zumindest einige von uns). Nach und nach haben wir immer mehr Vokabeln und grammatische Regeln entdeckt und sind nun für einen Dialog mit der Natur gerüstet. Die Sprache heißt übrigens Mathematik. Indem wir mit ihrer Hilfe Beziehungen natürlicher Prozesse untereinander formalisiert darstellen können, haben wir die Möglichkeit, etwas über die Wirklichkeit zu erfahren. Diese eher abstrakte Herangehensweise ist der Grund dafür, daß viele Menschen die Erkenntnisse moderner Naturwissenschaft nicht in dem Rahmen sehen, der ihnen gebührt. Nämlich als Ausdruck der Suche nach den ewigen Fragen der Menschheit. Fragen nach dem Ursprung des Universums, dem Ende der Welt, der Entstehung des Lebens und des Bewußtseins. Einen Teil dieser Fragen können wir heute beantworten, vieles ist noch offen. Wir haben aber in der Geschichte der Menschheit seit einer relativ kurzen Zeit von ungefähr 300 Jahren erstmalig die Mittel in der Hand, die den Schlüssel zum Verständnis des Universums liefern können. Einige glauben sogar, daß wir unmittelbar vor dem Triumph der reduktionistischen Wissenschaften stehen, der Entdeckung einer »Theorie für Alles«.

Der Preis für die Zunahme unseres Wissens ist die Anschaulichkeit. Erkenntnis ist nämlich nicht gleichbedeutend mit einem intuitiv erfaßbaren Verständnis. Viele der eigentlich nur mathematisch beschreibbaren Zustände der Natur müssen wir uns mit schwer verdaulichen Begriffen nahebringen. Wenn wir so über »Räume« mit zehn Dimensionen reden oder »Vakuumfluktuationen« berechnen, stellt sich für viele die Frage, ob wir hierbei nicht nur abstrakte Mathematik zum Selbstzweck betreiben. Kritiker der Naturwissenschaften haben stets einen Standpunkt vertreten, nach dem objektive Naturerkenntnis nicht möglich ist und wir mit unseren beschränkten menschlichen Mitteln unbeholfene Sprachäußerungen von uns geben, die mit der Wirklichkeit nichts zu tun haben. Es gibt aber einen entscheidenden Hinweis darauf, daß wir kein Spiel betreiben und auch keinen intellektuellen Zeitvertreib, wie dies vielleicht für die Philosophen der Antike angenommen werden könnte. Die Wissenschaft funktioniert! Wir können unbekannte Phänomene voraussagen, Elementarteilchen schon vor ihrer Entdeckung beschreiben und die gewonnenen Erkenntnisse zu unserem Nutzen (oder Schaden) einsetzen. Man mag zu technischem Fortschritt stehen, wie man will, eindeutig ist aber, daß er Ausdruck der von uns entdeckten Prinzipien der Natur ist.

Das Wissen, welches wir durch die Teilchenphysik einerseits und durch die Kosmologie andererseits erworben haben, umfaßt zahlenmäßige Bereiche, die weit außerhalb unserer Vorstellungskraft liegen. Deshalb neigen wir dazu, diese Erkenntnisse oft als etwas Abstraktes, mathematisch zwar Korrektes, aber nicht wirklich Reales zu betrachten. Wir müssen uns aber damit abfinden, daß die merkwürdigen Gegebenheiten der riesigen Weiten des Universums und die noch abstrakteren Verrücktheiten der Quantenwelt genauso zu unserem Dasein gehören wie die Gegenstände unserer alltäglichen Umgebung.

Wer heute dieselben Fragen stellt, die schon unsere Vorfahren nicht schlafen ließen, kann dies nicht mehr tun, ohne die Erkenntnisse dieser naturwissenschaftlichen Forschung zu berücksichtigen. Seit Newton entdeckte, daß fallende Äpfel und der Mond demselben Bewegungsgesetz gehorchen, ist es nicht mehr möglich, über die prinzipiellen Unterschiede zwischen der perfekten Bahn der Himmelskörper und dem unvollkommenen Fall des Steines auf der Erde zu philosophieren. Ebenso kann man seit Einstein nicht mehr die Zeit oder den Raum als reine Eigenschaften des menschlichen Verstandes deuten, wie dies Immanuel Kant noch tat. Während früher die Vernunft als einzige Quelle der Erkenntnis galt, sind wir heute in der Lage, durch reproduzierbare experimentelle Arbeiten unsere Theorien zu überprüfen.

Selbst die Entstehung unseres Universums ist so zum Gegenstand ernsthafter Forschungen geworden. Viele Dinge hat man hierbei entdeckt, die wir heute für Tatsachen halten, andere sind noch spekulativ. Wir sind aber inzwischen der Überzeugung, daß unsere Welt grundsätzlich erforschbar ist. Möglicherweise stoßen wir irgendwann an eine absolute Grenze, die es uns verbietet, weitere Fragen zu stellen. Eine solche Grenze ist aber derzeit noch nicht in Sicht. Dennoch bleiben Fragen, für die wir heute nicht einmal ansatzweise eine Lösung haben. Wir glauben zwar zu wissen, wie das Weltall entstand, einige Theorien sagen sogar etwas über den Zeitraum vor dem Beginn der Welt aus. Auch die Entstehung des Menschen kennen wir seit Darwin, und anthropologische Funde schließen ständig weiter die Lücken, die uns zur kompletten Beschreibung dieses Prozesses der Menschwerdung noch fehlen. Die wichtigste Frage aber ist für uns genauso ungelöst wie für die alten griechischen Philosophen: *Warum sind wir da?* Das größte Geheimnis liegt für uns nicht im Urknall und auch nicht in der alten philosophischen Frage, warum es überhaupt *Etwas* gibt und nicht vielmehr nur *Nichts*. Die ungebrochene Kreativität des Universums, welches geordnete Strukturen aus der gleichförmigen Strahlung des Urknalls hervorbrachte und letztendlich lebende, bewußt denkende Strukturen schuf, ist das bis heute größte unverstandene Problem. Das Rätselhafteste an unserem Universum ist deshalb für uns die eigene Existenz.

Wir wollen uns in diesem Buch auf eine Reise durch die Naturwissenschaften begeben und versuchen, die Erkenntnisse zu der Grundlage unserer Existenz darzustellen. Einiges hiervon ist abgesichertes Wissen, anderes ist spekulativ. Spekulativ heißt hier aber nicht, daß sich jeder irgend etwas ausdenken darf. Vielmehr handelt es sich um schlüssige Theorien, die in Einklang mit allen naturwissenschaftlichen Erkenntnissen stehen, die aber bis heute experimentell noch nicht überprüft werden konnten.

Unsere Geschichte beginnt an der Ostküste der Ägäis. Von hier kamen die ersten rationalen Versuche, die Welt zu verstehen. Seit dieser Zeit ist vieles auf dem Schrottplatz der Geschichte gelandet, was Weise und vermeintlich Weise geäußert haben. Einiges ist aber übriggeblieben. Und hieraus haben wir ein Puzzle zusammengestellt, von dem wir glauben, daß es einst die Welt so abbilden wird, wie sie wirklich ist.

12

Erkenntnis durch Vernunft

Abend ward's und wurde Morgen, ·
Nimmer, nimmer stand ich still,
Aber immer blieb's verborgen,
Was ich suche, was ich will.

Friedrich von Schiller, Der Pilgrim

Die Denker der Antike waren keine Philosophen im heutigen Sinne, sie waren Universalgelehrte ihrer Zeit. Ihr Interesse galt der Mathematik, der Astronomie, der Geometrie sowie der Beschreibung aller natürlichen Ereignisse. Darüber hinaus machten sie sich Gedanken um die Zusammenhänge, die den vielfältigen Erscheinungen der Welt zugrunde liegen könnten. Ihr Streben galt hierbei der allgemeinen Suche nach dem Ursprung aller Dinge. Sie glaubten also, ähnlich wie heutige Wissenschaftler, daß sich hinter der wahrgenommenen vielfältigen Welt eine tiefere, einfachere Wirklichkeit verbirgt. Die Rechtfertigung für diese Überzeugung ergab sich daraus, daß die sinnlich erfaßbare Welt keine Erklärung für ihre eigene Existenz bot. Mit Hilfe reiner Naturbetrachtung konnte es somit niemals möglich sein, die grundlegenden Aspekte des Seins aufzudecken. Im Mittelpunkt der Suche nach der Wahrheit standen deshalb nicht der Mensch und auch nicht die Natur, sondern eine verborgene Daseinsform, welche die Potenz beinhaltete, Dinge wie die sichtbare Welt hervorzubringen. Da sich diese Wirklichkeit ihren Sinnen entzog, gab es nur eine Methode, mit der sie das

Ziel erreichen konnten. Dies war die Methode der Vernunft.

600 Jahre vor Christi Geburt entstanden so in den griechischen Kolonien vor allem an der Westküste Kleinasiens die ersten Versuche einer Welterklärung, die sich nicht mit den bisherigen mystischen Deutungen natürlicher Ereignisse zufriedengaben. Für das, was die Sinne direkt wahrnehmen, wurde eine Ursache gesucht. Im Gegensatz zur Mythologie war die Quelle dieser Suche aber nicht die Überlieferung, sondern der eigene logische Verstand. Zentrales Thema für die sogenannten Vorsokratiker war die Einheit der Natur, oder wie sie es ausdrückten, das Eine, aus dem das Viele entstehen kann. Dies ist übrigens heute nicht anders. Immer noch suchen wir nach dem Einen, dem letzten Baustein der Natur, der sowohl Materie, Energie, Zeit und Raum erklären kann. Heute benutzen Abertausende von Wissenschaftlern für diese Suche verschiedenste Laboratorien, Teleskope, Satelliten, Beschleuniger und andere riesige Maschinen. Damals gab es hingegen nur ein Mittel, die Wahrheit zu erfahren. Das war der Verstand.

Hinter dem Versuch, die Welt zu erklären, stand also die Überzeugung, daß es mehr oder weniger möglich sei, die Wahrheit mit den beschränkten Mitteln unseres Verstandes zu begreifen. Und weil der Mensch die Fähigkeit hat, Fragen zu stellen, die ganz offensichtlich keinen praktischen Anwendungszweck haben, ergab sich für die griechischen Philosophen ebenfalls eine Verpflichtung. Das dem Menschen zur Verfügung gestellte geistige Potential habe er so zu nutzen, daß er der verborgenen Wahrheit näherkommen und in Harmonie mit der unbekannten all-

14

umfassenden Daseinsform leben kann. Die philosophische Tätigkeit war also nicht nur eine Suche nach den Zusammenhängen der Welt, sondern gleichzeitig der Weg, dem Leben einen Sinn zu verleihen.

Wäre dieser Standpunkt nicht in einer kompromißlosen Absolutheit insbesondere von einflußreichen Denkern wie Platon aufgestellt worden, dann könnten wir ihm sicherlich zustimmen. Auch heute werden viele Vorstellungen über das Universum und über die Grundlagen des Seins mit Hilfe des Verstandes erarbeitet. Wir nennen diese Methode allerdings nicht mehr Wahrheitsfindung durch Vernunft, sondern etwas bescheidener Theorienbildung. Moderne Wissenschaft ist jedoch verpflichtet, die aufgestellten Theorien mit der Wirklichkeit zu vergleichen und dieser gegebenenfalls anzupassen. Auch bedarf eine Theorie der experimentellen Überprüfung, bevor wir sie als wahr anerkennen. Für die Philosophen der Antike galten solche Kriterien jedoch nicht. Nicht die scheinbare Objektivität des materiellen Seins war für sie der Prüfstein ihrer Ideen, sondern die Schlüssigkeit ihrer durch Vernunft gewonnenen Ansichten. Da die erfahrbare Welt lediglich durch die unzulänglichen menschlichen Sinne zu begreifen war, kam der Analyse eben dieser Welt im Vergleich zum reinen vernünftigen Denken nur eine untergeordnete Rolle zu.

Diese Denkweise der alten Griechen hat die Entwicklung der Philosophie und der Naturwissenschaften für nahezu zweitausend Jahre entscheidend geprägt – und behindert! Obwohl die großen Mathematiker und Philosophen wie Pythagoras, Platon, Aristoteles, Demokrit und andere grundlegende Vorarbeiten zum Verständnis der Natur leisteten, lieferten sie keine wesentlichen Beiträge zur Entdeckung und Formulierung der Naturgesetze. Das lag nicht etwa daran, daß es ihnen an Verständnis oder mathematischen Grundkenntnissen gefehlt hätte. Die Beschreibung der Gesetzmäßigkeiten natürlicher Ereignisse interessierte sie einfach nicht. Aristoteles formulierte zwar die ersten (falschen) Fallgesetze, aber deren experimentelle Überprüfung und praktische Anwendung war für ihn offenbar völlig uninteressant.

So sehr die antiken Denker also die Grundlage für eine aufgeklärte philosophische und naturwissenschaftliche Betrachtungsweise lieferten, so sehr behinderten sie durch ihre Weigerung, ihre Ideen experimentell zu überprüfen, den naturwissenschaftlichen Fortschritt. Körperliche Arbeit war für die griechischen, überwiegend aristokratischen Philosophen weit unter ihrer Würde. Deshalb fertigten sie auch keine Instrumente an, um die Naturbeobachtung zu verbessern oder gar um Versuche durchzuführen. Für viele Jahrhunderte wurden die Ideen Platons und Aristoteles' als absolute Wahrheiten hochgehalten und fanden Eingang insbesondere in die christliche Weltanschauung. Das Wissen der »Alten« war neben der Bibel bis in das 18. Jahrhundert hinein im wesentlichen die einzige Quelle des Naturverständnisses. Diese dogmatische Auslegung und Unantastbarkeit der antiken Ideen in den folgenden 2000 Jahren trug wesentlich dazu bei, daß naturwissenschaftlicher Fortschritt erst auf Revolutionäre wie Galilei warten mußte, der nicht nur Experimente durchführte, sondern auch als geschickter Handwerker die Geräte baute, die für die genauere Beschreibung der Natur unabdingbar waren. Viele der Entdeckungen des 17. Jahrhunderts hätten sicherlich schon sehr viel früher gemacht werden können. Es waren im wesentlichen keine technischen Fortschritte, welche die großartigen Ideen dieser Zeit hervorbrachten. Kepler entwickelte seine Planetengesetze aufgrund von Beobachtungen, die mit dem bloßen Auge gewonnen wurden, und Galilei formulierte ebenso wie Newton die Bewegungsgesetze, ohne technische Hilfsmittel in Anspruch zu nehmen. Dieselben Möglichkeiten standen prinzipiell auch schon den antiken Philosophen zur Verfügung. Wir wollen aber nicht ungerecht sein. Die Leistung der Denker des Altertums bestand eben darin, daß sie als erste Erklärungen suchten, die in Übereinstimmung mit den vorgefundenen natürlichen Ereignissen zu sehen waren. Auch haben sie viele Ideen vorweggenommen, die heute an Aktualität noch nicht eingebüßt haben. Es waren aber insbesondere deren Nachfolger, die sich nicht mehr kritisch mit den Gedanken der griechischen Philosophen auseinandersetzten, sondern diese in den Rang unfehlbarer Dogmen erhoben.

Für uns sind die Ideen der Antike dennoch von großem Interesse. Viele Anschauungen zur Natur des Seins oder der Existenz der Leere werden bis heute kontrovers diskutiert. Die Wurzeln unseres Denkens sind eindeutig bei den Geistesgrößen des Altertums zu suchen. Der Versuch, die Welt rational und damit durchschaubar zu erklären, geht auf sie zurück. Auch heute noch können wir uns bei vielen Beurteilungen nicht auf abgesicherte experimentelle Tatsachen stützen. Eine zwingende logische Herangehensweise an solche Probleme ermöglicht es uns dennoch, eine Vorstellung zu entwickeln, die der Wahrheit möglicherweise am nächsten kommt. Diese Methode haben wir den Griechen zu verdanken. Es wäre nicht gerecht, wollte man die oft verfehlten und heute abstrus klingenden Erklärungsmuster der Philosophen in den Vordergrund einer Beurteilung stellen. Auch die Denker späterer Jahrhunderte haben sich aus heutiger Sicht oftmals in unsinnige Gebiete verrannt, und spätere Generationen werden dies sicherlich auch von uns behaupten.

Der Urstoff der Welt

Die kleinasiatische Hafenstadt Milet an der Südküste der Ägäis im Mündungsgebiet des Mäander war im 6. vorchristlichen Jahrhundert eine blühende Handelsstadt. Es gab nicht nur einen regen Warenverkehr insbesondere mit den orientalischen Ländern, auch der geistige und kulturelle Austausch konnte auf dem Boden der weltoffenen Metropole gedeihen. Darüber hinaus gab es handfeste Interessen der seefahrenden Bürgerschaft an dem umfangreichen Wissen der orientalischen Astronomie, Geographie und Meteorologie. In diesem Klima des wissensdurstigen und toleranten Bürgertums waren Philosophen, die sich mit der Erklärung und der Vorhersage natürlicher Ereignisse beschäftigten, hochangesehene Persönlichkeiten des öffentlichen Lebens.

Unser erster Philosoph aus der Hafenstadt Milet ist Thales (ca. 625–550 v. Chr.), der erste der sogenannten »Sieben Weisen«. Er war ein weitgereister Mann und verbrachte lange Jahre in Ägypten und in Mittelasien, wo er die Philosophie der Priester und Magier erlernte. In seiner Heimatstadt leitete er eine nautische Akademie und war ein geschätzter politischer Ratgeber. Thales war wohl der erste, der naturwissenschaftliche Beobachtungen zur Vorhersage natürlicher Ereignisse nutzte. So konnte er die Sonnenfinsternis des 28. Mai 585 v. Chr. korrekt voraussagen, was ihm eine nahezu göttliche Verehrung einbrachte[1]. Hieran ist deutlich der Konflikt zwischen den Denkstrukturen seiner Zeitgenossen und dem neu aufkommenden philosophischen Weltbild erkennbar. Thales benutzte nämlich für seine Voraussage empirisches Wissen. Für seine Mitmenschen war es aber unvorstellbar, daß Ereignisse, die zweifellos dem Einfluß der Götter unterlagen, anders als durch eine Beziehung zu eben diesen Gottheiten vorausgesagt werden könnten. Im nachhinein muß man jedoch sagen, daß Thales bei seiner Voraussage eine Menge Glück hatte. Für die Berechnung des Zeitpunktes einer Sonnenfinsternis fehlten ihm nämlich die genauen Grundlagen. Er wußte zwar von den Babyloniern, daß ca. 94 Jahre zwischen zwei solchen Ereignissen liegen, die exakte Berechnung ist jedoch wesentlich komplexer. Thales benutzte seine neue Methode, nämlich aus Erfahrungen Regeln abzuleiten und diese auf andere Situationen anzuwenden, auch für viele andere Dinge. So berechnete er aufgrund geometrischer Überlegungen die Entfernung von Schiffen vor der Küste und konnte ebenfalls die Höhe der Pyramiden aus deren Schatten bestimmen, indem er diese mit seinem eigenen Schatten verglich. Der Lehrsatz über die Peripherie-Winkel im Kreis (Alle Winkel im Halbkreis sind rechte – Thaleskreis) wird ihm zugeschrieben, wurde aber wahrscheinlich schon vor ihm von den Ägyptern entdeckt.

---

[1] Herodot berichtet, daß Alyattes von Lydien und Kyaxares von Medien aufgrund dieser Voraussage von Thales ihren seit sechs Jahren bestehenden Krieg abbrachen und Frieden schlossen.

Die Schule von Milet stellte zunächst die Frage, was das Nicht-Veränderliche dieser Welt sei. Alles um uns herum ist im Wandel. Kein Fluß ist heute derselbe wie gestern. Aus dem Boden wächst eine Pflanze und wird wieder zur Erde. Aber was ist die nicht wandelbare Grundessenz der Dinge? Was ist also das eigentliche *Sein*, welches sich hinter den wechselbaren Erscheinungsformen der materiellen Dinge verbirgt? Die milesischen Philosophen interessierten sich somit als erste dafür, was das »Sein an sich« ist, das Sein losgelöst von der Last der Materie. Die Feuchtigkeit stand für Thales im Mittelpunkt des Lebens, deshalb sah er als Urstoff der Materie das Wasser an. Dieses ist nie entstanden und nicht vergänglich. Es hat die Kraft, alles Seiende hervorzubringen. Die Erde schwamm nach seiner Vorstellung ebenfalls auf dem Urwasser eines kugelförmigen Universums. Diese Gedankenleistung ist nicht zu unterschätzen, spricht doch alle Alltagserfahrung erst einmal dagegen. Daß Wasser, Steine, Pflanzen und Menschen grundsätzlich aus denselben Bausteinen bestehen, ist ja nicht auf den ersten Blick offensichtlich.

Thales verstand unter Wasser also mehr als das feuchte Naß, es war vielmehr eine transzendente, obgleich reale Essenz aller Dinge. Alles Stoffliche hat so eine gemeinsame Grundlage. Die Vielfältigkeit der Welt läßt sich aus einem gemeinsamen Prinzip ableiten. Für seine Nachfolger blieb die Frage dieselbe, nur die Antworten änderten sich. Luft, Feuer, das Unbegrenzte (apeiron) waren lediglich andere Erklärungen für das unwandelbare Sein. Thales beruft sich bei der Erklärung der Welt also nicht mehr auf einen Urheber, er sucht vielmehr nach nachvollziehbaren Ursachen.

20

Die Suche nach der Einfachheit in der vielfältigen Welt war die Triebfeder für ein Naturverständnis, welches sich nicht mit Betrachtungen zufriedengab, sondern nach Erklärungen verlangte. Wollte man aber die Welt verstehen, dann war es unumgänglich, die verwirrende Komplexität unserer Umgebung auf tieferliegende einheitliche Grundlagen zurückzuführen. Diese Methode, die wir heute Reduktionismus nennen, ist für uns selbstverständlicher Bestandteil jeder naturwissenschaftlichen Theorie. In der Antike aber war die Suche nach den Wahrheiten, die den Dingen innewohnen, keineswegs selbstverständlich. Es ist erstaunlich, wie in einer Zeit, die von Göttern und Dämonen beherrscht wurde, eine nüchterne, vorurteilsfreie Deutung natürlicher Phänomene angestrebt wurde.

Thales war vielleicht aus heutiger Sicht nicht der einflußreichste Philosoph der Antike, er war aber wahrscheinlich der erste, der diesen Namen verdient und Fragen stellte, die vor ihm niemanden interessierten. Er ist also als der eigentliche Vater der reduktionistischen Naturbetrachtung zu bezeichnen.

Sein Zeitgenosse und Schüler Anaximandros (ca. 610 – 547 v. Chr.), der die Sonnenuhr erfunden haben soll, nahm statt des Wassers eine nicht definierbare Ursubstanz als Grundlage allen Seins an. Er war nämlich überzeugt davon, daß die allem zugrunde liegende Wesensform nicht etwas Alltägliches wie Wasser sein könne, da dieses beispielsweise durch Feuer verdampft würde. Ebenso seien die anderen Elemente der Antike – Feuer, Luft und Erde – keineswegs elementar, weil jedes dieser Elemente durch ein anderes vernichtet werden könne. Außerdem mußte es sich bei der gesuchten Substanz um etwas handeln, welches in der Ewigkeit der Zeit ohne Veränderung bestehen kann. Die Ursubstanz war für Anaximandros also etwas, dem durch nichts auf der Welt beizukommen war. Da er auch nicht so recht wußte, worum es sich hierbei handeln könnte, nannte er es »απειρον« (apeiron), zu deutsch etwa das Unbestimmte oder das Unbegrenzte. Aber diese Substanz war dennoch für ihn etwas Stoffliches, Reales, wenn auch etwas sehr Feingewebtes und nicht eine ideelle Substanz, wie dies Platon interpretiert hätte. Das Apeiron ist ein unbegrenzter Lebensstoff. Alles geht hieraus hervor. Es scheidet sozusagen Gegensätze, wie Trockenheit und Feuchte aus, woraus dann konkrete Dinge entstehen. Zunächst entstand so Schlamm, in dem sich Fische bildeten, aus denen schließlich die Menschen entstanden und vom Wasser aufs Land umsiedeln. Von Anaximandros stammt auch noch eine andere erstaunlich aktuell klingende Theorie. Er war nämlich der Auffassung, daß unser Universum nicht das einzige sei, sondern nur eines in einem ständigen Entstehen und Vergehen unzähliger Welten.

Auch Anaximenes (ca. 585 – 524 v. Chr.), ebenfalls aus Milet, vertrat die Theorie einer einheitlichen Grundsubstanz, die er als Luft bezeichnete. Das Wasser des Thales konnte für ihn aufgrund seiner Vergänglichkeit nicht der gesuchte göttliche Urstoff sein, und aus dem Unbestimmten des Anaximandros konnte nach seiner Meinung nichts Konkretes entstehen. Luft war aber gleichermaßen real und unvergänglich. Sie erzeugt durch Verdichtung und Verdünnung alles Seiende. Feuer war für Anaximenes verdünnte Luft. Wind und Wolken ergaben sich aus einer dichteren Zusammenballung. Stoffe wie Wasser und Erde entstanden durch eine weitere Verdichtung der Luft. Das griechische

Wort »πνευμα« (pneuma) bedeutet aber auch so etwas wie lebensspendender Atem und wurde von Anaximenes mit einer allumfassenden Gottheit gleichgesetzt. Hierdurch schaffte er ganz nebenbei die vielen Götter Homers ab und ersetzte sie durch einen Kosmos, der durchdrungen war von der unvergänglichen göttlichen Wesensart.

Für die milesischen Philosophen war die wesentliche Grundlage ihres Weltbildes die Annahme, daß die Welt aus irgend etwas Einheitlichem bestehen müsse. Dieses sollte eindeutig perfekter sein als alles, was hieraus gebildet würde. Dennoch hielten sie die Ursubstanz für etwas durchaus Materielles. Auch wenn dieses von unerreichbarer Vollkommenheit sei, war es doch realer Bestandteil unserer Welt. Diese Auffassung deckt sich durchaus mit dem Weltbild heutiger Teilchenphysiker und Kosmologen. Auch sie sind auf der Suche nach einer Vereinheitlichung aller Teilchen und Kräfte. Am Ende der Suche steht auch hier eine einzige Substanz oder ein Teilchen, durch welches die gesamte Vielfalt unserer Welt gebildet wird. Der Nobelpreisträger Leon Lederman nennt dieses Teilchen auch das göttliche »Teilchen«. Anaximenes wäre mit dieser Entwicklung der Wissenschaften sicherlich sehr zufrieden gewesen.

Kosmische Harmonie

Im Jahr 570 v. Chr. wurde Pythagoras auf der Insel Samos, etwas nördlich von Milet vor der türkischen Küste, geboren. Auch er unternahm ausgedehnte Lehrreisen nach Ägypten und Mittelasien. So wurde er von ägyptischen Gelehrten in Astronomie, Logistik und Mathematik ausgebildet.

Zu seinen Lehrstätten zählte auch die Schule des Persers Zarathustra, in der er die Philosophie der Gegensätze kennenlernte. Um das Jahr 530 v. Chr. gründete er in Kroton, dem heutigen Crotone in Süditalien, eine philosophische Schule, die eher einer Geheimloge als einer wissenschaftlichen Institution ähnelte.

Verglichen mit heutigen Gemeinschaften würde man diese wohl eher als Organisation exzentrischer Sektierer einstufen. Die Anhänger Pythagoras' mußten sich verpflichten, keinen Alkohol zu trinken, vegetarisch zu leben und ihr Leben ohne eigenen Besitz in der Abgeschiedenheit ihrer Versammlungshäuser zu fristen. Sie hatten merkwürdige Riten und glaubten an die Wiedergeburt, ein Gedanke, den Pythagoras bei seinen Reisen in Asien aufgenommen hatte.

Der Körper war für ihn das Gefängnis der Seele, aus welchem diese sich zu befreien suchte. Der schmerzliche Kreislauf der Wiedergeburten konnte nur durch strenge Rituale, asketisches Leben und durch die Suche nach der Wahrheit unterbrochen werden. Er selbst behauptete, schon vier menschliche Leben und etliche tierische und sogar pflanzliche hinter sich zu haben. Darüber hinaus haßte Pythagoras aus unbekannten Gründen Bohnen.

Diese waren deshalb auch in seinem philosophischen Weltbild verboten[2].

Während die Philosophen aus Milet vor allem an dem Ursprung aller Dinge interessiert waren, suchten die Pythagoreer die göttliche Harmonie. Letztes Ziel menschlichen Daseins war es, eins zu werden mit der allumfassenden Weltordnung und so den ewigen Kreislauf der Wiedergeburten zu unterbrechen. Im Mittelpunkt ihres Weltbildes standen nicht irgendwelche Ursubstanzen, sondern die Seele und deren Vereinigung mit dem Kosmos. Es existierte für sie ein wichtiges Hilfsmittel, um diesem Ziel näher zu kommen. Dieses bestand in dem Studium der Zahlen und deren symbolischer Ausdruckskraft. Die Zahl war für sie der Ausdruck reinster Harmonie und letzte Stufe der Realität. Mathematik war hierbei lediglich ein Mittel, um sich der Vollkommenheit zu nähern. Dabei wurde den einzelnen Zahlen eine mystische Bedeutung zuteil. Jede Zahl von eins bis zehn hatte eine solche Bedeutung. Eine besondere Position hatte die Zahl vier. Es gab vier Elemente, vier Jahreszeiten, vier Körpersäfte, und außerdem ist die Zahl vier die erste Quadratzahl. Wenn man die ersten vier ungeraden Zahlen addiert, erhält man

---

[2] Diese Abneigung von Pythagoras gegen Bohnen wird oft als Beleg für seine irrationale Einstellung angeführt. Da er seine anderen Gebote und Verbote jedoch stets mit philosophischen Hintergründen zu untermauern suchte, erscheint dieser Standpunkt eher fragwürdig. Vielleicht litt Pythagoras ja am Glucose-6-Phosphat-Dehydrogenase Mangel. Bei diesem angeborenen Enzymdefekt, der insbesondere im Mittelmeerraum verbreitet ist und auch als Favismus bezeichnet wird, kann der Genuß von Saubohnen (Vicia fava) eine Auflösung der roten Blutkörperchen mit schweren, mitunter tödlichen Krisen hervorrufen. Pythagoras hätte dann wirklich einen Grund gehabt, Bohnen zu hassen.

4^2 (1+3+5+7=16). Solche Zahlenspielereien liebten die Pythagoreer über alles und waren Meister im Entdecken vieler erstaunlicher Zahlenverhältnisse. Die perfekteste aller Zahlen war jedoch die Zehn. Diese ergab sich aus der Summe der ersten vier Zahlen (1 + 2 + 3 + 4 = 10), und außerdem ließ sie sich als sogenanntes magisches Dreieck anordnen. Dieses hatte eine Kantenlänge von vier Einheiten und zeigte von oben nach unten die Zahlen von eins bis vier. Deshalb war es sozusagen das Logo der Pythagoreer, und den Schwur auf ihre Bruderschaft mußten sie nicht auf irgendeine Gottheit, sondern auf dieses magische Dreieck leisten.

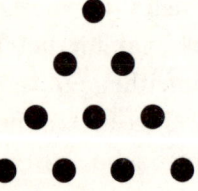

Abbildung 1: Das magische Dreieck der Pythagoreer

Pythagoras erkannte auch, daß der Musik mathematische Beziehungen zugrunde liegen. Zwischen der Länge einer Saite und der Tonhöhe besteht ein einfacher Zusammenhang. So ergibt die Halbierung einer Saite eine Erhöhung um eine Oktave, während die Verkürzung um ein Drittel zu der Quint und um ein Viertel zu der Quart führt. Ausgehend von diesen Entdeckungen entwickelten die Pythagoreer eine umfassende Harmonielehre und stellten einen Zusammenhang zwischen Zahlenverhältnissen, Harmonien und dem Universum her.

Alle Dinge waren für Pythagoras aus Zahlen zusammengesetzt. Auch wir glauben heute, daß wir die Natur am besten durch die Sprache der Zahlen beschreiben können. Pythagoras meinte dies aber nicht in einem Sinne, dem wir zustimmen könnten. Er sah die Mathematik nicht als eine Sprache an, die in der Lage ist, natürliche Beziehungen zu beschreiben. Vielmehr glaubte er, daß in allen Dingen als letzte Daseinsform quasi kleine plattgedrückte Zahlen sitzen würden. Die Welt *bestand* für ihn tatsächlich aus Zahlen. Eurites, ein Schüler von Pythagoras, versuchte sogar, die individuelle Zahl eines Lebewesens zu bestimmen. Hierzu zählte er die Anzahl der Steinchen, die er brauchte, um ein Bildnis von einer bestimmten Person oder einem Tier darzustellen. Aber nicht nur Lebewesen oder Gegenstände waren durch Zahlen zu charakterisieren. Auch allen abstrakten Begriffen wie z.B. Feuchtigkeit, Zufall, Kraft oder persönlichen Qualitäten wie Bewußtsein, Gerechtigkeit oder Liebe lagen bestimmte Zahlenverhältnisse zugrunde. Auch menschliche Beziehungen sind nichts anderes als Ausdruck bestimmter Zahlen. Die Ehe wird beispielsweise durch eine 5 bestimmt und Freundschaft durch eine 2. Die Seele war für Pythagoras eine besondere Harmonie der Zahlen und stand zum Körper in dem gleichen Verhältnis wie eine gespielte Melodie zu dem erzeugenden Instrument.

Die Zahl war also nicht im übertragenen Sinne, sondern tatsächlich die Grundlage des materiellen Seins. Es war für Pythagoras also egal, aus welcher Substanz ein Dreieck bestehen mag. Wichtig war nur, daß die in ihm enthaltenen Zahlen eindeutig die Form des Dreiecks bestimmten. So modern die Zahlentheorie der Pythagoreer also anmuten mag, so sehr unterscheidet sie sich doch von der heutigen Naturwissenschaft. Für Pythagoras war das Wesen der Natur in den Zahlen zu suchen, ihnen selbst wohnte die göttliche Harmonie inne. Alles andere war nur Ausdruck und Manifestation der Zahlen. Die moderne Naturwissenschaft hingegen begreift Zahlen lediglich als Ausdruck der Beziehung zwischen den realen Dingen und spricht ihnen keine eigenständige Existenz zu.

Aber trotz dieser unterschiedlichen Herangehensweise hat die Suche nach Harmonie sowohl in der Musik als auch in der zahlenmäßigen Beziehung der Dinge untereinander zu den großen Errungenschaften in der Zahlentheorie, der Geometrie und der musikalischen Harmonielehre geführt. Die Triebkraft war aber nicht wie bei den Vorgängern aus Milet die Suche nach der Ursubstanz des Seins, sondern das Streben nach Vollkommenheit und Harmonie. Pythagoras war weniger an einer Erklärung der Welt interessiert, als vielmehr an der eigenen Vereinigung mit dem allumfassenden und endgültigen Kosmos. Dieser konnte nur von eindeutiger Perfektion sein, und die Zahlenlehre war der Ausdruck dieser Vollkommenheit.

Große Verwirrung stiftete deshalb die Entdeckung der irrationalen Zahlen, die überhaupt nicht in das perfekte harmonische Muster paßten. Als man nämlich das Verhältnis zwischen der Diagonale und der Seite eines Quadrats berechnen wollte, kam etwas Unglaubliches heraus. Es gab keine Maßeinheit, mit deren Hilfe sowohl die Seite als auch die Diagonale beschrieben werden konnte. Immer blieb ein Rest übrig. Die Pythagoreer gingen aber davon aus, daß alle natürlichen Vorgänge mit Hilfe von Verhältnissen *ganzer* Zahlen zu beschreiben seien. Hierfür hatten sie sowohl in der Harmonielehre als auch in der Physik viele Beispiele gefunden. Und plötzlich stellte sich eine so einfache Figur wie das Quadrat gegen diese harmonische Ordnung. Das Verhältnis zwischen Diagonale und Seite erfordert nämlich die Einbeziehung einer völlig unharmonischen Zahl ($\sqrt{2}$). Diese läßt sich nicht als Bruch darstellen, und sie will nach dem Komma überhaupt kein Ende mehr nehmen. Sie ist also keineswegs so harmonisch, wie das Quadrat auf den ersten Blick anmutete. Diese neuen Zahlen wurden deshalb streng geheimgehalten, weil man um das Ansehen der pythagoreischen Lehre fürchtete. Ein untreuer Schüler, Hippasos aus Metapont, verriet diese Entdeckung und wurde aus der Gemeinschaft der Pythagoreer ausgestoßen. Auf der Flucht vor den Anhängern Pythagoras' geriet sein Schiff in einen Sturm, und der Verräter ertrank im Mittelmeer.

Platon und seine Schüler haben später in der Athener Akademie die Existenz von Strecken, die kein gemeinsames Maß haben (sogenannte inkommensurable Strecken), als Teil einer neuen Mathematik ausgearbeitet. Für Platon waren diese keine Ausgeburt unharmonischer Alpträume wie für Pythagoras, sondern Abbild einer bisher unbekannten Wirklichkeit. Diese erachtete er als so wichtig, daß er in seinem Siebenten Buch der Gesetze über die Existenz der inkommensurablen Strecken schrieb: »Ich selbst habe erst spät von dieser Sache Kenntnis bekommen und mein Erstaunen über unsere Rückständigkeit in dieser Beziehung war kein geringes: sie schien mir eher für Schweine als für Menschen am Platze zu sein, und ich schämte mich daher nicht nur über mich, sondern auch für alle Hellenen.«

Kosmologisch hatte Pythagoras nicht viel Neues zu berichten. Außer vielleicht, daß für ihn die Erde nicht im Mittelpunkt des Universums stand, sondern statt dessen ein Urfeuer, um das sich sowohl die Erde, als auch Sonne, Mond und Planeten drehten. Philolaus aus der pythagoreischen Schule hatte dieses Weltbild entworfen. Natürlich mußten es genau zehn Körper sein, die ihre Bahn zogen. Da er aber unter Anrechnung der damals bekannten fünf Planeten und der Fixsternsphäre nur auf neun kam, postulierte er, daß es noch einen zusätzlichen Planeten, die sogenannte Gegenerde, geben müsse. Diese sollte das Urfeuer genau in einem solchen Abstand und auf einer solchen Bahn umkreisen, daß das zentrale Feuer für uns immer unsichtbar bliebe. Die Himmelskörper sollten in ihrem Lauf musikalische Töne von sich geben, die insgesamt die sogenannte Sphärenmusik ergaben. Diese können wir nur deshalb nicht hören, weil wir ihr seit Geburt ständig ausgesetzt sind und unsere Ohren sie deshalb als selbstverständlichen Bestandteil der akustischen Umwelt nicht mehr wahrnehmen. Diese Idee hat übrigens später Kepler aufgegriffen und den einzelnen Planeten sogar unterschiedliche Harmonien zugeordnet. Die Erde erhielt hiernach beispielsweise die Tonfolge G-As-G, während der Mars eine Quint in F-Dur von sich gab, und die Venus im monotonen hohen E ihre Bahnen zog[3].

---

[3] Ich habe einmal die Tonfolgen aller Planeten für einen Synthesizer programmiert und dieses kosmische Opus dann simultan abspielen lassen. Sehr harmonisch war das Ganze allerdings nicht. In meinem Familienkreis jedenfalls ist diese Komposition auf völliges Unverständnis gestoßen.

Pythagoras ließ sich wie ein Gott verehren. Er war der unumstrittene Superstar in Kroton. Es wird überliefert, daß seine Schüler erst nach fünfjähriger Zugehörigkeit zu der Gemeinschaft das Recht erwarben, den Meister persönlich zu Gesicht zu bekommen. Alles, was er von sich gab, war quasi Gesetz. »Er selbst hat es gesagt« (nach Cicero: *ipse dixit*), benutzten seine Schüler als das letzte und ultimative Argument. Da die besseren Familien ihre Söhne zur Ausbildung in seine Schule schickten, hatte er auch großen Einfluß auf das politische Geschehen. So entwickelte er z. B. auch das Münzsystem der Stadt. Die geheimbündlerische Art seiner Gemeinschaft, die undurchschaubaren Riten und nicht zuletzt der Personenkult, der um ihn getrieben wurde, gefiel aber nicht allen Bürgern Krotons. Ein abruptes Ende fand die Gemeinschaft der Pythagoreer deshalb, als eines Tages ihre Versammlungsräume in Brand gesteckt wurden und die Weisen mit Schimpf und Schande verjagt wurden. Pythagoras selbst soll hierbei nach einigen Darstellungen in einem benachbarten Bohnenfeld ums Leben gekommen sein, nach anderen Berichten soll er nach Metapont geflohen sein und dort ein Alter von 150 Jahren erreicht haben.

Zwei Begriffe von Pythagoras haben bis heute überlebt. Er nannte sich selbst einen Philosophen (philosophos, Freund der Weisheit). Dies sollte eine bescheidene Bezeichnung sein, da er es ablehnte, sich wie seine Vorgänger als Weisen (sophos) zu bezeichnen. Auch der Begriff Kosmos (Ordnung) wird von Pythagoras erstmalig in dem uns geläufigen Sinn gebraucht.

Sein und Werden

Ebenso wie die älteren Philosophen stammten auch die Weisen des folgenden Jahrhunderts überwiegend nicht aus Griechenland selbst, sondern aus den griechischen Kolonialgebieten. An der Südwestküste Italiens lag das antike Elea (römisch Velia genannt), wie Milet eine Oase der Gelehrigkeit. Heute kann man die Mauern Eleas in dem kleinen italienischen Ort Marina di Ascea besichtigen.

Im 6. vorchristlichen Jahrhundert gründete Xenophanes (ca. 570 – 475 v. Chr.) hier seine Schule. Er war der erste Philosoph, der nicht aus den angesehenen aristokratischen Familien kam und der sich sein Brot als Sänger verdienen mußte. Bei seinen zahlreichen Reisen entdeckte er auf Malta versteinerte Fossilien und zog daraus den Schluß, daß die gesamte Erde einst von Meeren bedeckt gewesen sein muß.

Ebenso wie sein Schüler Parmenides bekämpfte er das System der zahlreichen griechischen Götter, das ihm allzu menschlich erschien. Mit bemerkenswertem Rationalismus fragte er sich, wie sich wohl Kühe ihren Gott vorstellen und warum Menschen glauben, die Götter müssen so aussehen wie sie selber und ebensolche Eigenschaften haben. Für die Denker aus Elea gab es deshalb nur eine Gottheit, keine Person wie Zeus, sondern eine eher abstrakte Idee der weltumfassenden Einheit des Geistes. Und wenn man sich diesen Gott unbedingt bildlich vorstellen wollte, dann konnte nur die perfekte Symmetrie einer Kugel ihn annähernd darstellen. Die zentrale Botschaft von Xenophanes lautete: »Das Eine ist Alles.« Mystische Deutungen wie die der

Pythagoreer und den verbreiteten Glauben an die Seelen-
wanderung nach dem Tode lehnte er entschieden ab.

Etwa zur gleichen Zeit lebte in Ephesus ein Philosoph,
der aufgrund seiner orakelhaften und schwer verständlichen Schriften »der Dunkle« genannt wurde. Heraklit (ca.
544 – 483 v. Chr.) suchte die Wahrheit nur in sich selbst.
Als typischer Aristokrat hielt er offenbar von seinen Zeitgenossen nicht sehr viel und empfahl seinen Mitbürgern
in Ephesus, sich wegen ihrer Dummheit »Mann für Mann
aufzuhängen«.

Heraklit beschäftigte sich ebenfalls mit der Frage, was
denn hinter der vielfältigen Erscheinungsform der Welt das
Beständige sei. Das, was im Wandel der Dinge bestehen
bleibt, ist für ihn der Wandel selbst. Dieser ist deshalb auch
die Grundessenz des Seins. Daß etwas existieren kann, ist
nach Heraklit Ausdruck der Veränderung, die aus dem
Widerstreit der Gegensätze entsteht.

Ein Ding an sich ist beispielsweise weder groß noch
klein, diese Ausdrücke waren schon für Heraklit nur relativ. Jedes Ding hat eine gewisse Kleinheit im Vergleich
zu etwas Größerem und eine Größe im Vergleich zu etwas
Kleinerem. Der Widerstreit zwischen zwei solchen
Gegensätzen bewirkt die Realität. Heraklit sagt: »Der
Widerstreit ist der Vater aller Dinge.« Dieser Satz wurde
später von vielen ideologisch verwertet als: »Der Krieg ist
der Vater aller Dinge.« In modernerer Form finden wir die
Philosophie Heraklits ebenfalls bei der Dialektik Hegels
und dem Materialismus Marx' wieder. Der Kosmos war für
Heraklit ewig. Er bestand also schon immer und ist unvergänglich. Es bedurfte also keiner Götter, die ihn erschaffen hätten.

Parmenides (ca. 515 – 450 v. Chr.) aus der eleatischen Schule war ein Zeitgenosse Heraklits. Von ihm stammt die Idee, daß die Grundtatsache allen Seins darin bestehe, daß ein Raumvolumen von ihm ausgefüllt werde, eine Vorstellung die später insbesondere René Descartes (1596 – 1650) weiterentwickelte. Das Vakuum war ihm unbekannt. Dieses sollte erst noch von den Atomisten erfunden werden. Da er das Nichts ablehnte, kam er zu dem Schluß, daß es keine wahre Bewegung oder Veränderung geben könne, da ja kein Platz da sei, worin sich etwas ausbreiten könne. Seine Argumentation lehnte sich eng an die Methode der gerichtlichen Beweisführung an, die später von den Sophisten perfektioniert wurde.

Es gibt nach Parmenides nur drei Möglichkeiten. Erstens kann es sein, daß nur das Sein existiert. Zweitens besteht die Möglichkeit, daß es nur das Nichtsein gibt. Und drittens können sowohl das Sein als auch das Nichtsein nebeneinander Bestand haben. Das Nichtsein kann nicht existieren, da es weder gedacht noch ausgesprochen werden kann. Allein das Denken über das Nichtsein bedeutet ja, daß man über *etwas* nachdenkt. Möglichkeit Nummer zwei scheidet somit aus. Da Denken untrennbar mit dem Sein verknüpft ist und Nichtsein nicht denkbar ist, kann das Sein auch nicht zusammen mit dem Nichtsein existieren. Also bleibt nur die erste Möglichkeit übrig: es gibt nur das Sein. Wenn aber nur das Sein existiert, dann kann es kein Nichts geben, in welches sich dieses Sein bewegen könnte. Werden bedeutet stets einen Übergang vom Nichtsein ins Sein. Unsere Sinne zeigen uns aber ständig, wie Dinge sich verändern und Neues entsteht. Da unsere Wahrnehmung in eindeutigem Gegensatz zur Vernunft steht, kann dies nur eines bedeuten: Wir nehmen die Wirklichkeit nicht so wahr, wie sie ist. Die menschlichen Sinne vermitteln also nichts als Lug und Trug. Glücklicherweise besitzen wir aber die Vernunft, mit deren Hilfe wir unsere betrügerischen Sinne überführen können.

Von Parmenides wurde somit erstmalig präzise die Frage nach dem Sein gestellt. Er gilt deshalb als der Begründer der Ontologie, der Lehre vom »Sein als Sein«, oder vom »Sein an sich«. Nur dieses Sein an sich beansprucht nach Parmenides die wahre Realität. Was wir sehen, der Wandel, ist lediglich ein Abklatsch dieses Seins und kann dessen Charakter niemals wiedergeben. Es ist lediglich eine Meinung (doxa), die wir von der Welt gewinnen können. Für Parmenides gilt im strengsten Sinne das Primat der Vernunft. Erfahrung ist von trügerischer und untergeordneter Bedeutung. Er vertrat also eine diametral entgegengesetzte Auffassung wie Heraklit. Nicht der Wandel, sondern das unwandelbare und dauerhafte Sein an sich war die Grundlage der Realität. Da dieses Sein umfassend ist, kann es keinen gedanklichen Raum geben, in den es sich verändern oder bewegen könnte. Das Sein an sich ist also unwandelbar. Bewegung und Wandel sind demnach lediglich »Meinung«.

Parmenides widmete sein ganzes Leben der Aufgabe, seiner Umwelt zu beweisen, daß sich nichts verändern und nichts neu entstehen kann. Alle Entwicklung ist nur ein Schein, in Wirklichkeit gibt es kein Werden. Sein berühmter Schüler Zenon (geb. ca. 490 v. Chr.), den Aristoteles als den Erfinder der Dialektik bezeichnete, arbeitete diese Theorie weiter aus und entwickelte hierbei die besondere Fähigkeit, Angriffe mit Hilfe scharfer Logik abzuwehren. Hierzu benutzte er die Methode, sich mehrere akzeptierte Voraussetzungen von dem Gegner bestätigen zu lassen und diese dann so zu verknüpfen, daß die Meinung des Kontrahenten ad absurdum geführt wurde. Er hatte in dieser Hinsicht viel zu tun, da er es sich zur Aufgabe gemacht hatte, die oft verhöhnten Ideen seines Lehrers (und Liebhabers) Parmenides von der Unmöglichkeit des Werdens zu verteidigen. Wenn das Gegenteil richtig sei, daß es nämlich Vielfältigkeit, Bewegung und Entwicklung gäbe, dann würde man erst recht auf völlig unhaltbare Schlußfolgerungen kommen, behauptete er. Bekannt sind vor allem seine Paradoxa, mit denen er die Existenz einer Bewegung, die ja Veränderung bedeutet, widerlegen wollte. Der Leser möge ein wenig über folgendes Paradox des Zenon nachdenken:

Achilles, Held des trojanischen Krieges und schnellster Läufer unter den Sterblichen, und eine Schildkröte vereinbaren im Stadion ein Wettrennen. In moderner Metrik ausgedrückt, nehmen wir an, daß die Schildkröte einen Vorsprung von 100 Metern erhält, weil die Chancen sonst zu ungleich verteilt waren. Nach dem Startschuß nun beobachten wir den Zeitpunkt, an dem Achilles diese 100 Meter gelaufen ist. Die Schildkröte ist in der Zwischenzeit – sagen wir – einen Meter vorangekrochen. Nun sehen wir nach, was geschieht, wenn Achilles auch diesen Meter gelaufen hat. Die Schildkröte ist diesmal um einen Zentimeter vorangekommen. Im nächsten Moment hat Achilles diesen Zentimeter auch geschafft. Die Schildkröte hat aber schon wieder die Nase vorn und ist einen Millimeter weiter. Denken Sie sich den Wettlauf weiter in dieser Art aus, dann werden Sie sehen, daß Achilles die Schildkröte niemals einholen kann. Es macht nichts, wenn Sie keine Lösung für dieses Rätsel finden, Jahrhunderte lang haben es zahlreiche Mathematiker und Philosophen auch nicht geschafft[4].

Im 5. Jahrhundert v. Chr. faßte Empedokles (ca. 490 – 430 v. Chr.), ein weiterer Schüler von Parmenides, die Ideen seiner Vorfahren zusammen. Die Vorstellung, daß alles Materielle letzten Endes aus wenigen Einzelteilen bestünde, konkretisierte er, indem der die Grundelemente Erde, Wasser, Luft und Feuer als Ursprung allen Seins charakterisierte. Er begründete dies damit, daß aus einer einzigen Ursubstanz die Vielfältigkeit der Welt nicht entstehen könne.

Seine Hauptleistung bestand aber in der Erfindung der Kraft. So führte er eine klare Trennung der Elemente und der auf sie einwirkenden Kräfte ein. Bis dahin hatte sich nämlich noch nie jemand darüber Gedanken gemacht, wodurch denn Bewegungen überhaupt zustande kämen. Dieses konnte nach Empedokles nur etwas sein, welches selber keine Substanz habe, aber über die Möglichkeit verfüge, andere Dinge zu bewegen. Bei diesen Kräften handelte es sich für ihn um die Liebe und den Haß. Die Liebe bewirkt die Anziehung und der Haß die Abstoßung. Alle Bewegungen lassen sich aus diesen beiden Prinzipien ableiten.

---

[4] Zenon trieb das Paradox noch weiter auf die Spitze, indem er zeigte, daß Achilles überhaupt nie loslaufen könne. Um eine bestimmte Strecke hinter sich zu bringen, muß er zunächst erst einmal die Hälfte dieser Strecke geschafft haben. Für die Absolvierung dieser Hälfte ist es aber notwendig, wiederum die Hälfte hiervon gelaufen zu sein. Bei Fortsetzung dieser Argumentation ist Achilles also ewig damit beschäftigt, Hälften von Hälften zu durchlaufen, und er wird nie über den Startpunkt hinauskommen. Diejenigen unter Ihnen, die dieses Buch unerschrocken bis zum Ende durchlesen, werden noch mit der Auflösung dieser Paradoxa belohnt werden.

Empedokles war auch der erste, der die Luft nicht als Leere begriff, sondern argumentierte, diese müsse etwas Substantielles sein und sei mit anderen Formen der Materie gleichzusetzen. Überzeugt hat ihn offenbar die Tatsache, daß ein dichter luftgefüllter Ziegenlederschlauch nicht beliebig komprimierbar ist. Von ihm stammt übrigens auch die erste Beschreibung der Zentrifugalkraft. Erstaunlich vorausblickend erscheint Empedokles' Standpunkt, daß Leben sich aus einfachen Formen zu höheren hin entwickelt habe. Er hat sozusagen einen Gedanken der Evolutionstheorie vorweggenommen, indem er beschrieb, daß nur die lebensfähigeren Organismen überlebten. Menschliche Exemplare mit Rinderköpfen und andere Mißbildungen, die es auch einmal gegeben haben soll, sind dem evolutionären Verdrängungswettbewerb des Empedokles zum Opfer gefallen.

Empedokles war in seiner Jugend auch in der pythagoreischen Schule gewesen. Hier hat ihn vielleicht der göttliche Kult um den großen Meister so beeindruckt, daß er bald für sich einen ähnlichen Status beanspruchte. Es gibt viele Geschichten über sein Ende, die schönste (vielleicht aber nicht wahrste) ist folgende: Nachdem er eine todkranke Frau durch reine Berührung wieder gesund gemacht hatte, glaubte er, nichts Vollkommeneres mehr leisten zu können. Er stürzte sich deshalb unbeobachtet in den Krater des Ätna, damit kein Überbleibsel von ihm nach seinem Tode gefunden werden könne. So wollte er bewirken, daß sein Ableben als ein Aufsteigen zu den Göttern verstanden würde. Er war nämlich fest von seiner Göttlichkeit überzeugt. Der Vulkan spielte aber nicht mit und spuckte einen Schuh wieder aus und legte so Zeugnis für Empedokles' Menschlichkeit ab. Er selbst hat diese Schmach aber wohl nicht mehr registriert.

Im Gegensatz zu anderen Kulturen und Religionen haben die alten Griechen keine Schöpfungsgeschichte geschaffen. Am Anfang war das Chaos, welches geordnet sein wollte. Einen Schöpfer innerhalb oder außerhalb der Zeit, der für alles verantwortlich war, nahmen sie nie an. Anaxagoras (ca. 500 – 428 v. Chr.) betrachtete eine Art von ursprünglicher Vernunft (nous) als treibende Kraft, die aus dem Chaos die geordnete Welt entstehen ließ. Er war somit der erste Philosoph, der den Geist als gleichwertige Einheit neben die Materie stellte. Aristoteles lobte Anaxagoras später deshalb als einen, der in seiner Zeit ein »Redner unter lauter Stammlern« gewesen sei.

Das Atom und die Leere

Im 5. Jahrhundert v. Chr. äußerten Philosophen erstmals die Idee, alle Dinge bestünden letzten Endes aus winzig kleinen unteilbaren Elementarteilchen, den Atomen. Getrennt würden die Atome durch »leeren Raum«. Die ersten Gedanken hierzu hatte vermutlich Leukipp (geb. ca. 480 v. Chr.), von dem keine originalen Texte erhalten sind. Über seine Ideen wissen wir im wesentlichen nur aus den Schriften des Aristoteles. Einige Historiker bezweifeln, daß Leukipp überhaupt gelebt habe, und sehen in ihm ein Pseudonym für seinen Schüler Demokrit.

Welche dramatische Umwälzung des Denkens durch die Atomisten eingeleitet wurde, können wir heute kaum noch ermessen. Immerhin lebten sie in einer Zeit, in der es völlig selbstverständlich war, Bewegungen, Kräfte, Materie und die menschliche Existenz als Folge dämonischer und göttlicher Eingriffe zu interpretieren. Erklärungen, die aus den Dingen an sich abzuleiten waren, widersprachen völlig dem Weltbild, in dem Wellen nicht von Teilchenbewegungen, sondern von Poseidons Stimmungen abhingen. Eine reproduzierbare Ereignisabfolge, deterministische Vorgänge oder durch definierte Kräfte induzierte Wirkungen waren diesem Denken völlig fremd. Die Erklärung der natürlichen Vorgänge bezog sich einzig und allein auf das für Menschen nicht durchschaubare Spiel dämonischer Kräfte.

Demokrit von Abdera in Thrakien (470 – 360 v. Chr.)[5] ist der Lieblingsphilosoph der meisten Naturwissenschaftler. Er gilt als der eigentliche Begründer moderner reduktionistischer Naturbetrachtung. Obwohl viele seiner Ideen heute zum allgemeinen Grundwissen zählen, war ihm zu Lebzeiten die gebührende Anerkennung versagt. Seine Nachfolger hielten offenbar auch nicht viel von ihm, und für lange Zeit fristete er eine Nebenrolle in den Geschichtsbüchern. Noch gegen Ende des neunzehnten Jahrhunderts lehnten einflußreiche Philosophen und Naturwissenschaftler die Gedanken Demokrits entschieden ab. Aber manchmal geschieht es, daß alte Wahrheiten wieder entdeckt werden, und so wurde Demokrit letztendlich doch rehabilitiert.

---

[5] Demokrit soll fast 110 Jahre alt geworden sein. Aber wie für die meisten Lebensdaten der antiken Philosophen ist auch dies nicht sicher überliefert. In unterschiedlichen Quellen werden häufig verschiedene Geburts- und Todesjahre angegeben. Deshalb sind die Jahreszahlen auch bei den übrigen Philosophen eher als ungefähre Angaben zu verstehen.

Demokrit war mit Leukipp der erste, der annahm, daß alles Seiende aus unteilbaren Elementarteilchen bestünde, die er Atome (griechisch: ατομοι = die Unteilbaren) nannte. Er ging also noch einen Schritt weiter als die Philosophen aus Milet, die ja bereits eine einheitliche Ursubstanz als Bestandteil der Materie angenommen hatten. Daß diese Materie aber nicht unendlich teilbar sei, ist ein völlig neuer Aspekt. Die Atomisten erklärten die gesamte Welt somit nur aus der Anordnung der Atome. Kräfte brauchten sie zur Beschreibung des Seienden noch nicht. Liebe und Haß wie bei Empedokles oder den vernünftigen Geist des Anaxagoras lehnten sie als gestaltende Kraft ab. Es gibt nur einige basale Eigenschaften: die Form, die Lage und die Anordnung der Atome.

Das Besondere an der Auffassung Demokrits war es, daß er diesen Atomen keine eigentlichen Charakteristika zusprach. Es gab zwar verschiedene Sorten von Atomen, die mit bestimmten Eigenschaften verknüpft waren, z. B. runde Atome für Flüssigkeiten, viereckige für Steine usw., aber alles Materielle setzte sich aus einer verschiedenen Kombination dieser Atome zusammen. Dies ist die reale Welt. Alles andere wie Farbe, Geruch, Gefühl, Moral usw. sind lediglich Dinge, die in unserer Einbildung existieren. Obwohl die Atomisten keine Vorstellung von der Natur der Wärme, des Lichts oder anderer Sinneseindrücke hatten, erkannten sie ganz klar, daß diese lediglich subjektive Interpretationen sein können und nicht in der Natur der Dinge an sich begründet sind. Es gibt also eine Welt der Wahrheit, die wir nicht erkennen können, und eine Welt der Empfindungen, die lediglich eine subjektiv gefärbte Meinung von der Welt an sich sein kann.

41

Alles, was wir als Veränderung in unserer Welt wahrnehmen, ist somit nichts anderes als eine Neuordnung der unvergänglichen Atome, die sich in ständiger Bewegung befinden. Dies betrifft übrigens nicht nur materielle, sondern auch alle psychischen Vorgänge. Auch die Seele setzte sich nämlich für Demokrit aus Atomen zusammen, den gleichen, aus denen auch Feuer besteht. Denken und Bewußtsein sind also ebenfalls mechanisch durch Zusammenstoßen und Auseinanderprallen von Atomen zu erklären. Da sich alles aus diesen einfachen Bewegungsabläufen der unterschiedlichen Atome ergibt, entsprechen unsere vielfältigen Sinneswahrnehmungen keinesfalls der objektiven Realität. Die Wirklichkeit unserer Anschauung ist demnach eine subjektive Verfälschung der grundlegenden atomaren Prozesse. Der Mensch kann zwar viele verschiedene Qualitäten der Wirklichkeit wahrnehmen, nach Demokrit gibt es aber »in Wahrheit nur Atome und Leeres«.

Trotz dieser radikal reduktionistischen und materialistischen Weltanschauung war Demokrit ein überzeugter Moralist. Ebenso wie Sokrates hielt er es für besser, Unrecht zu erdulden als Unrecht zu tun. Demokrit scheint sich keine großen Gedanken darum gemacht zu haben, auf welche Weise Begriffe wie Moral und Verantwortung aus der Welt der stoßenden Atome hervorgehen können. Nachdem sich im 17. Jahrhundert die mechanische Weltvorstellung durchzusetzen begann, wurde diese Unvereinbarkeit zwischen der mechanischen Kausalität und den moralischen Wertvorstellungen zum Gegenstand ausgeklügelter philosophischer Verrenkungen, die bis heute noch nicht ausdiskutiert sind.

Die Atomisten hielten auch die Seele für substantiell, aus »Feueratomen« bestehend. Da sich Atome ständig neu anordnen und lediglich passiv auf Stoß und Zug reagieren, ist auch die Seele nicht unsterblich. Nach dem Tod verflüchtigt sich diese. Der Tod hat deshalb für die Atomisten seine sinnlose Bedrohung verloren. Er ist hiernach nicht ein Abschnitt nach dem Leben, der Ungewißheit beinhaltet, sondern hat mit uns Menschen eigentlich gar nichts zu tun. Denn während des Lebens ist der Tod nicht da, er betrifft uns also nicht. Wenn der Mensch aber tot ist, dann ist er nicht mehr existent, hat also mit dem Tod auch nichts zu tun. So gesehen stellt sich die Frage nach einem Leben nach dem Tod überhaupt nicht. Epikur (ca. 341–270 v. Chr.) formulierte es so: »Solange wir sind, ist der Tod nicht da, und sobald er da ist, sind wir nicht mehr.«

Nach Epikur gibt es zwei Dinge im Leben der Menschen, die diese zu fürchten haben: Die Götter und den Tod. Der Tod hat durch obige Argumentation der Atomisten seinen Schrecken verloren. Aber auch die Götter fürchtete Epikur nicht. Diese hatten mit der Welt ebensowenig zu tun wie der Tod. Denn wenn die allmächtigen und perfekten Götter unsere Welt beeinflussen wollten, dann sähe sie mit Sicherheit anders aus. Alles Böse, das Elend und das Unwissen kann nicht Ausdruck einer göttlichen Anteilnahme sein. Wenn die Götter aber die Welt, wie sie ist, aufrechterhalten, dann müssen sie selber die negativen Eigenschaften dieser Welt innehaben. Auch in diesem Fall können wir gar kein Interesse an den Göttern haben. Unser philosophisches Augenmerk sollten wir nach Epikur deshalb besser auf das Diesseits richten und nicht auf ein Leben nach dem Tod oder auf allmächtige Götter.

Die atomistische Auffassung der Natur setzte eine erstaunliche Abstraktion voraus. Sie widerspricht ja unserer intuitiven Auffassung, nach der wir die Stetigkeit, den nahtlosen Übergang von einem Zustand in den anderen, als Grundprinzip aller natürlichen Bewegungen erkennen. Die Atomisten behaupteten demgegenüber, daß diese Stetigkeit irgendwo, nämlich auf atomarem Maßstab, ein Ende haben müsse. Wenn zwei Systeme sich durch die unterschiedliche Anzahl von nur einem Atom unterscheiden, dann kann es zwischen diesen beiden Zuständen keine Zwischenstufe geben. Eine ebenso wichtige philosophische Leistung der Atomisten war die Erfindung des leeren Raums zwischen den Atomen. Denn wenn es klar abgrenzbare Atome als kleinste Bausteine der Materie gibt, dann muß zwangsläufig zwischen diesen Bausteinen leerer Raum existieren. Die Härte eines Gegenstandes konnte so durch eine unterschiedlich dichte Zusammenballung der Atome im ansonsten leeren Raum interpretiert werden. Die Tatsache, daß man einen Apfel mit dem Messer durchschneiden kann, ist nach Demokrit nur so erklärbar, daß dieses durch den leeren Raum zwischen den Atomen hindurchgleitet. Eine homogene Substanz ohne Zwischenräume würde dem Messer keinen Platz bieten. In einer solchen Welt würden Äpfel für immer ungeteilt bleiben.

Dies ergab auch eine entschieden andere Deutung als die bewegungslose Welt des Parmenides. Das Nichts war für Demokrit nicht nur notwendig, um Äpfel durchzuschneiden, sondern auch um die Bewegung der Atome im leeren Raum zu erklären. Wäre dieser nämlich vollgefüllt mit einer kontinuierlichen Substanz oder mit einzelnen Körpern, dann wäre jede Bewegung unmöglich. Wie kann ein Fisch sich durch das Wasser bewegen, wenn er nicht die Atome des Wassers in die Leere verdrängen könne, fragten sich die Atomisten. Veränderung und Bewegung waren für Demokrit deshalb lediglich Ausdruck der ständigen Umordnung der verschiedenen Atome, die sich im ansonsten leeren Raum bewegen können.

Heute erscheint uns dieses Weltbild nicht nur aus physikalischer, sondern auch aus philosophischer Sicht befriedigender als das der übrigen antiken Philosophen. Empedokles degradierte die Zeit und jede Entwicklung zu einer subjektiven Illusion. Auch der freie Wille wurde diesem Konzept geopfert. Für Platon machte es überhaupt keinen Sinn, nach dem Ursprung des materiellen Seins zu suchen. Dieses war für ihn in einer transzendenten Ideenwelt verwirklicht und mit unserer Vernunft nur beschränkt begreifbar. Demokrits atomistische Welt ist demgegenüber wesentlich optimistischer. Die Welt funktionierte für ihn nach durchschaubaren Mechanismen. Zwar sind viele Dinge, die wir als unabhängige Qualitäten erfahren, lediglich subjektive Interpretationen der unterschiedlichen Atomanordnungen, aber immerhin bewegt sich in seiner Welt etwas.

Die Erklärung der Welt als ein Nebeneinander von Atomen und der Leere hatte für Demokrit weitere Konsequenzen. Er nahm an, daß alle Materie ewig und unvergänglich sei. Atome können weder aus dem Nichts entstehen, noch können sie vernichtet werden. Deshalb kann Entwicklung auch nur mit einer unterschiedlichen Anord-

nung der unvergänglichen Atome erklärt werden. Hieraus
resultiert aber auch eine völlig neue Erkenntnis. Bewegung muß eine Ursache haben. Diese ist nicht willkürlich,
sondern durch die Bewegungsmöglichkeiten der Atome
vorgegeben. Letztendlich ist so jede Entwicklung und Veränderung auf mechanische Bewegungen der Atome
zurückzuführen. Dies bedeutet aber auch, daß nichts ohne
Grund geschieht, sondern alles einer zwingenden Notwendigkeit folgt. Jeder natürliche Vorgang ist somit ein
lückenloser Zusammenhang von Kausalitäten. Alle Veränderungen sind auf ein einfaches Prinzip zurückzuführen,
nämlich auf das Zusammenstoßen von Atomen. Demokrit
hat hiermit sozusagen das mechanistische Weltbild vorge-
zeichnet, welches später von Newton auf eine berechenbare Grundlage gestellt wurde.

Vorherrschende Meinung der letzten zweitausend Jahre
war es, daß die Natur ein stetiges Prinzip habe, also keine
einzelnen kleinen Teilchen voneinander getrennt werden
könnten. Alles sollte kontinuierlich ineinander übergehen
können. Zenon hat sich viele Paradoxa ausgedacht, um
den Atomismus zu widerlegen. Trotz der aus heutiger
Sicht modern klingenden Theorie der Atomisten hat sie
sich nie durchsetzen können. Insbesondere Platon und
Aristoteles, die beide Materie für unendlich teilbar hielten,
sorgten dafür, daß der Atomismus für eine lange Zeit ein
philosophisches Schattendasein führte. Die christliche
Lehre lehnte das unpersönliche mechanistische Weltbild
der Atomisten grundsätzlich ab und stellte die von Aristoteles betonte Zweckmäßigkeit der Natur in den Vordergrund. Diese aristotelische Weltanschauung beherrschte
die Anfänge der Naturwissenschaften bis zum Ende des

19. Jahrhunderts. Descartes und auch Leibniz waren vehemente Gegner der klassischen atomistischen Ideen. Für René Descartes stand im 17. Jahrhundert noch fest, daß es ein Vakuum nicht geben könne. Das wesentliche Merkmal der materiellen Welt bestand für ihn in der Ausgedehntheit. Für die Leere war hier kein Platz. Zwar nahm er auch die Existenz von Atomen an, hielt diese jedoch nicht für unteilbar. Seine Begründung hierfür fällt aber weniger naturwissenschaftlich, sondern ausschließlich religiös aus. Auch wenn es den Menschen nicht gelingen sollte, Atome weiter zu zerkleinern, so wäre aber Gott sicherlich in der Lage, Atome immer weiter aufzuteilen. Und da Gott allmächtig ist, können Atome prinzipiell nicht unteilbar sein.

Während Descartes so alles Materielle durch den Begriff der kontinuierlichen Ausdehnung definierte, führte Gottfried Wilhelm von Leibniz (1646 – 1716) den Begriff der *Monaden* (aus dem griechischen: Einheit oder Einheitlichkeit) ein, die er sich als individuelle ausdehnungslose Punkte vorstellte, welche den gesamten Raum ausfüllen sollten. Diese Monaden sind beseelte Individuen und repräsentieren Kräfte, die in ihrer Gesamtheit Körperlichkeit ergeben. Nicht Ausdehnung wie bei Descartes, sondern die Energie eines Dinges ist somit für Leibniz das Wesentliche des Seins. Jeder einzelne Raumpunkt ist von einer Monade besetzt, leeren Raum kann es daher nicht geben. Ebenso wie Descartes vertrat Leibniz die schon von Heraklit geäußerte Auffassung des »παντα ρει« (panta rhei, d. h. alles fließt). Daß im Gegenteil in der Natur alles hüpft und keineswegs fließt, hat erst um die Jahrhundertwende die Quantenphysik enthüllt.

Auch hervorragende Naturwissenschaftler wie die Vertreter der positivistischen Philosophie des sogenannten Wiener Kreises um den Physiker Ernst Mach (1838 – 1916) und dem Chemiker Wilhelm Ostwald (1853 – 1932) waren gegen Ende des 19. Jahrhunderts noch energische Gegner des Atomismus. Mach bekämpfte die atomistischen Ideen sein Leben lang als die »übelste Erfindung der Philosophen«. Die Positivisten weigerten sich kurz gesagt, nicht beobachtbare Dinge zu akzeptieren. Wissenschaft kann so nur eine Beschreibung vorgefundener Tatsachen sein, die man katalogisieren und interpretieren kann. Alles andere sind demnach Gedankenkonstrukte, die keinen Erkenntniswert liefern. Sie standen damit im deutlichen Gegensatz nicht nur zu theoretisch argumentierenden Wissenschaftlern, sondern insbesondere zu der metaphysischen Philosophie von Immanuel Kant oder der idealistischen Erkenntnistheorie Platons. Albert Einstein war von den Gedankengängen der Positivisten sehr beeindruckt und bezeichnete sich später einmal als ergebenen Schüler Machs.

In den ersten Jahren des 19. Jahrhunderts stellte der englische Lehrer John Dalton (1766 – 1844) fest, daß sich bestimmte Gase stets in einem festen Verhältnis miteinander verbinden. Sauerstoff und Kohlenstoff vereinigen sich immer im Verhältnis 16 : 12 zu Kohlenmonoxid. Wasserstoff und Sauerstoff stehen im Verhältnis 1 : 16 zueinander. Dalton zog aus dieser Beobachtung den Schluß, daß es Atome geben müsse, die sich aber nicht wie bei Demokrit in ihrer Form, sondern vielmehr in ihrem Gewicht voneinander unterscheiden. Das Sauerstoffatom ist demnach sechzehnmal schwerer als das Wasserstoffatom.

Obwohl seitdem Chemiker erfolgreich mit dem Dalton-schen System arbeiteten, wurde der Atomismus längst noch nicht als Tatsache akzeptiert.

Erst im Jahr 1909 konnte der Neuseeländer Ernest Rutherford (1871–1937) in Manchester durch seine berühmten Streuexperimente schlüssig beweisen, daß Materie eine atomare Struktur aufweist. Rutherford hatte schon zuvor festgestellt, daß ein Strahl aus Alphateilchen (Heliumkerne), der auf eine dünne Goldfolie geschossen wird, von dieser geringfügig abgelenkt wird. Sein ebenfalls aus Neuseeland stammender Student Ernst Marsden (1889–1970) sollte dieses Phänomen genauer untersuchen. Die Alphastrahlen hätten die Folie alle nahezu ungehindert durchfliegen sollen. Einige Teilchen wurden jedoch nicht nur in ihrer Bahn abgelenkt, sondern prallten direkt zurück. Dieses war so erstaunlich, daß Rutherford es mit dem Zurückprallen einer Granate an einem Stück Seidenpapier verglich. Es gab nur eine Erklärung für dieses Phänomen. Das Alphateilchen mußte in der Goldfolie auf etwas ungeheuer Kompaktes gestoßen sein, welches so dicht war, daß das mit hoher Geschwindigkeit fliegende Geschoß hieran zurückprallte. Diese Tatsache veranlaßte ihn anzunehmen, daß im Innern des Goldatoms ein enorm dichter kompakter Kern sitzen muß und daß die Elektronen in einer riesigen Entfernung, die dem 100.000fachen des Kernradius entspricht, diesen umkreisen. Er entwickelte daraufhin das uns allen geläufige Atommodell, in dem die Elektronen den Atomkern umkreisen wie Planeten die Sonne. Der Atomismus war somit nicht mehr länger eine philosophische Weltanschauung unter vielen, sondern experimentell abgesicherte Tatsache.

Aus heutiger Sicht war Demokrit ein beinharter Reduktionist. Er stellte eigentlich den Prototyp des theoretischen Physikers dar. Die theologischen Deutungen der Pythagoreer verschmähte er ebenso wie das Kräftekonzept des Empedokles, der die Natur als von Liebe und Haß regiert betrachtete. Für ihn zählten nur zwei Dinge, nämlich das Atom und das Nichts. Eine wichtige und modern klingende Konsequenz der Atomisten war es, den teleologischen Standpunkt grundsätzlich zu verwerfen. Atome ordnen sich nicht zu einem bestimmten Zweck und streben keinem ominösen Ziel zu, sondern sie bestimmen durch ihre inhärenten Eigenschaften zwangsläufig den Zustand alles Seienden. Diese Auffassung wurde durch die aristotelische Zweckgerichtetheit abgelöst und für Jahrtausende in die Geschichtsbücher verbannt. Erst die mechanischen Gesetze Newtons rehabilitierten die reduktionistische Sichtweise der alten Atomisten.

Der breitstirnige Denker

Platon (ca. 427–347 v. Chr.) hieß eigentlich Aristokles und erhielt seinen Spitznamen wegen seiner breiten Stirn (griech. platos = breit). Er entstammte einer angesehenen aristokratischen Athener Familie. In seiner Jugend war er Schüler von Sokrates. Später unternahm er ausgedehnte Reisen und kam hierbei nach Ägypten und möglicherweise auch bis auf den indischen Kontinent. Hierfür spricht, daß viele seiner Ideen einen orientalischen Einfluß aufweisen. Lange hielt er sich auch in Süditalien auf und lernte hier das System der Pythagoreer kennen. Im Alter von 40 Jahren gründete er dann in Athen im Hain des Heros Akademos seine berühmte Akademie, die Namensgeber und Vorbild der späteren Universitäten wurde. Politisch gesehen war Platon alles andere als das, was die meisten Menschen mit dem Begriff »platonisch« verbinden. Er war totalitär, rassistisch, ein entschiedener Gegner aller demokratischen Strömungen und vertrat vehement die Auffassung, daß es gerecht sei, für seine politische Überzeugung zu lügen, zu stehlen, Familien auseinanderzureißen und selektiv Sklaven für unterschiedliche Aufgaben zu züchten. Heute würde man einen solchen Menschen wahrscheinlich schlicht und einfach einen Faschisten nennen. Karl Popper hat Platon als das Vorbild aller totalitären Herrscher charakterisiert und ihn als Feind der »offenen Gesellschaft[6]« bezeichnet. Aber wir wollen uns hier nicht mit Politik beschäftigen, sondern auf Platons philosophisches Weltbild eingehen, soweit es die physikalische Natur betrifft.

Platon betrachtete alle Dinge, die der Beobachtung zugänglich sind, als ein Abbild von perfekten »Ideen«, die sich selbst der direkten Wahrnehmung entziehen. Diesen können wir uns nur mit Hilfe der Vernunft nähern. Um die Wahrheit zu entdecken, nützen uns also unsere Sinnesorgane überhaupt nicht. Die Vernunft (nous) ist sozusagen unser geistiges Auge, mit dem wir das eigentliche Wesen der Dinge sehen können. Wenn wir dies so erkannt haben, dann sind wir im Besitz der Wahrheit, die nicht

---

[6] Philosophen lieben es, einfache Sachverhalte mit gelehrigen Ausdrücken zu belegen. Gemeint ist hiermit der Begriff ›Freiheit‹. Siehe K. R. Popper (1945): Die offene Gesellschaft und ihre Feinde.

durch Gegebenheiten der materiellen Welt in Frage gestellt werden kann. Alles, was wir sehen oder erfahren,
stellt nämlich nur ein schlechtes Abziehbild der wahren
und immateriellen Idee dar, die hinter allen Dingen steckt.
So sind z. B. die Elemente (oder was Platon dafür hielt)
nur eine irdische Darstellung von fünf idealen Körpern.
Diese platonischen Körper sind dadurch gekennzeichnet,
daß sie eine perfekte Symmetrie besitzen und gleiche
Flächen, Winkel und Strecken aufweisen. Schon vor Platon war bekannt, daß es nur fünf solcher Körper gibt, von
denen der einfachste eine gleichschenklige Pyramide und
der komplexeste der aus zwanzig Flächen zusammengesetzte Ikosaeder ist. Auch die heiligen Zahlen der Pythagoreer stellten für Platon einen Teil der materiellen Welt
und damit nicht der eigentlichen Wirklichkeit dar.

Sämtliche Materie und alle unsere Erfahrungen werden
somit zur Zweitrangigkeit degradiert. Wir sehen nicht die
wirkliche Welt, sondern nur einen verschwommenen
Schatten derselben. Die wahrhaftige Wirklichkeit besteht
also nur aus Ideen. Betrachten wir beispielsweise einen
Baum, dann wissen wir sofort, daß es sich um einen Baum
handelt, ohne ihn je zuvor gesehen zu haben. Was hat
dieser Baum nun an sich, daß wir uns sicher sein können,
worum es sich handelt. Jedes einzelne Merkmal wäre
nicht in der Lage, die Spezies Baum zu identifizieren. Es
ist die Idee des Baums, so Platon, die in der unzugäng-
lichen Ideenwelt existiert und eine grobe Vorstellung in
unsere Sinne gepflanzt hat. Der Baum, den wir betrachten,
ähnelt dieser Idee und ist ein Abbild von ihr, deshalb können wir ihn erkennen. Was wir wahrnehmen, ist somit
eine zudem subjektiv gefärbte Ahnung einer idealen

Wirklichkeit. Es ist letztendlich unsere Meinung, die man nicht mit der Realität verwechseln darf. Der Begriff der *Identität* spielt in Platons Argumentation eine entscheidende Rolle.

Es gibt auf der ganzen Welt offensichtlich nicht zwei Dinge, die wirklich bis ins letzte Detail identisch sind. Kein Baum ist wie der andere, unsere Erfahrung lehrt uns also, daß es den Baum an sich nicht gibt. Aber in unserer Vorstellung können wir uns mit Hilfe der Vernunft sehr wohl einen abstrakten Begriff bilden, den Begriff des Baumes an sich, der die »Baumheit« repräsentiert, die alle Bäume dieser Welt innehaben. Dieser Begriff ist nun nicht einfach eine Gedankenstütze, sondern für Platon die »wirkliche« Realität, die Idee. Es gibt somit für Platon ebenso wie für Parmenides einen Widerspruch zwischen der erfaßbaren Realität und der Vernunft. Mit Hilfe der Vernunft erkennen wir die Idee als eigentliche Wirklichkeit, mit unseren Sinnen sehen wir unvollkommene Manifestationen dieser Wirklichkeit.

Auch die Seele findet bei Platon ihre Existenzberechtigung aus diesem Widerspruch. Da wir nie im Leben exakt identische Dinge sehen, die Idee einer Sache also nicht aus unserer Erfahrung ableitbar ist, müssen wir das Wissen um die Wesensart einer Sache woanders herbekommen haben. Und hier kommt die Seele ins Spiel, in der dieses Wissen präformiert vorhanden ist. Unsere Erkenntnis der Wirklichkeit kommt also einem Erinnern gleich. Wir suchen in dem Fundus unserer unsterblichen Seele nach Erkenntnissen, die hier verborgen liegen und die wir eben nicht mit unseren Ohren oder Augen erfahren können.

Zumindest Naturwissenschaftler teilen den Standpunkt heute nicht mehr. Ideen halten sie für komplexe Vorstellungen, die unser Gehirn erzeugt und die Abbilder, gute oder schlechte, der Wirklichkeit darstellen. In unserem Weltbild ist die Idee also nicht mehr das Primäre, sondern ihrerseits ein Abbild der für uns mit anderen Mitteln erfaßbaren Realität. Dennoch bezeichnen sich viele Wissenschaftler, insbesondere Mathematiker, als »Platoniker«. Hiermit wollen sie zum Ausdruck bringen, daß sie an die objektive Realität der Formeln ihres Fachgebietes glauben, auch wenn es keine konkrete Entsprechung hierfür in der materiellen Welt gibt. Mathematik wird nach dieser Auffassung entdeckt und nicht erfunden. Sie ist auch ohne die Mathematiker »irgendwo da draußen« als Idee vorhanden.

Die atomistische Sichtweise war Platon zutiefst zuwider. Deshalb versuchte er auch, alle Schriften Demokrits verbrennen zu lassen. Glücklicherweise gab es aber inzwischen einige Anhänger der atomistischen Ideen, so daß viele Exemplare der ersten historischen Bücherverbrennung entgingen. Man kann sich auch kaum einen größeren Widerspruch zwischen den antiken Philosophen vorstellen. Auf der einen Seite die Atomisten, die als überzeugte Materialisten die Natur durch Reduzierung auf kleinste basale Grundbausteine erklärten und auf der anderen Seite die Idealisten, die eben dieser Natur keine Bedeutung zumaßen. Auch persönlich scheint es sich bei Demokrit und Platon um grundverschiedene Menschen gehandelt zu haben. Während kein Mensch je Platon lachen gesehen haben soll, war Demokrit als der fröhliche Philosoph bekannt, dessen lautes Lachen im ganzen antiken Griechenland berühmt war.

Platons Ablehnung der Wertigkeit der materiellen Umwelt bedeutet auch, daß der Beobachtung und auch der Beeinflussung der Natur – beispielsweise durch Experimente – keine Bedeutung bezüglich der Wahrheitsfindung zukommt, der man sich ja nur durch die Vernunft annähern kann. Diese platonische Naturbetrachtung hat für viele Jahrhunderte das Denken der westlichen Welt bestimmt und Naturwissenschaft im modernen Sinne unmöglich gemacht. Denn die Wirklichkeit im platonischen Idealismus an sich war nicht beobachtbar, und somit konnte Naturwissenschaft als beobachtende und experimentierende Wissenschaft nicht entstehen.

Platons Akademie existierte 916 Jahre lang und wurde im Jahr 529 n. Chr. durch Kaiser Justinian im Rahmen der Säuberung »heidnischer« Einrichtungen geschlossen. Sein Einfluß hörte hiermit aber nicht auf. Insbesondere im deutschsprachigen Raum prägt die platonische Auffassung bis heute Naturwissenschaftler und Philosophen, während im angelsächsischen Gebiet sich mehr die Naturwissenschaft von Platons berühmtestem Schüler Aristoteles durchsetzte.

Vom Zweck der Natur

Aristoteles (384–322 v. Chr.), in Stagira an der ägäischen Nordküste geboren, war Schüler Platons in dessen Athener »Akademie«. Hier verbrachte er zwanzig Jahre des Lernens und Lehrens. Danach wurde er Erzieher des jungen Alexander in Makedonien, der später der Große genannt wurde. Als Alexander im Jahr 340 v. Chr. König wurde, kehrte Aristoteles nach Athen zurück und gründete mit seinem Schüler Theophrast eine eigene Schule im Hain des Apollon Lykeios, das sogenannte Lykeion, da die Leitung der platonischen Akademie inzwischen anderweitig besetzt war. Die heutigen Lyzeen berufen sich in ihrer Namengebung hierauf. In den schattigen Gängen (Peripatos) wandelten die Philosophen in Meditation versunken. Seine Schüler wurden deshalb die Peripatetiker genannt.

Auch Aristoteles glaubte an abstrakte »Ideen«. Im Gegensatz zur platonischen Auffassung waren diese aber nicht außerhalb dieser Welt und unbeobachtbar, sondern eine innere Eigenschaft aller Dinge. Beobachtbare Gegenstände verfügten über zwei verschiedene Eigenschaften, die erkennbare »Substanz« und die »Form«. Beide können nicht ohne einander existieren und sind grundlegende Bedingungen für das Zustandekommen von Realität. Ein Gegenstand existiert also aus sich heraus und nicht wie bei Platon als billige Kopie einer vollkommenen »Idee«. Intensiv setzte er sich mit dem Begriff der Materie und des Seins auseinander. Von ihm stammen die vier Gründe für die Existenz aller Dinge, wobei neben der Form und der Substanz noch die Ursache und der Zweck eine wesentliche Rolle spielten. Dinge existieren also nicht nur einfach so, sondern ihre Entstehung bedarf einer Erklärung. Diese ist sowohl kausal als auch teleologisch zu sehen. Kausal insofern, als eine Kraft die Existenz der Materie verursachen muß, so wie der Handwerker Verursacher für das Entstehen eines Kunstgegenstandes ist. Teleologisch deshalb, weil jedes Ding einem ganz bestimmten Zweck dient. Der Handwerker schafft einen Gegenstand auf einen Bestimmungszustand hin. Ebenso ist alles in der

Natur sinnvoll auf ein Ziel hin entstanden. Blinden Zufall als Schöpfungskraft lehnte Aristoteles entschieden ab. Diese Gedankenweise wurde für die nächsten 2000 Jahre übernommen und prägte jede Naturbetrachtung. Der teleologische Hintergrund wurde dann im Mittelalter bis ins 19. Jahrhundert hinein zum Maßstab für alle Naturwissenschaften gemacht und insbesondere auch theologisch interpretiert. Die Frage nach dem »Zweck« wurde hierbei anthropozentrisch gelöst und die Zweckbestimmung allen Daseins als Beweis für die weise Allmacht des Schöpfers angesehen. Die teleologische Sicht des Aristoteles findet auch in der Leibnizschen Monadologie ihre Fortsetzung. Leibniz bezeichnet dies als das *Prinzip des zureichenden Grundes*. Alles muß seine Existenz dadurch rechtfertigen, daß es auf einen bestimmten Zustand hin strebt.

Ebenso wie die Atomisten war Aristoteles der Auffassung, daß es für Bewegung, Wandel und Entwicklung eine Ursache geben müsse. Diese Auffassung brachte ihn ebenfalls in Konflikt mit den zahlreichen griechischen Göttern. Da alles sich in ständiger Bewegung befindet und Bewegung dadurch entsteht, daß etwas aktiv Bewegendes auf etwas passiv Bewegtes trifft, so argumentierte er, muß diese Bewegung irgendwann einmal von etwas ausgegangen sein, das nicht bewegt wurde, sondern die Potenz hat, andere Dinge von sich aus originär in Bewegung zu versetzen.

Die erste Ursache ist für Aristoteles das Sein an sich. Nicht die Existenz, wie wir sie kennen. Nur die Tatsache des Seins, Existenz, die sich jeglicher Substanz entledigt hatte. Das kann aber nur etwas Göttliches sein, sozusagen die Vervollkommnung dessen, was er als »Form« bezeichnete. Auch für Aristoteles gab es somit eine abstrakte, umfassende Gottheit, die nichts mit dem zänkischen Familienclan auf dem Olymp zu tun hatte. Diese Auffassung war verantwortlich dafür, daß er die Früchte seiner Arbeit im Alter nicht genießen konnte. Nach dem Tod seines Gönners, Alexander des Großen, wurde er aus seiner Heimat vertrieben und starb kurz darauf im Exil in Chalkis auf Euboa im Alter von 63 Jahren.

Als Beispiel für den oft hemmenden Einfluß von Aristoteles auf die Wissenschaftsgeschichte können seine Bewegungsgesetze gelten. So behauptete er, daß eine proportionale Beziehung zwischen der Schwere eines Gegenstandes und seiner Fallgeschwindigkeit bestünde. Schon Aristoteles hätte erkennen können, daß dieses Gesetz mit der Wirklichkeit nicht übereinstimmt, wenn er es der Mühe der experimentellen Überprüfung unterzogen hätte. Auch in den nächsten Jahrhunderten wurden zwar geringfügige Änderungen in das Gesetz eingeführt, weil sich allein aus der Überlegung heraus bestimmte Unstimmigkeiten ergaben, es dauerte aber fast 2000 Jahre, bis Galilei dieses Gesetz durch Experimente für falsch erklärte und den korrekten, von der Masse unabhängigen Verlauf der Fallgeschwindigkeit fand.

Ein wesentlicher Unterschied zur platonischen Schule bestand darin, daß Aristoteles und seine Schüler eifrige Beobachter waren. Sie beschäftigten sich mit Dingen, die Platon als weit unter der Würde eines Denkers abgetan hätte, nämlich mit dem Betrachten der Natur. Es wurden Beschreibungen nicht nur der Sterne und ihrer Bewegungen, sondern auch von Pflanzen, Tieren, geologischen

Besonderheiten etc. vorgenommen. So baute er eine umfangreiche Bibliothek und die größte botanische und zoologische Sammlung seiner Zeit auf. Hierbei wurde er von Alexander dem Großen unterstützt, der seine Jäger und Gärtner anwies, je ein Exemplar aller Pflanzen und Tiere an Aristoteles zu schicken. Der nächste Schritt, die gesammelten Daten zusammenzufassen und zu interpretieren, um so zu einem tieferen Verständnis der Natur zu kommen oder gar Gesetzmäßigkeiten aufzudecken, wurde allerdings weder von Aristoteles noch von seinen Anhängern während der nächsten Jahrhunderte getan.

Antike und aktuelle Kontroversen

Viele Ideen der antiken Denker scheinen in erstaunlicher Weise Erkenntnisse der Neuzeit vorweggenommen zu haben. Dies ist um so beachtenswerter, als wir unser Wissen im großen und ganzen der präzisen Naturbeobachtung und experimenteller Forschung verdanken, die hingegen den meisten alten Griechen fremd war. So haben die Atomisten die Vorstellung der Unteilbarkeit der letzten materiellen Bausteine und den leeren Raum erdacht, und Aristarch von Samos (ca. 310–230 v. Chr.) entwickelte als erster ein Weltbild, in dem die Sonne im Mittelpunkt des Universums steht und von der Erde und den übrigen Planeten umkreist wird. Daß sich dieses Modell nicht durchsetzte, lag übrigens auch wieder an Aristoteles, der es für einen Gegenbeweis hielt, daß senkrecht in die Luft geworfene Gegenstände wieder am Ursprungsort auftreffen und nicht etwa einige Meter entfernt, wie dies bei einer bewegten Erde zu erwarten wäre[7]. Pythagoras zweifelte wie die Quantenphysiker das Primat der materiellen Realität an und setzte mathematische Beziehungen an deren Stelle. Bei der Betonung dieser Vorstellungen darf aber nicht übersehen werden, daß diese Philosophen auch eine Menge falsches und unsinniges Zeug produziert haben. Viele Ideen muten heute verworren und abstrus an. Oft wird angeführt, die Griechen hätten gewußt, daß die Erde sich um die Sonne dreht, daß unser Universum unendlich ist, daß alles aus Atomen besteht usw.. Diese heute zum Teil richtig erscheinenden Erkenntnisse sind aber nicht die einzigen. Für die Beziehungen zwischen Sonne, Mond und Erde beispielsweise wurden von verschiedenen griechischen Philosophen insgesamt alle möglichen Kombinationen der Bewegungen vorgeschlagen. Kein Wunder, daß auch einer dabei war, der die Auffassung vertrat, die Erde drehe sich um die Sonne. Nur dieser hatte das Glück, in den Büchern zur Kosmologie zitiert zu werden, während die anderen der Vergessenheit preisgegeben wurden. Anaxagoras (500–428 v. Chr.) z. B. erkannte, daß der Mond selbst nicht leuchtet, sondern von der Sonne angeschienen wird. Diese war für ihn wiederum keine Gottheit, sondern ein glühender Steinklumpen,

---

[7] Im 2. Jahrhundert n. Chr. hat Ptolemäus dieses Argument weiterentwickelt. Wenn die Erde sich einmal täglich um ihre Achse drehen würde, so behauptete er, müßte die Atmosphäre mit über 2000 km/h hinter der Erdoberfläche zurückbleiben. Unvorstellbare Stürme sollten dann also ständig auf der Erde toben, und kein Lebewesen könnte auf ihr bestehen. Auf die Idee, daß die Bewegungsenergie der rotierenden Erde der Atmosphäre und den Gegenständen auf ihr mitgeteilt würde, kam weder Aristoteles noch Ptolemäus.

»größer als die peloponnesische Halbinsel«. Auch wußte er, daß der Mond der Erde näher ist als die Sonne und daß ein Donner nicht durch Zeus, sondern von Gewitterwolken ausgelöst wird. Aber er behauptete auch, daß Erdbeben durch gefangene Winde entstünden (er dachte dabei wohl an das Phänomen des Darmgrimmens), daß Löwen vom Mond heruntergefallen seien und ähnliche Dinge.

Die unterschiedlichen Auffassungen der griechischen Philosophen resultierten nicht aus verschiedenen Interpretationen vorliegender Daten, wie dies heutige wissenschaftliche Debatten auszeichnet, sondern aus differenten Glaubensüberzeugungen. Dennoch haben einige dieser Differenzen bis in unsere Zeit überlebt. Heute würden wir von dem Konflikt zwischen Reduktionisten und Holisten sprechen. Demokrit war Reduktionist, er versuchte alles auf einfache verstehbare Grundlagen zurückzuführen. Platon und Aristoteles hingegen waren Holisten, die nur in der Betrachtung des Ganzen einen Schlüssel zum Verständnis der Natur sahen. Viele Jahrhunderte herrschte diese holistische Sicht vor, nach der die Summe mehr als die Einzelteile darstellt. Komplexe Strukturen hatten nach dieser Auffassung einen Zweck und waren deshalb entstanden, einer Erfüllung zu dienen. Im 17. Jahrhundert setzte sich dann die reduktionistische Sichtweise durch. Newtons Bewegungsgesetze implizierten, daß im Prinzip alles auf physikalische Gesetzmäßigkeiten reduzierbar und damit auch vorhersehbar sei. Der Reduktionist versucht demnach, immer grundlegendere Prinzipien zu entdecken und die Natur so einfach wie möglich zu beschreiben. Die Biologie ist hiernach nichts anderes als komplexe Chemie, während die Chemie lediglich praktizierte Physik darstellt.

Irgendwann sollte jeder Vorgang im Universum auf einfache physikalische Regeln reduzierbar sein. Neueste wissenschaftliche Erkenntnisse wiederum, die sich mit chaotischen Strukturen und Komplexität befassen, stützen erneut einen holistischen Standpunkt, nach dem das Verhalten eines Systems nicht aus der Beobachtung seiner Einzelmitglieder vorherzusehen ist. Reduktionismus und Holismus sind also nicht nur für die alten Griechen unversöhnliche Auffassungen gewesen, auch heute ist dieser Konflikt so aktuell wie vor Jahrtausenden. Möglicherweise müssen wir uns damit anfreunden, daß die Natur sowohl reduktionistisch als auch holistisch organisiert ist. Hiervon soll später noch die Rede sein.

ERKENNTNIS DURCH NEUGIER

Gib mir einen festen Punkt,
und ich werde die Erde bewegen.

Archimedes

In den zwei Jahrhunderten von 1400 bis 1600 n. Chr. begannen Erfindungen und Entdeckungen das politische und kulturelle Leben tiefgreifend zu verändern. Der Buchdruck (ca. 1445) ermöglichte die Verbreitung neuer philosophischer und wissenschaftlicher Erkenntnisse mit der Folge eines intensiven Gedankenaustauschs. Die Navigation wurde zu einer wissenschaftlichen Disziplin, und die Erfindung des Kompasses war die Grundlage für die Eroberung neuer Handelsgebiete. Schließlich veränderte die Entdeckung des Schießpulvers die politische Landkarte Europas. Die erste Erdumsegelung (1519–1522) durch Ferdinand Magellan bewies die Kugelgestalt der Erde zur selben Zeit, als die Reformation Martin Luthers die Kirche erschütterte. In dieser Zeit des Umbruchs gediehen auch revolutionäre wissenschaftliche Ideen. Erstmalig seit Beginn der Geschichtsschreibung entsteht der Gedanke des wissenschaftlichen Fortschritts. Während als alleinige Quelle der Wahrheitsfindung bisher nur das Studium der Bibel und der Bücher der »Alten« (insbesondere Aristoteles) galt, erkannten einige, daß Erkenntnis in der Natur gefunden werden kann! Das Weltbild des Astronomen Claudius Ptolemäus aus Alexandrien, welches seit dem

2. nachchristlichen Jahrhundert für alle Wissenschaftler und vor allem für die Kirche verbindlich die Erde in den Mittelpunkt des Universums stellte, fiel so den astronomischen Beobachtungen des Domherrn von Frauenburg, Nikolaus Koppernigk, genannt Copernicus (1473–1543) zum Opfer. Dieser stellte nämlich fest, daß die Erde sich um die Sonne bewegt, während sie sich darüber hinaus auch noch um die eigene Achse dreht. Auch behauptete er, daß die Sterne sehr viel weiter von uns entfernt seien, als man es zuvor glauben wollte. Copernicus argumentierte hier mit der fehlenden Parallaxe der Sterne. Eine Parallaxe sehen Sie immer, wenn Sie z. B. mit einem Auto auf einer Straße fahren und beobachten, wie ein nahe stehender Baum sich vor dem Hintergrund scheinbar bewegt. Sie können auch Ihren Finger in die Landschaft halten und ihn mit einem Auge fixieren. Achten Sie nun auf den weit entfernten Hintergrund und schauen dann mit dem anderen Auge auf den Finger. Er befindet sich plötzlich an einer anderen Stelle in Relation zum Hintergrund. Dieses Phänomen der gegenseitigen Verschiebung unterschiedlich entfernter Objekte bei Änderung des Beobachtungspunktes nennt man Parallaxe. An den Sternen konnte Copernicus solche Parallaxen nicht beobachten, obwohl er davon ausging, daß sie nicht auf einer Sphäre angeordnet sind, sondern sich in unterschiedlicher Entfernung von der Erde befinden. Wenn wir uns nun mit der Erdoberfläche bewegen und die Stellung der Sterne untereinander gleich bleibt, dann kann das hiernach nur eins bedeuten: Die Sterne stehen ungeheuer weit von uns entfernt im Weltall, so daß der Beobachtungswinkel viel zu gering ist oder, anders ausgedrückt, die Erdbahn viel zu

klein ist, um die Parallaxen festzustellen. Dasselbe Argument hatte übrigens schon im 3. Jahrhundert vor Christus Aristarch von Samos geäußert. Erst im Jahr 1838 konnte der Königsberger Astronom Friedrich Bessel mit Hilfe präziser Instrumente solche Parallaxen nachweisen und anhand derer Bestimmung während verschiedener Jahreszeiten die Entfernung eines Fixsterns im Sternbild Schwan bestimmen.

Kurz nach Copernicus' Tod erschien sein Werk *De revolutionibus orbium coelestium libri VI* (Über die Kreisbewegungen der Weltkörper). Die Konsequenzen aus diesem Buch, insbesondere die Verdrängung der Erde und damit des Menschen aus dem Mittelpunkt der Welt, wurden von seinen Zeitgenossen offenbar noch nicht richtig registriert. Und obwohl Copernicus ein Mann der Kirche

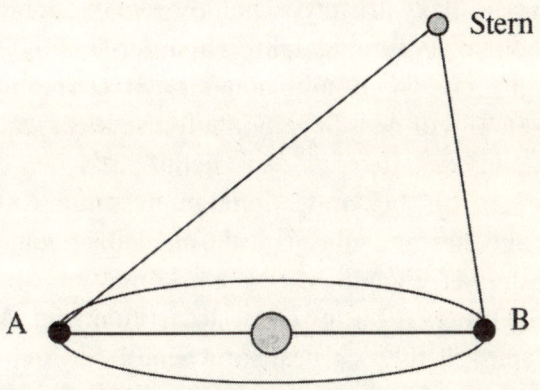

Abbildung 2: Prinzip der Entfernungsbestimmung eines Sterns nach der Parallaxenmethode: Die Erde befindet sich während ihrer Umlaufbahn um die Sonne im Abstand von einem halben Jahr an den Punkten A und B. Die bekannte Strecke zwischen diesen beiden Punkten bildet mit den Beobachtungslinien zu dem Stern einen meßbaren Winkel. Hieraus läßt sich die Entfernung von der Erde zu dem Stern berechnen.

war, hat er nicht die Repressalien erleiden müssen wie seine Nachfolger. Martin Luther erklärte das Buch des Copernicus zwar für baren Unsinn, die katholische Kirche schwieg hingegen zunächst. Nach damals gängiger Auffassung hatten die mathematischen Berechnungen der Astronomen nämlich nichts mit der realen physikalischen Welt zu tun. Diese dienten nur dem Ziel, die Planetenbewegungen mathematisch so zu beschreiben, daß sowohl die beobachtbaren Phänomene hieraus ableitbar waren und insbesondere auch die Grundlagen für die Berechnung der Horoskope geschaffen werden konnten. Aus diesem Verständnis heraus wurde Copernicus' Werk als eine abstrakte mathematische Gedankenübung toleriert unter der Voraussetzung, daß die physikalische Realität weiterhin durch das aristotelische System widergespiegelt würde. Mehr als fünfzig Jahre nach der Veröffentlichung mußte jedoch der Dominikanermönch Giordano Bruno (1548–1600) auf dem Scheiterhaufen sterben, weil er sich unter anderem offen zu dem heliozentrischen Weltbild von Copernicus bekannte. Eine interessante Auffassung von Bruno bestand übrigens darin, daß er glaubte, das Universum sei unendlich. Deshalb könne man nicht von einer eigentlichen Mitte reden. Jeder Punkt im Weltraum kann demnach für sich beanspruchen, der Mittelpunkt zu sein, und ein Rand existiert nirgendwo[8]. Nikolaus von Kues (1401–1464, aus Kues an der Mosel, auch Nicolaus

---

[8] Insbesondere wegen dieser Behauptung mußte Bruno sterben. Unendlich war für den Klerus nur Gott. Nichts konnte sich mit dieser Perfektion messen, nicht einmal das Universum. Bruno entgegnete, er glaube an einen noch mächtigeren Gott, einen der sogar ein unendliches Weltall schaffen könne.

Cusanus, eigentlich Nikolaus Krebs) hatte diese Auffassung zuerst geäußert. Er folgerte dies aber nicht aus astronomischen Überlegungen, sondern aus religiösen. Wenn Gott unendlich ist und das gesamte Universum durchdringt, also überall präsent ist, dann muß auch das Universum unendlich sein. Unendlichkeit bedeutet aber auch, daß es keinen Mittelpunkt geben kann. Auch die Erde kann dann nicht mehr das Zentrum des Seins darstellen. Andererseits war Gott plötzlich nicht mehr alleine in seiner Unendlichkeit. Vor allem hierin sahen die spätmittelalterlichen Kirchenväter eine Gefahr für den Glauben. Wir werden noch sehen, daß die Vorstellung eines Universums ohne Mitte und ohne Begrenzung sehr gut mit heutigen kosmologischen Modellen übereinstimmt.

Im Todesjahr von Bruno wurde Johannes Kepler (1571–1630) Assistent des großen dänischen Astronomen Tycho Brahe (1546–1601). Letzterer hatte wie kein Mensch zuvor astronomische Daten gesammelt und hinterließ nach seinem Tod seine riesige Ansammlung von Beobachtungsmaterial. Brahe war noch fest davon überzeugt, daß die Erde im Mittelpunkt des Weltalls stünde. An seinem Sterbebett mußte Kepler ihm versprechen, die gesammelten Daten sorgfältig auszuwerten, um so sein Lebenswerk zu vollenden. Kepler, der damit prahlte, dieses in einer Woche bewerkstelligt zu haben, brauchte dann doch mehr als zehn Jahre für diese Aufgabe. Im festen Glauben an die Richtigkeit der sorgfältigen Aufzeichnungen Brahes mußte er dabei seine eigenen Überzeugungen über den Haufen werfen. Er fand nicht nur heraus, daß Copernicus recht hatte und sich die Erde um die Sonne dreht, insbesondere beschäftigten ihn die Bewegungen der Planeten um die Sonne. Durch die peniblen Beobachtungen Brahes der Umlaufbahn des Mars gelang es ihm, die heute noch gültigen Gesetze zur Erklärung der Planetenbewegung zu erarbeiten. Hierbei ging er noch einen Schritt weiter als vor ihm Copernicus. Er konnte nämlich nicht nur die korrekten Beziehungen zwischen Umlaufgeschwindigkeiten und den Entfernungen von der Sonne aufstellen, vielmehr zeigte er auch, daß die Planeten sich nicht auf kreisförmigen, sondern auf elliptischen Bahnen bewegen. Dies stellte eine weitere Entmystifizierung der himmlischen Gesetze dar, wurde doch seit Aristoteles als selbstverständlich angenommen, daß Himmelskörper sich nur perfekt bewegen können. Und die perfekteste Umlaufbahn war nun einmal die Kreisbahn und nicht die Ellipse. Kepler machte sich außerdem Gedanken darüber, *warum* die Planeten überhaupt die Sonne umkreisen. Auch dies war ein neuer Ansatzpunkt, da die Gesetze des Himmels bisher nicht hinterfragt wurden. Seine Vorgänger hatten sich vielmehr damit begnügt, die Bewegungen der Gestirne zu beschreiben und als Ausdruck perfekter himmlischer Harmonie zu interpretieren. Kepler hingegen nahm an, daß von der Sonne eine Kraft ausgehen müsse, welche die Planeten in ihre Bahnen zwang. Hierbei stellte er sich ein magnetisches Feld vor, welches die Planeten zwar nicht anzog, aber dennoch deren »Weiterleitung« bewirkte. Erst Newton erkannte, daß es sich bei dieser Kraft nicht um den Magnetismus handelt, sondern um dieselbe Kraft, die uns am Erdboden festhält.

Fallende Kugeln

Während Kepler seine Entdeckungen in einen schwer nach-vollziehbaren mystischen Rahmen einkleidete, befreiten sich seine Nachfolger immer mehr von diesem Ballast, und die Sprache der Mathematik wurde als die einzige adäquate Form erkannt, sich der Natur zu nähern. Kepler selbst drückte allerdings seine Planetengesetze bereits in der for-malistischen mathematischen Schreibweise aus. Stets war er jedoch bemüht, die von ihm gefundenen Zusammenhänge mit metaphysischen Deutungen zu erklären. So wimmelte es in seinem Weltbild von Dämonen und widerstrebenden kosmischen Kräften. Auch die Sphärenmusik der Pythago-reer wurde von ihm wiederentdeckt. Alle Dinge bedurften für ihn neben der mathematischen Herangehensweise einer Erklärung, die entweder auf eine teuflische Heimtücke oder aber auf eine göttliche Allmacht hinwies.

Sein Zeitgenosse Galileo Galilei aus Pisa (1564 – 1642) suchte die Wahrheit mehr in den formalen Beziehungen zwischen den Dingen als in philosophischen Erklärungen. Hierdurch gelangen ihm die bedeutendsten Entdeckungen seiner Zeit, und er konnte so die Grundfesten der heutigen Naturwissenschaft legen. Galilei ist der eigentliche Begrün-der der modernen Mechanik, die Newton später weiterent-wickelte. Während sich seine Vorgänger insbesondere mit der Bewegung der Himmelskörper beschäftigten, interessier-ten ihn zunächst die Gesetze der Bewegung auf der Erde. Als erster führte er systematisch Experimente durch und begründete so das Zeitalter der modernen Naturwissen-schaften. Seine berühmten Fallexperimente waren die Grundlage für die Entwicklung der Bewegungsgleichungen.

Um die Fallgeschwindigkeit verschiedener Körper zu ermitteln, abstrahierte Galilei dieses Problem und experimentierte mit verschiedenen schiefen Ebenen. Ob er wirklich Gewichte vom schiefen Turm von Pisa herabfallen ließ, wird von den meisten Historikern in Frage gestellt. Der freie Fall, so dachte sich Galilei, ist nichts anderes als das Rollen auf einer »schiefen Ebene«, deren Neigungswinkel zur Erde 90 Grad beträgt. Die Beschleunigung auf einer schiefen Ebene unterscheidet sich demnach vom freien Fall nur dadurch, daß die Geschwindigkeit in Abhängigkeit vom Neigungswinkel vermindert wird. Bei genügend langsamer Geschwindigkeit sollte es so möglich sein, die Bewegungsgesetze des freien Falls zu analysieren. Er ließ also Kugeln ein Brett hinunterrollen und maß die Zeit, die sie für einen bestimmten Streckenabschnitt brauchten. Nun hatte Galilei keine Stoppuhr zur Verfügung und mußte deshalb eine andere Art der Zeitmessung erfinden. Er spannte Saiten in solchem Abstand auf das Brett, daß die durch die rollende Kugel angeschlagenen Saiten genau im Takt eines Marsches klangen, den er während des Experiments summte. Als ausgebildeter Musiker konnte er die Saiten so genau anbringen, daß er Unterschiede von $1/64$ Note heraushörte. Als die Saiten so montiert waren, daß sie im richtigen Takt schlugen, konnte er durch Messen der Strecken feststellen, daß die Fallgeschwindigkeit keineswegs konstant war, sondern ständig zunahm. Hierbei stellte sich heraus, daß es eine einfache Beziehung zwischen den verschiedenen Strecken gab. Die Intervalle zwischen den Saiten nahmen immer in quadratischer Folge zu, und zwar unabhängig vom Neigungswinkel der Ebene. Die Fallgeschwindigkeit war also nicht konstant und von der Schwere eines Körpers abhängig, sie nahm vielmehr unabhängig hiervon im Laufe des Falls ständig zu. So entdeckte er durch systematisches Experimentieren die erste korrekte Beschreibung für das Verhalten beschleunigter Körper[9].

Galilei gehörte zu der neuen Generation von Wissenschaftlern, die sich nicht zu schade waren, ihre Instrumente selbst herzustellen. Als er von der Erfindung des Fernrohrs in Holland hörte, verbrachte er viel Zeit darauf, die Herstellung dieser Instrumente zu verbessern. Im Jahr 1610 veröffentlichte er die ersten astronomischen Daten, die nicht nur aus der Beobachtung mit dem bloßen Auge gewonnen waren. Diese Untersuchungen bestätigten eindrucksvoll das Weltbild des Copernicus. Die Entdeckung von vier Jupitermonden zeigte, daß auch andere Planeten von Trabanten umkreist werden. Die Erde wurde wieder ein wenig aus dem Mittelpunkt der Welt gerückt. Dieses war deshalb bedrohlich, weil doch kurz zuvor im Jahr 1616 Papst Paul V. festgestellt hatte, daß die Erde ein für allemal im Mittelpunkt des Weltalls stünde und jede andere Meinung der Ketzerei gleichkomme. Die Schriften des Domherrn von Frauenburg waren inzwischen auf den Index der verbotenen Literatur gesetzt worden. Die Folgen für Galilei sind bekannt. Unter Androhung der Inquisition widerrief er im Büßergewand 1633 sein Lebenswerk und wurde als Belohnung dafür nicht gefoltert, sondern ledig-

---

[9] Nach Galilei ist die zurückgelegte Strecke (s) während des Falls proportional einer Konstanten (A), die von der Neigung der Ebene abhängig ist, multipliziert mit dem Quadrat der Zeit (t), die für diese Strecke notwendig ist: $s = At^2$

lich in Arcetri bei Florenz unter Hausarrest gestellt. Mehr als 350 Jahre später rehabilitierte Papst Johannes Paul II. Galilei und sprach ihn vom Vorwurf der Ketzerei frei, wobei er jedoch auch Verständnis für seine Peiniger äußerte.

Galilei entwickelte noch eine weitere wissenschaftliche Methodik, indem er über das reine Experimentalstadium hinausging und sich *Gedankenexperimente* ausdachte, anhand derer er sich Lösungen für Probleme erarbeitete, die ihm sonst nicht zugänglich waren. Diese Methode hat übrigens 300 Jahre später Albert Einstein für die Formulierung seiner Relativitätstheorie ebenfalls mit Erfolg eingesetzt. So überlegte er, was geschehe, wenn Körper im vollkommenen Vakuum fallen würden, und beschrieb korrekt, daß die Fallgeschwindigkeit unabhängig vom Gewicht sei. Folgende Überlegung führte ihn zu der Annahme, daß die gleichförmige Bewegung keiner antreibenden Kraft bedarf, sondern so lange andauert, bis diese durch irgend etwas gebremst wird. Er wußte, daß eine Kugel, die auf einem Brett hinunterrollt, immer schneller werden wird und daß umgekehrt eine Kugel, die man an einer Steigung anstößt, ihre Geschwindigkeit verlangsamen und zum Stillstand kommen wird. Wenn man sich nun den Zustand zwischen der ansteigenden und der abfallenden Ebene vorstellt, dann wird klar, daß die Art der Bewegung zwischen einer stetigen Beschleunigung und einem stetigen Abbremsen nur ein gleichförmiges Rollen der Kugel sein kann. Die Kugel wird, fehlende Reibung vorausgesetzt, weder schneller wie beim Hinabrollen noch langsamer wie beim Hinaufrollen. Sie wird also für immer und ewig weiterrollen. Ein Gegenstand verändert deshalb seine Geschwindigkeit nur dann, wenn eine äußere Kraft ihn dazu zwingt. Die natürliche Lage eines Gegenstandes ist also nicht, wie bis dahin angenommen, die Ruhe, nach der alle irdischen Körper streben, sondern die gleichförmige Bewegung. Diese Feststellung ist deshalb bemerkenswert, weil sie der tagtäglichen Anschauung zu widersprechen scheint, nach der kein Gegenstand sich ohne äußeres Zutun bewegt. Kugeln rollen normalerweise nicht ewig, und es bedurfte sicherlich der klaren und mathematisch fundierten Überzeugungskraft Galileis, diese Sachverhalte seinen Zeitgenossen zu vermitteln.

Galilei zeigte deutlich, daß natürliche Vorgänge reproduzierbar und meßbar sind. Er war der erste, der schlüssig belegte, daß Naturgesetze für die Bewegungen zuständig sind und keine mystischen, der Materie innewohnenden Eigenschaften. Auch haben wir ihm das Relativitätsprinzip zu verdanken. Mit Aristoteles ging man seit zweitausend Jahren davon aus, daß es einen absolut feststehenden Raum gibt, der den Rahmen für jede Bewegung darstellt. An vielen Beispielen wies Galilei nach, daß man von einer absoluten Bewegung aber keinesfalls reden kann. Wenn ein Schiffsjunge einen Stein von der Spitze des Segelmastes fallen läßt, dann wird dieser am Fuß des Mastes aufschlagen und zwar unabhängig davon, ob das Schiff im Hafen liegt oder sich mit einer bestimmten Geschwindigkeit bewegt. Für den Matrosen fällt der Stein also auch während der Fahrt senkrecht auf das Deck. Für einen außenstehenden Beobachter beschreibt er jedoch eine Fallkurve, die durch seine anfängliche Geschwindigkeit in Bewegungsrichtung des Schiffs von der Senkrechten abweicht. Bewegung ist also relativ, und wenn man einen bewegten Vorgang korrekt wiedergeben will, muß dieses relative Bezugssystem mit berücksichtigt werden.

Galilei war einer der ersten und der bedeutendste Forscher, der mit der Tradition brach, Wissen ausschließlich aus alten Büchern zu beziehen. Er hatte den Mut, selbst Autoritäten wie Aristoteles in Frage zu stellen. Dies war in seiner Zeit ungeheuerlich, da die Schriften der alten Philosophen einen Wahrheitsgehalt wie die Bibel repräsentierten. Selbst eindeutige Experimente konnten viele Zeitgenossen Galileis nicht überzeugen, wenn sie im Widerspruch zu den alten Schriften standen. So berichtet Galilei 1632 in seinem *Dialog* folgende Geschichte: Ein berühmter venezianischer Arzt führte in Anwesenheit von Galilei und einem überzeugten Anhänger Aristoteles' eine Leichensektion durch, um die bereits in der Antike bestehende Streitfrage nach dem Ursprunch der Nerven im menschlichen Körper zu klären. Aristoteles behauptete nämlich, diese gingen alle vom Herzen aus, während der Arzt Galen das Gehirn als Ursprungsort ansah. Bei der Sektion war nun klar erkennbar, daß vom Gehirn aus ein dicker Nervenstrang (das Rückenmark) ausgeht, der wiederum zahlreiche Nerven in den gesamten Körper schickt. Das Herz erhält selbst nur einen relativ dünnen »Faden von Zwirnsdicke«. Dies veranlaßte den zuschauenden Philosophen zu der Aussage, daß er tatsächlich fast glauben würde, daß die Nerven vom Gehirn ausgingen – stünde nicht der eindeutige Text des Aristoteles dagegen. Galilei gab nicht so viel auf die Schriften. Seine Experimente waren für ihn die wesentliche Quelle der Wahrheitsfindung. Er grub somit der scholastischen Philosophie des Mittelalters das Grab, die Wissensweitergabe für wichtiger hielt als selbständigen Wissenserwerb.

Äpfel und Planeten

Sir Isaac Newton (1642–1727), im Todesjahr Galileis geboren[10], löste eine wissenschaftliche Revolution aus, deren Ausmaß heute kaum mehr zu erfassen ist. Kein Mensch vor oder nach ihm hat so viele Beiträge zur Naturwissenschaft geleistet. Newton suchte im Gegensatz zu Aristoteles nicht nach den der Materie innewohnenden Eigenschaften, die ihr Dasein bestimmen, sondern nach den »Gesetzen«, die der Materie ihr Verhalten aufzwingen. Dieser Punkt unterschied ihn von vielen seiner Zeitgenossen, u. a. von seinem Erzfeind Leibniz, welcher der Materie inhärente, verhaltensbestimmende Eigenschaften zuschrieb. Newton begründete eine völlig neue Herangehensweise an die Natur und schuf gleich eine ganze Naturwissenschaft. Seine drei Bewegungsgesetze beschreiben als erste korrekt das Verhalten von Materie in Ruhe und in Bewegung und lassen sich nicht nur auf Äpfel, sondern auch auf Planeten und Sterne anwenden. Newton erkannte, daß es Naturgesetze gibt, die überall im Universum gelten. Die irdische Mechanik und die Bewegung der Planeten waren durch dieselbe Kraft bedingt, nämlich durch die Gravitation. Dies mag uns heute selbstverständlich erscheinen, zu Newtons Zeiten war es aber revolutionär. So war es für seine Zeitgenossen völlig klar, daß

---

[10] In Wirklichkeit wurde er im Jahr danach geboren. Das Geburtsdatum Newtons wird zwar meist mit dem 25. Dezember 1642 angegeben, allerdings bezieht sich dies auf den damals in England noch gültigen Julianischen Kalender. Im übrigen Europa benutzte man jedoch zu dieser Zeit bereits den Gregorianischen Kalender. Hiernach wäre Newton erst am 5. Januar 1643 geboren, also im Jahr nach Galileis Tod.

die Bewegungen von Sonne, Mond oder Sternen vollkommenen, himmlischen Gesetzen unterlagen, während auf der Erde niedere Gesetzmäßigkeiten herrschten. Auf den ersten Blick erscheint es auch absurd, daß ein Gegenstand, der zu Boden fällt und anschließend dort liegenbleibt, diese Bewegung nach demselben Prinzip durchführen soll wie die ewig um die Sonne kreisenden Planeten. Daß der Mond denselben Bewegungsgesetzen unterliegt wie ein fallender Apfel, war insbesondere für klerikale Kreise ein Schock. Dennoch war Newton aber kein Ketzer, sondern ein frommer Mann, der stets den göttlichen Willen hinter der von ihm aufgedeckten Ordnung sah.

Man kann sich heute kaum mehr vorstellen, welche radikale Umwälzung des Denkens die Entdeckungen Newtons erforderten. Daß es keine bevorzugten Raumrichtungen gibt, erscheint schon jedem Kind heute selbstverständlich. Schließlich wissen wir alle, daß es für das Raumschiff Enterprise kein Oben und Unten gibt und daß das, was wir als oben bezeichnen, für den Australier unten ist. Newton ermöglichte diese Sichtweise aber erst dadurch, daß er die Bewegungen irdischer und himmlischer Körper durch eine einzige Kraft – die Gravitation – erklärte. Aber nicht nur der Raum, auch die Bewegungen selber mußten eine Degradierung hinnehmen. Nicht mehr die perfekteste aller Bahnen, die Kreisbahn, bestimmte das Geschehen am Firmament, sondern die ursprünglichste Bewegung ist nach Newton linear. Mit Aristoteles war man bis dahin der Ansicht gewesen, daß die kreisförmige Bewegung die natürlichste und vollkommenste sein müsse. Wenn sich aber ein Körper kreisförmig bewegt, dann müssen auf ihn Kräfte einwirken, die ihn von der geradlinigen Bewegung abbringen. Newtons erstes Bewegungsgesetz besagt, daß ein Gegenstand so lange in Ruhe oder in einer linearen Bewegung verbleibt, bis eine Kraft ihn dazu zwingt, diesen Zustand aufzugeben. Es ist also keineswegs so, wie Aristoteles und seine Nachfolger lehrten, daß die Ruhe der Zustand ist, den jede Materie anstrebt. Gleichförmige Bewegung ist ein ebenbürtiger grundlegender Zustand. Auch dieses erfordert ein gehöriges Maß an Abstraktionsvermögen, streben doch zumindest auf der Erde alle bewegten Gegenstände der Ruhe entgegen. Newton erkannte auch, daß es die Gravitationskraft der Erde ist, die den Mond um sie kreisen läßt und die den Apfel fallen läßt. Die kreisförmige Bewegung des Mondes beschrieb er als ein ständiges Fallen in Richtung Erde. Es war für ihn nur die Geschwindigkeit, die bestimmt, wann ein Geschoß zu Boden fällt. Ist die Geschwindigkeit eines Pfeils groß genug, dann kann er die Erde umkreisen und den Schützen von hinten durchbohren.

Die Bewegung eines Gegenstandes unterliegt also berechenbaren Kräften. Dies führte zu einer bis dahin beispiellosen Möglichkeit, natürliche Phänomene zu erklären und vorauszusagen. Es wurden nicht nur die Bewegungen von Äpfeln und Planeten so genau wie noch nie zuvor beschrieben, durch die Beobachtung der Bahnen der Himmelskörper konnte sogar die Existenz weiterer Planeten vorhergesehen werden. Die Planeten Neptun und Pluto wurden so bereits vor ihrer Entdeckung aufgrund ihrer Gravitationswirkung postuliert.

Auch der harmlos klingende Lehrsatz, daß Kraft gleich Gegenkraft ist, enthüllt eine völlig andere Herangehensweise an die Betrachtung natürlicher Vorgänge. Dieses dritte Bewegungsgesetz bedeutet nichts anderes, als daß der fallende Apfel die Erde mit derselben Kraft anzieht wie diese den Apfel. Hiermit werden einige philosophische Standpunkte gründlich über den Haufen geworfen. Erstens scheinen die Relationen völlig verschoben zu sein. Was der Mensch für wichtig hielt, ist plötzlich sehr relativ geworden. Die gesamte Erde hat bezüglich der Gravitationswirkung prinzipiell keinen anderen Stellenwert mehr als ein einziger Apfel. Zweitens bietet die gleichwertige Betrachtung von Kraft und Gegenkraft auch keinen Raum mehr für die teleologische aristotelische Naturbetrachtung. Wenn man z. B. mit einer Axt auf einen Holzblock schlägt, wird das Holz die gleiche Kraft auf die Axt ausüben wie diese auf das Holz. Es ist so nur eine Frage des Standpunktes, wie dieses Ereignis beschrieben wird. Beide Sichtweisen – die der Axt und die des Holzklotzes – sind gleichwertig. Newtons Vorgänger hingegen hätten den Zweck, nämlich den Holzblock zu spalten, und den Menschen als Akteur in den Mittelpunkt dieses Geschehens gestellt.

Newton formalisierte die Naturwissenschaften, indem er sich einer strengen mathematischen Sprache bediente. Wenn die Mathematik nicht in der Lage war, Phänomene zu beschreiben, dann erfand er die entsprechende Mathematik einfach[11]. 1687 faßte er seine naturwissenschaftlichen Erkenntnisse in den *Philosophiae naturalis principia mathematica* zusammen. Hier kommt erstmalig zum Ausdruck, daß die Natur nach klaren Regeln spielt. Das Ziel,

---

[11] Unter anderem erfand Newton die Infinitesimalrechnung zeitgleich mit Leibniz. Der Prioritätsstreit hierum ist eine der wesentlichen Ursachen für das angespannte Verhältnis, welches diese größten Gelehrten ihrer Zeit hatten.

irgendwann einmal alles aufgrund eindeutiger Naturgesetze zu verstehen und bei der Beobachtung unserer Welt nicht nur ein dummer Zuschauer zu bleiben, ist hiermit erstmals angepeilt worden. Auch heute noch verfolgen wir dieses Ziel, und einige Physiker sind der Auffassung, daß Newtons Traum, eine »Theorie von Allem«, in greifbarer Nähe liegt.

Kräfte und Felder

Obwohl die mathematischen Grundlagen der Naturbetrachtung seit Newton immer komplizierter und für den Nichteingeweihten undurchschaubarer wurden, gelang in der folgenden Zeit eine grundsätzliche Vereinfachung der Beschreibung natürlicher Vorgänge. Im 19. Jahrhundert wurden Phänomene entdeckt, die nahelegten, daß es sich bei Elektrizität und Magnetismus im Grunde um artverwandte Erscheinungen handelt. Es war bereits bekannt, daß beide Kräfte demselben Abstandsgesetz gehorchen, wonach die Stärke der elektrischen oder magnetischen Anziehung mit dem Quadrat des Abstandes abnimmt. Auch fiel die Analogie zwischen dem Nord- und Südpol des Magnetismus und der positiven und negativen elektrischen Ladung auf. Gleichnamige magnetische Pole oder elektrische Ladungen stoßen sich ab, während sich entgegengesetzte anziehen. Ebenso wußte man, daß elektrische Phänomene, wie z.B. stromdurchflossene Spulen oder Blitze, Kompaßnadeln ablenken oder sogar umpolen können. Darüber hinaus wurden noch engere Zusammenhänge zwischen diesen beiden Kräften gefunden. Eine bewegte elektrische Ladung kann ein Magnetfeld erzeugen. Daß umgedreht ein bewegter Magnet auch eine elektrische Ladung induzieren kann, wurde im Jahr 1831 von Michael Faraday (1791–1867) nachgewiesen. Als gelernter Buchbinder machte dieser seine mangelnden theoretischen und mathematischen Fähigkeiten durch eine enorme experimentelle Begabung und durch sein bildliches Vorstellungsvermögen wett. Als erster konnte er so die Zusammenhänge zwischen Magnetismus und Elektrizität systematisch beschreiben. Er erklärte seine Beobachtungen durch die Einführung des Feldbegriffs, der von dem Schotten James Clerk Maxwell (1831–1879) mathematisch formuliert wurde. Faraday konnte durch die erfolgreiche Einführung des Feldbegriffs die unangenehme Situation klären, die durch die Newtonsche Fernwirkung entstand. Denn nach Newton wirkt eine Kraft unmittelbar und ohne Zeitverzögerung. Wie diese Kraft die Zwischenräume überbrückt, blieb völlig unklar. Die Existenz von Feldlinien, die überall vorhanden sind, erklärten die Beziehungen verschiedener Körper, zwischen denen elektrische oder magnetische Ereignisse stattfinden.

Im Jahr 1864 fand somit die erste große Vereinheitlichung in der Physik statt. Vereinheitlichung bedeutet immer, daß zwei verschieden erscheinende Phänomene durch ein einziges grundlegenderes Prinzip erklärt werden können. Die Beschreibung der Welt wird also einfacher. Dieses gelang Maxwell, indem er die mathematische Formulierung der elektromagnetischen Kraft schuf und zeigte, daß es sich bei Elektrizität und Magnetismus nicht nur um verwandte Phänomene handelt, sondern um den Ausdruck einer einzigen Grundkraft. Er konnte zeigen, daß

ein elektrisches Feld ein stärker werdendes magnetisches
Feld erzeugt, welches wieder verschwindet und dabei ein
neues entgegengesetztes elektrisches Feld erzeugt usw..
Die beiden Kräfte sind also eng miteinander gekoppelt
und breiten sich in Form einer ständig zwischen elek-
trischem und magnetischem Feld wechselnden Welle aus.
Eine Konsequenz von Maxwells Gleichungen war es, daß
sich elektromagnetische Felder im Vakuum mit ca.
300.000 km/sec fortbewegen. Dies war aber genau die
Lichtgeschwindigkeit[12], die man unabhängig hiervon bereits bestimmt hatte. Licht selbst schien also nichts anderes zu sein als eine elektromagnetische Welle einer bestimmten Frequenz. Maxwell konnte so auch vorhersagen,
daß es außer Licht andere elektromagnetische Wellen im
nicht sichtbaren Bereich geben müsse. Er selbst hat die
triumphale Bestätigung seiner Theorie allerdings nicht
mehr erlebt. Im Jahr 1887, acht Jahre nach seinem frühen
Tod mit 48 Jahren, wurden dann tatsächlich Radiowellen
an der Technischen Hochschule Karlsruhe von dem drei-
ßigjährigen Physikprofessor Heinrich Hertz (1857–1894)
und später das gesamte elektromagnetische Spektrum
entdeckt. Das sichtbare Licht ist also nur ein winziger
Ausschnitt aus dem Bereich der möglichen Frequenzen,
welches wir deshalb bevorzugt wahrnehmen, weil unsere
Sonne in diesem Bereich ihr Strahlungsmaximum hat.

Das physikalische Weltbild wurde durch den Feldbegriff
von Faraday und Maxwell wesentlich erweitert. Bis dahin

---

[12] Die Lichtgeschwindigkeit beträgt exakt 299.792,458 km/sec. Der
Einfachheit halber werde ich diese im weiteren mit 300.000 km/sec annehmen.

kannte man nur Materie und Kräfte, die irgendwie auf diese einwirken. Felder sind nach Maxwell aber ebenso real wie die materiellen Dinge unserer Umgebung. Sie sind keine mathematischen Hilfskonstruktionen, wie dies bei Newton noch der Fall war, sondern haben eine eigene Existenz, die sich z. B. durch ihren energetischen Gehalt nachweisen läßt. Physikalische Realität kann seit Maxwell also in zwei Formen auftreten: als Materie und als Felder.

Vorbestimmung oder Zufall

Zur selben Zeit spielte sich auf einem anderen Gebiet eine mindestens ebenso bedeutende Entwicklung ab. Der Engländer Charles Darwin (1809–1882) provozierte die Öffentlichkeit mit der Behauptung, die Natur sei nicht in der Form von Gott geschaffen, wie wir sie vorfinden. Vielmehr gebe es eine ständige Entwicklung, und selbst der Mensch sei nicht als Adam und Eva auf die Welt gekommen. Auch folge die Entwicklung der belebten Natur und des Menschen nicht irgendeinem bestimmten Sinn. Blinde Kräfte und nicht die Vorsehung bestimmen über unsere Existenz.

In der Zeit vor Darwin waren Naturforscher ständig bestrebt, anhand von Beispielen die anthropozentrische Sicht zu beweisen, daß die Natur und die Naturgesetze genau so sind, wie sie sind, um dem Menschen als Ebenbild Gottes zu dienen. Der Darwinismus machte Schluß mit dem Gedanken der Zweckmäßigkeit der Natur, indem er die vorhandenen Lebensformen als Folge eines evolutionären Prozesses beschrieb, bei dem nur der Angepaßteste überlebt. An die Stelle eines göttlichen Plans setzte

Darwin die Planlosigkeit, den Zufall, der im Laufe der Zeit zu den heutigen Lebensformen geführt hat. Selbst vor dem Menschen machte er nicht halt und degradierte ihn zu einer animalischen Entwicklung. Und als ob das noch nicht genug wäre, wies Darwin darauf hin, daß alle Lebewesen einschließlich des Menschen letztendlich einer einzigen Lebensform entstammen, nämlich einem Einzeller, der vor mehreren Milliarden Jahren in den Urozeanen der jungen Erde lebte. Sigmund Freud (1856–1939) zeigte später, daß nicht nur unser Körper, sondern auch unser Bewußtsein tierischen Ursprungs ist. Unter der sorgsam aufrechterhaltenen kulturellen Hülle des Menschen stekken animalische, sexuelle und gewalttätige Urinstinkte, die unser Leben mehr bestimmen, als wir zuzugeben bereit sind. Wieder einmal war der Mensch aus dem Zentrum des universalen Geschehens gerückt worden. Der Unterschied zu anderen Lebensformen ist nur ein gradueller, aber keineswegs ein prinzipieller.

Charles Darwin gewann seine Erkenntnisse durch systematische Beobachtungen während seiner Weltreise von 1831 bis 1836. Auf den Galapagos Inseln stellte er fest, daß jede Insel eigene unterscheidbare Tiere hervorgebracht hatte, die ganz offensichtlich einen gemeinsamen Ursprung hatten. So gab es Finken mit unterschiedlichem Gefieder und Schnäbeln, die jedoch alle eindeutig noch Finken waren. Er schloß hieraus, daß die unterschiedlichen Bedingungen auf den verschiedenen Inseln zur Bildung einer jeweils neuen Spezies führen würden. Würde man lange genug warten, dann wäre irgendwann von der Gemeinsamkeit der verschiedenen Finken nicht mehr viel übrig. Darwins wesentliche Erkenntnis war es, daß

Leben ein veränderlicher Prozeß ist und die vorgefundenen Lebewesen keineswegs immer in der jetzigen Form
vorhanden waren. Neue Arten entstehen und sterben wieder aus. Bestehende Arten passen sich veränderten Bedingungen an. Weiterhin folgerte Darwin, daß die Lebewesen
einen gemeinsamen Ursprung haben müssen. Die Entwicklung zu komplexeren Formen geschieht durch den
Prozeß der Evolution, der in zwei Stufen abläuft. Zunächst verfügt jede Lebensform über einen großen Vorrat
an Variationsmöglichkeiten. Kein Lebewesen ist exakt
identisch mit einem anderen. Dies gilt sogar für einzellige
Formen wie Bakterien. Ein Teil dieser natürlich auftreten-
den Unterschiede zwischen verschiedenen Individuen
einer Art ist vererbbar. Darwin wußte noch nichts von
dem Grund für diese Variationsbreite und deren Weitergabe auf die Nachkommen. Dieses Problem beschäftigte
ihn sein Leben lang. Wenn bestimmte Eigenschaften von
den Eltern an die Kinder weitergegeben werden, dann
sollten sie eigentlich immer weniger ausgeprägt vorhanden sein. Die Vermischung der elterlichen Eigenschaften
würde mit jeder Generation zu einer weiteren »Verdünnung« führen. Grundlage von Darwins Theorie war jedoch
die Verstärkung positiver Merkmale. Eine Lösung für dieses Rätsel fand er nicht. Der Abt des Augustinerklosters
in Brünn, Johann Gregor Mendel (1822–1884), hatte
schon 1865 entdeckt, daß Vererbung bestimmten Gesetzen
folgt und daß es Erbeinheiten gibt, die von den Eltern
auf die nachfolgende Generation übertragen werden. Er
konnte nachweisen, daß bestimmte Eigenschaften sich bei
Vorhandensein bei nur einem Elternteil durchsetzen
(dominante Eigenschaften), während andere eine ganze

Generation überspringen können (rezessive Eigenschaften). Vermischung elterlicher Merkmale führt also nicht notwendigerweise zu einer »Verdünnung«, sondern zu einer Ausprägung in verschiedenen Generationen. Im Jahr 1900 wurden die Ergebnisse von Mendel wiederentdeckt. Darwin hat von Mendels Ergebnissen nie erfahren. Erst in diesem Jahrhundert wurden dann die molekularbiologischen Vorgänge entdeckt, welche die Vererbung steuern.

Der zweite Schritt im Darwinschen Evolutionsprozeß besteht in der Auswahl durch Selektion. Hier gilt das Prinzip des Angepaßtesten, der die besten Chancen hat, im Kampf ums Dasein zu überleben. Weniger günstige Merkmale führen zum Aussterben einer Art, günstigere zu deren Verbreitung. Die Selektion bringt sozusagen, wie der Biologe Ernst Mayr dies ausdrückte, Ordnung in die Masse der Variationen.

Im Jahr 1859 veröffentlichte Darwin seine Thesen in dem Buch »Die Entstehung der Arten durch natürliche Zuchtwahl«. Sorgfältige Naturbeobachtungen zeigten ihm, daß Arten sich ändern können. Aus einfachen Formen hatten sich immer komplexere entwickelt. Diese Änderungen oder Mutationen erfolgen nun nicht zielgerichtet, sondern völlig zufällig. Da nur die Mutationen, die einen Vorteil im Überlebenskampf mit sich bringen, sich gegen andere Konkurrenten durchsetzen können, bedingt dieser blinde Zufall durch Auslese etwas, das man in Unkenntnis der Ursache als planvolle Verbesserung fehldeuten kann. Der zweite Schritt der Evolution, die Selektion, erfolgt also als notwendige Anpassung der zuvor zufällig entstandenen Mutationen. Evolution ist also weder blinder Zufall noch teleologische Anpassung. Vielmehr handelt es sich um ein höchst effektives Verfahren, welches Zufall und Notwendigkeit miteinander kombiniert.

Obwohl Darwins Theorien zu seinen Lebzeiten stark angefeindet wurden und sich insbesondere klerikale Kreise nicht damit abfinden konnten, daß der Mensch nichts anderes ist als ein weiterentwickelter »Affe«, mußte sich die Evolutionstheorie durchsetzen, weil keine andere Hypothese in der Lage war, die vorgefundenen Gegebenheiten schlüssig zu erklären. Zwar gab es schon in der Antike vereinzelt Ideen, nach denen der Mensch eine Entwicklung aufweise, die feste Meinung für Jahrtausende war es jedoch, daß wir irgendwann in unserer jetzigen Form auf die Erde gekommen seien. Es ist deshalb nicht verwunderlich, mit welcher Verachtung und mit welchem Spott Darwin von seinen Zeitgenossen überzogen wurde.

Heute haben anthropologische Funde unser Bild von der Entstehung des Menschen weiter vervollständigt. Unsere Vorfahren lebten vor einigen Millionen Jahren in Zentralafrika und ähnelten mehr den heutigen Schimpansen als uns. Auch wenn der luckenlose Stammbaum des Menschen noch nicht restlos aufgeklärt ist, so besteht doch kein Zweifel mehr an unserer Abstammung.

Die Entthronung des Menschen war aber noch nicht am Ende. In den Jahrzehnten nach Darwins Tod wurden die kosmologischen Dimensionen zurechtgerückt. Der Mensch mußte nicht nur erkennen, daß er ein Abkömmling primitiver Vorfahren ist, darüber hinaus schrumpfte er zur Bedeutungslosigkeit angesichts der Größe und der unverstandenen Geheimnisse des Universums. Ein Patentbeamter in Bern sollte alles umwerfen, was bis dahin für gesichertes Wissen gehalten wurde.

86

ERKENNTNISSE
EINES PATENTBEAMTEN

Als ich jung war, fand ich heraus,
daß die große Zehe
immer die Angewohnheit hat,
ein Loch in die Socke zu machen.
Und so habe ich aufgehört, Socken zu tragen.

Albert Einstein

Zeit und Raum

Die Basis für die Physik Newtons waren der absolute
Raum und die absolute Zeit. Beide wurden nicht explizit
definiert, sondern als gegebene und unveränderliche Tatsachen hingenommen. Den Raum dachte er sich als riesigen dreidimensionalen Kasten, in dem alle Bewegungen
relativ zu diesem beschrieben werden könnten. Auch
Newton wußte jedoch ebenso wie schon Galilei, daß es
keinen Sinn macht, von absoluten Bewegungen zu sprechen. Aber der stetige Fluß der Zeit, wie wir ihn alle erfahren, wurde nie in Frage gestellt. Doch genau an diesen
beiden Eckpfeilern der klassischen Physik und der Philosophie rüttelte Albert Einstein (1879 – 1955).
Nachdem er sein Studium abgeschlossen hatte, nahm
Einstein eine Stelle als Beamter am Eidgenössischen Ber-
ner Patentbüro an. Für eine Universitätslaufbahn hatte er
nach Meinung seiner Hochschullehrer nicht genug Quali-
fikationen. So hatte er in der geruhsamen Atmosphäre der

Schweizer Behörde genug Zeit, um über die Grundlagen von Raum und Zeit nachzudenken.

Maxwells Gleichungen zeigten, daß die Lichtgeschwindigkeit eine Konstante ist, bezogen auf ein universell gültiges, imaginäres Koordinatensystem des dreidimensionalen Raums. Alle Experimente hatten dies eindrucksvoll bestätigt. Um diese Konstanz zu erklären, wurde angenommen, der gesamte Raum sei durchsetzt von einer ruhenden Substanz, dem sogenannten Äther. In bezug auf diesen könnten alle Bewegungen und Geschwindigkeiten geeicht werden. Der Äther sollte also das Medium darstellen, in dem sich das Licht bewegen kann, so wie die Wassermoleküle das Medium für die Meereswelle sind. Die Konstanz der Lichtgeschwindigkeit ergibt sich dann aus der Tatsache, daß die Bewegung einer Welle unabhängig von der Verursachung ist. Die Welle bezieht ihre Geschwindigkeit sozusagen aus den spezifischen Eigenschaften des Mediums, in dem sie sich bewegt. So ist die Geschwindigkeit der Wasserwelle auch nicht davon abhängig, mit welcher Geschwindigkeit der Stein, der sie verursacht, geworfen wird. Da die Welle keinen Kontakt mehr zu dem Stein hat, folgt sie nur noch ihren eigenen Gesetzmäßigkeiten. Ähnlich hat auch der Lichtstrahl keine Verbindung mehr zur Lichtquelle, wenn er einmal ausgesandt wurde. Seine Geschwindigkeit hängt also nach Maxwell nur noch von den Bedingungen ab, die er im Äther vorfindet. Deshalb ist die Lichtgeschwindigkeit immer konstant, gleichgültig wie sich die Lichtquelle bewegt.

In einem berühmten Experiment im Jahr 1887 konnten Albert Michelson und Edward Morley in Cleveland jedoch nachweisen, daß ein solcher Äther nicht existiert[13]. Oder besser gesagt konnten sie keinen Ätherwind messen. Da die Erde sich dreht, sollte ein solcher Ätherwind auch zu unterschiedlichen Zeiten mit verschiedenen Geschwindigkeiten die Erde umströmen. Wenn sich die Erdoberfläche also in Richtung des Äthers bewegt, sollte die Lichtgeschwindigkeit geringfügig langsamer gemessen werden, als wenn sie sich in Gegenrichtung bewegt und ihr der Ätherwind sozusagen entgegenbläst. Denn die Konstanz der Lichtgeschwindigkeit bedeutet ja, daß diese in Relation zu dem ruhenden Äther und nicht zur Erdoberfläche konstant sein soll. Wenn man also davon ausging, daß die Erde nicht der ruhende Nabel der Welt sei, konnte das negative Resultat des Experimentes von Michelson und Morley nur bedeuten, daß es keinen Maxwellschen Äther gibt.

Es existiert also kein Bezugssystem, welches für das gesamte Universum Gültigkeit hat. Wenn es nun kein universelles Bezugssystem gibt, was ist dann mit der

---

[13] Albert Michelson führte bereits 1880 ein solches Experiment mit dem von ihm in Berlin entwickelten Interferometer durch. Hierbei wurden im Prinzip die Geschwindigkeiten, die das Licht in zwei senkrecht aufeinanderstehende Richtungen erreicht, miteinander verglichen. Die beiden Lichtstrahlen wurden nach einer gewissen Strecke durch Spiegel reflektiert und wieder zusammengeführt. Anhand der Änderung der Interferenz wäre zu erkennen gewesen, ob einer der beiden Strahlen infolge der Erdbewegung durch den Äther für die Strecke mehr Zeit gebraucht hätte als der andere. Die ersten Messungen von Michelson erwiesen sich jedoch als fehlerhaft. Mit einer verbesserten Meßeinrichtung wiederholte er das Experiment zusammen mit Edward Morley im Jahr 1887 an der Case School of Applied Science in Cleveland. Hierbei ließ sich dann zweifelsfrei die Ätherhypothese widerlegen. Es gab keine Laufzeitunterschiede der beiden Lichtstrahlen.

konstanten Lichtgeschwindigkeit? Diese müßte dann in unterschiedlichen Bezugssystemen, beispielsweise bei verschiedenen Geschwindigkeiten des Beobachters, auch verschieden sein. Das wiederum wäre aber mit Maxwells Gleichungen nicht zu vereinbaren. Einstein hatte deshalb die Idee, daß die Lichtgeschwindigkeit *unabhängig vom Bezugssystem* immer konstant sein müsse. Dieses hört sich zunächst harmlos an, hat aber dramatische Konsequenzen für unsere Vorstellung von Raum und Zeit. Wenn nämlich die Lichtgeschwindigkeit für alle Beobachter in unterschiedlichen Bezugssystemen (also bei verschiedenen Geschwindigkeiten oder Beschleunigungen) gleich ist, dann können Raum und Zeit nicht mehr für alle Beobachter dasselbe bedeuten. Die Lichtgeschwindigkeit ist demnach konstant, Raum und Zeit hingegen sind relative Größen, die etwas mit unserem Beobachtungsstandpunkt zu tun haben.

Im Alter von 26 Jahren formulierte Einstein seine spezielle und zehn Jahre später die allgemeine Relativitätstheorie. Er konnte zeigen, daß die Physik Newtons nicht falsch ist, aber nur einen kleinen Ausschnitt der Wirklichkeit erfaßt, nämlich jenen, in dem sich Körper relativ langsam bewegen. Bei hohen Geschwindigkeiten, die der Lichtgeschwindigkeit nahekommen, versagen Newtons Gleichungen. Hier treten Effekte auf, die dem gesunden Menschenverstand zu widersprechen scheinen. Aber dennoch sind sie in vielen Experimenten bestätigt. Dinge wie Zeitdilatation, Längenkontraktion und Gewichtszunahme bei hohen Geschwindigkeiten können heute täglich in den Beschleunigerlabors der Teilchenphysiker beobachtet werden.

Einstein wies nach, daß es nur Relativbewegungen gibt und es sinnlos ist, von einer absoluten Bewegung zu reden. Auch die Zeit ist keine für alle Beobachter gleichartige Reise in die Zukunft. Je nach Bewegungszustand verändert sich auch die Zeitskala. Ebenso gibt es keine absolute Größeneinheit. Mit unterschiedlicher Geschwindigkeit verändert sich sogar die Größe der Gegenstände. Der Raum selbst und die Zeit, die in dem Raum abläuft, werden ihrerseits durch die Massen, die der Raum enthält, verändert. Die Massen verändern also Raum und Zeit. Die Raumzeit wiederum bestimmt aber die Bewegung der Massen.

Andererseits bestimmte Einsteins »Relativitätstheorie« nicht nur Relatives, sondern vor allem auch unveränderliche, absolute Größen. Absolut ist die Lichtgeschwindigkeit im Vakuum, die weder langsamer noch schneller werden kann, und absolut sind die Naturgesetze, d. h. daß diese überall und in jedem Bewegungszustand Gültigkeit haben. Besser wäre es vielleicht gewesen, die Relativitätstheorie »Absolutheitstheorie« oder in moderner Sprachregelung »Invarianztheorie« zu nennen. Viele Mißdeutungen wie »Alles ist relativ« wären so wahrscheinlich nicht aufgekommen. Denn Einstein konnte gerade nachweisen, daß die physikalische Realität nicht von dem Zustand des Beobachters abhängig ist. Sie ist eben nicht relativ, sondern stellt eine unverrückbare objektive Tatsache dar. Dies haben viele nicht verstanden, und so kann man auch heute noch oft hören, Einstein habe die Relativität der Physik oder gar der Wirklichkeit nachgewiesen.

Ausgangspunkt für den ersten Teil von Einsteins Lebenswerk, der speziellen Relativitätstheorie, war der

Nachweis, daß die Maxwellschen Feldgleichungen der Elektrizität und des Magnetismus immer und überall gültig sind. Ein mit konstanter Geschwindigkeit sich fortbewegender Physiker würde feststellen, daß die Variablen der Gleichungen, also Raum, Zeit, elektrische und magnetische Felder, sich genau so verändern, daß die Gleichungen durch die Bewegung nicht modifiziert werden. Im Mittelpunkt steht hier also nicht, wie dies oft gedeutet wird, die Relativität von Raum und Zeit, sondern die Konstanz der mathematischen Gleichungen unter verschiedenen Bedingungen. Der Grundgedanke für Einstein war, daß es kein bevorzugtes Bezugssystem geben darf. Das Universum ist, was Ort und Zeit angeht, absolut demokratisch. Kein Punkt in Raum und Zeit hat mehr zu bedeuten als irgendein anderer. Dies gilt auch für alle Beobachter. Es gibt keine Bevorzugung für bewegte oder unbewegte Beobachter. Für alle müssen die gleichen Naturgesetze gelten.

Daß zwei Geschwindigkeiten gegeneinander nur als Relativgeschwindigkeiten beschrieben werden können, wußte schon Galilei. Wenn jemand in einem mit 100 km/h fahrenden Zug einen Stein nach vorn wirft, wird dieser sich mit vielleicht 20 km/h innerhalb des Zuges bewegen. Für einen Außenstehenden beträgt die Wurfgeschwindigkeit jedoch 120 km/h. Galilei benutzte für diese Tatsache als Anschauungsmaterial jedoch keine Züge, sondern Fische in Aquarien und Mücken in einem fahrenden Schiff. Einstein wies darüber hinaus nach, daß dieses Relativitätsprinzip nicht nur für die Mechanik gültig ist, sondern ebenso für den Elektromagnetismus und sogar für alle physikalischen Prozesse. Er konnte zeigen, daß es keine stationären Lösungen der Maxwellschen Gleichungen gibt, daß elektromagnetische Wellen also niemals im Ruhezustand beobachtet werden können. Dies gilt selbst dann, wenn sich ein Beobachter mit der gleichen Geschwindigkeit neben der Welle bewegen könnte.

Die Konstanz der Lichtgeschwindigkeit ist eine Vorstellung, die diametral unserer intuitiven Vorstellung entgegengesetzt ist. Die Lichtgeschwindigkeit beträgt ca. 300.000 km/sec. Stellen Sie sich einmal vor, Sie könnten sich mit 290.000 km/sec bewegen und verfolgen den Lichtstrahl einer Taschenlampe. Jetzt messen Sie die Lichtgeschwindigkeit und stellen zu ihrem großen Erstaunen fest, daß diese immer noch 300.000 km/sec beträgt und nicht, wie wir erwarten würden, nur 10.000 km/sec. Es ist ganz offensichtlich, daß hier etwas nicht stimmt. Wenn wir akzeptieren, daß unsere Messung richtig ist, dann muß es also etwas anderes sein, das sich nicht so verhält, wie wir es erwarten. Maxwell erklärte diese gleichbleibende Lichtgeschwindigkeit mit der Vorstellung eines Äthers, der die Eigenschaften der Lichtwelle bestimmt. Einen solchen Äther gibt es aber nicht. Deshalb ist die dramatische und dem »vernünftigen« Denken zuwiderlaufende Konsequenz der Konstanz der Lichtgeschwindigkeit die Tatsache, daß Raum und Zeit nicht konstant sein können. Wenn die Lichtgeschwindigkeit für zwei sich zueinander bewegende Beobachter gleich ist, obwohl sie sich in unterschiedlicher Geschwindigkeit von der Lichtquelle entfernen oder auf sie zubewegen, dann läßt dieses nur den Schluß zu, daß die Größen, mit denen die Geschwindigkeit gemessen wird, für beide Beobachter unterschiedlich sind. Und die Größen zur Geschwindigkeitsmessung sind die zurückgelegte Strecke und die Zeit. Wir haben in unserem Beispiel die Geschwindigkeit in km/sec gemessen. Dies würde bedeuten, daß ein Kilometer und eine Sekunde nicht mehr das sind, wofür wir sie halten.

Nehmen wir einmal an, die Lichtgeschwindigkeit betrüge nicht ca. 300.000 km/sec sondern nur 100 km/h. Wir fahren nun in einem Auto mit 70 km/h, und parallel zu der Straße fährt ein Zug mit 100 km/h. Der Beifahrer in unserem Wagen ermittelt nun die Geschwindigkeit des Zuges relativ zu seiner eigenen. Das gleiche tut ein ruhender Beobachter am Straßenrand. Der Beifahrer würde in unserer Welt 100-70 = 30 km/h ermitteln. In der relativistischen Welt der Lichtgeschwindigkeit mißt er jedoch 100 km/h! Überlegen wir einmal, wie die Geschwindigkeit gemessen wird: der Beifahrer besitzt eine Stoppuhr und kann anhand von Markierungen auf dem Zug dessen Länge bestimmen. Nehmen wir an, der Zug sei alle 10 Meter mit einem weißen Punkt markiert. Er fixiert nun einen Punkt, startet die Stoppuhr und wartet, bis eine bestimmte Anzahl von Waggons vorbeigefahren ist. Beim Erscheinen der nächsten Markierung am Zug stoppt er nun die Uhr. Anschließend teilt er die ermittelte Länge der Zugstrecke durch die gemessene Zeit und erhält die Geschwindigkeit. In unserer relativistischen Welt mit der Lichtgeschwindigkeit von 100 km/h mißt unser Beifahrer beispielsweise eine Strecke von 100 Metern am Zug ab, und die Stoppuhr zeigt ihm 3,6 Sekunden. Hieraus errechnet er 100 km/h. Der Beobachter am Straßenrand mißt jedoch exakt dieselben Werte und kommt auch auf 100 km/h, obwohl sich der Autofahrer mit 70 km/h von ihm fortbewegt. Wenn man dieses so akzeptiert, gibt es nur eine Lösungsmöglichkeit für das Rätsel: die Distanz zwischen den Markierungen auf dem Zug und die Zeitintervalle auf der Stoppuhr sind für beide Beobachter nicht gleich.

Je schneller sich ein Gegenstand bewegt, um so kürzer wird er hiernach, und je höher die Geschwindigkeit, um so langsamer verläuft die Zeit. Auch das Gewicht nimmt bei Zunahme der Geschwindigkeit zu. Wenn wir im Auto fahren, wiegen wir mehr als beim Spazierengehen. Allerdings sind die Unterschiede hierbei so gering, daß sie auch mit der präzisesten Waage nicht meßbar sind. In Beschleunigerlabors ist jedoch diese relativistische Gewichtszunahme bei Teilchen, die sich mit annähernd Lichtgeschwindigkeit bewegen, nachweisbar. Hierbei handelt es sich nicht etwa um optische Täuschungen, so wie wir die Länge eines Stabes aus unterschiedlichen Blickwinkeln verschieden einschätzen. Die Länge eines Stabes *ist* bei höheren Geschwindigkeiten (von außen betrachtet) tatsächlich kürzer. Daß wir dies im alltäglichen Leben nicht feststellen, liegt daran, daß diese Phänomene erst bei unvorstellbar großen Geschwindigkeiten wie in der Nähe der Lichtgeschwindigkeit erkennbar werden.

Könnten wir die Welt einmal durch die Augen eines Photons sehen, würden wir aufgrund der relativistischen Effekte erstens bemerken, daß die Ausdehnung des Photons, bedingt durch die maximale Längenkontraktion, Null ist und daß es andererseits zu einer maximalen Zeitdehnung gekommen ist. Das heißt, daß ein Intervall zwischen zwei Zeitpunkten unendlich geworden ist, oder mit anderen Worten, daß die Zeit stillsteht. Für die subjektive Welt eines Photons gibt es somit keine Zeit, es ist sozusagen an jedem Punkt seiner Bahn gleichzeitig. Würden wir auf dem Rücken eines Photons eine Reise antreten, dann wären die unendlichen Weiten des Universums für uns kein Problem mehr. Wir würden im selben Augenblick, in dem wir das Photon besteigen, am sichtbaren Ende des Universums ankommen. Für einen irdischen Beobachter würden indes 15 Milliarden Jahre vergehen. Das ist natürlich unmöglich, es ist aber durchaus erlaubt, darüber zu spekulieren, eines Tages mit unbekannten Antrieben so hohe Geschwindigkeiten zu erreichen, daß heute unerreichbare Ziele innerhalb eines Menschenlebens angesteuert werden können. Der dritte relativistische Effekt, die Massezunahme, tangiert unser Photon allerdings nicht, da es ja keine Ruhemasse besitzt.

Diese relativistische Gewichtszunahme ist es übrigens auch, die es einem massehaltigen Körper unmöglich macht, mit Lichtgeschwindigkeit zu reisen. Nach den Newtonschen Gesetzen wird ein Gegenstand, der konstant beschleunigt wird, immer schneller und wird irgendwann Überlichtgeschwindigkeit erreichen. Der Fehler Newtons war es jedoch, davon auszugehen, daß die Masse während dieser Beschleunigung identisch mit der Ruhemasse ist. Nach den Folgerungen aus der Relativitätstheorie nimmt jedoch die Masse während der Beschleunigung ständig zu und würde bei Lichtgeschwindigkeit theoretisch unendlich werden. Ebenso unendlich müßte die Kraft sein, die den Körper auf diese Geschwindigkeit beschleunigen will. Eine konstante Kraft kann also niemals einen Gegenstand auf Lichtgeschwindigkeit beschleunigen. Man kann diesen Sachverhalt auch folgendermaßen ausdrücken: eine Kraft, die auf einen Körper einwirkt, verleiht diesem sowohl Beschleunigung als auch Masse. Bei relativ geringen Kräften, wie wir sie in unserer Umgebung erfahren, überwiegt ganz eindeutig der Beschleunigungsanteil. Die Zunahme der Masse ist so gering, daß sie sich uns nicht zu erkennen gibt. Bei sehr hohen Geschwindigkeiten hingegen bewirkt eine zusätzliche Kraft überwiegend eine Zunahme der Masse und weniger der Beschleunigung. Noch bevor ein Körper auf Lichtgeschwindigkeit beschleunigt werden kann, ist der Punkt erreicht, an dem sich eine zusätzliche Kraft nur noch in einer Massezunahme und nicht mehr in einer Geschwindigkeitszunahme auswirkt. Deshalb ist die Lichtgeschwindigkeit von keinem massehaltigen Körper erreichbar. Masselose Teilchen, wie z. B. die Photonen, die Quantenteilchen der elektromagnetischen Strahlung, unterliegen dieser Einschränkung hingegen nicht. Sie können sich deshalb mit dieser absoluten Geschwindigkeit bewegen. Andererseits ist die Lichtgeschwindigkeit auch die einzige Geschwindigkeit, mit der sich das Licht im Vakuum bewegen kann.

In der neuen Welt Einsteins gibt es den Begriff der Gleichzeitigkeit nicht mehr. Stellen Sie sich vor, an Ihnen saust ein relativistisches Raumschiff vorbei, das sich mit annähernd Lichtgeschwindigkeit bewegt. In der Mitte des Raumschiffs blinkt ein Licht. Zwei Besatzungsmitglieder, eine vorne und einer hinten im Raumschiff stehend, werden das Lichtsignal zu genau dem gleichen Zeitpunkt messen. Sie haben also keinen Zweifel daran, daß der Lichtstrahl absolut gleichzeitig die beiden Raumfahrer erreicht. Von Ihrem Standpunkt aus betrachtet, sieht die Szene aber anders aus. Der ausgesandte Lichtblitz breitet

sich ja unabhängig von der Geschwindigkeit des Raumschiffs mit der konstanten Lichtgeschwindigkeit in alle
Richtungen aus. Da sich das Raumschiff mit hoher Geschwindigkeit von Ihnen fortbewegt, wird der Lichtstrahl
also das hintere Besatzungsmitglied eher erreichen. Der
hintere Raumschiffreisende bewegt sich ja auf das Lichtsignal zu, und die vordere von ihm weg. Das Licht hat
also, von Ihnen aus gesehen, einen kürzeren Weg zum
Heck zurückzulegen als zum Bug, der dem Lichtstrahl

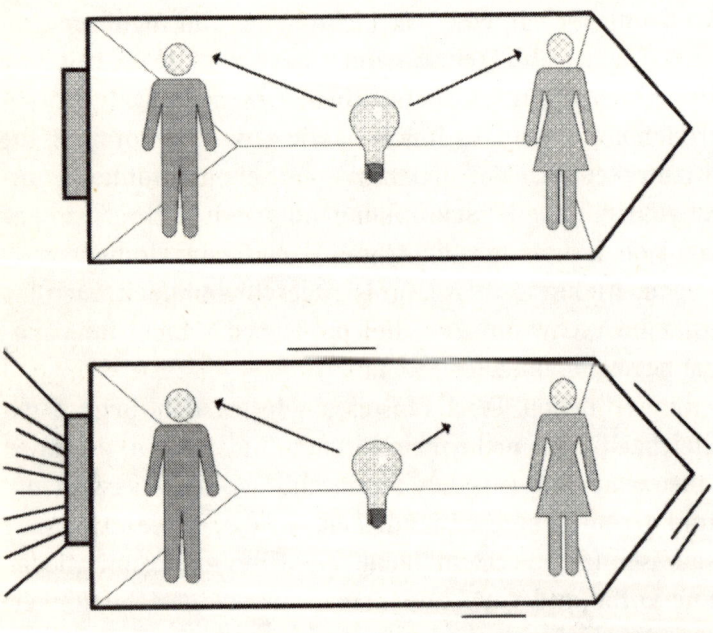

Abbildung 3: Aus der ruhenden Sicht der Raumfahrer erreicht der
Strahl der Lichtquelle beide Besatzungsmitglieder gleichzeitig.
Von außen gesehen, bewegt sich der hintere Astronaut auf den
Lichtstrahl zu. Er sieht das Licht deshalb eher als seine Kollegin
im Bug.

vorauseilt. Sie würden somit jeden Eid schwören, daß das hintere Besatzungsmitglied den Lichtschein zuerst gesehen hat.

Wir steigen jetzt in unser neues japanisches Hyperraumschiff ein und überholen das davoneilende relativistische Raumschiff mit noch größerer Geschwindigkeit. Relativ zu uns bewegt es sich jetzt in die entgegengesetzte Richtung wie zuvor. Nun wiederholen wir das Experiment, und was sehen wir? Die vordere Raumfahrerin wird eher vom Lichtblitz getroffen als der hintere, da sich diese, von uns aus gesehen, auf das Lichtsignal zubewegt. Zeit ist also – das ist die Moral von der Geschichte – relativ. Wir können zwei Ereignisse A und B als gleichzeitig interpretieren oder aber als Folge von A auf B oder von B auf A ansehen. Wie wir die Abfolge der Ereignisse darstellen, ist offensichtlich nur von der Tatsache abhängig, wie wir uns selber bewegen. Es gibt somit keinen Grund, Intervalle zwischen zwei Ereignissen als absolute Größen zu betrachten oder gar von Gleichzeitigkeit zweier Ereignisse zu sprechen. Dies meinte Einstein, als er feststellte, daß die Zeit relativ ist. Dennoch ist die Reihenfolge von Ursache und Wirkung hierdurch nicht aufgehoben. Der Effekt folgt auch in der relativistischen Welt erst auf das auslösende Ereignis. Dies kann man sich an unserem Raumschiff wieder verdeutlichen. Wenn das Lichtsignal bei einem Besatzungsmitglied ankommen sollte, bevor die Lampe aufblitzt, dann müßte sich das Licht ja mit Überlichtgeschwindigkeit bewegen. Und das ist nach den Gleichungen der Relativitätstheorie verboten. Das Rückgängigmachen geschehener Ereignisse oder Reisen in die Vergangenheit sind hiernach also leider nicht möglich.

In der Relativitätstheorie ist die Zeit, wie wir gesehen haben, nur eine weitere gleichberechtigte Dimension des Raums. Deshalb sprechen wir von der vierdimensionalen Raumzeit. Dieses ist zwar mathematisch gut formulierbar, für uns gibt es aber offensichtlich enorme Unterschiede zwischen dem Raum und der Zeit. Die Verknüpfung beider zu einem Kontinuum ist deshalb intuitiv schwer erfaßbar. Das obige Raumfahrerbeispiel kann die Gleichwertigkeit von Raum und Zeit vielleicht ein wenig anschaulicher machen. Da die Beobachter im Raumschiff den Lichtblitz gleichzeitig wahrnehmen, reicht es für sie aus, dem Ereignis einen Ort zuzuschreiben. Sie würden also zu einem bestimmten Zeitpunkt sagen, in der Mitte unseres Raumschiffs leuchtet ein Licht auf. Es reicht also eine Raumbeschreibung für dieses Ereignis aus. Für den außenstehenden Beobachter hingegen handelt es sich um ein zweizeitiges Ereignis. Er berichtet, daß zuerst die hintere Kabinenwand und später die vordere erleuchtet wurde. Was sich für die Raumfahrer also als Ortskoordinaten darstellt, das ist für den Beobachter Zeit und Raum. Die Zeit ist hier also tatsächlich nur eine andere Betrachtungsweise des Raums.

Geschenktes Leben

Eine Bestätigung für diese merkwürdigen relativistischen Effekte kann man bei einem Teilchen gewinnen, welches durch Kollisionen der kosmischen Strahlung in der oberen Atmosphäre entsteht. Ständig wird die Erde von dieser kosmischen Strahlung bombardiert. Diese stammt zum

100

Teil aus der Sonne, zum Teil jedoch auch aus den gewaltigen Supernova-Explosionen, welche das Schicksal von Sternen einer bestimmten Größenordnung am Ende ihres Lebens darstellen. In der oberen Erdatmosphäre stoßen diese hochenergetischen Teilchen mit Atomen der Lufthülle zusammen und erzeugen hierbei eine ganze Menge kurzlebiger Teilchen. Eines dieser Teilchen ist das Myon. Myonen sind enge Verwandte der Elektronen und unterscheiden sich von diesen durch ihr sehr viel größeres Gewicht und dadurch, daß sie außerordentlich kurzlebig sind. Da sie auch im Beschleuniger leicht zu erzeugen sind, kennt man ihre Lebensdauer ziemlich genau. Bald nach ihrer Entstehung in zehn Kilometern Höhe über der Erdoberfläche zerfallen sie spontan und haben während ihres kurzen Lebens soviel Zeit, daß sie gerade mal ungefähr 600 Meter weit fliegen können. Auf der Erde dürften demnach so gut wie keine Myonen ankommen. Aber genau dies ist nicht der Fall. Physiker können viel mehr Myonen am Erdboden nachweisen, als es dort geben dürfte.

Die Erklärung hierfür ist die relativistische Zeitdilatation. Myonen bewegen sich nämlich mit annähernd Lichtgeschwindigkeit. Aus der Sicht des erdgebundenen Beobachters leben diese Teilchen aufgrund dieser Geschwindigkeit ungefähr zehn- bis fünfzigmal so lang, als wenn sie in Ruhe wären. Wegen dieser verlängerten Lebensdauer erreichen also sehr viel mehr Myonen die Erdoberfläche, als dies nach ihrer Ruhelebenszeit zu erwarten wäre. Statt sechshundert Meter könnten sie so ungefähr dreißig Kilometer weit fliegen.

Im subjektiven System der Myonen geschieht aber nichts dergleichen; sie leben genauso lange, als wenn sie in Ruhe wären. Warum erreichen sie dann trotzdem die Erdoberfläche? Begeben wir uns zur Klärung dieser Frage einmal mit den Myonen auf deren kurze kosmische Reise. Während wir mit annähernd Lichtgeschwindigkeit auf die Erde zurasen, beobachten wir unsere Armbanduhr und sehen nichts Besonderes. Sie tickt in den gleichen Abständen wie immer. Nun nähern wir uns der Erde und bemerken einen anderen Effekt. Für uns sieht es ja so aus, als ob die Erde mit hoher Geschwindigkeit auf uns zurast. Hierbei erfährt sie aber eine relativistische Längenkontraktion. Der Abstand der oberen Atmosphäre zum Erdboden ist von zehn Kilometern auf wenige hundert Meter geschrumpft. Kein Problem also für unser Myon, den Weg bis zu dem auf der Erde wartenden Physiker zu schaffen. Wir sehen also, daß Längenkontraktion und Zeitdilatation im Grunde dasselbe Phänomen beschreiben, nur aus anderen Blickwinkeln gesehen. Auch hier wird die enge Beziehung – oder besser gesagt die Identität – von Raum und Zeit erkennbar. Das Myonenbeispiel zeigt übrigens auch, daß die Relativitätstheorie nicht nur für mechanische oder elektromagnetische Phänomene gilt. Beide sind nämlich für den Myonenzerfall nicht verantwortlich. Der Konstanz der Lichtgeschwindigkeit und der Relativität von Zeit und Raum müssen sich alle physikalischen Prozesse unterordnen.

Wenn Sie Ihr Leben nun wie ein Myon ebenfalls dadurch verlängern wollen, daß Sie sich ständig mit hoher Geschwindigkeit bewegen, dann muß ich Sie enttäuschen. Sie müßten schon Ihr Leben lang im Düsenjet fliegen, um einige Millisekunden länger zu leben, als die Überlebensstatistiken Ihnen zubilligen. Außerdem würden sie selbst gar nichts von Ihrem längeren Leben bemerken. Die Erde würde für Sie nur um einige Mikrometer kleiner sein. Sollte es irgendwann einmal möglich sein, mit sehr viel höheren Geschwindigkeiten in den Weltraum zu fliegen und nach sagen wir zwanzig Jahren zurückzukehren, dann könnte es allerdings schon sein, daß der Raumfahrer sich nicht mehr zurechtfindet, weil auf der Erde inzwischen schon einhundert Jahre vergangen sind.

Verbogene Räume

Die spezielle Relativitätstheorie von 1905 beschreibt den absoluten Charakter der Lichtgeschwindigkeit und stellt fest, daß alle Naturgesetze für gegeneinander gleichförmig bewegte Beobachter identisch sind. Mit der allgemeinen Relativitätstheorie schuf Einstein zehn Jahre später eine völlig neue Theorie der Gravitation und löste hiermit das Problem der Newtonschen Fernwirkung, die mit der Tatsache der oberen Grenze der Lichtgeschwindigkeit nicht vereinbar war. Nach Newton wirkt die Schwerkraft nämlich augenblicklich und ohne Zeitverzögerung auf weit entfernte Massen. Wenn also jemand im Newtonschen Universum plötzlich die Sonne durch irgendeine Magie verschwinden lassen würde, dann sollte die Erde unmittelbar aus ihrer Bahn geworfen werden und in den Tiefen des Weltalls verschwinden. Dies war für Einstein jedoch nicht akzeptabel. Denn die Erde könne ja gar nicht unmittelbar wissen, daß die Sonne verschwunden sei. Frühestens nach acht Minuten könne ein Signal mit Lichtgeschwindigkeit von der Sonne auf der Erde ankommen und dieser über den Verlust der Sonne berichten. Es bedurfte also einer neuen Theorie der Schwerkraft, die das unumstößliche Primat der Lichtgeschwindigkeit beinhalten sollte.

Die Ausgangspunkte für seine neue Gravitationstheorie verdeutlichte Einstein mit geistreichen Gedankenexperimenten. Er stellte sich z. B. einen Wissenschaftler vor, der auf der Erdoberfläche in einer Kabine eingeschlossen ist, und einen anderen Wissenschaftler, der sich in einer gleichmäßig beschleunigten Kabine im Weltraum befindet. Beide können nun nach Einstein so viele Experimente ausführen, wie sie wollen. Sie werden nie unterscheiden können, in welcher Situation sie sich befinden. Zum Ausgangszeitpunkt sollen beispielsweise in der Mitte der Kabine zwei unterschiedlich schwere Kugeln schweben. Der Physiker in der irdischen Kabine sieht, wie diese sich dem Boden nähern und (den Luftwiderstand vernachlässigend) diesen gleichzeitig erreichen. Er würde sagen, die Erde habe die Kugeln angezogen. Der Weltraumreisende hingegen sieht die frei schwebenden Kugeln, während die Kabine in Richtung Decke beschleunigt. Der Boden nähert sich also den Kugeln und erreicht diese gleichzeitig. Dieser Physiker würde nun sagen, der Kabinenboden sei in Richtung auf die Kugeln beschleunigt worden. Aber beide hätten exakt dasselbe beobachtet. Wir könnten uns nun einen Spaß mit den Physikern machen, indem wir sie unbemerkt austauschen. Wiederholen wir nun das Experiment, würde jeder auf seiner ursprünglichen Behauptung beharren.

Diese Austauschbarkeit gilt nicht nur für fallende, respektive beschleunigte Kugeln. Es gibt überhaupt kein Experiment und keine Möglichkeit, den Unterschied zwi-

schen Anziehungskraft und Beschleunigung herauszufin-
den[14]. Beide Systeme sind äquivalent, und in beiden herrschen dieselben physikalischen Gesetze.

Auch der freie Fall kann diesen Sachverhalt erläutern.
Ein in einem frei fallenden Fahrstuhl schwebender Physiker hätte keine Möglichkeit herauszubekommen, ob er sich
in einem Gravitationsfeld befindet oder nicht. Der freie
Fall im Schwerefeld der Erde ist völlig gleichbedeutend mit
der Schwerelosigkeit im Weltraum. Astronauten machen
sich diese Tatsache zunutze, indem sie die Schwerelosigkeit
in Düsenjets simulieren, während diese dem Erdboden
entgegenrasen. Die Beschleunigung in Richtung Erdmittelpunkt und die Gravitationswirkung der Erdmasse heben
sich während des freien Falls so auf, daß keine Kräfte auf
unseren Physiker in dem defekten Fahrstuhl einwirken.
Erst der Aufprall auf den Boden des Fahrstuhlschachts
würde ihn von seiner quälenden Ungewißheit befreien.
Einstein nannte deshalb die Austauschbarkeit von Gravitation und Trägheit *Äquivalenzprinzip*. Dieses ist das zentrale Theorem der allgemeinen Relativitätstheorie.

Mathematisch formulierte er diese mit Hilfe der Theorie
gekrümmter Geometrien, die im 19. Jahrhundert entwik-
kelt wurde. In der Schule haben wir alle die euklidische
Geometrie gelernt. Sie wurde von dem griechischen Philosophen und Mathematiker Euklid im 3. vorchristlichen
Jahrhundert erarbeitet. Dessen aus dreizehn Bänden beste-

---

[14] Dieses gilt jedoch nur für relativ kleine Kabinen. In einer Kabine mit
einem Durchmesser von beispielsweise 1000 Kilometern wäre es möglich,
die unterschiedliche Stärke der Erdanziehungskraft an verschiedenen
Punkten des Kabinenbodens zu messen und hieraus den Schluß zu ziehen,
daß man sich auf einer gekrümmten Oberfläche befindet.

henden *Elemente* stellten bis ins letzte Jahrhundert hinein
das Standardwerk der Mathematik schlechthin dar und
waren unangefochtenes Dogma jeder mathematischen
Lehre. Bis in das 19. Jahrhundert hinein war die euklidische Geometrie auch die einzige bekannte Geometrie.
Hierbei handelt es sich um flache Geometrie. Das bedeutet, daß die Flächen, Geraden und Räume, mit denen sie
sich befaßt, flach sind. Ein Dreieck, welches auf ein Blatt
Papier gezeichnet wird, ist flach. Seine Winkelsumme beträgt, wie schon Euklid wußte, stets 180°. Sobald wir aber
auf einen Globus ein Dreieck zeichnen, stimmt diese
Geometrie nicht mehr. Auf einer gekrümmten Fläche ist
die Summe der Winkel eines Dreiecks immer größer als
180°. Auf einer sattelförmig gekrümmten Oberfläche beträgt diese Summe hingegen stets weniger als 180°. Carl
Friedrich Gauß (1777 – 1855) und vor allem sein Schüler
Bernhard Riemann (1826 – 1866) entwickelten geometrische Systeme, die sich auch mit sogenannten gekrümmten
Räumen beschäftigen. Ähnlich wie sich im zweidimensionalen Bereich die Kugeloberfläche von der flachen
Ebene unterscheidet, so kann man sich auch einen flachen
und einen gekrümmten dreidimensionalen Raum vorstellen[15]. Wie allerdings ein gekrümmter Raum aussieht, kann
man eben nur mathematisch und nicht anschaulich beschreiben. Dennoch ist die Raumkrümmung im Prinzip

---

[15] Während sich allerdings die zweidimensionale Kugeloberfläche in die
dritte Dimension krümmt, kommt die Riemannsche Geometrie bei der Beschreibung der Krümmung des dreidimensionalen Raums ohne eine zusätzliche Dimension aus. Riemann führte auch eine Verallgemeinerung dieser
Mathematik mit der Beschreibung beliebig-dimensionaler Räume ein. Diese
stellte er erstmalig während seines Habilitationsvortrags im Jahr 1854 vor.

feststellbar, ebenso wie zweidimensionale Lebewesen auf einer Kugeloberfläche durch Messung der Winkelsumme eines Dreiecks herausbekämen, daß sie auf einer gekrümmten Welt leben, deren Krümmung in eine Dimension verläuft, die sie nicht erfahren, aber wohl messen können. Schon der Mathematiker Gauß versuchte (ohne Erfolg) eine Abweichung der Winkelsumme von 180° bei einem durch drei Berggipfel[16] gebildeten Dreieck nachzuweisen. Bei der riesigen Größe unseres Universums ist es allerdings auch bis heute nicht gelungen, so große Dreiecke zu konstruieren, daß die möglicherweise vorhandene Krümmung des Raums geometrisch erkennbar würde. Außerdem würde eine auf der Erde nachweisbare Raumkrümmung in erster Linie von dem Gravitationsfeld der Erde verursacht sein und wäre nicht Ausdruck der sicherlich sehr viel geringeren Krümmung des gesamten Raums in unserem Universum.

Im Jahr 1915 veröffentlichte Einstein seine Überlegungen zur Schwerkraft, die er als Folge einer Krümmung des dreidimensionalen Raums deutete. Diese Theorie wurde später als allgemeine Relativitätstheorie bezeichnet. Gravitation wurde hier als zwingende Folge geometrischer Formen erklärt. Einstein zeigte, daß der Raum kein absolutes Koordinatensystem im Weltall besitzt, auf das jede Position bezogen werden kann. Vielmehr wird dieser durch die Anwesenheit von Materie modifiziert. Masseansammlungen sind nämlich in der Lage, lokale Raumkrümmungen hervorzurufen. Das Newtonsche Bild der Schwerkraft wurde somit

---

[16] Gauß führte diesen Versuch an den Gipfeln der Berge Brocken, Inselberg und Hoher Hagen im Harz durch.

durch die Relativitätstheorie radikal geändert. So wie eine schwere Kugel, die in ein frei schwebendes Gummituch gelegt wird, dort eine Delle verursacht, so krümmt beispielsweise die Sonne den dreidimensionalen Raum. Eine auf diesem Tuch rollende kleinere Kugel wird, wenn sie an der Vertiefung vorbeikommt, zwangsläufig in ihrer Bahn abgelenkt. Genauso ist es die durch die Sonne verursachte Raumkrümmung, die der Erde ihren Weg um sie diktiert. Die Erde wird also nicht von einem mysteriösen Feld festgehalten, vielmehr beschreibt sie in der Delle der Raumzeit den effektivsten Weg, den sie finden kann.

Mit Einsteins Fahrstuhl kann man sich auch das Konzept der Raumkrümmung ein wenig verdeutlichen. Stellen Sie sich einen riesig großen Fahrstuhl vor, der sich im freien Fall befindet. Nebeneinander schweben in diesem Raum zwei Kugeln. Da beide vom Erdmittelpunkt angezogen werden, wird ihre Bahn nicht exakt parallel verlaufen, sondern während des Falls nähern sich die Kugeln ein wenig an. Andererseits werden zwei übereinander schwebende Kugeln sich geringfügig voneinander entfernen, weil die untere, dem Erdmittelpunkt nähere, etwas schneller fällt als die obere. Dieses gilt aber nicht nur für Kugeln, sondern für jeden Punkt in dem Fahrstuhl. Aufgrund solcher Überlegungen der Verzerrung der Maßstäbe in einem geschlossenen Bezugssystem entwickelte Einstein die Vorstellung der Raumkrümmung[17].

---

[17] Für den Kundigen sei angemerkt, daß es sich bei diesem Beispiel natürlich nicht um die direkte Darstellung der Raumkrümmung durch Gravitationskräfte handelt, sondern um die Auswirkung von Gezeitenkräften. Dennoch ist diese Analogie dabei hilfreich, sich die Verzerrung eines Raums vorzustellen.

Anziehungskraft wurde somit völlig anders interpretiert als bei Newton, und auch die bis dahin ungeklärte Frage, wie die Sonne durch den leeren Raum auf die Erde Schwerkraft ausüben kann, wurde so durch eine bildliche Vorstellung der Raumkrümmung beantwortet, die ohne geheimnisvolle Fernwirkungen auskommt.

Eine deutliche Bestätigung fand die Relativitätstheorie während einer totalen Sonnenfinsternis im Mai 1919 auf zwei atlantischen Inseln vor Brasilien und Nordafrika. Einstein sagte voraus, daß Licht, welches eine große Masse passiert, von dieser abgelenkt wird. Dieses ergibt sich aus der Gleichstellung von Materie und Energie, die in der berühmten Formel $E = mc^2$ zum Ausdruck kommt. Da Materie der Gravitationskraft unterliegt, muß auch Energie

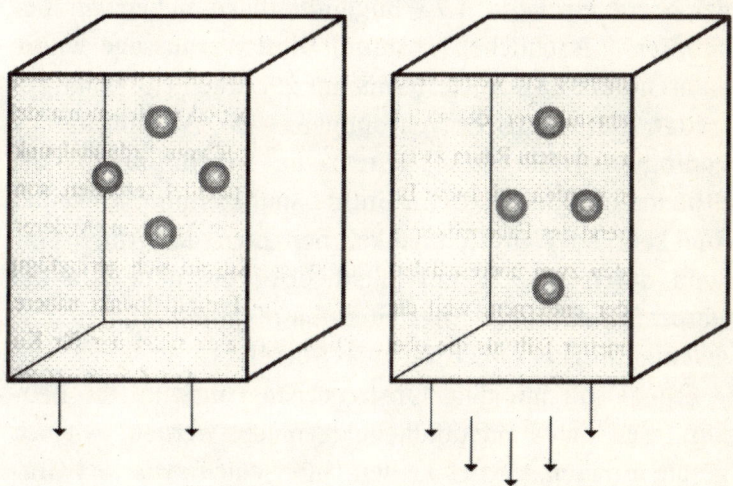

Abbildung 4: In einer frei fallenden Kabine schweben vier Kugeln. Während des Falls nähern sich die beiden mittleren Kugeln einander an, während die obere und die untere sich voneinander entfernen.

denselben Gesetzen gehorchen. Die materiefreien, aber energetischen Lichtstrahlen müssen deshalb ebenso die Gravitationswirkung spüren wie der Stein auf der Erde. Wenn nun das Licht, welches ein Stern vor langer Zeit ausgesandt hat, auf seiner Reise in unsere Teleskope nah an der Sonne vorbeikommt, müßte es durch deren Masse abgelenkt werden. Da die Sonne das Sternenlicht überstrahlt, kann man diesen Effekt nur bei einer Sonnenfinsternis überprüfen. Wenn man nun die Position eines Sterns am Horizont kennt, der während einer Sonnenfinsternis neben der Sonne sichtbar wird, so ist zu sehen, daß die scheinbare Position eine andere ist als die für diesen Stern bekannte. Das Licht, welches uns von dem Stern erreicht, wird durch die Masse der Sonne abgelenkt, und der Stern erscheint 1,75 Bogensekunden neben der bekannten tatsächlichen Position. Diese Voraussage wurde während der Sonnenfinsternis am 29. Mai 1919 exakt bestätigt. Der englische Astrophysiker Sir Arthur Stanley Eddington (1882 – 1944) leitete die Expedition auf die Principe Insel im Golf von Guinea und konnte nach seiner Rückkehr der Weltöffentlichkeit berichten, daß Albert Einstein durch seine Relativitätstheorie eine neue Ära der Naturbeschreibung eingeleitet hatte. Diese Ergebnisse machten Einstein über Nacht weltberühmt.

Erneut soll mit dem Einsteinschen Fahrstuhl die Beugung des Lichts verständlicher gemacht werden. Wie wir gesehen haben, gibt es keinen Unterschied zwischen Gravitation und Beschleunigung. Stellen wir uns also einen nach oben beschleunigten Fahrstuhl vor. Von einer Seite aus wird ein Lichtstrahl quer durch die Kabine geschickt. Auf seinem Weg durch die Kabine wird diese an Höhe gewinnen, so daß der Lichtstrahl die andere Wand nicht in derselben Höhe trifft. Bei einer konstanten Geschwindigkeit der Kabine wird der Lichtstrahl eine nach unten gerichtete Gerade beschreiben, bei der stetig beschleunigten Kabine jedoch eine nach unten gekrümmte Kurve. Da dies nicht nur für den Verlauf des Lichtstrahls, sondern für jeden Punkt innerhalb des Fahrstuhls gilt, kann man sagen, der Raum im Fahrstuhl wird durch die Beschleunigung gekrümmt. In der gleichen Art wird gemäß des Äquivalenzprinzips der Raum auch in Anwesenheit von Masse gekrümmt, und Lichtstrahlen werden entsprechend abgelenkt. Auch im erdgebundenen Labor muß also die Anziehungskraft der Erde zu einer Ablenkung der Lichtstrahlen führen. Die Schwerkraft ist also letztendlich keine geheimnisvolle Fernwirkung mehr, sondern nichts anderes als eine geometrische Beschreibung des Raums.

Da aber auch die Zeit nichts weiter ist als eine andere Beschreibung oder Dimension des Raums, muß sie in gleicher Weise der Schwerkraft unterliegen. Nicht nur bei großer Beschleunigung, auch in Anwesenheit von großen Massen gehen Uhren nach der Relativitätstheorie deshalb langsamer. Diese gravitativ bedingten Änderungen der Zeit können heute sehr genau nachgewiesen werden. So ist es durch äußerst präzise Messungen möglich, Atomuhren zu vergleichen, die sich in unterschiedlicher Höhe über dem Meeresspiegel befinden. In der Tat findet man, daß Uhren auf Meeresniveau langsamer gehen als solche im Gebirge. 1960 gelang es Forschern von der Harvard Universität sogar, diesen höhenbedingten Zeitunterschied in dem 22,5 Meter hohen Turm der physikalischen Fakultät nachzuweisen. Als Uhr mußte hier ein Photon herhalten, das mit einer bestimmten Frequenz schwingt. Es ließ sich tatsächlich zeigen, daß aufgrund der größeren Nähe zum Erdmittelpunkt die Sekunde für das Photon am Boden geringfügig länger dauert als in der Turmspitze.

Dies ist dadurch bedingt, daß die Uhr in niedrigerer Höhe durch ihre Nähe zum Erdmittelpunkt eine größere Gravitationskraft erfährt oder, anders ausgedrückt, sich in einem gekrümmteren Raumgebiet befindet. Die zeitlichen Differenzen entsprechen genau den Vorhersagen der Relativitätstheorie. Aber auch Küstenbewohner leben durch diesen Effekt nicht sehr viel länger als Bergbauern. So würde ein Yeti, der vom Mount Everest an die Nordsee übersiedelt, bei einer für ihn typischen Lebenserwartung von ungefähr 100 Jahren ca. 2,5 Sekunden länger leben als in seiner Heimat[18]. Und dazu käme noch, daß er von dieser Lebensverlängerung gar nichts merken würde, da sich in seiner Eigenzeit nichts verändert. Für einen außenstehenden Beobachter würde er eben um diese 2,5 Sekunden später sterben als geplant.

Ebenso wie die Zeitdilatation ist übrigens auch die relativistische Gewichtszunahme in unserem alltäglichen Leben ohne Bedeutung. So würden Sie erst bei einer Geschwindigkeit von 100.000 km/sec spürbar um 12,5% zunehmen und bei 200.000 km/sec um 34%. Bei 290.000 km/sec würden Sie allerdings schon fast ihr vierfaches Ausgangs-

---

[18] Während ich die Zeilen über höhenbedingte Lebensverkürzung in einem Hotelzimmer in Melbourne schreibe, höre ich im Fernseher plötzlich ein Interview mit Reinhold Messner (mit japanischen Untertiteln), der sich über die Existenz von Yetis äußert. Leider erwähnte er nicht, wie alt diese werden. Meine Annahme von 100 Jahren entbehrt somit jeglicher wissenschaftlichen Grundlage.

112

gewicht haben[19]. In heutigen Beschleunigern ist es jedoch durchaus möglich, Teilchen so nah an die Lichtgeschwindigkeit zu bringen, daß ihre relativistische Masse dem 100.000fachen der Ruhemasse entspricht.

Wenn Newton für die Beschreibung seiner Physik merkte, daß ihm die mathematischen Beschreibungsmöglichkeiten fehlten, dann entwickelte er diese, um sie für seine Zwecke zu verwenden. Einstein griff jedoch auf bereits bekannte Mathematik zurück. Seiner Freundschaft aus Studententagen mit dem Mathematiker Marcel Großmann verdankte er es, auf die mathematischen Werkzeuge zu stoßen, die für die Formulierung der Relativitätstheorie unentbehrlich waren[20]. Interessant daran ist, daß er auf bisher völlig theoretische Mathematik zurückgreifen konnte. Das bedeutet, daß sich vor ihm Mathematiker Gedankengebäude geschaffen hatten, die eine innere Stimmigkeit aufwiesen, deren prak-

---

[19] Wenn Sie dies für verschiedene Geschwindigkeiten ausrechnen wollen, hier ist die Formel:

$$m = \frac{m_0}{\sqrt{1 - (v^2/c^2)}}$$

Hierbei ist m die erreichte Masse, m_0 die Ruhemasse, v die Geschwindigkeit und c die Lichtgeschwindigkeit von ca. 3×10^5 km/sec. Versuchen Sie doch einmal herauszubekommen, wieviel Sie in einem Flugzeug mit einer Geschwindigkeit von ca. 1000 km/h zunehmen würden!

---

[20] Die Mathematik, die Großmann zur Relativitätstheorie beisteuerte, war die Tensorrechnung. Tensoren haben eine gewisse Verwandtschaft mit Vektoren, unterscheiden sich von diesen aber insbesondere durch die Anzahl ihrer Komponenten. Einstein benutzte einen sogenannten metrischen Tensor der vierdimensionalen Raumzeit, der zehn voneinander unabhängige Komponenten besitzt. Diese zehn Komponenten ermöglichen eine Beschreibung der Raumzeitkrümmung, ohne auf zusätzliche Dimensionen zurückgreifen zu müssen.

tische Bedeutung aber niemanden interessierte. Es war sozusagen Mathematik ausschließlich für Mathematiker. Bei
deren Formulierung hat kein Mensch ahnen können, daß
diese Mathematik irgend etwas mit realen Dingen zu tun
haben könnte.

Georg Friedrich Bernhard Riemann entwickelte im 19.
Jahrhundert in Göttingen eine völlig neue Geometrie, die es
anscheinend nur in den Köpfen der Mathematiker gab. Er
konnte nicht wissen, daß gerade diese Geometrie in der
Lage war, Räume zu beschreiben, die durch die Gravitationskräfte großer Körper gekrümmt werden. Fühlen wir
uns hier nicht an Platon erinnert, der meinte, nur durch
Vernunft der Wahrheit näher kommen zu können?

Falsche Planetenbahnen

Ein grandioser Erfolg der Einsteinschen Relativitätstheorie
war die Erklärung der Periheldrehung des Merkur. Mit Be-
sorgnis stellte man um die Jahrhundertwende fest, daß die
Merkurbahn nicht so verläuft, wie es nach den Newtonschen Gesetzen sein sollte. Die Ellipse, in welcher der Merkur die Sonne umläuft, dreht sich am sonnennächsten
Punkt (dem Perihel) um ihre Längsachse. Dieses nennt man
deshalb Periheldrehung. Sie ist Folge geringfügiger Störungen, welche die Planeten auf das Gravitationsfeld der
Sonne ausüben. Wenn man die Bahn des Merkur nach den
Newtonschen Gesetzen berechnete, so ergab sich jedesmal
eine Differenz zu den beobachteten Werten der Periheldrehung von 43 Bogensekunden pro Jahrhundert. Gemessen
wurde hier der Beobachtungswinkel, wobei ein Grad aus

3600 Sekunden besteht. Die Differenz von 43 Bogensekunden in hundert Jahren erschien zwar lächerlich gering, bei der Genauigkeit der zur Verfügung stehenden Meßmethoden durfte ein solcher Fehler aber nicht vorkommen. Erst die Relativitätstheorie konnte diese Differenz schlüssig mit der durch die Sonne bewirkten Krümmung des Raumes erklären. Nach Einstein ist nämlich nicht nur die Masse der Sonne in der Lage, eine Raumkrümmung zu verursachen, sondern das Gravitationsfeld selbst erzeugt wiederum ein geringes Gravitationsfeld, welches wiederum ein noch geringeres Gravitationsfeld erzeugt usw.. Berücksichtigt man diese Effekte, kommt man rechnerisch genau auf die gemessene Umlaufbahn des Merkur.

Eine hartnäckige Eselei

Einsteins Formeln enthielten eine merkwürdige Konsequenz: das Universum war hiernach nicht statisch, es schien sich vielmehr auszudehnen. Dieses widersprach jedoch nicht nur allen bisherigen naturwissenschaftlichen Beobachtungen, sondern ebenso allen philosophischen und religiösen Lehrmeinungen. Sowohl die antiken Philosophen als auch Galilei, Newton, Leibniz, Kant oder Descartes verschwendeten keinen Gedanken auf die Idee, das Weltall könne insgesamt in Bewegung sein[21]. Einstein war

---

[21] Newton hatte jedoch schon ein ähnliches Problem. Da sich alle Massen des Universums gegenseitig anziehen, müsse dieses irgendwann zu einem riesigen Materieklumpen in sich zusammenfallen. Der einzige Ausweg für Newton bestand in der Annahme, daß das Universum unendlich groß sei. Deshalb gäbe es keinen Mittelpunkt, auf den die Materie zustürzen könne.

deshalb fest davon überzeugt, daß etwas an seiner Theorie
nicht stimmen könne. Aus diesem Grund korrigierte er
seine Formeln dahingehend, daß er eine zusätzliche Kraft
erfand. Diese sollte dafür sorgen, daß das Universum in
seiner Größe unverändert bliebe. Er konnte eine solche
Konstante in seine Theorie einfügen, ohne daß dadurch
andere Konsequenzen der Relativitätstheorie beeinflußt
worden wären. Es war also für die Relativitätstheorie
nicht unbedingt notwendig, die neue Konstante einzufügen, es schadete ihr aber auch nicht. Diese neue »kosmologische Konstante« hatte ebenso wie die Schwerkraft und
die elektromagnetische Kraft eine unendliche Reichweite,
war aber der Wirkung der Schwerkraft entgegengesetzt.

Einstein hat viele traditionelle Vorstellungen radikal
verändert und eine Theorie geschaffen, die vielfach auf
glänzende Weise später experimentell bestätigt wurde. Um
den größten Triumph seiner Theorie hat er sich jedoch
selbst gebracht. Mehr als zehn Jahre vor der Entdeckung
der Expansion des Universums durch Edwin Hubble hätte
Albert Einstein diese voraussagen können. Es wäre eine
logische Konsequenz und die spektakulärste Vorhersage
seiner Relativitätstheorie gewesen. Später nannte Einstein
die Einführung der kosmologischen Konstante die »größte
Eselei« seines Lebens.

Obwohl die kosmologische Konstante sich nach Hubble
als überflüssig erwiesen hatte, weigert sie sich aber hartnäckig aus der kosmologischen Diskussion zu verschwinden. Es gibt keinen zwingenden Grund, sie wieder aus
Einsteins Gleichungen zu entfernen. Tatsache ist, daß die
kosmologische Konstante sehr nahe bei Null liegen muß.
In der Tat handelt es sich um den kleinsten Zahlenwert,

den es in der gesamten Naturwissenschaft gibt. Aber ob sie wirklich absolut gleich Null ist, das ist bis heute nicht entschieden. Nun fragen sich die Wissenschaftler, warum diese Konstante so nah an Null liegt. Welches Gesetz liegt diesem Wert zugrunde? Heute wird der kosmologischen Konstante nämlich ein realer physikalischer Hintergrund zugeschrieben. Sie stellt die sogenannte Energiedichte des Vakuums dar. Diese ist aber nicht Null, wie man denken könnte. Aufgrund teilchenphysikalischer Überlegungen müßte sie eigentlich viel größer sein. Die Anfangsbedingungen, die während der Entstehung des Universums herrschten, scheinen hier einen entscheidenden Einfluß gehabt zu haben. Wir sind aber weit davon entfernt, diese zu verstehen, und deshalb müssen wir uns weiterhin mit Einsteins Eselei herumschlagen.

Wir werden später noch sehen, welche Bedeutung dieses Problem für die Entstehung unserer Welt hat und warum die kosmologische Konstante etwas mit Wurmlöchern zu tun hat und immer noch so geheimnisvoll ist wie zu der Zeit ihrer Erfindung.

Den Nobelpreis erhielt Einstein übrigens nicht für seine revolutionäre Relativitätstheorie, sondern für die Erklärung des photoelektrischen Effektes. Diese Arbeit schuf er ebenfalls in seinem produktiven 26. Lebensjahr und wurde hierfür 1921 mit den Stockholmer Meriten ausgezeichnet, weil den Juroren die Relativitätstheorie als nicht abgesichert genug erschien. Ausgehend von den Vorstellungen Plancks, nach denen elektromagnetische Wellen gequantelt sind, überlegte Einstein sich, was geschieht, wenn Lichtquanten auf eine Metallplatte treffen. Es war bekannt, daß Licht in der Lage ist, Elektronen aus den

Metallatomen herauszulösen. Das Problem bestand darin, daß eine Zunahme der Lichtintensität nicht etwa zu einer Zunahme der Energie der Elektronen führt, sondern dazu, daß mehr Elektronen freigesetzt werden. Dies ist mit der klassischen Vorstellung des Lichts als einer elektromagnetischen Welle nicht zu erklären. Hiernach müßte eine höhere Intensität der Welle den Elektronen mehr Energie verleihen. Einstein überlegte nun, wie es aussähe, wenn das Licht doch aus Teilchen bestünde. Wie Tennisbälle, so stellte er sich vor, müßten diese einen Druck ausüben. Höhere Energie bedeutet dann aber mehr Tennisbälle, die mehr Elektronen aus dem Metall herausschlagen. Diese Vorstellung des Lichts als Korpuskeln mit meßbaren Teilcheneigenschaften widersprach am Anfang des 20. Jahrhunderts völlig der vorherrschenden Meinung von der reinen Wellennatur des Lichts. Dennoch war die Deutung Einsteins in der Lage, den photoelektrischen Effekt eindeutig zu erklären. Licht hat also offenbar sowohl die Eigenschaft von Wellen als auch von Teilchen. Ohne daß Einstein es ahnte, legte er mit dieser Arbeit den Grundstein für die rätselhafte Welt der Quantenmechanik, die er sein Leben lang ablehnen sollte.

WAHRSCHEINLICHKEIT
UND VORHERBESTIMMUNG

Grenzen aus den Angeln,
die klare Linie dahin.
Alles im Fluß,
das Wilde gewinnt.

Herbert Grönemeyer, Chaos

Bevor wir uns mit den kleinsten Grundbausteinen unserer
Welt beschäftigen, ist es notwendig, das Phänomen der
Wahrscheinlichkeit und des Zufalls etwas näher zu beleuchten. Wir werden sehen, daß diese Begriffe unser Dasein mehr bestimmen, als man glauben mag. Daß sich
Physiker und Mathematiker mit Wahrscheinlichkeiten beschäftigen, erscheint auf den ersten Blick paradox, wollen doch gerade die Grundlagenforscher exakte Aussagen
über die Natur treffen und sich nicht wie ein Wettbüro
mit fragwürdigen Prognosen abgeben. Die Berücksichtigung von Wahrscheinlichkeiten ist jedoch unumgänglich,
wenn man physikalische Prozesse begreifen will. Betrachten wir einen Behälter, der mit einem Gas gefüllt ist.
Wenn dieses »Gas« aus nur zwei Molekülen bestehen
würde, dann wäre es relativ einfach, sein Verhalten exakt
zu bestimmen. Sind nun sowohl der Aufenthaltsort der
beiden Moleküle als auch ihr Impuls (die Temperatur des
Gases) bekannt, dann ist das weitere Geschehen eindeutig
berechenbar. Die Newtonschen Bewegungsgleichungen
reichen hierfür völlig aus. Aber bereits bei drei Molekülen
lassen sich die Bewegungen, die aufgrund der Beeinflus-

sungen der Massen auftreten, nicht mehr eindeutig berechnen. Dies ist das sogenannte Dreikörperproblem[22], welches nicht nur für Moleküle, sondern beispielsweise auch für Planeten gilt. Erst recht versagen unsere Rechenkünste bei den vielen Milliarden Molekülen in einem Gasbehälter. Aber dennoch brauchen wir nicht zu kapitulieren. Es ist gar nicht nötig, für jedes einzelne Molekül eine Bewegungsformel aufzustellen. Vielmehr reicht es, wenn wir ein Gesetz anwenden, welches mit sehr hoher Wahrscheinlichkeit das Verhalten des Gases bei bestimmten Temperaturen voraussagt. In der Regel kommt es uns nicht darauf an, daß mit dieser Formel nicht jedes einzelne Molekül beschrieben werden kann. Uns interessiert ja nur der Endzustand des gesamten Gasbehälters. Ebenso wie bei einer großen Anzahl von Würfen mit einer Münze Kopf und Zahl ziemlich sicher im Verhältnis 1:1 auftreten, wird unsere Voraussage über das Verhalten des Gases mit seinen vielen Milliarden von Molekülen außerordentlich exakt sein. Versicherungsgesellschaften wissen z.B. sehr genau, wie lange ihre Mitglieder im Durchschnitt leben werden. Genau so können wir exakte Angaben über komplexe physikalische Systeme machen. Ebensowenig allerdings wie die Versicherer die Prognose für die Lebensdauer einer einzelnen Person machen können, wissen wir über das Schicksal des einzelnen Moleküls Bescheid. Die-

---

[22] Die gravitativen Wirkungen von drei Körpern aufeinander sind nicht nur sehr kompliziert, vielmehr konnte Henri Poincaré zeigen, daß eine mathematische Lösung für dieses Problem überhaupt nicht existiert. Lediglich der Fall von drei gleich schweren Körpern, die ein gleichseitiges Dreieck bilden und sich mit konstanter Geschwindigkeit um den gemeinsamen Schwerpunkt drehen, ist mathematisch lösbar.

ses interessiert uns hier aber genausowenig wie die Versicherungsgesellschaft an einem Einzelschicksal interessiert ist. Hauptsache die Rechnung geht am Schluß auf.

Wie der Zufall will

Wenn beim Spiel eine bestimmte Zahl gewürfelt wird, dann halten wir dies für rein zufällig. Was ist nun dieser Zufall eigentlich? Hat der Würfel etwa eine echte Wahl, wie er fallen kann, oder bestimmt irgendein ominöser Geist namens Zufall die Zahl, die letztendlich oben liegen wird? Auch wenn wir den Zufall ständig für Ereignisse in unserer Umgebung verantwortlich machen, kann dies nicht darüber hinwegtäuschen, daß dieser Begriff um so nebulöser wird, je mehr wir ihn auf eine solide begriffliche Basis stellen wollen. Natürlich fällt der Würfel nicht zufällig, die Ausgangsbedingungen legen exakt fest, welche Zahl er anzeigen wird. Die Kraft, mit der er geworfen wird, die Neigung der Hand beim Wurf, die Reibung der Tischdecke, die Essenskrümel in seiner Bahn, die Umgebungstemperatur, ja selbst der Schweißgehalt der Fingerkuppen oder die Gravitationswirkung des Jupiters bestimmen eindeutig, wie der Würfel rollen wird. Nur kennen wir all diese Bedingungen nicht, und deshalb wissen wir nicht, welche Zahl fallen wird. Dies ist der Grund, warum wir das Ergebnis für zufällig halten.

Wenn wir aber Ereignisse zufällig nennen, nur weil wir deren Ursachen nicht genau kennen, dann haben wir große Schwierigkeiten, überhaupt Beispiele für nicht zufällige Geschehnisse zu finden. Vieles in unserer Umgebung scheint mehr oder weniger zufällig abzulaufen. Im

Sprachgebrauch bezeichnen wir aber nur die Dinge als zufällig, von denen wir viele Ausgangsbedingungen nicht kennen und deren Ergebnis deshalb nicht exakt, sondern nur mit einer statistischen Wahrscheinlichkeit vorauszusagen ist. Andere Ereignisse, bei denen mit einer hohen Wahrscheinlichkeit das Resultat feststeht, sind für uns nicht zufällig. Wenn z. B. ein dreieckförmiger Körper zu Boden geworfen wird und auf einer der Flächen liegenbleibt, dann würde uns das nicht wundern. Bleibt er aber genau auf einer Kante stehen, würden wir dies sicherlich als großen Zufall bezeichnen, obwohl dies nach den Gesetzen der Wahrscheinlichkeit durchaus irgendwann eintreten kann. Wir sehen also, daß der Begriff des Zufalls eher ein sehr subjektiver ist, der lediglich die Korrelation zwischen der statistischen Wahrscheinlichkeit eines Ereignisses und unserer Unkenntnis der Ausgangsbedingungen beschreibt. Deshalb wird diese Form des Zufalls in der Regel mit dem Begriff des »scheinbaren Zufalls« belegt.

Echten Zufall würden wir demgegenüber so definieren, daß ein System die inhärente Eigenschaft besitzt, sich wahlweise zwischen verschiedenen Zuständen zu entscheiden, ohne daß ein äußerer Grund hierfür verantwortlich gemacht werden kann. Nach dieser Definition wäre kein Ereignis wirklich zufällig. Stets können wir Parameter definieren, die als auslösende Ursachen das Ereignis bestimmt haben. Und selbst wenn dies nicht möglich ist, gehen wir doch davon aus, daß es unbekannte Variable gibt, die in deterministischer Art die beobachtete Wirkung hervorgerufen haben.

Echten Zufall hingegen gibt es wahrscheinlich nur in den Unbestimmtheiten der Quantenwelt. Hier kennen wir in der Tat keine verborgenen Variablen, welche die Unschärfe und scheinbare Wahlfreiheit der Quantenereignisse bestimmen. Dieses ist vielmehr als inhärente Eigenschaft der subatomaren Teilchen zu begreifen. Wir werden auf die Probleme dieser zufälligen Quantenereignisse noch zurückkommen, da sie für die Fragen nach Vorherbestimmung und Willensfreiheit von großer Bedeutung sind.

Trotz dieser begrifflichen Schwierigkeiten kann Zufall mathematisch ziemlich gut definiert werden. Es gibt nämlich eindeutig nicht zufällige Zahlen und zufällige Zahlen. Bei den letzteren besteht das Problem nur darin, daß Zahlen solange als nicht zufällig gelten müssen, bis man das Gegenteil bewiesen hat. Und das ist meist so gut wie unmöglich. Die mathematische Definition des Zufalls lautet nämlich, daß eine Zahl dann zufällig ist, wenn der kürzeste Algorithmus zu ihrer Beschreibung der Zahl selbst entspricht. Oder anders herum ausgedrückt, ist eine Zahl dann nicht zufällig, wenn es gelingt, sie irgendwie kürzer darzustellen. So ist die Ziffernfolge 123456789... nicht zufällig. Man kann nämlich ein Computerprogramm schreiben, welches anordnet, die jeweils nächste Ziffer um eins zu erhöhen. Dieses Programm wäre kürzer als die Zahl selbst[23]. Bei den allermeisten Zahlen können wir hingegen keineswegs hundertprozentig sicher sein, daß sie nicht zufällig sind. Vielleicht kommt ja nach einigen Tausenden

---

[23] Dieses Programm in Basic könnte so aussehen:

```
10: x = 1
20: PRINT x
30: x = x + 1
40: GOTO 20
```

oder Millionen Stellen irgendwann doch noch eine andere, zufällige und nicht geordnete Ziffernfolge. Dies ist nicht beweisbar, da die Anzahl der Stellen unendlich ist. Die überwiegende Mehrheit der Zahlen sind demnach Zufallszahlen, und die nicht zufälligen Zahlen sind in der verschwindenden Minderheit.

Es ist jedoch völlig falsch, Zufall als etwas Ungeordnetes und Chaotisches zu definieren. Wahrscheinlichkeiten und Zufälle gehorchen ebenso klaren Gesetzen, wie das streng mechanische Newtonsche Universum. Hierbei handelt es sich jedoch nicht um eindeutig lösbare Bewegungsgleichungen, sondern eben um Wahrscheinlichkeitsgesetze. Mit Hilfe dieser Gesetze bewegen wir uns mehr oder weniger bewußt durch unsere Umwelt. Auch sind es gerade diese Wahrscheinlichkeiten, die uns ein aktives Eingreifen in diese Welt erst erlauben. Eine streng determinierte Realität würde nämlich keinen Platz für eine offene und beeinflußbare Zukunft bieten. Der Zufall ist in diesem Sinne sogar notwendige Voraussetzung des freien Willens, da ohne ihn die Entwicklung eines Systems unabänderlich feststehen würde.

Das Gesetz der Unordnung

Der Physiker Rudolf Clausius beschrieb in der Mitte des 19. Jahrhunderts den ersten Hauptsatz der Thermodynamik. Dieser besagt, daß Energie in einem geschlossenen System weder erzeugt noch verloren gehen kann. Einer der wichtigsten Sätze der Naturwissenschaften, der ebenfalls zu zahlreichen philosophischen Abhandlungen Anlaß gegeben hat, ist jedoch der auf Platz zwei verwiesene Hauptsatz der Thermodynamik. Hiernach kann in einem geschlossenen System die Entropie nicht abnehmen. Die Entropie ist ein »Maß der Unordnung« oder der inverse Grad der Veränderlichkeit eines Systems. Unordnung kann also nur zunehmen und nicht abnehmen. Man kann dies auch so ausdrücken, daß die Möglichkeit eines Systems, sich zu verändern, im Laufe der Zeit immer geringer wird. Es gibt also ein Endstadium, in dem keine Veränderung mehr möglich ist, weil es zu einer maximalen Unordnung gekommen ist. Aus dieser kann spontan keine geordnete Struktur mehr hervorgehen. Unordnung im Energiebereich bedeutet Umwandlung von »geordneter« Energie, z. B. der kinetischen Energie eines Wurfgeschosses oder der potentiellen Energie eines auf der Klippe liegenden Felsbrockens vor dem Sturz, in Wärmeenergie, also Bewegungsenergie auf molekularem Maßstab. Wichtig ist hierbei, daß ein System geschlossen sein muß. Natürlich kennen wir viele Prozesse, bei denen die Ordnung scheinbar zunimmt, z. B. beim Aufräumen des Partykellers nach einer Silvesternacht. Berücksichtigt man aber die in Wärme umgesetzte Muskelenergie, die aus unserer Nahrungskette und letztendlich von der Sonnenstrahlung stammt, dann hat insgesamt die Entropie zugenommen, obwohl der Keller ordentlicher aussieht als vorher.

Die zweite wichtige Aussage des zweiten Hauptsatzes besteht in der Tatsache, daß physikalische Prozesse nicht beliebig umkehrbar sind. Hieraus resultiert die banal klingende, aber schwer zu belegende Annahme, daß die Zeit eine Richtung aufweist, und zwar in die Zukunft. Das ist keineswegs so selbstverständlich wie es zunächst klingt.

Es gibt nämlich bei keinem anderen physikalischen Gesetz einen Hinweis darauf, daß die Zeit eine Richtung aufweist. Alle anderen physikalischen Prozesse sind nämlich zeitsymmetrisch. Stellen Sie sich vor, es würde ein Film von einem Billardspiel gedreht. Anschließend wird Ihnen dieser Film einmal vorwärts und einmal rückwärts vorgeführt. Es gibt für Sie keine Möglichkeit zu entscheiden, ob der sich vorwärts bewegende Queue die Kugel nach vorne stößt oder ob jemand die Kugel in Richtung auf den Queue geworfen hat und diese ihn nach hinten stößt. Beide Szenen sind mit allen physikalischen Gesetzen vereinbar. Deshalb ist viel darüber gerätselt worden, ob Zeitprozesse umkehrbar sind. Der zweite Hauptsatz klärt diese Situation, indem er ein statistisches Element einfügt. Nach den mechanischen Gesetzen Newtons und den Maxwellschen Feldgleichungen ist jeder physikalische Prozeß zeitunabhängig vorstellbar. So ist es nicht unmöglich, daß sich Scherben auf dem Fußboden zusammenfügen, auf den Tisch springen und dort eine Tasse bilden. Voraussetzung hierfür ist allerdings, daß sich Abertrillionen von Atomen genau auf dieses Ziel hin wie abgesprochen bewegen. So müßte der Fußboden auf die Scherben Stoßenergie ausüben, Schallwellen aus der Luft müßten genau im richtigen Winkel und mit der richtigen Intensität auf die Scherben treffen, Wärmeenergie müßte sich in kinetische Energie umwandeln usw.. Viel wahrscheinlicher ist es, daß die Tasse vom Tisch fällt und auf dem Boden zerbricht. Die »Anfangsbedingungen« haben eine große Wahrscheinlichkeit, nämlich das ungeschickte Umstoßen der Tasse, während die Anfangsbedingungen für den umgekehrten Vorgang so unwahrscheinlich sind, daß sie noch nie jemand beobachtet hat. Wir sehen, daß die für uns so eindeutig bewußte Zeit nicht nur im Einsteinschen Sinne relativ ist, sondern darüber hinaus noch ein statistisches Element enthält.

Keine angenehmen Folgen hat der zweite Hauptsatz für die Zukunft unseres Universums. Wenn dieses sich lange genug ausdehnen sollte, müßte sich alle Ordnung irgendwann aufheben, und das All bestünde nur noch aus einer homogenen Verteilung von Atomen, wobei alle Energie in Wärmeenergie umgewandelt ist. In diesem Zustand maximaler Entropie wäre also keine weitere Entwicklung mehr möglich. Dieser »Wärmetod« des Universums wäre in der Tat ein ruhmloses Ende für eine Welt mit Hunderten von Milliarden von Galaxien, Sonnen, braunen und weißen Zwergen, roten Riesen, Supernovae, schwarzen Löchern, Fernsehern, Murmeltieren und selbsterkennenden Gehirnen.

Die wiederkehrende Zeit

Die physikalischen zeitsymmetrischen Gesetze und der mit einem Zeitpfeil versehene zweite Hauptsatz der Thermodynamik bilden einen Widerspruch, den der französische Mathematiker Henri Poincaré (1845–1912) vor der Jahrhundertwende auf die Spitze trieb. Wenn sich in einem geschlossenen Behälter die Verteilung und Geschwindigkeit der Gasmoleküle mit statistischen Methoden beschreiben läßt, dann wird es irgendwann zu jeder Verteilung der Moleküle kommen, die denkbar ist, also auch zu der Ausgangssituation. Dieses ist zwar extrem unwahrscheinlich, aber nach den Gesetzen der Statistik wird es irgendwann eintreten, wenn man nur lange genug wartet. Wenn man beispielsweise auf einem (reibungsfreien) Billardtisch eine Kugel anstößt, so wird sie nach einer gewissen Anzahl von Wandkontakten irgendwann wieder genau an der Stelle sein, wo die Bewegung ihren Ausgang nahm. Von nun an durchläuft die Kugel dieselbe Sequenz zum zweiten Mal und wird irgendwann wieder den Ausgangspunkt erreichen. Ähnliches geschieht in einem sich selbst überlassenen Gasbehälter. Nur muß man viel länger warten, bis sich die Ausgangssituation wiederholt, da ja nicht nur eine Billardkugel, sondern eine ungeheuer große Anzahl von Molekülen beteiligt ist. Für unseren Gasbehälter bedeutet dies zweierlei. Erstens wird sich jede Ausgangssituation irgendwann in ferner Zukunft wiederholen, und es stellt sich erneut die Frage, ob die Zeit wirklich eine Richtung aufweist. Denn wenn in ferner Zukunft die Situation in dem Behälter absolut identisch ist wie zur Ausgangssituation und somit von da an auch die zukünftige Entwicklung gleich sein wird, dann gibt es keinen Unterschied zwischen diesen beiden Zeitpunkten, und es macht keinen Sinn, von Vergangenheit und Zukunft zu sprechen. Zweitens ist ein Zustand vorstellbar, indem sich beispielsweise mehr langsame Moleküle in der linken Hälfte des Behälters befinden und mehr schnellere in der rechten. Hierbei wird aber der zweite Hauptsatz verletzt, da die Ordnung zugenommen und die Entropie abgenommen hat. Es entstünde eine Wärmedifferenz zwischen den beiden Hälften des Behälters, die wir als Energiequelle nutzen könnten.

Wenn sich in einem geschlossenen Gasbehälter irgendwann jede beliebige Situation wiederholen wird, dann gilt dies ebenso für andere geschlossene Systeme. Auch unser Universum kann man sich wie einen riesigen Gasbehälter vorstellen. Wenn die Bewegung aller Teilchen statistischen Gesetzen folgt – und daran haben wir keinen Zweifel –, dann muß sich auch jede Teilchenkonfiguration irgendwann einmal wiederholen. Nun kann man berechnen, wann eine solche Situation eintritt, da die ungefähre Anzahl aller Teilchen in unserem Universum bekannt ist. Um eine solche Poincarésche Wiederkehr zu erleben, müßte man ca. 10^{100} Jahre warten. Ein unvorstellbar langer Zeitraum, wenn man bedenkt, daß unser Weltall erst ca. 10^9 Jahre alt ist. Solange wird unser Universum in der jetzigen Form sicherlich nicht existieren, und deshalb werden Sie davon verschont bleiben, dieses Buch in 10^{100} Jahren noch einmal lesen zu müssen. Das Universum ist nämlich nicht statisch und in diesem Sinne kein Poincaréscher Gasbehälter. Es dehnt sich ständig aus, und deshalb wird die Verteilung der einzelnen Teilchen nie dieselbe sein können wie zu einem früheren Zeitpunkt. Aber dennoch ist das Argument von Poincaré nicht so einfach abzuweisen. Das Wesen der Zeit jedenfalls müssen wir offensichtlich zumindest für abgeschlossene Systeme noch einmal überdenken. Hiervon soll später noch einmal die Rede sein.

Ursache und Wirkung

Rational denkenden Menschen erscheint der Zusammenhang zwischen Ursache und Wirkung als eine der Grundfesten der erfaßbaren Realität. Jeder natürliche Vorgang muß eine Ursache haben, sei diese nun erkennbar oder nicht. Alles, was diesem Grundsatz widerspricht, gehört nicht in den Bereich der Logik oder der Naturwissenschaften, sondern in das Reich der Mythen und Religionen. Verfolgt man diesen Gedanken weiter, so muß auch jedes Ereignis nicht nur einen auslösenden Faktor beinhalten, sondern auch weitere Wirkungen auslösen. Kant brachte dieses auf Newtons Mechanik gründende Kausalitätsgesetz auf folgende Formel: »Wenn wir erfahren, daß etwas geschieht, so setzen wir dabei jederzeit voraus, daß etwas vorhergehe, woraus es nach einer Regel folgt.« Albert Einstein war es dann, der das Primat der Kausalität auf eine solide wissenschaftliche Basis stellte. Die Konstanz der Lichtgeschwindigkeit ist es nämlich, die garantiert, daß auf die Ursache stets die Wirkung folgt und der umgekehrte Vorgang nicht möglich ist. Die Wirkung kann sich nur endlich, nämlich maximal mit Lichtgeschwindigkeit ausbreiten und nicht instantan erfaßt werden, so daß für alle Beobachter unabhängig von ihrem Bewegungs- oder Beschleunigungszustand die Reihenfolge von Ursache und Wirkung gewahrt bleibt. Wäre hingegen ein Bezugssystem denkbar, in dem sich das Licht schneller bewegt, dann würde ein Beobachter das Ergebnis einer Handlung vor dem Auslöser sehen. Dieses wäre gleichbedeutend mit einer Reise in die Vergangenheit. Solche Unternehmungen, so attraktiv sie uns auch erscheinen mögen, sind leider durch die Relativitätstheorie ausgeschlossen.

Das Zusammenfügen verschiedener Ereignisse zu geordneten Ereignisabfolgen scheint eine grundlegende Eigenschaft menschlichen Denkens zu sein. Dieses geht sogar soweit, daß wir täglich Kausalitäten in Ermangelung der wirklichen Zusammenhänge unkritisch akzeptieren.

Dieses grundlegende Kausalitätsbedürfnis macht uns nicht nur glauben, daß das Wetter an allen unseren Beschwerden schuld sei, sondern ist ebenso die Grundlage jeglichen Aberglaubens und Mystizismus. Aber leider sind die Zusammenhänge zwischen Ursache und Wirkung in der Wirklichkeit oft so komplex und multifaktoriell, daß die Herstellung dieses Zusammenhangs in Unkenntnis der wahren Gegebenheiten meist als eigene Meinung fehlinterpretiert wird und anderen auf gleichartiger Grundlage erworbenen Einschätzungen entgegengesetzt wird. Da ist es schon einfacher, monokausale Erklärungen unkritisch anzunehmen, als eine Unklarheit als solche zu akzeptieren.

Aus der Vielzahl der Veränderungen, die ein isoliertes Geschehen auslöst, interessiert uns normalerweise nur ein geringer Bruchteil. Dies ist sicherlich eine notwendige Vereinfachung der Wahrnehmung der Realität. Wenn ein Apfel vom Baum fällt, dann ist für uns die Tatsache von Bedeutung, daß er anschließend am Boden liegt und aufgehoben werden kann. Dieses entspricht unserer auf den persönlichen Nutzen ausgerichteten Betrachtungsweise. Über die Veränderungen der Luftströmung mit chaotischer Turbulenzentwicklung während des Fallvorganges, die hierbei in Wärme umgesetzte kinetische Energie oder die Auswirkungen auf die lokale Raum-Zeitkrümmung durch die Veränderung der Materieverteilung machen wir uns in der Regel keine Gedanken. Aber all dies sind ebensolche Aspekte der Realität, die wiederum andere Ereignisse auslösen. Es wäre jedoch sicherlich von keinem evolutionären Vorteil, wenn unsere Vorfahren die Luftströmungen beim Apfelfall analysiert hätten, statt ihn aufzuheben und zu verzehren. So vorteilhaft also unsere eingeschränkte Betrachtungsweise von Ursache und Wirkung in bezug auf die Nahrungsaufnahme auch sein mag, für die Erkenntnis komplexer Zusammenhänge sind wir offenbar weniger geeignet. In der Regel geben wir uns mit monokausalen Erklärungsmodellen zufrieden.

Ebenso wie die Mustererkennung des Gehirns als evolutionärer Selektionsvorteil uns in die Lage versetzt, Strukturen im Zusammenhang zu erkennen, erlaubt uns das Kausalitätsprinzip, Ursache und Wirkung voneinander zu unterscheiden. Dieses impliziert somit eine grundlegende Eigenschaft höherer Intelligenz, nämlich Szenarien der Zukunft auf der Grundlage von Ursache und Wirkung zu entwickeln. Die vorausschauende Planung möglicher Handlungsstrategien ist somit sicherlich eine wesentliche Ursache für die dominante Entwicklung der Spezies Homo sapiens. Wir sind in der Lage, Zusammenhänge auch ohne exakte Beweisführung als solche zu erkennen. Intuitiv wissen wir bei vielen Vorkommnissen, wie die nahe Zukunft hierdurch beeinflußt wird. Um diese Leistung in adäquater Zeit zu vollbringen, sind jedoch notwendigerweise Vereinfachungen in Kauf zu nehmen. Außerdem treffen wir die Entscheidung über den Zusammenhang verschiedener Ereignisse aufgrund unserer Erfahrung mit ähnlichen Situationen. Die Beurteilung von Kausalitäten ist somit außerhalb einer strengen wissenschaftlichen Beweisführung stets mit Subjektivität behaftet.

Daß uns die Mustererkennung des Gehirns täuschen kann, ist eine bekannte Tatsache. Wir sehen auch dort Muster, wo überhaupt keine sind. Viele psychologische Tests machen sich solche Assoziationen zunutze. Im Bereich der optischen Phänomene können wir jedoch verläßliche Tests benutzen, die unsere fehlende Objektivität ausgleichen. Optische Täuschungen, bei denen wir z. B. Kreise innerhalb oder außerhalb eines Dreiecks als verschieden groß einschätzen, können wir durch Nachmessen erfassen. Im Bereich der Kausalitäten ist dies sehr viel schwieriger. Vielleicht wäre die Welt einfacher, wenn wir ähnliche allgemein akzeptable Kausalitätstests hätten wie im Bereich der optischen Täuschungen. Um die Jahrhundertwende träumten die sogenannten Formalisten unter den Mathematikern davon, algorithmische Lösungswege so zu formalisieren, daß grundsätzlich alle mathematisch beschreibbaren Probleme einer Lösung zugeführt werden könnten. Schon Leibniz dachte über eine mathematische Methode nach, mit deren Hilfe sich alle formulierbaren Problemstellungen durch mechanische Rechenoperationen lösen ließen. Philosophische Meinungsverschiedenheiten wären dann durch objektive Berechnungen lösbar und müßten nicht mehr endlos ausdiskutiert werden. Erst in den dreißiger Jahren des 20. Jahrhunderts konnte bewiesen werden, daß es niemals für alle Probleme algorithmische Lösungswege geben kann. Hiervon soll später noch die Rede sein.

Auch der schottische Philosoph des 18. Jahrhunderts, David Hume (1711–1776), interessierte sich für die Frage, wie verschiedene Ideen oder Ereignisse miteinander zusammenhängen. Wenn ein Ereignis immer einem anderen folgt, nehmen wir eine kausale Beziehung zwischen diesen beiden an. Was ist nun diese Kausalität? Ist sie eine Eigenschaft der wahrgenommenen Ereignisse an sich, oder schafft unser Verstand diese Verknüpfung? Unter kausal verstehen wir, daß einem Ereignis A *notwendiger-*

weise ein anderes Ereignis B folgt. Woher nehmen wir aber die Sicherheit zu behaupten, daß ein Naturvorgang *notwendigerweise* einem anderen folgt? Beobachten können wir nur das Nacheinander von Ereignissen, das Wegeneinander ist unsere subjektive Interpretation. Wenn ein Geschehen einem anderen folgt, dann können wir zwar eine Wahrscheinlichkeit angeben, mit der beide miteinander kausal verknüpft sind, diese Wahrscheinlichkeit bezieht sich jedoch lediglich auf unsere bisherige Erfahrung mit gleichartigen Ereignissen. Dieses muß aber nicht bedeuten, daß von uns beobachtete Verknüpfungen tatsächlich für alle Zeiten notwendigerweise so sind. Wir wissen lediglich, daß dem Ereignis A *bisher* immer das Ereignis B folgte. Die Kausalität kann also nicht aus unserer Erfahrung direkt abgeleitet werden, sie entsteht vielmehr aus einer Gewöhnung an zwei bisher stets aufeinander folgende Ereignisse. Kausalität ist somit eine subjektive Interpretation und keine objektive Eigenschaft von Ereignissen.

Hume verband den Begriff der Kausalität also mit dem Begriff der subjektiven Erfahrung und des Glaubens. Objektive Kausalität existierte für ihn nicht. Etwas, was bisher immer so war, kann sich morgen anders verhalten. Streng naturwissenschaftlich gesehen, kann man nur eine statistische Aussage über kausale Verknüpfungen stellen. Die statistische Betrachtung kausal verknüpfter Prozesse insbesondere durch die Quantentheorie hat der Philosophie Humes heute einen neuen wissenschaftlichen Hintergrund verliehen.

Immanuel Kant (1724 – 1804) zeigte sich von der Philosophie Humes tief beeindruckt. Auch für ihn war Kausalität keine Eigenschaft, die den äußeren Dingen zukam. Die Zusammengehörigkeit zweier Prozesse im Sinne von Ursache und Wirkung entstand für ihn ebenfalls in unseren Gehirnen und nicht in der physikalischen Beziehung der Ereignisse. Anders als Hume interpretierte er jedoch Kausalität nicht als reine Empirie im Sinne einer Gewöhnung an stets gleich ablaufende Vorgänge. Vielmehr handelte es sich für ihn bei der Kausalität um eine grundlegende Eigenschaft des menschlichen Verstandes, die unabhängig von Erfahrungen primär als notwendige Bedingung des Denkens vorhanden ist. Kant bezeichnete solche präformierten Denkkategorien auch als *a priori* Eigenschaften des Verstandes.

Für den reduktionistischen Wissenschaftler hingegen ist die Kausalität klar durch experimentelle Erfahrung oder durch mathematische Beziehungen definiert. Die physikalischen Gleichungen lassen keinen Spielraum für zufällige Ereignisse. Jede Ursache hat eine klar berechenbare Wirkung. Wenn wir die Folge eines Ereignisses nicht kennen, dann nur deshalb, weil wir nicht über genügend Informationen über den Ausgangszustand verfügen. Die Beziehungen zwischen Ursache und Wirkung sind in der mechanischen Welt Newtons somit sehr einfach. Letztendlich werden Kausalitäten nur durch zwei Parameter bestimmt: Den Ort und den Impuls eines Teilchens. Diese beiden Parameter bestimmen vollständig, was geschieht, wenn zwei Billardkugeln aufeinanderstoßen (wenn man hier einmal Reibung, Luftwiderstand etc. ausklammert). Ähnliches müßte somit auch im größeren Maßstab gelten.

Der allwissende Dämon

Wenn ich genau den Ort aller Teilchen im Weltraum kennen würde und zugleich über ihren Impuls, also ihre Massen und Geschwindigkeiten, Bescheid wüßte, könnte ich mit etwas mathematischer Bildung exakt voraussagen, wie die Teilchenverteilung im nächsten Moment aussehen wird. Die Newtonsche Bewegungsgleichung $(F = m \cdot a)$ bestimmt nämlich vollständig, wo sich ein Teilchen im nächsten Augenblick befinden wird. Wenn man nun diese Rechnung für alle Teilchen und alle zukünftigen Zeitpunkte durchführt, werden Ort und Geschwindigkeit für jedes einzelne Teilchen im Universum eindeutig bestimmbar sein. Die gesamte Zukunft ist demnach im Prinzip völlig berechenbar. Dieses kann natürlich kein normaler Sterblicher, aber ein höheres Wesen wäre vielleicht in der Lage dazu. Dieser von dem französischen Mathematiker Pierre Simon Marquis de Laplace (1749 – 1827) geschaffene »Dämon« könnte aber noch viel mehr. Die Kenntnis des genauen Ortes und Impulses verschiedener Teilchen in einem geschlossenen System bestimmt nach den zeitsymmetrischen Newtonschen Bewegungsgesetzen nicht nur das Verhalten der Teilchen in alle Zukunft, auch die gesamte Vergangenheit ließe sich hieraus ableiten. Selbst wenn es einen solchen Laplaceschen Dämon[24] nicht gibt,

---

[24] Wie so oft in der Geschichte der Wissenschaften ist der Namensgeber für ein Phänomen nicht unbedingt dessen Entdecker. Bereits 1758 beschrieb der Jesuitenpater Roger Boscovic in seinem Buch *Theoria Philosophiae Naturalis* einen Geist, der aufgrund des Kraftgesetzes und der Kenntnis der Lage, Geschwindigkeit und Richtung aller Punkte im Raum die gesamte Zukunft voraussagen könnte.

ändert das doch nichts an der Tatsache, daß *prinzipiell* die gesamte Vergangenheit und Zukunft aus dem jetzigen Zustand des Universums berechenbar sind. Vor der blamablen Tatsache, daß alle unsere Jugendsünden der Welt offen zutage liegen, schützt uns hiernach nur unsere Unfähigkeit, Computer zu bauen, die groß genug sind, um diese Berechnungen durchzuführen.

Nach der Theorie von Laplace ist also alles vorherbestimmt. Die gesamte Vergangenheit ist im Prinzip aus der Gegenwart ableitbar, und die Zukunft bietet keinen Raum für den freien Willen des Menschen. Diese Weltanschauung ist nicht etwa die Meinung eines philosophisch orientierten Mathematikers des 18. Jahrhunderts, sondern unausweichliche und dramatische Konsequenz aus den mechanischen Gesetzen Newtons.

Dies ist der Punkt, der uns am meisten bei dem deterministischen Weltbild zu schaffen macht. Jeder von uns ist überzeugt, daß er über einen freien Willen verfügt, der es erlaubt, die Zukunft zu gestalten. Für den naturwissenschaftlich denkenden Menschen stellt sich nun das Problem, daß die persönliche Einschätzung sich mit den Grundfesten der Physik und der hieraus abgeleiteten Logik nicht vereinbaren läßt.

Aber zum Glück für unser Selbstbewußtsein hat der Laplacesche Dämon einige Schlappen einstecken müssen. Wie wir noch sehen werden, zeigen insbesondere die Berechnung komplexer Systeme und die Quantenphysik auf, daß es Verhaltensweisen gibt, die sich grundsätzlich nicht berechnen lassen. Aber auch wenn wir heute wissen, daß nicht einmal ein System, bestehend aus nur drei verschiedenen Teilchen, in seiner Zukunft berechenbar ist, daß weder Ort noch Impuls eines Teilchens überhaupt korrekt bestimmbar sind und daß nicht einmal Raum und Zeit feste Größen sind, die als unabhängige Konstanten in unsere Gleichungen eingehen könnten, so gibt es immer noch respektable wissenschaftliche Stimmen, die den Determinismus noch lange nicht als geschlagen ansehen. Hinter den vielen Unbestimmtheiten und Unsicherheiten, die uns insbesondere die Quantenmechanik beschert hat, könnte immer noch eine klar gegliederte Ursache-Wirkung-Beziehung stecken, die wir mit unseren begrenzten Möglichkeiten nur nicht (oder nie?) erkennen können. Albert Einstein war von dieser Idee überzeugt, und sein berühmter (und falscher) Satz, daß der »Alte« nicht würfelt, bezieht sich hierauf[25]. Nun war Einstein sicherlich kein dummer Mann, und seine Ablehnung, den Determinismus aufzugeben, hat er mit hochintelligenten Gedankenexperimenten zu stützen versucht. 25 Jahre nach seinem Tod waren die technischen Möglichkeiten entwickelt, um diese Experimente durchzuführen. Einstein hat es nicht mehr erlebt, daß er widerlegt wurde.

Aber obwohl die Unbestimmbarkeit der Quantenwelt tagtäglich in tausenden Labors bestätigt wird und eine Voraussagbarkeit zukünftiger Ereignisse nur noch Wahrscheinlichkeitscharakter haben kann, bleibt die Frage offen, ob diese von uns berechneten Wahrscheinlichkeiten Ausdruck unserer Unfähigkeit sind, die dahinterliegenden Gesetzmäßigkeiten zu erkennen. Wenn man von einem hohen Berg einen Kieselstein hinunterrollen läßt, wird kein vernünfti-

---

[25] Heute würde man sagen, daß Gott nicht nur würfelt, sondern darüber hinaus benutzt er auch noch Würfel, die ständig ihre Zahlen ändern.

ger Mensch in Frage stellen, daß sein Aufschlagspunkt allein durch die Gesetze der Physik bestimmt wird. Aber kein Physiker wird sich festlegen können, an welcher Stelle der Stein landen wird. Dazu sind die Beeinflussungen seiner Bahn viel zu komplex. Jede Tannennadel auf seinem Weg kann den Endpunkt in nicht vorhersagbarer Weise verändern. Der noch nicht ausgestorbene Laplacesche Dämon wäre aber leicht in der Lage, diese Berechnungen durchzuführen.

Viele Physiker setzen ihre Hoffnung heute in eine grundsätzliche Unvorhersagbarkeit und sehen den freien Willen dadurch als gerettet an. Andere wie der große Richard Feynman (1918–1988) melden Skepsis an und verstehen nicht, wie der Determinismus besiegt sein soll, nur weil wir die Zusammenhänge zwischen Ursache und Wirkung auf einer bestimmten Stufe noch nicht verstehen.

Können wir die Zukunft voraussagen?

Nicht nur die meisten alten Kulturen, sondern auch »moderne«, alternative Philosophien bemühen sich mit mehr oder weniger Erfolg darum, die Zukunft vorauszusagen. Ob dies nun mit Hilfe von Glaubensgrundsätzen geschieht, die sich auf Überlieferungen oder alte Schriften berufen, oder durch Astrologie, Kartenlegen, Kaffeesatzlesen oder ähnlichem; allen diesen Bemühungen ist wohl nur ein geringer Erfolgsanteil zu bescheinigen. Die grandiose Leistung der Naturwissenschaften wird hier in ihrer Überlegenheit erkennbar. Wir können die Zukunft voraussagen, wie unsere Vorfahren es sich nie hätten träumen lassen. Mit Hilfe von Zahlensystemen berechnen wir, wann Ebbe und Flut kommen, wann eine Sonnenfinsternis auftritt, wann Monde hinter Planeten verschwinden, wieviel Brennstoff eine Rakete braucht, um einen Satelliten genau im geostationären Orbit abzusetzen usw.. Wir können genau voraussagen, was geschieht, wenn wir zwei neue definierte chemische Substanzen zusammenbringen, und zwar nicht, weil wir Erfahrung hierin haben, sondern weil wir das Ergebnis berechnen können. Unsere Vorausschau geht sogar so weit, daß wir sagen können, welche Entdeckungen in Zukunft gemacht werden. Viele Elementarteilchen der Kernphysiker wurden lange vor ihrer Entdeckung aufgrund physikalisch-mathematischer Theorien vorausgesagt. Über ein ähnlich potentes System der Zukunftserforschung verfügten weder unsere primitiven Vorfahren noch die gelehrten Philosophen der Antike und des Mittelalters. Voraussage begründete sich hier auf Glaubensfragen der zukünftigen Entwicklung. Orakel, das Suchen nach göttlichen Zeichen usw. waren die einzige Möglichkeit der Zukunftsbestimmung.

Voraussage im engeren Sinne ist jedoch nur in geschlossenen Systemen möglich. Im idealen Fall eines völlig von der Umwelt abgekapselten Systems sind wir also durchaus in der Lage, sehr präzise Vorhersagen zu machen. Dieses gilt in der Wirklichkeit jedoch nicht. Jedes noch so hermetisch abgeschlossene System unterliegt immer gewissen Wirkungen der Außenwelt, die sich nicht abschirmen lassen. Z. B. ist die Gravitation nicht neutralisierbar, wie dies für die elektromagnetische Kraft gilt. Es gibt also im gesamten Universum keinen Ort, an dem wir die gravitativen Kräfte, die von allen Planeten, Sternen und Galaxien ausgeübt werden, aufheben könnten. Diese Einflüsse auf die Zukunftsentwicklung mögen zwar extrem gering sein, aber auch extrem kleine Ursachen können unter bestimmten Voraussetzungen unabsehbare Folgen haben. Hundertprozentige Zukunftsbestimmung kann es schon deshalb nicht geben.

Es gibt einfache lineare Systeme, in denen sehr präzise das weitere Verhalten berechnet werden kann. So ist die Fallgeschwindigkeit eines Steins im Schwerefeld der Erde eindeutig durch die Gravitationskonstante festgelegt. Zu jedem Moment kann die zugehörige Geschwindigkeit exakt ermittelt werden. Leider sind die meisten natürlichen Vorgänge aber nicht mit einem einzigen Parameter beschreibbar. Die Empfindlichkeit eines Systems auf die gewählten Anfangsbedingungen nimmt mit steigender Anzahl der beeinflussenden Faktoren erheblich zu. Wir erreichen so schnell Bereiche, in denen die Berechenbarkeit grundsätzlich unmöglich wird. Für jedes System gibt es somit eine zugehörige Voraussagewahrscheinlichkeit. Diese ist für das System des fallenden Steins nahezu hundertprozentig. Eine Sonnenfinsternis können wir mit großer Sicherheit für viele tausend Jahre vorhersagen. An welchem Tag genau sich jedoch in einer Millionen Jahren der Mond vor die Sonne schieben wird, ist von so kleinen Einflüssen abhängig, daß wir keine genaue Aussage mehr machen können. Wie wir alle wissen, sieht dies für das Wetter noch ganz anders aus. Trotz des Einsatzes aller modernen Technologien ist eine einigermaßen brauchbare Wettervorhersage nur für wenige Tage möglich. Es gibt also in vielen Bereichen eine durchaus genaue und nützliche Vorhersagbarkeit. Aber dennoch muß festgehalten werden, daß es für jeden dieser Bereiche einen spezifischen Grenzwert gibt. Dieser kann von wenigen Sekunden bis zu Jahrmillionen reichen. Für praktische Belange würden wir bei letzterem von einer absoluten Sicherheit sprechen. Dies kann jedoch nicht darüber hinwegtäuschen, daß unserer Zukunftserkennung eine prinzipielle Schranke gesetzt ist.

Auch kann eine exakte Voraussage künftiger Ereignisse niemals möglich sein, wenn wir den freien Willen als zukunftsgestaltende Kraft akzeptieren. So ist es nicht möglich, das Verhalten einer Person vorauszusagen, wenn diese die Voraussage kennt und das Experiment beeinflussen will.

Eine weitere Grenze findet die Vorhersagbarkeit durch die statistische Natur vieler Ereignisse. Hier spielt die Frage eine Rolle, ob es echten Zufall gibt, Systeme also eine Wahlfreiheit haben, die nicht durch äußere Umstände eingeschränkt wird. In der klassischen Physik würden wir die Existenz eines solchen Zufalls verneinen. Voraussage wäre hiernach also grundsätzlich möglich. Wenn wir jedoch die Grundlagen der materiellen Welt auf kleinstem Niveau betrachten, ergeben sich plötzlich überraschende Phänomene, die Zweifel an einer klaren Ursache-Wirkungs-Beziehung aufkommen lassen. Auch die Frage des freien Willens werden wir neu bestimmen müssen, wenn wir uns mit dieser merkwürdigen Welt der subatomaren Strukturen vertraut gemacht haben. Wir wollen uns deshalb zunächst der Welt des Kleinsten zuwenden, um zu erfahren, ob hier die Geheimnisse verborgen liegen, die uns von dem Laplaceschen Dämon befreien.

Das unsagbar Kleine

Ich fühls, vergebens hab ich alle Schätze
Des Menschengeists auf mich herbeigerafft,
Und wenn ich mich am Ende niedersetze,
Quillt innerlich doch keine neue Kraft;
Ich bin nicht um ein Haar breit höher,
Bin dem Unendlichen nicht näher.

Goethes Faust

Wir leben offensichtlich in einer Welt, von der wir nur
einen kleinen Bereich intuitiv erfassen können. Das unendlich Große mit seinen gekrümmten Räumen, Zeitdila-
tationen und Längenkontraktionen ist uns sinnlich nicht
zugänglich. In der Welt des extrem Kleinen brechen unsere Vorstellungen der Realität jedoch völlig zusammen.
Hier ereignen sich Dinge, die weit jenseits unserer Vorstellungskraft liegen. Während man die Welt des sehr
Großen noch mit mehr oder weniger guten Analogien zu
begreifen versucht, ist dieses im subatomaren Bereich
nicht mehr möglich. Es gibt keine Dinge unserer Umwelt,
die wir annäherungsweise als Krücken für das Verständnis
nutzen könnten.

Nur die Sprache der Mathematik ist in der Lage, diese
Welt des ungeheuer Kleinen zu beschreiben. Die beste
Darstellung für diesen Bereich, über die wir verfügen,
stellt die Quantenphysik mit ihren verschiedenen Teilbereichen dar. Diese hören auf Namen wie Quantenelektrodynamik oder Quantenchromodynamik. Doch ob-

wohl diese Theorien nur durch komplizierte mathematische Formeln einigermaßen korrekt wiedergegeben werden können, ist die Unbegreiflichkeit der Quantenwelt kein abstraktes Gedankenmodell, sondern so wahr wie konkrete Gegenstände unseres täglichen Lebens. Alle Voraussagen der Quantenphysik sind in hervorragender Weise experimentell bestätigt worden, und Dinge wie Transistoren, Laser, CD-Spieler, Computerchips oder Elektronenmikroskope sind Manifestationen der Quantentheorien. Die gesamte Chemie wurde durch diesen Wissenschaftszweig transparent. Die Eigenschaften aller Atome oder die verwirrende Vielzahl der Moleküle sind aufgrund der Quantentheorie ungeheuer genau zu erfassen. Theoretisch können wir heute alle Eigenschaften der bekannten und sogar noch unbekannten Moleküle mit Hilfe der Quantentheorie am Computer berechnen.

Das bedeutet nun nicht, daß die Chemie eine überflüssige Wissenschaft geworden ist. Komplexe chemische Systeme entziehen sich der Berechenbarkeit allein durch die enorme Vielfalt ihrer Beeinflussungsmöglichkeiten. Wir werden also immer noch auf Experimente angewiesen sein, um bestimmte Eigenschaften zu ermitteln. Aber auch wenn die Berechnung bestimmter chemischer Systeme unsere Rechenkapazitäten bei weitem übersteigt, so ist doch durch die Einschränkung, die durch die uns bekannten Gesetze gegeben ist, keine Freiheit mehr für ein Verhalten gegeben, welches Abweichungen von der Quantenphysik erlaubt.

Die Quantenphysik hat also eine exakte Berechenbarkeit und Vorhersage in einem Gebiet erreicht, welches in seiner Vielfältigkeit zu Anfang unseres Jahrhunderts noch im

144

wesentlichen unverstanden war. Es gibt bis heute kein Experiment, welches mit den Vorhersagen der Quantenphysik nicht verträglich wäre. Die Probleme, die wir mit der Quantenphysik haben, sind also keineswegs im Bereich der Technik und der Anwendungen zu suchen. Hier war noch nie eine Theorie so erfolgreich.

Probleme haben wir vielmehr mit den philosophischen Aspekten der Quantentheorie. Das hängt vor allem damit zusammen, daß es in der Quantenmechanik weniger um die Darstellung realer Zustände in unserem alltäglichen Sinne geht, sondern um die mathematische Beschreibung von Wahrscheinlichkeiten, die über sogenannte Wellenfunktionen definiert sind. Trotz der realen Anwendungsmöglichkeiten der Physik des unsagbar Kleinen wird die objektive Realität in der Quantenwelt grundsätzlich in Frage gestellt. Der Beobachter der Natur bekommt einen schwer zu verstehenden Stellenwert. Nicht nur, daß jeder Akt des Beobachtens hier das zu beobachtende Objekt empfindlich stört, so daß wir über den »wahren« Ausgangszustand keine Informationen bekommen können, einen eindeutig zu definierenden Zustand soll es in der Welt der Quanten gar nicht geben. Nach einer gängigen Interpretation der Quantenphysik schafft der Beobachter die Realität erst durch den Akt des Beobachtens und Messens, wobei einige sogar so weit gehen zu behaupten, daß ein *bewußter* Beobachter notwendig ist, um dem beobachteten Objekt Realität zu verleihen.

Die hüpfende Natur

Dabei hat alles relativ harmlos angefangen. Gegen Ende des 19. Jahrhunderts beschäftigte sich Max Planck (1858–1947) mit dem Problem der sogenannten Schwarzkörperstrahlung. Die Intensität der Strahlung eines Körpers fällt in Abhängigkeit von der Temperatur sowohl bei niedrigen als auch bei hohen Wellenlängen ab und hat im mittleren Bereich ein Maximum. Die Tatsache, daß ein Körper bei Erhitzung zunächst rot und später weiß glüht, hängt hiermit zusammen. Dieses Phänomen ist aber aufgrund der klassischen Thermodynamik nicht erklärbar. Die Berechnungen der Physiker kamen zu ganz offensichtlich unsinnigen Ergebnissen. Hiernach sollte die Strahlung in einem kontinuierlichen Spektrum bei Temperatursteigerung immer höhere Energien annehmen, bis diese schließlich unendlich würde. Dies war aber weder theoretisch akzeptabel, noch stimmte es mit der Beobachtung überein. Da es sich hier um elektromagnetische Strahlung jenseits des ultravioletten Lichts handelte, sprach man von der Ultraviolettkatastrophe.

Planck schlug nun einen völlig neuen Weg vor, um elektromagnetische Strahlung zu begreifen. Er postulierte, daß diese nicht stetig auftritt, sondern nur diskret. Es gibt hiernach also kein kontinuierliches elektromagnetisches Spektrum, die Strahlung existiert nur in Energiepaketen, sogenannten Quanten. Zwischen zwei getrennten Energieniveaus gibt es keine Zwischenwerte. Auch die Energie läßt sich also nicht bis ins Unendliche in immer kleinere Beträge aufteilen. Ebenso wie bei der Materie gibt es hier eine Grenze, unterhalb derer keine weitere Aufteilung

146

möglich ist. Die klassischen stetigen Felder von Faraday und Maxwell müssen somit durch diskrete Energiequanten ersetzt werden. Planck löste die bis dahin vorherrschende Meinung der Antike, nach der alles fließt, mit einem in Quanten hüpfenden Mikrokosmos ab. Die Größe dieser Quantenpakete ist unvorstellbar klein und wird heute als Planck Konstante h bezeichnet[26]. Am 14. Dezember 1900 trug Planck die theoretische Begründung seines neuen Strahlungsgesetzes der Deutschen Physikalischen Gesellschaft vor. Dieses Datum sollte als die Geburtsstunde der Quantenphysik in die Geschichte eingehen.

Die Vorstellung Plancks war auch in der Lage, ein weiteres Problem zu lösen. Nach den Maxwellschen Gleichungen muß eine Bewegungsänderung eines elektrisch geladenen Körpers eine elektromagnetische Welle hervorrufen. Ein um den Atomkern kreisendes punktförmiges Gebilde, welches in eine Kreisbahn gezwungen wird, müßte demnach ebenfalls Strahlung emittieren und durch diesen Energieverlust alsbald soviel Bewegungsenergie verloren haben, daß es in einer Spiralbahn in den Atomkern stürzen würde. Alle Atome müßten deshalb eigentlich in kürzester Zeit in sich zusammenbrechen. Da dies aber offensichtlich nicht der Fall ist, müssen Elektronen einen unendlichen Vorrat an Energie besitzen. Dieses führt zu der unangenehmen Konsequenz, daß gemäß der Äquivalenz von Masse und Energie ein Elektron eigentlich auch unendlich schwer sein müßte, was definitiv nicht

---

[26] Planck verknüpfte die Frequenz einer elektromagnetischen Welle mit deren Energie über die Formel: $E = hv$, wobei E die Energie ist und v die Frequenz. h ist die von Planck gefundene Naturkonstante, die heute Plancksche Konstante genannt wird. Ihr Wert beträgt ca. $6,6 \times 10^{-27}$ g cm/sek.

stimmt. Aus diesem Dilemma heraus entwickelte Niels Bohr (1885–1962) im Jahr 1911 die Vorstellung, daß Elektronen sich nicht in einer beliebigen Kreisbahn um den Atomkern bewegen dürfen, sondern nur in ganz bestimmten Umlaufbahnen. Die nächst niedrigere Bahn entspricht einem genau definierten geringeren Energiezustand, den das Elektron einnehmen kann. Da es zwischen diesen Bahnen keinen möglichen Aufenthaltsort gibt, ist die Position des Elektrons um den Atomkern ebenfalls gequantelt. Der Absturz des Elektrons in den Kern wird in diesem Modell nur dadurch verhindert, daß die innere Bahn diejenige mit dem niedrigsten Energiezustand ist. Es gibt einfach keinen Platz mehr für das Elektron, wohin es sich noch bewegen könnte. Auch die quantisierte Natur der elektromagnetischen Strahlung, die Max Planck gefordert hatte, wird durch das Bohrsche Atommodell ver-

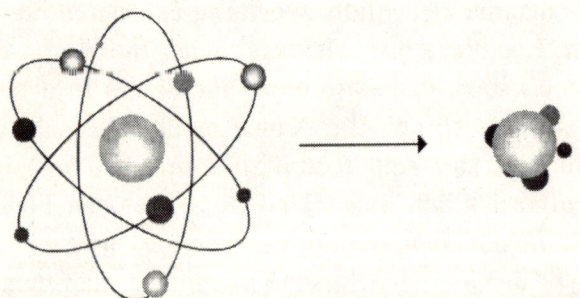

Abbildung 5: Nach der klassischen Physik geben Elektronen, die den Atomkern in einer Kreisbahn umlaufen, elektromagnetische Energie ab. Da ihr Energievorrat jedoch nicht unendlich groß sein kann, müßten sie eigentlich innerhalb kürzester Zeit in den Atomkern stürzen. Materie, wie wir sie kennen, dürfte demnach gar nicht existieren.

ständlicher. Bei ihrem Sprung von einer Bahn auf die andere geben die Elektronen Strahlung in Form von Photonen ab, deren Energie genau der Energiedifferenz zwischen den beiden Bahnen entspricht. Deshalb können Photonen auch nur ganz bestimmte Energiebeträge mit sich nehmen und kein kontinuierliches Spektrum aufweisen.

Welle oder Teilchen

Eine der grundlegenden Konsequenzen der Quantenphysik ist es, daß die vorher herrschende, fein säuberliche Aufteilung der physikalischen Welt in Wellen und Teilchen nicht mehr haltbar ist. Für die Naturwissenschaftler des 19. Jahrhunderts war es völlig klar, daß Licht aus Wellen besteht und daß die kleinsten Einheiten der Materie isolierte Teilchen sein müssen. Albert Einstein verblüffte die physikalische Welt 1905 mit seiner Erklärung des photoelektrischen Effekts. Er konnte nämlich zeigen, daß Licht in der Lage ist, Elektronen aus metallischen Platten herauszubefördern, indem er Licht als Korpuskularstrahlung charakterisierte. Wie kleine Tennisbälle treffen die »Lichtkorpuskel«, die wir heute Photonen nennen, auf das Metall und können durch ihre Energie Elektronen herausschlagen. Dieses war deshalb so spektakulär, weil doch jeder wußte, daß Licht aus Wellen und nicht aus Teilchen besteht. Schließlich konnte man das mit einfachen Spaltexperimenten nachweisen. Wenn man nämlich Licht durch einen Doppelspalt schickt, lassen sich auf einer dahinter angebrachten Leinwand Effekte der Auslöschung und Verstärkung in Form von Streifen als sogenanntes

Interferenzmuster erkennen, ein sicherer Hinweis auf die Wellennatur des Lichts. Interferenzmuster kommen nämlich dadurch zustande, daß Wellenberge, die aufeinander treffen, sich verstärken, während ein Wellenberg und ein Wellental sich gegenseitig auslöschen. Der englische Arzt, Ägyptologe und Physiker Thomas Young (1773 – 1829) hatte dieses Experiment bereits im Jahr 1801 durchgeführt. Die Erklärung von Einstein konnte also nur eins bedeuten: Licht ist sowohl Welle als auch Teilchen. Je nachdem, welche Fragestellung wir an die Natur des Lichts richten, wird es uns mal so und mal so erscheinen. Dieser Welle/Teilchen Dualismus gilt aber nicht nur für das Licht, sondern nach den Aussagen der Quantenphysik für jedes Teilchen. Wir waren es bisher gewohnt, die Grundbausteine der Materie für winzig kleine Kügelchen zu halten. Ein Ding, das sowohl eine Welle als auch ein Teilchen ist, entzieht sich aber eindeutig unserer Vorstellungskraft.

Die Zwitterstellung der Elementarteilchen wird durch das Doppelspaltexperiment, diesmal mit Elektronen, verdeutlicht. Wenn Elektronen durch einen Doppelspalt geschickt werden, zeigen sie sowohl Teilchen- als auch Welleneigenschaften. Jedes Elektron kann als Treffer identifiziert werden wie ein Teilchen. Je mehr Elektronen aber ankommen, um so mehr wird die Welleneigenschaft erkennbar, und es bildet sich ein Interferenzmuster aus. Beobachten wir nun durch eine Zählapparatur, durch welchen Spalt das Elektron fliegt, um dessen Teilchennatur nachzuweisen, zerstören wir augenblicklich die Wellennatur, und es erscheint das für Teilchen typische Verteilungsmuster. Das Elektron erscheint also als Teilchen, wenn wir es als Teilchen nachweisen wollen, und als

Welle, wenn wir es ungestört lassen. Dies gilt wohlgemerkt für das *einzelne* Elektron und nicht etwa für eine statistische Verteilung vieler Elektronen. Schließen wir nun einen Spalt unserer Versuchsanordnung und lassen ein Elektron nach dem anderen passieren. Wir bekommen ein Muster, als wenn wir Tennisbälle durch eine Lochwand werfen. Nun wiederholen wir dasselbe Manöver mit dem anderen Spalt. Wieder das Tennisballmuster! Wenn wir nun beide Muster übereinanderlegen, erhalten wir nicht etwa ein Interferenzmuster, sondern ein ganz ordinäres doppeltes Tennisballmuster. Warum aber erhalten wir ein Interferenzmuster, wenn wir beide Spalte geöffnet lassen und ganz langsam ein Elektron nach dem anderen hindurchschicken? Offensichtlich *weiß* jedes einzelne Elektron, während es durch einen Spalt fliegt, ob der andere Spalt geöffnet ist oder nicht.

Eine Deutung dieses Phänomens kann man annähernd folgendermaßen versuchen: das Elektron hat zwar einen definierten Startpunkt und ein ebenso definiertes Ziel, seine Flugbahn ist aber nicht aus der Verbindung von Start und Ziel zu rekonstruieren. Vielmehr hat es viele – genauer gesagt unendlich viele – mögliche Bahnen. Die prinzipielle Unbestimmtheit, welche Bahn es durchläuft, erlaubt es dem Elektron sozusagen durch Abtastung der verschiedenen Bahnen, Informationen über räumlich auch weit getrennte Bedingungen zu haben. Es gibt keine Möglichkeit zu sagen, durch welches der beiden Löcher das Elektron gekommen ist. Die Gesetze der Quantenphysik erlauben uns nur, Wahrscheinlichkeiten für die Bevorzugung einer bestimmten Bahn zu berechnen. Es handelt sich aber nicht um unser Unwissen über die tatsächliche

Bahn, die uns nichts Genaueres aussagen läßt. Vielmehr ist die Beschreibung der Wahrscheinlichkeit die einzig adäquate Form, den tatsächlichen Zustand des Elektrons zu charakterisieren. Man kann auch sagen, daß es keinen Sinn macht, nach der Position des Elektrons während seines Fluges zu fragen. Solange es nicht auf der Wand als Treffer identifiziert wird, hat es keine bestimmbare Position im Raum (und auch nicht in der Zeit). Erst die Beobachtung des Endzustandes, nämlich der Registrierung des Aufschlags durch die Zählapparatur, schafft eine eindeutige Lage, die wir erfassen können.

Wir haben hier eine völlig neue Situation vor uns, die ein Grundproblem der philosophischen Deutung der Natur darstellt: Durch unsere Beobachtung bestimmen wir das Wesen des beobachteten Objekts. Wir nehmen eine subatomare Struktur einmal als Welle und einmal als Teilchen wahr, je nachdem wie wir es beobachten. Eine begriffliche Vorstellung von etwas, das zugleich Welle und Teilchen ist, kann sich kein Mensch machen. Wir müssen also offenbar akzeptieren, daß unsere Wahrnehmung der Wirklichkeit nur eine sehr subjektive ist, die von Objekten weit jenseits der Größenverhältnisse der grundlegenden Strukturen der Materie bestimmt wird.

Die Wellennatur der Materie ist nicht etwa eine Eigenschaft, die nur subatomare Strukturen aufweisen. Jeder Gegenstand besitzt diese Dualität. Prinz Louis Victor Duc de Broglie (1892 – 1987), ein französischer Physiker, beschrieb in den zwanziger Jahren in seiner Doktorarbeit eine Beziehung zwischen der Masse und deren Wellenlänge. Dieses war eine völlig neue Herangehensweise an die Beschreibung der Materie, bedeutete es doch nichts anderes, als daß Teilchen und Feldschwingungen irgendwie gleichberechtigte Ausdrucksformen der materiellen Existenz sind. Offensichtlich bestehen Teilchen aus einer tieferen Realität, wobei wir diese sowohl als eine Feldschwingung oder aber als massehaltige Körperchen beschreiben können. Ausgangspunkt seiner Überlegungen war die Vorstellung, daß ein Elektron, welches den Atomkern umrundet, dieses nicht in einer kreisförmigen Bewegung, sondern in Form einer Welle tut. Da die Welle in sich geschlossen sein muß, kann das Elektron auch nur ganz bestimmte Wellenlängen einnehmen. Dies ist in der Vorstellung von de Broglie die Grundlage für den quantisierten Charakter der Elektronenniveaus. Ein Elektron und jedes andere subatomare Teilchen ist hiernach ebenso wie Licht mit Hilfe einer bestimmten Wellenlänge und Frequenz beschreibbar. Je größer die Masse ist, um so kleiner wird die entsprechende Wellenlänge[27]. Für Massen im makroskopischen Bereich ist die entsprechende Wellenlänge hiernach verschwindend klein und deshalb für uns nicht erkennbar. Aus diesem Grund nehmen wir die Quanteneffekte wie z. B. die Unvereinbarkeit von Ort und Impuls bei Gegenständen unserer Umgebung nicht wahr. Elektronen haben jedoch eine Wellenlänge, die größer als ihr Durchmesser

---

[27] de Broglie kombinierte für diese Feststellung die von Planck gefundene Formel ($E = h\nu$) mit der Einsteinschen Formel ($E = mc^2$). Beide Formeln zusammen ergeben den Ausdruck $h\nu = mc^2$. Dies bedeutet aber nichts anderes, als daß Frequenz und Masse in direkter Beziehung miteinander stehen. Anders ausgedrückt: Jeder massehaltige Körper ist ebensogut über eine charakteristische Frequenz zu beschreiben. Je größer also die Masse, um so größer ist die entsprechende Frequenz und dementsprechend kleiner die Wellenlänge.

ist. Deshalb ist die Wellennatur in diesem Maßstab evident, und alle hieraus resultierenden merkwürdigen Quanteneffekte bestimmen die Existenz des Elektrons.

Fragwürdige Realität

Wie viele große Naturforscher gehörte auch Werner Heisenberg (1901 – 1976) zu der jungen Generation, als er seine bahnbrechenden Entdeckungen machte. Im Alter von nur 24 Jahren stellte er die heute noch gültigen Grundlagen der Quantenmechanik auf. Im Jahr 1925 befand er sich auf Helgoland, um an der Seeluft in der Abgeschiedenheit der Insel seinen chronisch allergischen Heuschnupfen zu kurieren. Dort hatte er genug Muße, um die Basis für ein neues Naturverständnis zu kreieren. Mit Hilfe eines komplizierten mathematischen Verfahrens, der Matrizenrechnung (die er übrigens für seine Zwecke neu erfand in Unkenntnis der Tatsache, daß diese bereits seit nahezu 100 Jahren bekannt war), konnte er tabellarisch die gequantelten energetischen Zustände eines Systems darstellen. Heisenberg erkannte 1927, daß der Ort und der Impuls eines Teilchens sich nie exakt bestimmen lassen. Je genauer der Ort bestimmt wird, um so ungenauer läßt sich der Impuls messen und umgekehrt. Wenn der Ort eines Teilchens bestimmt werden soll, dann muß es beobachtet werden. Dies bedeutet, daß es mit einer elektromagnetischen Welle, also Photonen, beschossen werden muß, die dann über verschiedene Apparaturen unser Auge erreichen. Je kleiner ein Teilchen aber ist, um so kleiner muß auch die Wellenlänge unseres Lichtstrahls sein, um es zu treffen. Kurze Wellenlängen bedeuten aber hohe Energien. Die Wucht des hochenergetischen Lichtstrahls muß also die Position des zu messenden Teilchens empfindlich stören.

Diese Deutung der sogenannten Heisenbergschen Unschärferelation ist aber nicht vollständig. Insbesondere die Kopenhagener Schule um Niels Bohr stellte fest, daß es eben nicht nur an unserer Unfähigkeit liegt, Ort und Impuls genau zu messen, sondern daß diese Größen prinzipiell als eine innere Eigenschaft der Teilchen nicht genau definiert sind. Das Teilchen *hat* also keinen Ort und keinen Impuls. Erst wenn wir uns dazu entschließen, eine dieser Größen zu messen, nehmen Begriffe wie Ort und Impuls einen realen Wert an. Nach dieser Deutung existiert die gesamte Quantenwelt nicht in dem Sinne wie unsere Umgebung. Es gibt nach Bohr keine subatomare, reale Welt, es gibt nur eine abstrakte, mathematisch faßbare Beschreibung von meßbaren Phänomenen. Erst die Beobachtung schafft die Realität, aber auch nur für einen Teilaspekt des Beobachtungsgegenstandes. Ein hiermit verbundener Aspekt ist danach prinzipiell nicht mehr meßbar. Bohr nannte dies 1927 das Komplementaritätsprinzip. Die Definierung eines Parameters schließt automatisch die Definierung eines hierzu komplementären Parameters aus. Entschließen wir uns, den Ort eines Elektrons exakt zu messen, dann ist sein Impuls hierzu komplementär. Er kann nicht mehr genau bestimmt werden, weil er nicht existiert. Das heißt nicht zwangsläufig, daß ein Quantensystem keinen definierten Zustand hätte. Im Gegenteil hat es einen ganz bestimmten Zustand, der sich berechenbar verhält. Nur sind Begriffe wie Impuls und Ort nicht geeignet, diesen exakten Quantenzustand zu beschreiben. Eine eindeutige Zustandsbestimmung gelingt nur über den Begriff der Wellenfunktion, der für verschiedene Daseinsformen des Quantensystems Wahrscheinlichkeiten angibt. Die Wellenfunktion ist aber ebenso real wie Tische und Stühle. Dennoch ist es bis heute ein großes unverstandenes Problem, wie die für uns intuitiv ganz offensichtliche Realität unseres Lebensbereiches sich mit der fragwürdigen Realität der Quantenwelt verträgt. Schließlich bestehen ja alle handfesten Gegenstände unserer Umgebung letztendlich aus eben diesen halbseidenen Quanten.

Übrigens gibt es auch noch andere komplementäre Faktoren als Ort und Impuls eines Teilchens. So sind z. B. auch Energie und Zeit nur komplementär bestimmbar. Je genauer also die Energiemessung an einem Quantensystem wird, um so unbestimmter wird die Aussage über die Zeitdauer, die dem gemessenen Energieniveau zugeordnet ist. Man kann auch sagen, daß die Energie und die Lebensdauer eines Teilchens nicht gleichzeitig mit beliebiger Genauigkeit bestimmbar sind. Mathematisch ausgedrückt kann das Produkt aus den Unschärfen von Ort und Impuls oder von Energie und Zeit nicht kleiner werden als die Plancksche Konstante h[28]. Die Messung eines Zustandes bestimmt also unmittelbar, mit welcher Ungenauigkeit der hierzu komplementäre Parameter gemessen werden kann.

---

[28] Es besteht somit eine absolute Grenze, die festlegt, mit welcher Genauigkeit die beiden komplementären Parameter bestimmbar sind. Diese ist durch die Formel $\Delta x \times \Delta p \geq h$ definiert. Die Differenz des Ortes (Δx) multipliziert mit der Differenz des Impulses (Δp) muß also immer mindestens der Planckschen Größe h entsprechen.

Wellen im Nichts

Der Österreicher Erwin Schrödinger (1887–1961) beschrieb im Jahr 1926 das Verhalten im Quantenbereich auf Grundlage der von de Broglie gefundenen Beziehungen zwischen Teilchen und Welle mit Hilfe einer sogenannten Wellenfunktion. Hierdurch wird ausgedrückt, daß jeder Zustand eines Quantensystems, also auch beispielsweise die Lokalisation eines Teilchens, als eine solche Wellenfunktion aufgefaßt werden muß. Die Lokalisation sowie alle anderen Eigenschaften sind gleichsam verschmiert über einen Bereich mit verschiedenen Wahrscheinlichkeiten. Wenn nun irgendwo in diesem Wellenbereich eine lokale Messung vorgenommen wird, ergibt sich der Eindruck, das Teilchen an einem Punkt lokalisiert zu haben. Die Wellenfunktion bricht zusammen.

Mit Hilfe der Schrödinger Gleichung ist es nun möglich, den zeitlichen Verlauf einer Quantenwelle vorauszuberechnen. Die »Verschmiertheit« der Welle bedeutet somit nicht, daß die Zukunft völlig ungewiß sei. Die Wahrscheinlichkeiten ergeben sich zwingend aus den Lösungen der von Schrödinger beschriebenen Gleichungen. Deren wesentlicher Vorteil besteht darin, daß man sie nicht nur im atomaren Maßstab, sondern im Prinzip auch auf makroskopische Gegenstände anwenden kann. Und wundersamerweise stellt die Wellenmechanik dann nichts anderes dar als die klassische Newtonsche Mechanik. Während diese aber bei der Beschreibung von atomaren Prozessen völlig versagt, umfaßt die neue Physik Schrödingers den Bereich unserer Umgebung ebenso wie den der Quantenwelt.

Die Wellenfunktion von de Broglie und Schrödinger ergibt eine radikal neue Sicht von der Beschaffenheit unserer materiellen Welt. Die Welle darf man sich nicht als Wasserwelle vorstellen, sondern eher wie eine Modewelle. Wenn zu einem bestimmten Zeitpunkt eine bestimmte Population untersucht wird, finden wir mit einer bestimmten Wahrscheinlichkeit eine Manifestation dieser Modewelle. Wir sehen aber nicht »die Mode« an sich, welche ein eher abstrakter Begriff ohne stoffliches Korrelat ist. Die Wahrscheinlichkeit, die Manifestation der Modewelle anzutreffen, ist nun in bestimmten Diskotheken höher als z. B. bei Melkerinnen im Kuhstall. Ähnlich ist es in der Quantenwelt. Was wir messen, ist eher die »Elektronenhaftigkeit«, die wir als Ausdruck der Wellenfunktion lokalisieren können, und nicht das Elektron, wie wir es uns klassischerweise als umschriebenen Körper vorstellen. Wir dürfen die Wellenfunktion somit nicht als faßbaren Begriff der Realität begreifen, sondern eher als Ausdruck des Wissens, welches wir von einem bestimmten System haben.

Wellen bewegen sich in einem Medium. Die Wasserwelle können wir als vertikale Bewegung der Wassermoleküle definieren, und Schallwellen werden über die Änderung des Luftdrucks erzeugt. Das entsprechende Medium für die Elektronenwelle ist nichts dergleichen. Es handelt sich hierbei vielmehr um eine Welle in verschiedenen Wahrscheinlichkeiten. Die Zahlenwerte, die sich aus der Schrödinger Gleichung ergeben, sagen also nichts über den Druck an einer bestimmten Stelle wie bei der Schallwelle aus, sondern über den Grad der Wahrscheinlichkeit, hier das Elektron anzutreffen. Dort, wo sich die Täler und Berge einer Welle befinden, ist die Wahrscheinlichkeit des

Aufenthaltsortes am größten. Der Kollaps der Wellenfunktion wird so vielleicht etwas leichter verständlich. Aus der Möglichkeit verschiedener Zustände wird in dem Moment der Beobachtung eine Gewißheit. Vor der Beobachtung ist weder das Elektron noch die Modewelle an einem bestimmten Ort definiert und hat sozusagen keine eindeutige Realität.

Da es sich hierbei um eine statistische Deutung handelt, können Elektronen sogar da auftreten, wo wir es nicht erwarten und wo es eigentlich gar nicht möglich sein kann. Anders ausgedrückt ist die Wahrscheinlichkeit, das Elektron an einem ungewöhnlichen Ort zu finden, zwar extrem klein, aber größer als Null. Solche Effekte sind nicht nur Spekulationen von Grundlagenforschern, vielmehr sind diese »Tunneleffekte« heute bereits technologisch vielfältig genutzte Verfahren.

Katzenquantologie

Irgendwo zwischen der Quantenwelt und unserer »normalen« Umgebung scheint es einen unüberbrückbaren Widerspruch zu geben. Wir erleben unsere Erfahrungswelt als eindeutig und real, während dieser Wirklichkeitsbegriff für die Quantenphysik keinen klaren Stellenwert hat. Unsere Welt ist aber aus Quanten aufgebaut. Irgendwo und irgendwie muß also die Unbestimmtheit der subatomaren Wirklichkeit in die Eindeutigkeit unserer Umgebung übergehen. Was aber an der Nahtstelle zwischen diesen beiden Welten geschieht, vermag keiner zu sagen. Was nun, wenn wir die absonderlichen Verhältnisse der subatomaren Strukturen auf unser tagtägliches Leben übertragen könnten? Zu diesem Zweck beschrieb Erwin Schrödinger 1935 das Schicksal einer merkwürdigen Katze. Er konstruierte (in Gedanken) einen geschlossenen Behälter, in dem eine Apparatur aus einem Glasgefäß dann ein Giftgas freisetzt, wenn von ihr der radioaktive Zerfall eines Atoms registriert wird. Dieses Atom sollte in der Beobachtungszeit mit einer 50%igen Wahrscheinlichkeit zerfallen. In

Abbildung 6: Der Zerfall eines radioaktiven Atoms entscheidet darüber, ob der Hammer den Giftgasbehälter zerstört oder nicht. Da sich das unbeobachtete Atom mit einer 50%igen Wahrscheinlichkeit sowohl in einem stabilen als auch in einem zerfallenen Zustand befindet, ist die Katze nach der Kopenhagener Deutung sowohl tot als auch lebendig. Erst das Öffnen des Behälters klärt die Situation eindeutig. Sowohl das Atom als auch die Katze müssen sich dann entscheiden, in welchem Zustand sie sich befinden.

dem Behälter befindet sich neben der teuflischen Apparatur auch besagte Katze. Nach der Kopenhagener Deutung schwebt das Atom in einer gleichgewichteten Überlagerung der Wahrscheinlichkeitszustände »Zerfall« und
»Nichtzerfall«. Es ist also weder intakt noch zerfallen, solange sein Zustand nicht durch eine Messung bzw. Beobachtung definiert wird und die Wellenfunktion des Atoms
in eine eindeutige Realität kollabiert. Was ist nun mit der
Katze, ist sie tot oder lebendig? Öffnet der Experimentator
den Kasten, bricht diese Wellenfunktion augenblicklich
zusammen, und die Katze ist entweder tot oder lebendig.
Die Frage ist, wie man sich den Zustand der Katze vor der
Öffnung des Behälters vorstellen soll und wie der Kollaps
der Überlagerungszustände zu verstehen ist. Nach der Kopenhagener Deutung ist die Katze nämlich als Teil des gesamten Systems ebenfalls in einem Überlagerungszustand
der zwei Möglichkeiten eines intakten oder zerfallenen
Atoms. Dies bedeutet für die Katze aber, daß sie weder tot
noch lebendig ist, sondern sich in einem überlagerten
Zwischenzustand befindet. Die Katze hat somit in Schrödingers Käfig Eigenschaften, die sonst nur Quanten kennen;
sie ist in einem Zustand, den wir in unserer Umgebung nie
zu Gesicht bekommen. Erst wenn wir den Kasten öffnen,
wird durch diesen Akt der Messung das radioaktive Element gezwungen, sich zu entscheiden, ob es zerfallen ist
oder nicht. Die Giftampulle wird also zerbrochen oder
bleibt intakt, die Katze ist eindeutig tot oder lebendig.

Wie viele Welten gibt es?

Eine überraschende Deutung für das Katzenproblem wurde 1957 erstmalig von Hugh Everett aus Princeton vorgeschlagen. Es gibt zwei Katzen, eine tote und eine lebendige. In dem Moment, in dem die Beobachtung vorgenommen wird, bricht die Wellenfunktion nicht zusammen, es spaltet sich vielmehr das gesamte Universum in zwei Universen, eben eines mit einer toten und eines mit einer lebendigen Katze. Wir sehen nur eine eindeutige Lösung, weil wir uns in einem dieser Universen befinden, und unser Doppelgänger im anderen Universum betrachtet die alternative Möglichkeit. So etwas geschieht nun nicht nur während des Katzenexperiments, sondern fortlaufend bei allen beobachteten Quantenprozessen. Unser Universum spaltet sich also ständig in unzählige Kopien seiner selbst mit nur geringfügigen Änderungen auf. Alle Wahrscheinlichkeiten eines Quantenereignisses sind in diesem Sinn wirklich, wenn auch in einem anderen Universum. Es gibt demnach unzählige Universen, in denen Kopien von uns existieren mit geringfügig unterschiedlichen Eigenschaften. Die Wahrscheinlichkeitsamplitude der Wellenfunktion wird in der Viele-Welten-Theorie nicht nur wie bisher auf Quantenprozesse, sondern auf das gesamte Universum angewandt. Da sich dieses durch jede Beobachtung eines Quantenereignisses in zwei Universen spaltet, existieren unendlich viele Paralleluniversen, die alle ebenso real sind wie unseres.

Man ist geneigt, dieses Weltbild als unseriöse Spinnerei abzutun, wäre da nicht ein entscheidendes Moment: Die Viele-Welten-Theorie ist in sich geschlossen und steht in keinem Widerspruch zu allen Ergebnissen der Quantenphysik. Sie löst auch das unbequeme Problem des Beobachters, der nach der Kopenhagener Deutung einem Teilchen erst die Realität zuerkennt. Einige wie Eugene Wigner sind in dieser Deutung so weit gegangen, daß sie einen *bewußten* Beobachter fordern, um eine Wirklichkeit in dem Moment zu erzeugen, in dem die Wellenfunktion kollabiert. Diese Interpretation birgt jedoch eine ganze Reihe von Schwierigkeiten in sich. Die entscheidende Frage ist, ob Bewußtsein wirklich einem Alles-oder-Nichts-Gesetz gehorcht. Haben Affen nicht auch ein gewisses Bewußtsein, und könnte ein Schimpanse eine Wellenfunktion zum Kollabieren bringen? Denn ein Schimpanse wäre doch sicherlich in der Lage zu entscheiden, ob Schrödingers Katze tot ist oder nicht. Und wie ist es mit Hunden, Füchsen oder Mäusen? Wo beginnt das Bewußtsein und wie bemerkt das Quantensystem, ob es bewußt beobachtet wird oder nicht. Man könnte auch fragen, wieviel Alkohol der Beobachter trinken darf, bis das radioaktive Element in Schrödingers Käfig sich unbeobachtet fühlt.

Ein weiteres Problem mit Wigners Deutung besteht meiner Meinung nach darin, daß der Mensch wieder einmal zum Nabel des gesamten Universums erklärt wird. Jahrhundertelang haben wir uns daran gewöhnen müssen, daß der Mensch eben nicht im Mittelpunkt der Welt steht. Erst wurde die Erde aus dem Zentrum verbannt und in die Umlaufbahn der Sonne verwiesen. 1918 konnte Harlow Shapley zeigen, daß die Sonne nur eine unter vielen Milliarden am Rand einer Galaxie ist, welche wiederum nur eine von vielen Milliarden Galaxien ist. Und möglicherweise ist nicht einmal unser Universum einmalig, sondern nur eine winzige Blase in einem unendlichen Megauniversum. Auch der Mensch selbst ist nicht als Krone der Schöpfung aufgetreten, sondern Darwin enthüllte seinen Werdegang aus primitiven Kreaturen. Bewußtsein trat ebenfalls nicht plötzlich auf, sondern entwickelte sich über verschiedene Zwischenstufen. Julian Jaynes beschreibt den Werdegang des Bewußtseins als Ausdruck einer Entwicklung, in der die linke mit der rechten Gehirnhälfte kommuniziert, ähnlich wie dies bei der Schizophrenie der Fall ist. Nun soll dieses menschliche Bewußtsein auf einmal doch wieder im Zentrum des Weltgeschehens stehen und durch seine Beobachtung die Realität erst erschaffen! Außerdem haben wir überzeugende Hinweise darauf, daß unser Universum bereits bestand, als noch kein Mensch es beobachtete. Die »Viele-Welten-Theorie« ist in der Lage, diesen Anthropozentrismus in Wigners Modell wieder zurechtzurücken, indem sie bestreitet, daß während eines Beobachtungsvorganges eine Wahrscheinlichkeitskurve in die Realität kollabiert. Vielmehr stellt die Beobachtung einen Akt der Entscheidung dar, welche der vielen möglichen Realitäten ausgesucht wird. Alle anderen Realitäten bestehen aber gleichberechtigt und unabhängig von unserer bewußten Beobachtung.

Eine Variation der Viele-Welten-Theorie von Hugh Everett hat David Deutsch erarbeitet, der an den Universitäten von Oxford und Austin in Texas lehrt. Hiernach finden im Augenblick des Quantenprozesses keine Aufzweigungen statt, es wird also kein neues Universum geschaffen. Vielmehr differenzieren sich zwei vorher völlig identische Welten in zwei geringfügig unterschiedliche, wobei die beiden Möglichkeiten, z. B. der toten und lebenden Katze, in je einem Universum verwirklicht werden. Diese Theorie hat gegenüber der klassischen Viele-Welten-Theorie den Vorteil, daß sie ohne die schwer verständliche Neuschöpfung ganzer Universen auskommt. Die Tatsache, daß es wahrscheinlich unendlich viele ziemlich gleichartige Universen geben soll, ist jedoch auch nicht viel einfacher zu schlucken. Die schlüssige Erklärung des Katzenproblems und der kollabierenden Wellenfunktionen durch die Viele-Welten-Theorie wird also durch ein Konzept erkauft, welches von uns abverlangt, an ständige Neuschöpfungen oder Aufzweigungen verschiedener Universen zu glauben. Hier liegt nach meiner Meinung ein großes Problem dieser Theorien. Sie sind nämlich nicht in der Lage zu erklären, was denn an der Messung eines Quantenprozesses so Besonderes ist, daß hierdurch ganze Universen geschaffen werden können. Alle bisherigen naturwissenschaftlichen Erkenntnisse haben uns gezeigt, daß es nichts Besonderes in unserer Welt gibt. Einsteins Weltbild beruht ganz wesentlich auf dieser Invarianz der Naturgesetze in verschiedenen Bezugssystemen. Die Viele-Welten-Theorie fordert jedoch, daß es etwas gibt, was sich von allen Prozessen im Universum unterscheidet, ein Gesetz, welches nur für die Beobachtung von Quantenprozessen gilt. Dieses ist so verschieden von allen Vorgängen in dieser Welt, daß hierdurch neue Welten erschaffen werden. Jeder Physiker, der die Flugbahn eines Elektrons beobachtet, ist somit der Gott einer neuen Welt. Es sieht ganz so aus, als ob die Vertreter der Viele-Welten-Theorie ein wenig zu weit gehen, wenn sie ungeklärte Katzenprobleme erhellen wollen. Es bleibt hier also ein mindestens ebenso großes Pro-

blem zurück, wie bei der Überbetonung des Bewußtseins
für die Schaffung der Realität in der klassischen Kopenhagener Deutung der Quantenphysik.

Es gibt noch ein durchaus wesentliches Argument
gegen die Viele-Welten-Theorie. Sie behauptet die Existenz anderer Universen und besagt gleichzeitig, daß wir
diese nie kontaktieren können, da sie sich in Dimensionen
befinden, die uns nicht zugänglich sind. Eine Theorie, die
nicht beweisbare Vorgaben enthält, entspricht aber eindeutig nicht dem gängigen Verständnis von Wissenschaft-
lichkeit. Die Viele-Welten-Theorie beseitigt das Problem
der Interaktion zwischen Beobachtung und Realität und
reduziert die notwendigen Grundannahmen der Quantenphysik, aber nur unter der Bedingung, daß wir unendlich
viele, nicht beobachtbare Universen akzeptieren. Es handelt sich sozusagen um eine Theorie, die sparsam im Um-
gang mit Grundannahmen ist, aber verschwenderisch mit
Universen.

Gegen die Annahme der Nicht-Beweisbarkeit der Viele-
Welten-Theorie hat David Deutsch kürzlich ein Experiment entwickelt, welches in der Lage sein soll, die Theorie
tatsächlich zu überprüfen. Nach seiner Vorstellung können die verschiedenen Welten nämlich im kleinen Maßstab der Quantenprozesse miteinander interferieren. Er
stellt sich hierbei im Prinzip einen Quantencomputer vor,
der seine Berechnungen in verschiedenen Universen
durchführen kann und dessen Quantenzustände sich nach
der Aufteilung wieder vereinigen, so wie die Elektronen-
bahn im Doppelspaltexperiment verschiedene Wahrscheinlichkeiten umfaßt und im Ziel wieder in einem
Punkt zusammenkommt. Mit Hilfe einer solchen Anlage

wäre es direkt möglich, die Existenz anderer Universen zu beweisen. Von der Realisierbarkeit eines Quantencomputers sind wir aber noch weit entfernt. Selbst unsere kleinsten Siliziumchips sind bei weitem zu grob, damit Quanteneffekte eine bedeutsame Rolle spielen. David Deutsch ist jedoch zuversichtlich, daß es innerhalb der nächsten Jahrzehnte gelingen sollte, einen solchen Computer zu bauen und die Viele-Welten-Theorie zu bestätigen oder zu widerlegen.

Wahrscheinlichkeit der Quantenwelt

Die Vorstellung des Welle/Teilchen Dualismus in der Quantenphysik ist nicht nur völlig unanschaulich und verwirrend, sie impliziert hoch interessante philosophische Konsequenzen. Der klassische Determinismus von Newton, Laplace und Leibniz hat hier keinen Bestand mehr. Wenn im Quantenlabor zwei gleiche Experimente mit exakt identischen Ausgangsbedingungen durchgeführt würden, wäre das Ergebnis nicht unbedingt gleich, sondern nur innerhalb einer bestimmten Wahrscheinlichkeit vorauszusagen. Dies liegt nicht etwa daran, daß wir genauere Meßinstrumente bräuchten, um aus der Wahrscheinlichkeit eine Gewißheit zu machen, vielmehr ist die Wahrscheinlichkeit eine grundlegende Eigenschaft allen Seins.

Laplace definierte Wahrscheinlichkeit als ein rein subjektives Phänomen. In einer Welt, die nur durch die Stoßwirkung verschiedener Teile bewegt wird, ist alles im Prinzip berechenbar. Wahrscheinlichkeit ist hier lediglich ein anderer Ausdruck für unsere Unkenntnis des Systems. Objektiv gibt es im mechanischen Weltbild keine Wahrscheinlichkeit, sondern ausschließlich sich gegenseitig bedingende, strenge Kausalitäten. Von Demokrit bis hin zu Einstein war dies die vorherrschende Meinung reduktionistisch denkender Naturwissenschaftler. Dann kam die Quantenphysik mit ihren Unbestimmbarkeiten, die nichts mit Unkenntnis zu tun haben, sondern inhärente Eigenschaften des Systems sind. Rutherford konnte zeigen, daß bestimmte Atome spontan zerfallen und daß dieser Zerfall grundsätzlich für ein einzelnes Atom nicht berechenbar ist. Es ist lediglich möglich, die Wahrscheinlichkeit dieses Ereignisses anzugeben.

Radioaktive Elemente haben eine Halbwertzeit, die uns über das statistische Verhalten des Systems Auskunft gibt. Ein einzelnes Atom hingegen kann in einem Bruchteil dieser Zeit zerfallen sein oder aber ein Vielfaches hiervon überdauern. Dies ist wohlgemerkt eine innere Eigenschaft des Atoms. Es gibt keine verborgenen Parameter, welche den Zerfall deterministisch steuern und in deren Unkenntnis wir das Ereignis *subjektiv* für zufällig halten. Der atomare Zerfall ist *objektiv* zufällig! Er geschieht ohne eigentlichen Grund und äußere Einwirkung. Es gibt aber auch eine andere, komplementäre Betrachtungsweise. Der Zerfall ist ebenso *notwendig* wie zufällig. Ein freies Neutron zerfällt nach ca. zehn Minuten. Dieses ist wie gesagt ein Mittelwert. Das Neutron scheint die Wahl zu haben, wann es genau zerfällt. Es hat aber keine Wahl, ob es überhaupt zerfällt. Es wird irgendwann notwendigerweise zerfallen und dies eben mit einem Wahrscheinlichkeitsmaximum bei zehn Minuten.

Die Quantenphysik zeigte darüber hinaus, daß nicht nur der radioaktive Zerfall sondern *jeder* Vorgang nur durch eine prinzipielle Wahrscheinlichkeit zu beschreiben ist. Eine Wirkung ist demnach nicht aus der Ursache und den Anfangsbedingungen allein abzuleiten. Wir sind es gewohnt, strenge Kausalitäten für das wesentliche Verbindungsglied zwischen zwei Ereignissen anzusehen. Die Quantenphysik hat dagegen aufgedeckt, daß Kausalitäten nicht etwa die Regel sind, sondern lediglich makroskopische Approximationen der zugrunde liegenden grundsätzlichen Unbestimmtheit. Die uns als eindeutig erscheinende Kausalität ergibt sich hiernach daraus, daß die Wahrscheinlichkeit für ein bestimmtes Ereignis beeinflußbar ist. Es können Bedingungen geschaffen werden, welche die Wahrscheinlichkeit in die eine oder andere Richtung erhöhen. Für ein System, bestehend aus unzähligen Quanten, sieht das Ganze dann aus, als ob es einer strengen Kausalität Folge leisten würde. Dies heißt aber keineswegs, daß die Quantenphysik Schluß macht mit der Kausalität in der Natur. Wir müssen nur andere Gesetze – nämlich Wahrscheinlichkeitsgesetze – einsetzen, wenn wir Prognosen über das Verhalten eines Systems stellen wollen. Wir müssen uns offensichtlich daran gewöhnen, daß keine einzelnen Ereignisse sich gegenseitig kausal bedingen, sondern verschiedene Wahrscheinlichkeiten aufeinander einwirken. Bei Kenntnis der Wahrscheinlichkeitsfunktion eines Systems ist die Wahrscheinlichkeit zu einem zukünftigen Zeitpunkt eindeutig berechenbar. Newtons Bewegungsgleichungen sind demnach nur grobe Annäherungen, die davon profitieren, daß sie auf Systeme angewandt werden, die aus einer Unzahl verschiedener Atome bestehen.

Eine Welt ohne objektiven Zufall erscheint vielleicht manchem aus naturwissenschaftlicher Sicht die erstrebenswertere Alternative. Aber in einer solchen Welt würde nichts wirklich geschehen. Alles wäre bereits in den Anfangsbedingungen des Universums festgeschrieben, und der Dämon von Laplace wäre der Herrscher aller Ereignisse. Wir leben aber in einer anderen Welt. Hier herrscht die Wahrscheinlichkeit, die ihre Grundlagen in den Unbestimmtheiten der Quanten hat. Diese Wahrscheinlichkeit ermöglicht uns einerseits über die Erkennung ihrer Gesetzmäßigkeiten eine kausale Naturbetrachtung und andererseits durch ihre Unbestimmtheit eine offene Zukunft.

Der Philosoph Karl Raimund Popper (1902–1994) hat 1965 die Begriffe Determinismus und Indeterminismus mit dem Bildnis von Uhren und Wolken anschaulich gemacht. Reduktionisten gingen seit Demokrit davon aus, daß sich alles in immer kleinere Einzelteile aufgliedern ließe und am Schluß ein einfacher physikalischer Mechanismus zutage treten würde, der präzise ist wie eine mechanische Uhr. Diese Weltanschauung mündet also in der Aussage: *Alle physikalischen Systeme sind Uhren.* Das Gegenteil hiervon stellen Wolken dar. Diese entziehen sich in ihrer Variabilität und Komplexität jedem Berechnungsverfahren. Während die Mechanisten behaupteten, auch Wolken seien im Grunde nichts anderes als ungeheuer viele kleine Uhren, enthüllte die Quantenphysik, daß im Gegenteil überhaupt keine eindeutigen Uhren existieren. Popper schlußfolgert deshalb: *Alle physikalischen Systeme sind Wolken.* Das, was wir für eine Uhr halten, ist in Wirklichkeit eine Pseudogenauigkeit, die sich daraus ergibt,

170

daß eine Unzahl von Wolken sich im statistischen Mittel einigermaßen vorhersehbar verhält.

Doch trotz der Unbestimmtheit der Quantenphysik stellte sich für viele die Frage, ob sozusagen hinter der für uns beobachtbaren Quantenwelt nicht doch alles mit ordentlichen Dingen zugeht und eine klare deterministische Struktur verborgen liegt, die wir möglicherweise nie einsehen können. Auch in unserer alltäglichen Umgebung sehen wir viele Dinge, die sich einer momentanen Erklärung entziehen. Dennoch glauben wir nicht an neue Kräfte oder prinzipiell verschwommene Realitäten. Vielmehr ist unser Unvermögen in der Regel darauf zurückzuführen, daß wir die zugrunde liegenden Detailinformationen nicht haben und so unsere Voraussagefähigkeit eingeschränkt ist. Ähnlich könnte es in der Quantenwirklichkeit zugehen. Für uns »verborgene Variablen« könnten eine eindeutige Vorhersagbarkeit und Realität bedingen. Da wir diese tiefere Ebene aber nicht kennen, sehen wir nur ihre Auswirkungen, die wir nicht verstehen können, und nehmen deshalb Zuflucht zu Unschärfen, Unbestimmtheiten, Dualismen oder Realitätserschaffungen durch Beobachtung. Seit der Antike haben Naturwissenschaftler mit großem Erfolg an diesem Prinzip festgehalten, indem sie beobachtbare Phänomene dadurch erklärten, daß sich dahinter eine verborgene, einfachere Wirklichkeit verbirgt. Auch Albert Einstein war dieser Auffassung, und sein berühmter Satz »Gott würfelt nicht« bezog sich hierauf. Zeit seines Lebens war er ein vehementer Gegner der Quantentheorien, obwohl er mit seinen Arbeiten zu Anfang des 20. Jahrhunderts wesentliche Grundsteine hierfür gelegt hatte. Er konnte sich einfach nicht mit dem Wahrscheinlichkeitscharakter der Quantenphysik abfinden. Hinter allem, so meinte er, müsse es eine verborgene Ordnung geben, die mit unseren Begriffen von Kausalität und Realität vereinbar ist.

Für immer vereint

Während seiner Zeit am Institute for Advanced Studies in Princeton dachte Einstein sich in den dreißiger Jahren zusammen mit Boris Podolski und Nathan Rosen zahlreiche Gedankenexperimente aus, welche die Kopenhagener Deutung der Quantenphysik mit ihren Wahrscheinlichkeitsfunktionen und der Ablehnung einer objektiven Wirklichkeit zu Fall bringen sollten. Nach den Anfangsbuchstaben der Autoren sind diese Überlegungen als »EPR« Experimente in die Literatur eingegangen. Im Grunde laufen diese Gedankenexperimente auf den Nachweis hinaus, daß es eine objektive Wirklichkeit in der Quantenwelt gibt, die unabhängig von unseren Messungen ist. Nach der Kopenhagener Deutung bedingt die Messung erst den eindeutigen Zustand eines Quantensystems, vorher befindet er sich in der Vieldeutigkeit der Wahrscheinlichkeiten. Es macht hiernach keinen Sinn, beispielsweise vom Spin (eine Art Drehimpuls) eines Photons zu sprechen, wenn man ihn nicht durch eine Messung erst festgelegt hat.

Ein Problem, welches Einstein in der Kopenhagener Deutung sah, hängt damit zusammen, daß bei Messung eines Quantenereignisses der Kollaps der Wellenfunktion nicht etwa nur am Ort des Geschehens stattfindet, sondern das gesamte Quantensystem betrifft. Die Ortsbestimmung eines Elektrons beispielsweise durch eine Zählapparatur bedingt, daß die über Raum und Zeit verschmierte Daseinsform des Elektrons instantan auf einen Punkt zusammenbricht. Das Unverständliche hierbei ist, daß der Kollaps der Wellenfunktion auch Raumbereiche betreffen kann, die so weit vom Meßpunkt entfernt sind, daß eine Kommunikation hiermit noch nicht einmal mit Lichtgeschwindigkeit möglich wäre. Und das ist eindeutig eine Verletzung der Kausalität. Verschiedene Orte der Elektronenwelle sind hier miteinander verbunden, obwohl eine Signalübermittlung nicht möglich sein kann.

Das Prinzip der EPR-Experimente bestand darin, Informationen über ein Teilchen zu bekommen, ohne dieses überhaupt zu beobachten oder einer Messung zu unterziehen. Dies ist möglich, wenn in einem aus zwei Teilchen bestehenden System die Eigenschaft eines Teilchens mit der des anderen in eindeutigem Zusammenhang steht. Die EPR-Autoren nun dachten sich ein System, in dem ein Teilchen unter Aussendung zweier Photonen zerfällt. Da der Gesamtdrehimpuls des Systems gleich bleiben muß, sind die Spins der ausgesandten Photonen entgegengesetzt. Wird nun der Spin eines Photons gemessen, dann weiß man augenblicklich über den Spin des anderen Photons Bescheid, und das, ohne daß es beobachtet oder gemessen wurde. Dieses gilt sogar, wenn das andere Photon sich bereits so weit entfernt hat, daß ein Signal von dem Meßvorgang es nicht mehr mit Lichtgeschwindigkeit erreichen könnte. Also, so folgerten Einstein und seine Kollegen, hat das Photon einen bestimmten Spin, der auch ohne Beobachtung eine reale physikalische Größe darstellt. Es sieht also so aus, als wenn das nicht beobachtete Photon irgendwie von dem Meßvorgang und dessen Ergebnis Informationen bekommen hätte, und das mit Überlichtgeschwindigkeit! Da dies sicherlich nicht möglich ist, ergibt sich eine paradoxe Situation, ein Argument gegen die Voraussagen der Quantenphysik, wie Einstein meinte. Er sprach spöttisch von einer »geisterhaften Fernwirkung« der Quantenphysiker und brachte damit zum Ausdruck, daß für ihn das Prinzip der *Lokalität* unumstößlich sei, nach dem jedes Teilchen einen objektiven und realen Ort einnimmt und nicht in irgendeiner Weise mit einem anderen Ort korreliert ist, den es zudem mit Unterlichtgeschwindigkeit nicht erreichen könnte.

1982 führte die Gruppe um Alain Aspect in Orsay (Frankreich) ein solches Experiment mit korrelierten Photonen tatsächlich durch. Die Prognosen der Quantenphysik wurden hierbei eindeutig bestätigt. Es scheint also tatsächlich eine »Fernwirkung« zu existieren, die dem zweiten Photon das Ergebnis der Messung mitteilt. Um dies in uns vertraute logische Strukturen einzubinden, bestehen nur zwei Möglichkeiten: Entweder wir geben den Glauben an die Realität oder an die Lokalität auf. Tatsächlich zeigte das Aspectsche Experiment, daß die Quantenphysik ein *nicht-lokales* Element enthält. Nicht-lokal meint hier, daß zwei Systeme, die über eine große Strecke voneinander getrennt sind, als ein gemeinsames System betrachtet werden müssen. Dies gilt sogar dann, wenn eine Informationsübermittlung durch die Einschränkung der Lichtgeschwindigkeit nicht möglich ist. Die beiden Photonen können also nicht als zwei getrennte Entitäten angesehen werden, sondern sind nur durch einen gemein-

174

samen quantenmechanischen Ansatzpunkt als Photonenpaar zu betrachten.

Bereits in den sechziger Jahren konnte John Bell zeigen, daß jede korrekte Theorie nicht-lokal sein muß. Hierbei ging er davon aus, daß Meßergebnisse an zwei voneinander entfernten Systemen miteinander korreliert sind, wenn sie einen gemeinsamen Ursprung haben. Nun kann diese Korrelation mathematisch quantifiziert werden. Was Bell herausfand war die Tatsache, daß dieses Maß der Korrelation nach der Quantenmechanik viel größer ist, als es erlaubt wäre, wenn die beiden Teilchen nur lokalen Einflüssen ausgesetzt wären. Es muß also einen inneren Zusammenhang zwischen solchen korrelierten Systemen geben, der auch bei Trennung über riesige Entfernungen nicht verlorengeht und sich schlagartig auf das gesamte System auswirkt. Eben diese Behauptung konnte Alain Aspect durch sein Experiment belegen.

Hiermit muß man auch die Hoffnung aufgeben, hinter der verwirrenden Quantenwelt doch noch einfache, für uns verständliche Systeme zu entdecken, die den Wahrscheinlichkeitscharakter und die Nicht-Lokalität nur vortäuschen. Wenn es solche »verborgenen Variablen« wirklich geben sollte, dann müßten sie in dem Aspectschen Experiment eine Information mit Überlichtgeschwindigkeit weiterleiten, welches nach Einsteins Relativitätstheorie nicht möglich ist. Da die Relativitätstheorie bisher in allen Versuchsanordnungen glänzend bestätigt wurde, muß die Alternative, nämlich die Nicht-Lokalität, als gegeben akzeptiert werden. Zukünftige physikalische Theorien werden deshalb ohne die Nicht-Lokalität nicht auskommen.

Andererseits zeigen uns die EPR-Experimente auch, daß wir deshalb in Schwierigkeiten mit dem gesunden Menschenverstand kommen, weil wir darauf bestehen, die beiden auseinanderfliegenden Teilchen wie kleine Kügelchen zu betrachten, die sich auf einer wohldefinierten Bahn bewegen. Daß das Photon, obwohl in gewissem Sinne Korpuskel, keine solche eindeutige Daseinsform besitzt, ist eine andere Konsequenz des Versuchs von Aspect.

DIE VERLORENE WAHRHEIT

Je begreiflicher uns das Universum wird,
um so sinnloser erscheint es auch.

Steven Weinberg, Die ersten drei Minuten,
dtv, München 1980, S.162

Unsere Probleme mit den Quanteneffekten resultieren sicherlich daraus, daß wir sie in unserer Umgebung nie wahrnehmen. Wir leben eben im »Mesokosmos«, in der Welt zwischen dem sehr Großen und dem sehr Kleinen. Der Größenunterschied zwischen uns und einem Atom ist ungefähr genauso wie der zwischen uns und einer ganzen Galaxie. Auch die Zeitskala, die wir überblicken, bewegt sich in diesem mittleren Bereich. Der kleinste Augenblick, den wir erfassen können, liegt bei ungefähr einer zehntel Sekunde und ist eine Ewigkeit im Vergleich zur Lebensdauer der meisten subatomaren Teilchen. Aber ebenso riesig sind die kosmologischen Zeitspannen im Vergleich mit unserer Lebenszeit. Die Extreme der Kosmologie und der Quantenphysik haben deshalb in unserer unmittelbaren Erfahrung keine Entsprechung. Könnten wir uns jedoch mit annähernder Lichtgeschwindigkeit bewegen, dann wären Dinge wie Zeitdilatation und Längenkontraktion keine unvorstellbaren abstrakten mathematischen Beziehungen, sondern ebenso verständlich wie die Tatsache, daß wir einen Gegenstand aus verschiedenen Blickwinkeln unterschiedlich wahrnehmen. Daß gegeneinander beschleunigte Beobachter voneinander jeweils behaupten,

ihre Uhr ginge schneller als die des anderen, kommt uns
ausgesprochen merkwürdig und unverständlich vor. Andererseits ist es für uns durchaus plausibel, daß zwei Menschen, die sich auf einer Landstraße im Abstand von
einem Kilometer gegenseitig betrachten, jeweils behaupten, der andere erscheine kleiner als man selbst. Wenn wir
so klein wären wie ein Elektron, dann hätten wir sicherlich auch eine intuitive Vorstellung davon, was es bedeutet, von A nach B nicht über eine Gerade zu gelangen,
sondern über vielfältige Wahrscheinlichkeiten, die durch
eine Wellenfunktion definiert sind und in B kollabieren. In
dieser winzig kleinen Welt gibt es keine klaren Kausalitäten, wie wir sie kennen. Der Zustand eines Systems ist
hier mit den Begriffen Wellengleichung und Zustandsvek-
tor zu charakterisieren, die keine Entsprechung in unserer
Erfahrungswelt haben. Wir haben außer mathematischen
Formeln keine Möglichkeit, die Vorgänge in diesem kleinen Maßstab einigermaßen korrekt wiederzugeben. Als
Winzlinge in der Quantenwelt würden wir es aber wahrscheinlich auch als ganz naturlich empfinden, daß Wahrscheinlichkeit kein Ausdruck für den ungewissen Verlauf
eines Ereignisses bei ungenügender Kenntnis der Ausgangsbedingungen ist, sondern eine jedem Ereignis inhärente Eigenschaft, die nichts mit unserem Unwissen zu
tun hat. Viele unserer Probleme mit dem Verständnis der
Quantenphysik hängen mit dem Begriff der Überlagerung
zusammen. Wir kennen in unserer Umgebung nun einmal
keine überlagerten Zustände. Ein Auto fährt entweder
vorwärts oder rückwärts. Noch kein Mensch hat je beobachtet, daß beide Fahrtrichtungen gleichzeitig wahrgenommen werden. Könnten wir die »Fahrtrichtung« von

Elektronen jedoch mit unseren eigenen Augen sehen, dann wäre genau dies der Fall. Wir würden jedoch das Elektron nicht wie ein Miniflugzeug begreifen, das auf einer bestimmten Bahn davonsaust, sondern wir könnten die Wellenfunktion sehen, die beide Bewegungsrichtungen zuläßt.

Da uns aber dieser intuitive Zugang zur Quantentheorie fehlt, wirft diese für uns in bezug auf Realität, Wahrscheinlichkeit und Nicht-Lokalität eine Reihe ungeklärter philosophischer Fragestellungen auf. Die Fragen sind zwar nicht neu, die Antworten können sich aber erstmals auf meßbare naturwissenschaftliche Gegebenheiten stützen. So fragte sich bereits im 18. Jahrhundert der Ire George Berkeley (1685–1753), ab 1734 Bischof von Cloyne (Cork) in Irland, ob ein Baum, der im Wald umstürzt, auch ein Geräusch macht, wenn keiner da ist, um es zu hören. Solipsisten vertreten den extremen subjektivistischen Standpunkt, daß nur das eigene Bewußtsein zählt und die gesamte sogenannte Realität verschwindet, sobald sie nicht von diesem Bewußtsein wahrgenommen wird. Für Berkeley war ein Gegenstand nichts anderes als die Summe seiner wahrnehmbaren Fähigkeiten. Das Bewußtsein bestimmt also das Sein (im Gegensatz zur marxistischen Deutung, nach der das Sein das Bewußtsein bestimmt). Berkeley behauptete nicht, wie dies oft fälschlicherweise dargestellt wird, daß ein Gegenstand aus der physikalischen Welt verschwindet, wenn wir ihn nicht mehr ansehen. Er stellte jedoch das Prinzip, daß etwas wahrgenommen werden *kann*, in den Mittelpunkt der materiellen Existenz. Dinge, die sich grundsätzlich unserem unmittelbaren Einflußbereich entziehen, hätten demnach in der Tat keinen Anspruch auf das Attribut der materiellen Existenz.

Für Descartes reichte als Nachweis der objektiven Wirklichkeit hingegen deren Wahrnehmung völlig aus. Seine Begründung hierfür fällt allerdings völlig anders aus, als wir es von dem Erzrationalisten gewohnt sind. Mit dem berühmten Satz »Ich denke, also bin ich« führte er zunächst den Gottesbeweis. Da ich bin, muß Gott mich geschaffen haben! Im zweiten Schritt legte er dar, daß Gott als Personifikation der Vollkommenheit nicht erlauben würde, daß seine Geschöpfe durch ihre Sinneswahrnehmungen getäuscht würden. Ergo: Alles was wir sehen, hören, schmecken oder riechen ist tatsächlich wahr. Es bedarf keiner weiteren Beweisführung.

Kant war demgegenüber der Auffassung, daß man von der wahrhaften Natur der Dinge nichts tatsächlich wissen könne, da unsere Wahrnehmung sozusagen einen Filter darstellt, der es uns nur ermöglicht, die für uns erfaßbaren Erscheinungen zu erkennen. Realität war für Kant Empirie, d.h. die Summe der Wahrnehmungen der Menschen. Objektive Realität mag es geben oder nicht, nach Kant werden wir dies aufgrund der Beschränkung unserer Wahrnehmungsfähigkeit jedoch nie erfahren.

Im Gegensatz hierzu haben Naturwissenschaftler seit Galilei stets eine objektive Realität, die unabhängig von Beobachtern existiert, angenommen. Sie beriefen sich hierbei jedoch weniger auf die Beweisführung von Descartes, sondern standen eher in der Tradition Platons, der die Vernunft zum Maßstab aller Dinge machte. Bisher als esoterisch abgetane philosophische Überlegungen scheinen aber nun plötzlich durch die Quantenphysik neu belebt zu werden. Auch hier schafft offenbar erst der Prozeß der Wahrnehmung eine eindeutige Realität. Ohne unsere Wahrnehmung befindet sich die Quantenwelt in einem Zwischenstadium einer nicht kollabierten Wellenfunktion. Niels Bohr vertrat vehement diese Ansicht, daß ohne Beobachtung in der Quantenwelt der Begriff der Realität gegenstandslos sei. Der Nobelpreisträger Eugene Wigner ging sogar so weit zu behaupten, daß es nicht genüge, wenn eine Photoplatte oder eine Kamera ein Quantenereignis registriere, vielmehr sei für die Erschaffung der Realität der bewußte Beobachter erforderlich. Hiernach wäre das gesamte Weltall tatsächlich erst in dem Moment erschaffen worden, als der erste bewußte Beobachter es wahrnahm.

Auch wenn uns solche Auffassungen der Realität befremdlich vorkommen, so müssen wir uns doch an den Gedanken gewöhnen, daß die Partikel, als die wir uns Teilchen vorstellen, nichts anderes sind als unsere bildliche Vorstellung einer mathematisch erfaßbaren Beziehung. Dieser Gedanke ist uns in anderen Zusammenhängen gar nicht so fremd. Beispielsweise gehen wir täglich mit dem Begriff der Energie so um, als wüßten wir genau, was damit gemeint ist. Es macht uns keine Probleme, mit diesem Ausdruck Beziehungen zwischen verschiedenen Dingen zu benennen, ohne daß wir überhaupt eine Vorstellung davon haben, was Energie wirklich ist. Wie sieht die Energie aus, die ein Elektron hat? Klebt sie an seiner Oberfläche? Wo kommen all die vielen energietragenden Photonen her, die es emittieren kann[29]?

---

[29] Die Physiker sagen, daß die Photonen vor der Emission nirgendwo real vorhanden sind. Sie entstehen während des Prozesses der Emission, der auch als eine Art von Zerfall gedeutet werden kann. Das Zerfallsprodukt wäre dann die elektromagnetische Strahlung, die unter Berücksichtigung der Erhaltungssätze Energie oder beispielsweise Drehimpuls aus dem System wegführen kann.

Betrachten wir Energie in diesem Maßstab, dann merken wir schnell, daß wir keine anschauliche Vorstellung der Energie an sich gewinnen können, sondern diese nur als eine bestimmte Art einer Beziehung zwischen verschiedenen Dingen betrachten. Im Grunde ist Energie also nichts anderes als ein griffiges Wort für eine mathematische Gleichung. Es ist nur einfacher, so zu tun, als wäre die Energie ein Ding an sich, als jedesmal, wenn wir von ihr sprechen, mathematische Formalismen bemühen zu müssen. Ebenso sollten wir nach der Vorstellung der Kopenhagener Schule und nach den Ergebnissen von Experimenten (wie dem von Alain Aspect) von Teilchen in der Quantenphysik sprechen. Teilchen existieren nicht in dem Sinne, wie wir Gegenstände unserer Umgebung erfahren. Sie befinden sich in einem »Geisterzustand« zwischen verschiedenen Realisationsmöglichkeiten. Bevor wir den Ort eines Elektrons messen, hat es keinen Ort. Korrelierte Systeme sind nicht zu trennen, indem man sie einfach sehr weit auseinanderbringt. Zusammenhänge bleiben hier bestehen, ohne daß ein Informationsaustausch möglich ist.

Die Quantenphysik hat also unsere Vorstellung von Materie gründlich durcheinandergewürfelt. Wir tun immer so, als ob es wirklich irgendwo im ganz kleinen Maßstab winzige Kügelchen gäbe, die wir Elektronen oder Protonen nennen. Dies ist aber keineswegs der Fall. Heisenberg und Schrödinger haben uns gezeigt, daß Teilchen nichts anderes sind als Manifestationen von Orten höherer Wahrscheinlichkeit im Quantenfeld. Elementarteilchen sind in Wirklichkeit gar keine »Teilchen«, und über ihre geometrische Form wissen wir eigentlich auch nichts. Was wir als Teilchen bezeichnen ist nach der Deutung der

182

Quantenphysik nur ein griffiger, für populäre Darstellungen geeigneter Begriff für eine mathematische Beziehung in einer für uns sinnlich nicht wahrnehmbaren Welt. Teilchen sind also nicht da, wir schaffen sie sozusagen als begriffliche Stütze. Teilchen in der Quantenphysik sind untrennbare Bestandteile ihrer Felder. Sie sind hiernach nichts anderes als die Manifestationen von gebündelter oder gequantelter Energie eines Feldes. Ein Elektron ist also keine Minikugel mehr, sondern die gequantelte Energie des Elektronenfeldes, ebenso wie das Graviton ein Energiebündel des Schwerkraftfeldes darstellt und das Proton nichts anderes ist als die gequantelte Energie des Quarkfeldes. Die Materie spielt hier also keineswegs die alles überragende Rolle, die wir ihr beizumessen pflegen. Sie ist eher eine Nebensächlichkeit, eine variable Manifestation eines tieferen Prinzips.

Der Realitätsbegriff, der sich ja auf materielle Gegenstände bezieht, wird angesichts der Nebenrolle der Materie somit ebenfalls relativiert. Wir haben offenbar große Probleme mit dem fragwürdigen Standpunkt der Realität in der Quantenphysik. Wenn wir die Realität aber stets als Realität der Materie verstehen, dann beurteilen wir die Realität möglicherweise anhand des falschen Objekts. Die Probleme mit der Quantenphysik könnten so eigentlich Probleme mit unserer Sprache sein, daß wir nämlich keine verbalen Entsprechungen für dieses von unserer täglichen Erfahrung so weit entfernte Gebiet haben.

Die meisten Physiker neigen eher zu einem pragmatischen Standpunkt. Hier scheint vor allem das Motto zu gelten, wonach man bestimmte Dinge nicht versteht, sondern sich an sie gewöhnt. Für die erfolgreichen Experimente und vielfältigen technologischen Anwendungen der Quantenphysik spielt deren philosophische Interpretation ganz offensichtlich überhaupt keine Rolle. Quantenphysik wird in diesem Sinne eher als ein Verfahren zur Berechnung bestimmter Wahrscheinlichkeiten angesehen und weniger als eine Darstellung der realen Welt. Die Quantenmechanik ist für die Teilchenphysiker ein effektives Werkzeug, das ihnen an die Hand gegeben wurde, ohne daß sie die Arbeitsweise dieses Werkzeuges verstanden hätten. Dies ist so, als wenn irgendein *Homo erectus* in der afrikanischen Savanne vor 1,7 Millionen Jahren auf wundersame Weise in den Besitz einer Steinschleifmaschine (mit Solarzellen betrieben!) gekommen wäre. Er hätte deren Anwendung vielleicht bald verstanden und sehr effektive Steinwerkzeuge hergestellt. So hätte er sicher mehr Beute heimgebracht als der örtliche *Homo erectus* Philosoph, der versuchte, mit seinen primitiven Lautäußerungen die innere Struktur der Maschine (die er für ein gezähmtes steinfressendes Tier hielt) und deren Bedeutung in bezug auf seine Existenz zu beschreiben. Physiker leiten ihre philosophischen Vorstellungen deshalb weniger aus den schwer verständlichen Abhandlungen der Philosophen ab, sondern aus einem Pragmatismus, der zunächst die Realität als das definiert, was wir unmittelbar erleben. Wissenschaftliche Erkenntnisse werden, wenn sie reproduzierbar, verifizierbar oder falsifizierbar sind, als ausreichend real angesehen. Heutige Physiker verstehen die Rolle des Beobachters in bezug auf die Festlegung der Realität meist ausschließlich in der Quantenwelt und sind nicht geneigt, diese Erkenntnisse auf makroskopische Maßstäbe zu übertragen oder gar darüber hinausgehende philosophische Konsequenzen zu ziehen. Die Quantenphysik ist somit eine hervorragende, praktisch anwendbare Theorie und darüber hinaus die beste Theorie die wir haben. Es ist primär gar nicht notwendig, sich mit ihr dahingehend zu beschäftigen, daß man sie auch versteht.

Aber es hat schon immer Menschen gegeben, die sich damit nicht zufriedengegeben haben. Eine Theorie, die offensichtlich richtig ist, aber nicht verständlich, kann ganz eindeutig nicht der Endpunkt unserer Naturbetrachtung sein. Es bleibt also zunächst das Problem, was an der Schnittstelle geschieht, an der aus der Geisterwelt der Quanten die stoffliche reale Welt unserer Umgebung hervorgeht. Irgendwann muß auch die Frage beantwortet werden, was sich an dieser Grenze ereignet, wo Wellenfunktionen in unsere vertraute Realität der eindeutigen Kausalität übergehen. Wahrscheinlich brauchen wir hierfür aber doch eine andere Beschreibung der Welt des Kleinen als die Quantenphysik. Die Nichtvereinbarkeit der Quantentheorien mit der Mechanik Newtons und Einsteins Relativitätstheorie scheint darauf hinzudeuten, daß wir die philosophischen Probleme der Quantenwelt erst dann in den Griff bekommen, wenn wir über eine einheitliche Beschreibung sowohl der Gravitation als auch der subatomaren Teilchen verfügen.

Eine interessante Idee hierzu hat Roger Penrose entwickelt. Für ihn ist der schwer zu begreifende Kollaps der Wellenfunktion, also der Übergang von der Wahrscheinlichkeit zur Gewißheit auf Quantenniveau, letztendlich ein Gravitationsphänomen. Ebenso wie die Photonen die minimale Energieeinheit der elektromagnetischen Welle darstellen, so ist das Graviton der kleinste mögliche Krümmungsradius des Raums. Penrose vermutet nun, daß in dem Moment, in dem die Differenz der verschiedenen Alternativen des Quantensystems dieses minimale Krümmungsniveau erreicht, es zu einer zeitlich asymmetrischen Instabilität des Systems kommt. Diese führt dazu, daß eine der vielen Alternativen des Quantensystems definitive Realität wird. Anstelle der Beobachtung des Quantenprozesses stehen hier also basale physikalische Gesetzmäßigkeiten, welche die Gravitation auf Quantenniveau berücksichtigen.

Wie frei ist unser Wille?

Die Konsequenz, die sich aus den unausweichlichen mechanischen Formeln Newtons und seiner Nachfolger ergibt, scheint jedem gesunden Menschenverstand zu widersprechen, der die Existenz des freien Willens und die Unbestimmbarkeit der Zukunft als eindeutige und unverrückbare Wahrheit erlebt. Die Gesetze Newtons sind im Prinzip nicht angreifbar. Wir wissen zwar heute, daß sie nicht umfassend die Welt beschreiben, sondern nur einen Spezialfall allgemeinerer Formeln darstellen, aber auch die Erweiterung des Weltbildes von Newton durch Albert Einstein hat nichts an dem deterministischen Charakter des Universums geändert.

Immanuel Kant, der grundsätzlich von der deterministischen Struktur der Welt überzeugt war, verlegte den freien Willen in eine andere, eine transzendente Welt, die jenseits unserer wahrnehmbaren Wirklichkeit liegt. Der Determinismus unserer Umgebung ist demnach sogar Grundbedingung für die Freiheit, die sich in einer höheren

186

Kategorie abspielt und sich auf vorhersehbare Prinzipien der niedrigeren Kategorie verlassen kann. Die strenge Kausalität unserer Welt ermöglicht es dem freien Willen also erst, in diese Welt sinnvoll einzugreifen.

Der (insbesondere nach seinem frühen Tod) einflußreiche Philosoph Spinoza (1632–1677), ein Zeitgenosse Newtons, hat in seinem umfangreichen Werk viele Versuche unternommen, Begriffe wie Moral und Ethik trotz des Diktats der Physik aufrechtzuerhalten. Spinoza wurde als Sohn portugiesischer Juden in Amsterdam geboren und führte ein Leben in Armut. Im Gegensatz zu anderen Gelehrten seiner Zeit, die über ein beträchtliches Vermögen verfügten, mußte er für seinen Broterwerb als Glasschleifer sorgen. Das Angebot, den Philosophielehrstuhl der Universität Heidelberg zu besetzen, lehnte er ab, weil ihm seine Unabhängigkeit über alles im Leben ging. 1656 wurde er aus der israelitischen Gemeinde Amsterdams wegen Gotteslästerei ausgeschlossen und mit einem Bannfluch belegt. Sein Freund Leibniz, der ihn während seines Studiums in Holland kennengelernt hatte, finanzierte 1677 sein Begräbnis[30].

»Notwendigkeit« ist der zentrale Begriff in Spinozas Philosophie. Hierauf begründet sich ein strikt deterministisches Weltbild. Das Problem des freien Willens in einer mechanisch-deterministischen Welt löste er folgendermaßen: Freiheit ist nicht etwa die Freiheit zu tun, was man will. Dies würde nämlich bedeuten, daß wir von den

---

[30] Leibniz selbst hatte offenbar weniger generöse Freunde. Er starb vereinsamt und wurde, wie ein Zeitgenosse es ausdrückte, »begraben wie ein Hund«.

Gegebenheiten unserer Umwelt verleitet würden, uns so oder so zu verhalten. Es wäre keine Freiheit, sondern eine deterministische Reaktion auf äußere Reize. Wahre Freiheit hingegen ist für Spinoza die freie Wahl dessen, was notwendig ist oder, wie Kant es später ausdrückte, was die Pflicht des Menschen ist. Der Mensch hat für Spinoza genausoviel Freiheit zu entscheiden, was er als nächstes tun wird, wie ein hochgeworfener Stein entscheiden kann, wo er am Boden auftreffen wird. Dennoch meinte er, mit obiger Argumentation eine Verantwortung für individuelles Handeln begründen zu können. Auch die Rechtfertigung von Gesetzen, Verboten und moralischen Vorschriften bedurfte auf dem Boden der Vorherbestimmtheit ausgefeilter philosophischer Verrenkungen. All dies muß jedoch vor dem Hintergrund des allgegenwärtigen Determinismus eher wie ein verzweifelter Versuch wirken, ein klein wenig von dem verlorengegangenen freien Willen wieder durch die Hintertür einzubringen.

Einige sehen nun in der Quantenphysik die Erlösung aus dem quälenden Determinismus Newtons, Laplace' und Leibniz'. Begriffe wie Moral und Ethik, Gut und Böse, Verantwortung und Mitmenschlichkeit würden so wieder ihren festen Stellenwert im Mittelpunkt der menschlichen Existenz erhalten, der ihnen (zumindest aus philosophischer Sicht) jahrtausendelang zustand.

Wenn in der atomaren Welt die Verknüpfung von Ursache und Wirkung nicht eindeutig ist, wenn Unbestimmtheiten Regie führen und wenn gleiche Ausgangsbedingungen zu unterschiedlichen Ergebnissen führen, dann kann nicht alles exakt vorherbestimmt sein. Wichtiger ist noch, daß der freie Wille gerettet ist. Quanteneffekte könnten in unserem Gehirn die Widerspiegelung unserer geistigen Unabhängigkeit von den Zwängen des mechanischen Imperativs sein.

Leider ist diese Auffassung aber wohl nicht haltbar. Die Neuronen in unserem Gehirn sind viel zu unempfindlich, um auf Quanteneffekte reagieren zu können. Würden sie dies tun, wäre von einer strukturierten Hirntätigkeit auch keine Rede mehr. Das Gehirn wäre nicht mehr in der Lage, einen klaren Gedanken zu fassen, da ständig eine Unzahl von Quanteneffekten unvorhersehbare Auswirkungen haben würden. Und wenn wir uns vornehmen würden, eine konkrete Handlung auszuführen, würde diese nie geordnet beendet werden, wenn die Unbestimmtheiten der Quanten das Sagen hätten. Auch die Quantenphysik hilft offenbar nicht aus dem Dilemma des Determinismus.

Im Gegenteil gibt es sogar eine Interpretation der Quantenunschärfe, die auch den freien Willen auf dem Altar des Determinismus opfert. Die übliche Deutung der Quantexperimente geht davon aus, daß der Beobachter durch den Akt des Messens die Wellenfunktion kollabieren läßt oder, anders ausgedrückt, die Realität erst definiert. Hier wird eine enge Verbindung zwischen der bewußten (und freien) Wahl, einen Quantenprozeß zu beobachten, und dem Resultat geknüpft. Was ist aber, wenn der Beobachter nicht aus freiem Willen handelt, wenn vielmehr seine »Entscheidung«, etwas zu messen, schon lange determiniert ist. Dies würde uns aller philosophischer Probleme mit der Quantentheorie auf einen Schlag entledigen. Wenn die Messung eines Quantenprozesses durch einen Physiker nicht spontan erfolgt, sondern zwangsläufig nur so erfolgen kann, weil er nämlich keinen freien Willen hat, dann steht auch seit allen Zeiten fest, wie das zu beobachtende Teilchen sich verhalten wird. Die Realität wird also nicht durch die Beobachtung oder durch ein ominöses Bewußtsein geschaffen, sondern Beobachter und Beobachtungsobjekt sind dann gleichermaßen Bestandteil der vorherbestimmten Wirklichkeit. Der freie Wille ist nach dieser Interpretation also nichts anderes als eine für uns angenehme Illusion, und es gibt keine Notwendigkeit, sich Gedanken über die merkwürdigen Beziehungen zwischen willentlicher Entscheidung und kollabierenden Wellenfunktionen auf Quantenniveau zu machen.

Zu früh haben sicherlich insbesondere ideologisch geprägte Interpreten der Quantenmechanik den Reduktionismus und Determinismus als endgültig geschlagen angesehen. Reduktionistische Auffassungen sind ja insbesondere heute für viele Ausdruck borniert er, die Zusammenhänge leugnender Weltfremdheit. Wenn jemand als Reduktionist bezeichnet wird, dann ist das so ziemlich das schlimmste Schimpfwort, mit dem ein Wissenschaftler belegt werden kann. Dabei versucht der Reduktionist lediglich, eine Beobachtung durch eine tiefer liegende Grundwahrheit zu erklären. Diese Prinzipien liefern ihm dann den Schlüssel zum Verständnis physikalischer Phänomene. So wie Newton, der himmlische und irdische Bewegungen auf mechanische Gesetze reduzierte, waren alle großen Forscher in diesem Sinne Reduktionisten. Mystikern aller Zeiten waren und sind solche Naturbeobachtungen zutiefst verhaßt. Für sie war die Wissenschaft nie in der Lage, die gesamte Wahrheit zu erfassen, und sie postulieren Kräfte und Mechanismen, die jenseits der wissenschaftlichen

Erkenntnis liegen. Nun glauben plötzlich Vertreter aller möglichen Glaubensrichtungen, physikalische Forschungsergebnisse für ihre Grundüberzeugungen anführen zu können. Nicht nur viele Verfechter fernöstlicher Philosophien, sondern auch Astrologen, Parapsychologen und Homöopathen sehen sich durch quantenmechanische Begriffe in ihrer Weltanschauung bestätigt, weil sie Parallelen zwischen Begriffen wie Wahrscheinlichkeit, Nichtlokalität, Vakuumfluktuation oder Wellenfunktion mit Dingen wie Yin und Yang, Nirwana, Ganzheitlichkeit, Wirkungspotenzierung, Psi und ähnlichem sehen. Mir fällt es jedoch schwer, hier außer sprachlichen Übereinstimmungen irgendwelche Gemeinsamkeiten zu entdecken. Der strenge wissenschaftliche Charakter der Quantenphysik, der nicht beliebige Kräfte zuläßt, sondern durch deterministische Gleichungen und Symmetrieprinzipien reglementiert ist, ist diesen Leuten offensichtlich entgangen. Die Tatsache, daß wir bestimmte Aspekte der Quantenmechanik nicht in Analogie zu unserer tagtäglichen Umgebung sehen können, rechtfertigt keineswegs, ähnliche Unbestimmtheiten auf die makroskopische Welt zu übertragen und dies ideologisch auszuwerten. Die Quantenphysik ist somit sicherlich nicht geeignet, als Kronzeuge für uralte oder neumodische mystische Vorstellungen herangezogen zu werden. Ihr tiefes Verständnis enthüllt vielmehr, daß sich nicht die reduktionistischen Naturwissenschaftler, sondern eher die Philosophien ändern müssen, da es sich bei den quantenmechanischen Deutungen der Realität um überprüfbare Tatsachen handelt, die uns nicht nur in Teilchenbeschleunigern, sondern auch im heimischen Fernsehapparat täglich begegnen. Es ist heute nicht mehr möglich, über

Dinge wie Ganzheitlichkeit, Realität, Kausalität, Materie oder Energie zu philosophieren, ohne die theoretischen und experimentellen Ergebnisse der Quantenphysik zu berücksichtigen. Wer dies dennoch tut, begibt sich auf dieselbe Ebene wie diejenigen, die nach Kepler, Galilei und Newton immer noch Überlegungen anstellten, wie sich wohl die Gesetze der himmlischen Mechanik von denen auf der Erde unterscheiden.

Insbesondere der Wahrscheinlichkeitscharakter der Quantenwelt wird oftmals als Beleg für das Ende des Determinismus angeführt. Vorherbestimmung scheitert hier ganz offensichtlich an den Zufälligkeiten subatomarer Ereignisse. Bei Reduktion (!) unserer Erfahrungswelt auf Quantenniveau muß sich nach dem Verständnis vieler jedweder Determinismus in Nichts auflösen. Auch hier liegt jedoch ein grundlegendes Mißverständnis vor. Die Quantenmechanik hat nämlich nie behauptet, daß sie eine nicht-deterministische Theorie sei. Obwohl identische Versuchsanordnungen zu unterschiedlichen Ergebnissen führen können, besteht überhaupt kein Zweifel daran, daß sich die Wellenfunktionen deterministisch verhalten. Es können also auch in der Quantenmechanik verläßliche Zukunftsprognosen erstellt werden. Bei Kenntnis der Wellenfunktion eines Quantensystems ist es eindeutig möglich, die zukünftige Entwicklung dieser Wellenfunktion nach der Schrödinger Gleichung zu berechnen. Aus der so ermittelten neuen Wellenfunktion ergibt sich nur kein eindeutig definierter Wert, sondern eine neue Wahrscheinlichkeit, die jedoch in der Lage ist, das gesamte System insgesamt zuverlässig in seinem zeitlichen Verlauf zu beschreiben.

192

Der Indeterminismus der Quantenphysik bedeutet also nicht, wie dies weltanschaulich geprägte Interpreten gerne hätten, daß grundsätzlich alles unbestimmt sei und die klassische reduktionistische Sichtweise zugunsten einer »ganzheitlichen« Betrachtungsweise aufgegeben werden müsse. Auch subatomare Teilchen werden nicht durch magische Kräfte oder Ideologien bewegt. Sie gehorchen nur Gesetzmäßigkeiten, für die wir in unserer makroskopischen Welt keinen sinnlichen Vergleich finden. Das unbeobachtete Quantensystem entwickelt sich völlig deterministisch und ist nach der Schrödinger Gleichung berechenbar. Die Beobachtung ist es, die nur statistisch erfaßbare Ergebnisse produziert, indem sie auf nicht intuitiv erfaßbare Weise die Wellenfunktion zum Kollabieren bringt. Die Wirklichkeit ist hier also offensichtlich anders zu definieren, als wir es gewohnt sind. Realität ist für ein Quantenteilchen nicht die exakte Festlegung von Ort und Impuls, sondern sein sogenannter Quantenzustand, der die Gesamtheit der ihm offenstehenden Alternativen kennzeichnet. Hierbei handelt es sich aber nicht, wie dies oft dargestellt wird, um eine völlig verschwommene Angelegenheit, sondern um einen mathematisch exakt berechenbaren Zustand, der als Ergebnis einen bestimmten Wert für die Wellenfunktion an einem bestimmten Ort aufweist. Die Unbestimmtheit der Quantenphysik ergibt sich nach diesem Standpunkt also nur daraus, daß wir darauf bestehen, Realität so zu definieren, wie es uns aus der Betrachtung der makroskopischen Welt vertraut ist. Wenn wir hingegen den Quantenzustand als Definition von Realität akzeptieren, bleibt nichts von dem angeblich völligen Durcheinander der Quantenwelt übrig. Diese Auffassung,

die vor allem Roger Penrose vertritt, unterscheidet sich
wesentlich von der klassischen Interpretation der Kopenhagener Schule um Niels Bohr. Dieser war ja der Ansicht,
daß ein Teilchen nur dann eine gewisse Realität besitzt,
wenn es beobachtet wird und die Wellenfunktion dadurch
zum Kollaps gebracht wird. Penrose hingegen ist der Auffassung, daß es sehr wohl eine objektive Realität des
unbeobachteten Teilchens gibt, nur ist die Realität eben
anders zu definieren als mit den klassischen Begriffen der
Orts- und Impulsbestimmung. Die Beobachtung hat also
nicht mehr den Stellenwert wie bei Bohr, und auch ohne
unser Zutun geht es in der Quantenwelt ordentlich und
nach bestimmten Regeln zu. Wir dürfen eben nur nicht
darauf bestehen, daß unser Gehirn, welches primär dafür
konstruiert wurde, Bananen von Bäumen zu pflücken,
diese Regeln intuitiv begreift.

Dennoch müssen wir vermutlich Abschied von der einfachen Deutung eines mechanischen Uhrwerkuniversums
Newtonscher Prägung nehmen. Im 19. Jahrhundert wurde
Naturwissenschaftlern und Philosophen bewußt, daß alles
Materielle nur aufgrund von Gesetzen, die letztendlich
Bewegungen regulieren, beeinflußt wird. Hieraus ergibt
sich der zwingende Determinismus reduktionistischer und
materialistischer Prägung. Diese Auffassung wird man
aber revidieren müssen. Den Materialisten ist ihre Grundlage entzogen, weil wir überhaupt nicht mehr wissen, was
Materie eigentlich ist. Einstein zeigte uns, daß sie nur eine
andere Erscheinungsform von Energie darstellt. Die Quantenphysik degradiert sie zur Nebensächlichkeit, zu lokalen
quantisierten Skalenwerten eines energetischen Feldes,
und manche Theorien gehen davon aus, daß selbst Raum

und Zeit oder gar Naturgesetze sich auf einer bestimmten Ebene nicht grundsätzlich von Materie oder Energie unterscheiden. Materie ist demnach keine unveränderliche Daseinsform und Grundlage der realen Existenz, sondern nichts anderes als ein Prozeß, der eine vorübergehende Erscheinungsform grundlegenderer Prinzipien darstellt.

Die Realität des Universums besteht in heutigen physikalischen Weltbildern nicht mehr aus materiellen Gegenständen. Wechselwirkungen unterschiedlicher Prozesse, die wir mal als Materie, mal als Licht oder eine andere Form der Energie wahrnehmen, sind die tiefere Schicht der Wirklichkeit. Die materialistische Wissenschaft war bei der Erforschung der Materie so erfolgreich, daß sie sich selbst ihrer Grundlagen beraubt hat. Materialisten müssen also an die Grenzen des Determinismus stoßen, wenn sie die Materie nicht zu erklären vermögen. Und selbst wenn dieses gelänge, bleibt immer noch das Problem mit der Kausalität, die offensichtlich nur einen statistischen Ausdruck für Wahrscheinlichkeiten darstellt. Sowohl die Befürworter als auch die Gegner des reduktionistischen Determinismus scheinen somit in einer tiefen Krise zu stecken. Meist bedeutet ein solcher Zustand, daß die Wahrheit nicht auf einer Seite zu finden ist, sondern eher zwischen beiden Möglichkeiten liegt.

Es ist für mich evident, daß der jahrtausendealte Streit zwischen Reduktionisten und Holisten nicht in einem Sieg einer Partei enden wird, sondern einen Kompromiß hervorbringen muß. Unsere Welt wird von Gesetzen regiert. Ohne die Anerkennung solcher Gesetze wäre jede Naturbetrachtung willkürlicher, zufälliger Zeitvertreib ohne Sinn und Zweck. Glücklicherweise ist die Natur aber nicht so launig, daß wir uns nicht auf ihre Gesetzmäßigkeiten verlassen könnten. Durch deren Kenntnis sind wir in der Lage, komplexe Dinge zu verstehen, indem wir das Verhalten einzelner Komponenten exakt analysieren. Dies ist der reduktionistische Beitrag zum Verständnis der Welt. Er ist darüber hinaus auch Voraussetzung für unsere Möglichkeiten, unsere Umwelt in der Art zu manipulieren, daß Dinge für uns beherrschbar werden. Technische Entwicklungen sind nur ein Produkt dieser reduktionistischen Forschung. Andererseits zeigt uns die Quantenphysik, daß es völlig isolierte Teilsysteme nicht geben kann, daß die klassische Lokalität für Quantenteilchen nicht unbedingt gültig ist. Zusammenhänge zwischen verschiedenen gekoppelten Partnern eines Quantensystems lassen sich nicht mit lokalen reduktionistischen Methoden beschreiben. Aber auch außerhalb der Quantenwelt versagen reduktionistische Erklärungsmodelle, wenn es um komplexe Systeme und um die Emergenz neuer Eigenschaften geht. Hier bedarf es des Beitrags des Holismus zum Verständnis der Welt. Reduktionismus und Holismus sind also keine unversöhnlichen Gegensätze. Sie beschreiben lediglich in komplementärer Art unterschiedliche Aspekte der Realität. Beide Anschauungen befreien uns aber immer noch nicht aus der Klemme des Determinismus, der uns als Laplacescher Dämon wohl noch einige Zeit heimsuchen wird.

Die Wahrheit der Philosophen

Nach dem Studium der Quantenphysik ist unsere Vorstellung von der Realität gründlich erschüttert worden. Wir werden später noch sehen, daß selbst die Mathematik, der einstmals feste Pfeiler der Naturwissenschaften, ins Wanken geraten ist. Können wir bei diesen maroden Ausgangsbedingungen überhaupt noch davon reden, daß etwas wahr ist? Haben wir mit unserem begrenzten Verstand überhaupt die Mittel, objektive Erkenntnis und somit Wahrheit zu finden? Die griechischen Philosophen hätten diese Frage ohne Zögern bejaht. Moderne Naturwissenschaft läßt an diesem jahrtausendealten Credo zweifeln. Bevor wir weiter auf die wissenschaftlichen Aspekte der Wahrheitsfindung eingehen, ist eine kurze Beschäftigung mit den philosophischen Gedankengängen notwendig, die insbesondere Immanuel Kant in seiner *Kritik der reinen Vernunft* (1781) systematisch dargestellt hat.

Für die Frage nach der Wahrheit ist nach Kant eine *notwendige und allgemeingültige* Herangehensweise oder Methodik erforderlich. Wie schon Hume ging auch Kant davon aus, daß aus der Erfahrung heraus eine notwendige und allgemeingültige Ansicht unmöglich sei. Die Erfahrung kann nur für die Vergangenheit von Bedeutung sein, sie gibt uns niemals die Sicherheit der Notwendigkeit für die Beurteilung zukünftiger Ereignisse. Wissenschaftliche Erkenntnis, die zwingend notwendige und allgemeingültige Aussagen macht, muß also andere Ursachen haben. Aussagen, die aus der Erfahrung resultieren, nennt Kant *a posteriori*. Demgegenüber gibt es *a priori* Aussagen, die nicht empirisch gewonnen werden können, sondern vielmehr primär im Denken verankert sind. Wissenschaftliche Aussagen sind im Kantschen Sprachgebrauch »Urteile« über einen bestimmten Sachverhalt. Neben Urteilen, die das reine Denken fällt, also a priori Urteilen, und solchen aus Erfahrung, also a posteriori Urteilen, gibt es noch zwei weitere Formen der Unterteilung. Eine Aussage über einen Sachverhalt kann einen Teilaspekt dieses Sachverhaltes beleuchten. Dann wird eigentlich nichts Neues ausgesagt, es wird lediglich ein bestimmter Aspekt, der in der Tatsache bereits enthalten ist, hervorgehoben. Das nennt Kant ein *analytisches* Urteil. Wenn ich sage: »Körper sind ausgedehnt«, ist das ein analytisches Urteil. Alle Eigenschaften eines Körpers, seine Konsistenz, seine Form, seine Farbe usw. sind letztendlich schon dadurch festgelegt, daß ich einen spezifischen Körper benenne. Die obige Aussage verdeutlicht also lediglich eine bestimmte Eigenschaft von Körpern, sagt aber nichts Neues aus. Im Gegensatz hierzu gibt es jedoch auch Aussagen, die etwas ausdrücken, was nicht aus der Sache an sich ableitbar ist. Kant nennt als Beispiel hierfür den Satz: »Körper sind schwer.« Da man sich Körper auch ohne das Attribut der Schwere vorstellen kann, ist die Schwere an sich nicht in dem Begriff des Körpers enthalten. Hierbei handelt es sich um ein *synthetisches* Urteil. Nur synthetische a priori Urteile sind Wissenschaft im eigentlichen Sinne. Die große Kantsche Frage ist nun, wie sind synthetische a priori Urteile eigentlich möglich oder, anders ausgedrückt, wie ist Erkenntnis überhaupt möglich.

A priori bedeutet für Kant, daß es etwas Präformiertes im Denken gibt, welches uns quasi die Anweisung gibt, wie bestimmte Dinge zu behandeln sind. Die wichtigsten a priori Elemente im Denken sind Raum und Zeit. Diese sind also nicht aus der Erfahrung ableitbar, sondern notwendiges Instrumentarium unseres Denkens. Ohne diese a priori Bedingungen wäre Erfahrung nicht möglich, da sich alle unsere Empfindungen und Gedanken in Raum und Zeit bewegen. Raum und Zeit haben so für Kant keine objektive Realität in der äußeren Welt, sie sind lediglich notwendige innere Bedingung für das Denken. Da aber alles, was wir wahrnehmen, in der Zeit und im Raum geschieht, ist auch dies von äußerst fragwürdiger Realität. Was wir wahrnehmen kann also nicht die objektive Wahrheit sein, sondern lediglich etwas, welches in unseren Gehirnen mit Hilfe des Apriori interpretiert wird. Kant nennt das *Phänomene*. Wir sehen also nicht die Welt an sich, sondern nur ihre Erscheinungsform, die sich aus der Veränderung und Interpretation durch unser Apriori und Aposteriori ergibt.

Neben Raum und Zeit gibt es noch mehrere a priori Eigenschaften der menschlichen Vernunft. Auch die Kausalität gehört hierzu. Diese a priori Erkenntnis der Kausalität sichert für Kant übrigens die Tatsache, daß Wissenschaft überhaupt möglich ist. Die gesamte Wissenschaft basiert auf der Grundlage der Erkennung und Erforschung von Kausalitäten. Da wir diese aber nach Hume nie erfahren und beweisen können, wird auch die gesamte Wissenschaft fragwürdig. Weil die Kausalität aber für Kant nicht empirisch belegt werden muß, sondern eine a priori Bedingung für unser Denken ist, ist hierdurch die Kontingenz der Wissenschaft gewährleistet. Hieraus ist Kants Antwort auf die Frage nach der Möglichkeit von Erkenntnis ableitbar. Wissenschaftliche Erkenntnis kann notwendige und allgemeingültige Aussagen machen, da die Kausalität als a priori Eigenschaft selbst notwendig und allgemeingültig ist.

Nicht nur Wissenschaft, auch die Moral entspringt für Kant einer solchen präformierten Struktur des Verstandes. Das moralische Gesetz ist ebenso a priori in uns verankert und ist nicht aus Erfahrungen ableitbar. Dies ist der berühmte kategorische Imperativ, das tiefverwurzelte primäre Gebot des sittlichen Handelns. Es ist hier nicht der Raum, dieses Thema erschöpfend zu behandeln. Dennoch sei angemerkt, daß zumindest die meisten Biologen diesem Standpunkt heute nicht mehr zustimmen würden. Insbesondere die Anwendung der sogenannten Spieltheorie auf die biologischen Wissenschaften hat gezeigt, daß bestimmte Verhaltensformen im evolutionären Wettstreit vorteilhafter für die Arterhaltung sind als andere. Zu diesen sogenannten evolutionär stabilen Strategien gehört ganz offensichtlich auch altruistisches und somit in unserer Wertung moralisches Verhalten. Moral wäre hiernach also keine präformierte Kategorie unseres Verstandes, sondern lediglich die effektivste Form des zwischenmenschlichen Verhaltens in bezug auf die Fortpflanzung und somit auf die Arterhaltung.

Für die englischen Empiristen (Locke, Berkeley, Hume) ist die Wahrnehmung über die Sinne die primäre Daseinsform. Der Arzt und Philosoph Locke (1632–1704) stand im diametralen Gegensatz zu der platonischen Auffassung, daß die tiefste Schicht der Realität in Ideen bestünde. Ohne Sinneswahrnehmung existiert überhaupt nichts. Alle Vorstellungen, Ideen und Gedanken kommen nur aufgrund von Erfahrungen zustande. Es gibt keine präformierten Ideen oder Kategorien, wie Kant dies bezeichnete. Der Verstand oder die Seele enthält zunächst nichts (tabula rasa). Nur durch empirische Erfahrung ist er in der Lage, die Welt wahrzunehmen und zu beurteilen. Aus dieser Sicht heraus ergibt sich auch eine völlig neue Antwort auf die Frage nach der Natur des Seins an sich. Dieses kann es nach Locke gar nicht geben! Es existieren für ihn nur Dinge, die wahrgenommen werden können, Substanz an sich ohne erfaßbare Materie gibt es offensichtlich nirgendwo auf dieser Welt. Also ist auch die Vorstellung vom Sein an sich und somit die gesamte Ontologie lediglich eine absurde philosophische Abstraktion, die nichts mit der Realität zu tun hat. Weiterhin argumentiert Locke, daß wir die Realität nie so sehen können, wie sie ist. Was wir wahrnehmen, ist nämlich nicht nur die *primäre Qualität* eines Gegenstandes, sondern auch seine *sekundäre Qualität*. Hierbei handelt es sich um Eigenschaften, die unser Geist sozusagen erschafft und die nicht dem Gegenstand an sich zuzuschreiben sind. So ist die Farbe eines Gegenstandes beispielsweise eine sekundäre Qualität. Die Farbe rot an sich gibt es nicht, es gibt nur rote Gegenstände. Auch ist die Farbe etwas, welches unser Gehirn hervorbringt. Nirgendwo im Auge oder in den Sehnerven läßt sich die Farbe rot entdecken, wenn wir einen roten Gegenstand anschauen. Dennoch schafft unser Gehirn diesen Farbeindruck. Heute wissen wir, daß bestimmte Zellen der Netzhaut unseres Augen (die sogenannten Zapfen) auf die Wellenlänge der ausgesandten Photonen eines Gegenstandes reagieren können. Die Farbe ist somit tatsächlich keine primäre Qualität, sondern eine Interpretation unserer Gehirne. Gleiches gilt nicht nur für Farben, sondern für alle wahrgenommenen Qualitäten. Auch Töne sind nicht so in der Realität vorhanden, wie wir sie wahrnehmen. Es existieren lediglich Wellen einer bestimmten Frequenz, die sich beispielsweise in der Luft bewegen und unsere Trommelfelle zum Schwingen bringen. Das Gehirn codiert diese Information, und wir erfahren sie als Sprache, Musik oder Lärm. Obwohl Locke diese physikalischen Gegebenheiten noch nicht kannte, formulierte er die Vorstellung, daß wir die Realität nie so erfassen können, wie sie wirklich ist.

Berkeley ging in seinem Empirismus noch weiter als Locke. Während letzterer noch die sogenannten primären Qualitäten eines Gegenstandes, also z. B. Ausdehnung, Form etc., als Realität akzeptierte, stellte Berkeley auch diese grundsätzlich in Frage. Das Prinzip, daß die Wahrnehmung unabdingbare Voraussetzung für die Realität ist, dehnte er auch auf diese Qualitäten aus. Kein Gegenstand kann also aus sich heraus existieren, sondern nur in der Form, daß er wahrgenommen wird. Seine Argumentation lautete folgendermaßen: Wenn die sekundäre Qualität, z. B. die Farbe eines Gegenstandes, in unseren Gehirnen entsteht, dann muß dies auch für die primäre Qualität, z. B. die Ausdehnung, gelten. Denn sonst wäre ein Ding an sich unsichtbar, und die Farbe, die selbst kein Ding ist, würde sichtbar sein. Dies ist offensichtlich ein Widerspruch. Demzufolge ist alles, Ausdehnung und Farbe, primäre und sekundäre Qualität, lediglich durch unsere Wahrnehmung und Erfahrung real. Diese Auffassung mündet in dem Satz: *Sein ist Wahrgenommen-Werden oder Sein ist Wahrnehmen* (esse est percipi; esse est percipere). Eine moderne physikalische Entsprechung erhält diese Philosophie durch die klassische Interpretation der Quantenphysik. Auch hier schafft nach der Kopenhagener Deutung erst das wahrnehmende Bewußtsein die Realität. Ohne Wahrnehmung gibt es nach Niels Bohr keine Quantenwelt.

Die philosophische Auffassung von George Berkeley hat eine gewisse Tendenz zum Solipsismus[31]. Wenn die Realität nur durch die Wahrnehmung erschaffen wird, dann steht mein eigenes Ich absolut im Zentrum der Welt. Dies würde auch bedeuten, daß ich mir eine beliebige Realität erschaffen kann, allein durch meine Vorstellungskraft. Berkeley erkannte diese Gefahr und rettete seine Philosophie dadurch, daß er an dieser Stelle Gott ins Spiel brachte. Der sollte nämlich dafür sorgen, daß unsere Wahrnehmung nur nach bestimmten göttlichen Regeln Erfahrungen sammeln kann. Eine völlig willkürliche Realität, die von unseren Launen abhängt, konnte so verhindert werden.

Georg Wilhelm Friedrich Hegel (1770–1831) erklärte die Realität mit Hilfe seiner dreigeteilten Dialektik: Alles existiert aufgrund einer Aussage – einer *These* – die auf ihre Negation – die *Antithese* – stößt. Hieraus folgt die *Synthese*, die Grundlage der Realität ist. Dies gilt für Hegel auch bezüglich des Seins an sich. Durch die Anwendung seiner Dialektik kommt er zu einer ähnlichen Aussage wie schon Heraklit: Das Prinzip des Seins ist das Werden. Hierbei ist das Werden die Synthese, die sich aus der These des Seins

---

[31] Unter Solipsismus versteht man eine philosophische Richtung, die nur das eigene Ich als Maßstab der Realität zuläßt. Der Solipsist glaubt, daß nur er selbst über Bewußtsein verfügt und die gesamte Welt um ihn herum ausschließlich durch das denkende Ich geformt wird.

und der Antithese des Nichtseins ergibt. Denn den Übergang vom Sein ins Nichtsein kann nur das Werden darstellen. Interessant bei Hegel ist, daß es eigentlich keinen Unterschied zwischen dem Sein und dem Nichtsein gibt. Wenn man nämlich vom Sein an sich redet, dann darf dieses Sein überhaupt keine Eigenschaften aufweisen. Das eigentliche Sein ist ja die Essenz aller Dinge, ob es sich nun um materielle Gegenstände, um Ideologien, um wissenschaftliche Beweise oder um Kulturen handelt. Wenn das Sein an sich nur eine Eigenschaft aufwiese, dann ließe sich immer etwas finden, was gerade diese Eigenschaft nicht hat. Also kann das Sein an sich nur völlig eigenschaftslos sein. Demnach, so Hegel, ist das Sein im Grunde dasselbe wie das Nichtsein, es gibt keinen Unterschied[32]. Zwei Dinge, die diametral entgegengesetzt sind, sind in Wirklichkeit ein und dasselbe. Realität ergibt sich erst aus dem Zusammentreffen zwischen diesen beiden gleichartigen Gegensätzen in der Form des Werdens.

Für Auguste Comte (1789–1857) gab es hingegen nur die Realität, die sich wissenschaftlich belegen ließ. Er stand damit im diametralen Gegensatz zu Kant, für den es nicht belegbare a priori Eigenschaften der Vernunft gab. Comtes Hoffnung bestand darin, daß irgendwann alles, was erklärbar ist, mit Hilfe der Wissenschaft erklärt werden würde. Dies ist die philosophische Richtung des Positivismus. Das »Positive« ist hier das, was überprüfbar tat-

---

[32] Luis Maeso-Madronero behauptet, daß Hegel sich irren muß. Das Sein kann doch eine Eigenschaft aufweisen, die es vom Nicht-Sein unterscheidet, ohne daß es hierdurch auf eine bestimmte Daseinsform festgelegt würde. Dieses ist die Eigenschaft, daß es über eine beliebige Eigenschaft verfügen kann, während das Nicht-Sein stets eigenschaftslos ist.

sächlich existiert. Nach Comte gibt es drei große Phasen der Menschheitsgeschichte: die theologische, die metaphysische und endlich die positivistische (wissenschaftliche) Phase. Im ersten primitiven theologischen Stadium werden Naturereignisse übernatürlichen Kräften zugeordnet und nicht hinterfragt. Wissen ist dogmatisch und wird nicht an der Realität überprüft. Später folgt das metaphysische Stadium. Hier werden nicht mehr ein oder mehrere Götter, sondern »Kräfte« und abstrakte Ideen als verursachend für natürliche Erscheinungen angesehen. Erklärungen werden dann als ausreichend akzeptiert, wenn sie auf solche Kräfte zurückgeführt werden können. Die zugrunde liegenden Ideen werden jedoch auch in diesem Stadium nicht hinterfragt. Heute könnte man diese Phase der Menschheitsgeschichte als das Stadium der Boulevardpresse bezeichnen. Das wissenschaftliche oder positive Stadium hingegen bricht mit dieser dunklen Vergangenheit und akzeptiert lediglich Dinge, die durch die Beobachtung verifiziert werden können.

Karl Raimund Poppers Lebenswerk kreist ebenfalls um die zentrale Frage, wie Wissenschaft und Wahrheitsfindung überhaupt möglich ist. Zunächst lernen wir durch Versuch und Irrtum. Fehler werden erkannt, was übrig bleibt ist vermutlich wahr. Dies ist die Methode des kritischen Denkens. Popper nannte seine Philosophie auch kritischen Rationalismus. Falsch ist es jedoch, Erkenntnis *induktiv* zu gewinnen. Dies bedeutet die Verallgemeinerung von Einzelfällen. Man kann eine Beobachtung 1000mal machen, beim nächsten Mal kann es theoretisch ganz anders kommen. Noch so viele Einzelbeobachtungen können also nie die Wahrheit erkennen. Keine Theorie ist deshalb verifizierbar, wie dies Comte gefordert hatte. Jede Theorie ist für Popper nur eine vorläufige Deutung der Wirklichkeit, die zwar durch Eingrenzung oder, wie Popper es ausdrückte, durch »kritisches Raten«, immer exakter werden kann, stets aber nur eine vorläufige Wahrheit beanspruchen kann.

Wissenschaft im strengen Sinne muß hingegen deshalb stets angeben, wodurch eine Theorie widerlegt werden könnte. Wenn es kein gedankliches Experiment zur Widerlegung einer Theorie gibt, dann kann diese nicht wissenschaftlich sein. Es gibt z.B. keine Möglichkeit, eine Behauptung wie folgende zu widerlegen: »Neben unserem Universum gibt es genau 238 andere Universen, die jeweils exakt 85 Millionen Galaxien enthalten.« Eine solche Theorie ist deshalb unwissenschaftlich. Die prinzipielle *Falsifizierbarkeit* ist also das wesentliche Kriterium, mit dessen Hilfe wir Wissenschaft von Scharlatanerie unterscheiden können. Deshalb ist Metaphysik auch keine Wissenschaft. Ihre Aussagen sind nicht falsifizierbar und haben deshalb mit unserer Wirklichkeit nichts zu tun.

Schon seit der Antike streiten sich Philosophen um den Wirklichkeitsbegriff. Was ist das Sein, was ist das Nicht-Sein? Sind die platonischen Ideen real vorhanden, oder müssen wir uns ausschließlich an die materiellen Gegenstände dieser Welt halten, wenn wir über Wirklichkeit reden? Platon war in diesem Sinne Idealist, Aristoteles Realist. Aber nicht alle Denker lassen sich in dieses Schema einteilen. Rudolf Carnap (1891–1970), Vertreter des bereits erwähnten »Wiener Kreises«, also der positivistischen Schule, vertrat die Auffassung, daß die Philosophen und Naturwissenschaftler lediglich Scheinprobleme wälzen, wenn sie über Dinge wie Wirklichkeit und abstrakte Ideen reden. Als Erläuterung führt er folgende Geschichte an: Zwei Geographen mit philosophischen Ambitionen sollen einen unbekannten Berg irgendwo in Afrika erforschen. Der eine von beiden ist Realist, der andere Idealist. Nach der Expedition kehren beide zurück und haben als Geographen das gleiche zu berichten. Sie haben beide den Berg gefunden und gleiche physikalische und geographische Meßdaten erhoben. Es gibt keine Differenzen. Als sie jedoch beginnen, ihre Reise philosophisch aufzuarbeiten, treten die Unterschiede deutlich zutage. Der Realist besteht darauf, daß der Berg tatsächlich genau so existiert, wie er durch die Meßergebnisse beschrieben wurde, während der Idealist darlegt, daß man über die wahre Natur des Berges keine Aussage machen könne, weil wir nicht wissen, welche Rolle unsere Wahrnehmung und die Arbeitsweise unseres Verstandes bei der Analyse des Berges gespielt haben. Carnap folgert hieraus, daß die philosophische Diskussion sinnleer ist. Da beide als Wissenschaftler übereinstimmen, als Philosophen jedoch nicht, kann dies nur bedeuten, daß die philosophische Diskussion eine metaphysische ist, die, wie Carnap es ausdrückte, nicht »sachhaltig« ist. Die Aussagen der Realisten und der Idealisten sind also weder falsch noch wahr, sie sind schlicht und ergreifend sinnlos.

Auch für Ludwig Wittgenstein (1889–1951) ist die Philosophie im wesentlichen gar nicht der Versuch, die äußere Welt zu beschreiben oder zu verstehen, sondern lediglich ein Ausdruck des Problems, welches die Philosophen mit unserer Sprache haben. Die philosophisch formulierten Probleme sind nämlich in Wirklichkeit keine echten

Probleme, sondern Paradoxien, die sich im Grenzbereich unserer Sprache ergeben. Wenn wir von dem abstrakten »Sein« der Ontologie reden, dann reden wir über ein Wort mit vier Buchstaben und nicht über etwas, was wirklich existiert. Wittgensteins Schlußfolgerung: »Worüber man nicht sprechen kann, darüber muß man schweigen!« Wir folgen diesem Rat und beschäftigen uns im folgenden weiter mit den Dingen - ob real oder nicht -, die durch naturwissenschaftliche Forschung beschrieben werden können.

Die symmetrische Natur

Der gebräuchlichen Redeweise nach
gibt es Farbe, Süßes und Bitteres,
in Wahrheit aber nur Atome und Leeres.

Demokrit von Abdera

In den letzten Jahrzehnten hat sich herausgestellt, daß zur Beschreibung unserer Welt eine andere Herangehensweise sinnvoll ist als die alleinige Suche nach immer komplexeren Zusammenhängen oder nach immer kleineren Bausteinen der Materie. Durch die Erkennung bestimmter Prinzipien ist es möglich, Wahrheiten zu entdecken, die uns sonst verborgen blieben. Das wichtigste Prinzip, welches in der Natur gefunden wurde, ist das der Symmetrie. Moderne Physik kommt nicht mehr ohne diesen Begriff aus. Es handelt sich sogar um den zentralen Bestandteil aller physikalischen Theorien. Symmetrie besagt, daß irgend etwas seine Erscheinungsform nicht verändert, wenn der Beobachtungsstandpunkt verändert wird. Deshalb hängt Symmetrie eng mit dem Begriff der Invarianz (Unveränderlichkeit) zusammen. Wenn irgendwo eine Symmetrie existiert, bedeutet dies, daß ein bestimmter Bestandteil des Beobachtungsgegenstandes durch eine bestimmte mathematische Operation keine Veränderung erfährt. Immer also, wenn eine Manipulation eines Systems keine Änderung hervorruft, steckt dahinter eine Symmetrie. Physiker sind heute vor allem daran interessiert, was in der Natur unveränderlich ist. So ist die Lichtgeschwindigkeit eine unveränderliche Größe, gleichgültig von welchem Standpunkt aus sie gemessen wird, und auch die Naturgesetze sind in verschiedenen Bezugssystemen invariant. Wäre dies nicht so, dann würde es wenig Sinn machen, sich mit ihnen zu beschäftigen. Bei Kenntnis dieser Invarianzen ist es möglich, Veränderungen in physikalischen Systemen zu erkennen und vorauszusagen.

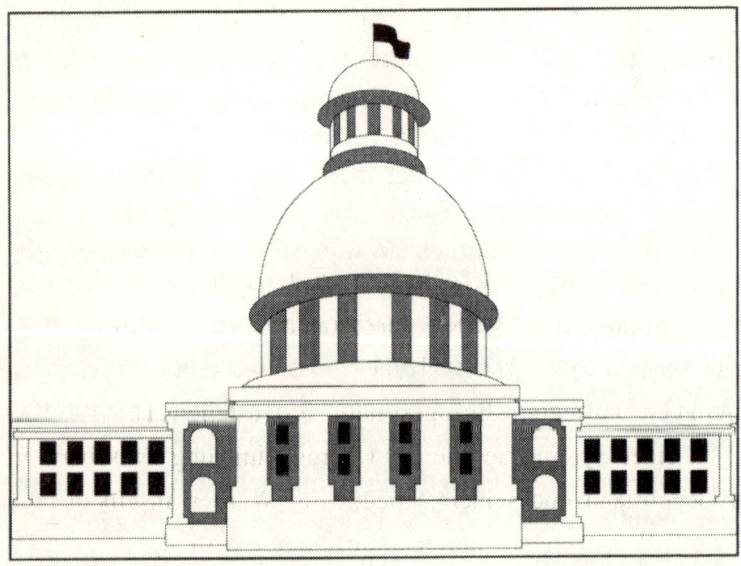

Abbildung 7: Spiegelbildsymmetrie um eine senkrechte Gerade macht den ästhetischen Reiz vieler Kunstgegenstände und Gebäude aus. Andererseits vereinfacht die Symmetrie den Entwurf des Gebäudes für den Architekten. Durch Kenntnis einer Hälfte kann auf den Zustand des gesamten Gebäudes geschlossen werden. Ähnlich können durch Symmetrieprinzipien in der Physik komplex erscheinende Sachverhalte durch ein einfacheres Prinzip ausgedrückt werden. Die Fahne auf der Kuppel hingegen ist ein klassisches Beispiel für einen Symmetriebruch.

Symmetrien, mit denen sich Teilchenphysiker beschäftigen, sind mathematisch abstrakte Theorien und bildlich nicht zu veranschaulichen. Das Prinzip ist aber ebensogut mit Hilfe geometrischer Symmetrien zu verdeutlichen. So sind seitengleiche Figuren wie z. B. ein Kegel, ein Auto oder der verehrte Leser in der Regel spiegelsymmetrisch. Das bedeutet, daß solche Körper entlang einer senkrechten Mittellinie gespiegelt werden können, ohne daß sich der optische Eindruck ändert. Ein Kegel ist also spiegelsymmetrisch um seine Senkrechte oder, anders ausgedrückt, invariant gegen Spiegelung. Ein Quadrat hat noch mehr Symmetrie. Es geht bei Drehungen um 90 Grad in sich über und hat somit nicht nur eine Spiegelachse, wie Sie und ich, sondern deren vier. Ein Kreis ist invariant gegen jedwede Drehung, er kann an unendlich vielen Achsen gespiegelt werden, der optische Eindruck bleibt immer gleich.

In ähnlicher Weise suchen Physiker nach Symmetrien in den Naturgesetzen. Hier geht es weniger um optische Symmetrien von Gegenständen, sondern um symmetrische Naturgesetze, die unter verschiedensten Bedingungen gleich gültig bleiben. Stellen wir uns zwei Wissenschaftler vor, die über einen Fernsehschirm verschiedene Experimente vorgeführt bekommen und hieraus die Bewegungsgesetze ableiten sollen. Einer der Wissenschaftler sieht jedoch in einen Fernseher, der auf die Seite gelegt wurde. Dennoch werden beide zu dem gleichen Ergebnis kommen und die gleichen Formeln zur Beschreibung von Bewegungen entwickeln. Es ist völlig egal, aus welchem Winkel die Experimente betrachtet werden und ob im Fernsehbild eine Kugel von oben nach unten oder von rechts nach links auf die Erdoberfläche fällt. Es handelt sich also um eine Rotationssymmetrie der Bewegungsgesetze, da diese bei Drehung des Beobachtungswinkels unverändert bleiben. Anders ausgedrückt bedeutet dies auch, daß es im Raum keine bevorzugte Richtung gibt. Unten ist nicht elementarer als links. Diese für uns selbstverständliche Feststellung war jahrtausendelang keineswegs akzeptiertes Wissen. Die Richtung nach unten, wohin alles fällt, oder nach oben, wo der Himmel über uns thront, waren stets ganz besondere Richtungen, die nicht mit anderen gleichzusetzen waren.

So wie in obigem Beispiel die Bewegungsgesetze sich bei Rotation nicht ändern, bedeutet die Beschreibung einer Symmetrie stets, daß eine unveränderliche Größe gefunden wird. Auch Einsteins Relativitätstheorie ist von Symmetrien durchzogen. Die Tatsache, daß kein Unterschied zwischen einem ruhenden und einem mit konstanter Geschwindigkeit bewegten Bezugssystem festzustellen ist, ist ebenso Ausdruck einer Symmetrie wie die Übereinstimmung zwischen einem realen Gegenstand und seinem Spiegelbild. Werden in einem fahrenden Zug Fallexperimente durchgeführt, dann wird der Passagier zu denselben Gesetzen gelangen wie der am Bahnsteig stehende Beobachter, obwohl sich die gemessenen Geschwindigkeiten und Bewegungsrichtungen erheblich voneinander unterscheiden. Für den Reisenden fällt ein losgelassener Gegenstand nämlich senkrecht zu Boden. Der Beobachter am Bahnhof sieht jedoch, wie sich derselbe Gegenstand mit großer Geschwindigkeit fortbewegt. Man kann diesen Sachverhalt auch so ausdrücken, daß die relativistische Invarianz dafür sorgt, daß die physikalischen Gesetze unabhängig von der Geschwindigkeit des Bezugssystems sind. Bestimmte Größen wie die Lichtgeschwindigkeit oder physikalische Gesetze wie die elektromagnetischen Feldgleichungen ändern sich nicht bei Verschiebung des Standpunktes von einem unbewegten in ein bewegtes oder beschleunigtes System.

Wenn wir etwas als symmetrisch beschreiben können, dann haben wir ebenfalls einen Weg gefunden, es einfacher darzustellen. Einen spiegelsymmetrischen Gegenstand können wir so durch die Beschreibung von nur einer der beiden Hälften darstellen. Auf ähnliche Weise erleichtern symmetrische Prinzipien in den Naturgesetzen für uns die Erfassung ihrer Auswirkungen. Nun ist unsere Umgebung aber keineswegs streng symmetrisch organisiert. Warum glauben dann Physiker, daß letztendlich hinter allem dennoch eine Symmetrie steckt? Der Grund hierfür ist darin zu sehen, daß Symmetrien gebrochen werden können. Stellen Sie sich eine Kugel von perfekter Symmetrie vor. Nun malen wir irgendwo auf die Kugel einen kleinen roten Punkt – und die Symmetrie ist hin. Wir haben also durch Hinzufügen des Punktes die Symmetrie der Kugel gestört oder gebrochen, wie die Physiker sagen. Dieses ist aber nicht etwa nur destruktiv zu verstehen, denn gleichzeitig hat die Kugel eindeutig mehr Struktur und Merkmale als vorher. Wir können also feststellen, daß ein Bruch der Symmetrie mit einem Auftreten neuer Merkmale verbunden ist. Wenn wir andererseits die Struktur der Kugel verstehen wollen, dürfen wir uns nicht von dem roten Punkt beeindrucken lassen, wir müssen die gemeinsamen Merkmale erfassen, die das Gesamtbild der Kugel ergeben. Ähnlich geht es in der Natur zu. Um die oft verborgenen

Symmetrien zu finden, verlangt sie uns ein erhebliches Maß an Abstraktionsvermögen ab.

Gäbe es keine Symmetrien, wäre jede Beschäftigung mit der Natur völlig nutzlos. Daß wir überhaupt sinnvolle Aussagen über physikalische Gesetze machen können, liegt unter anderem an der Zeittranslationssymmetrie. Dieses Prinzip besagt, daß die Naturgesetze sich bei Verschiebung in der Zeit nicht ändern. Dieses ist keineswegs eine Selbstverständlichkeit. Ohne Zeittranslationssymmetrie würden wir heute andere Ergebnisse bei unseren Experimenten herausbekommen als morgen. Es gäbe keine reproduzierbaren wissenschaftlichen Erkenntnisse. Die basalen Gesetzmäßigkeiten, die das Verhalten der Teilchen untereinander bestimmen, könnten sich täglich verändern. Dies ist glücklicherweise aber nicht so, und deshalb gehen wir davon aus, daß die Gesetze, die wir heute entdecken, auch schon zu Zeiten des Urknalls herrschten und bis zum Ende des Universums weiterbestehen werden. Nur aus diesem Grund können wir die Vergangenheit und die Zukunft unserer Welt zu begreifen versuchen.

Zeittranslationssymmetrie ist aber nicht etwa nur ein gelehrt klingender Ausdruck für eine selbstverständliche Tatsache. Aus ihr ergeben sich zwangsläufig Erklärungen für ansonsten unverstandene physikalische Phänomene. Der Energieerhaltungssatz, der die Konstanz der Energie in einem geschlossenen System für alle Zeitpunkte festlegt, ist unmittelbare Konsequenz dieser Symmetrie. Die geniale Mathematikerin Emmy Noether (1882–1935) aus Göttingen hat diese Zusammenhänge im Jahr 1918 als erste erkannt und mathematisch bewiesen. Andererseits gibt uns die Verknüpfung zwischen dem Energieerhaltungssatz und der Zeittranslationssymmetrie auch die Zuversicht, daß die Naturgesetze wirklich zu allen Zeitpunkten von gleicher Gültigkeit sind. Wir haben nämlich noch nie eine Verletzung des Energiesatzes beobachten können. Sollte dies einmal der Fall sein, würde unser gesamtes Weltbild gehörig ins Wanken geraten.

Aber nicht nur für die Zeit gibt es eine grundlegende Symmetrie, sondern auch für den Ort. Wir gehen stillschweigend davon aus, daß es gleichgültig ist, ob eine wissenschaftliche Erkenntnis in Europa, in Amerika, in Australien oder gar auf dem Mond gemacht wird. Auch wenn Experimentatoren auf einem Raumschiff in einer fernen Galaxie ein grundlegendes physikalisches Gesetz finden würden wie z. B. das Hebelgesetz, dann haben wir keinen Zweifel daran, daß es auch bei uns auf der Erde gültig ist. Wir können also den Raumpunkt verschieben, wie wir wollen, die physikalischen Gesetze bleiben dieselben. Aber auch dieses müssen wir nicht so einfach glauben, wir haben stichhaltige Argumente für eine solche Verschiebungssymmetrie. Denn nach dem Theorem von Emmy Noether gibt es auch zu dieser Symmetrie eine Erhaltungsgröße, in diesem Fall den Impuls. Noch nie ist beobachtet worden, daß der Gesamtimpuls eines geschlossenen Systems nicht konstant bliebe. Die Verschiebungssymmetrie ist deshalb eine Tatsache.

Darüber hinaus gibt es noch weitere Symmetrien, die für die Reproduzierbarkeit unserer Aussagen von Bedeutung sind. Die Drehsymmetrie beispielsweise besagt, daß in einem rotierenden Raumschiff dieselben Gesetze herrschen wie in einem ruhenden. Die korrelierte Noethersche Erhaltungsgröße ist der Drehimpuls. Auch dieser ist immer konstant, und somit können wir davon ausgehen, daß unsere Gesetze, obwohl wir sie auf einer rotierenden Erde gefunden haben, eine allgemeine Gültigkeit aufweisen.

Vieles von dem obigen mag dem Leser als unnötig komplizierte Darstellung banaler Sachverhalte vorkommen. Das ist es aber keineswegs. Wir haben uns einfach an viele Dinge gewöhnt, ohne sie zu hinterfragen. Wenn wir dies tun, merken wir plötzlich, daß viele »selbstverständlichen« Dinge überhaupt nicht einfach zu verstehen sind. Daß z.B. der Himmel blau ist (manchmal jedenfalls), ist auch keineswegs selbstverständlich, sondern erst durch die Erkenntnisse der Quantenphysik erklärbar geworden. Wer die Welt ansatzweise verstehen will, darf sich eben nicht mit Offensichtlichkeiten zufriedengeben, sondern muß versuchen, die zwingenden Gesetze – oder besser gesagt Symmetrien – zu entdecken, die unser Universum so gestalten, wie es ist.

Wir glauben also, daß die wahren Gesetze der Natur symmetrisch sind. Wenn diese Symmetrien entdeckt werden, sind wir in der Lage, nicht nur die beobachteten Gesetzmäßigkeiten der Natur zu verstehen, sondern auch noch nicht bekannte Regeln zu erkennen. Diese werden von der Symmetrie eindeutig vorgegeben. Unbekannte Teile des Puzzles ergeben sich somit aus den Forderungen der zugrunde liegenden Symmetrie. Wenn bekannt ist, daß ein Gegenstand rotationssymmetrisch bei Drehung um 90 Grad ist, dann genügt die Entdeckung eines Viertels, um vorauszusagen, wie der gesamte Gegenstand beschaffen sein muß. Ähnlich gelingt es Theoretikern durch Kenntnis abstrakterer Symmetrien, subatomare Teilchen lange vor ihrer Entdeckung vorauszusagen. Grundlagenforschung in der Physik sieht deshalb heute so aus, daß nach den geeigneten Symmetrien gesucht wird, die in der Lage sind, die beobachteten Daten auf einen Nenner zu bringen und experimentell überprüfbare Voraussagen zu machen. Es sind also nicht die komplizierten mathematischen Beziehungen, die das primäre Ziel der Suche darstellen. Die Formeln zur Beschreibung der Teilchen und Felder ergeben sich nach Kenntnis der entsprechenden zugrunde liegenden Symmetrie quasi wie von selbst.

Auch die Suche nach der allumfassenden Weltformel ist deshalb eine Suche nach der grundlegenden Symmetrie, welche eindeutig die Spielregeln unseres Universums festlegt. Man kann dies auch so ausdrücken, daß die Symmetrie der Naturgesetze quasi die Gesetze sind, denen die Naturgesetze gehorchen müssen. Die Natur macht es uns aber nicht leicht, dies zu erkennen. Sie konfrontiert uns ständig mit den komplexen Folgen von Symmetriebrechungen, so daß die dahinter liegende Einfachheit für uns verborgen ist. Wir glauben jedoch, daß es zu Zeiten des Urknalls eine perfekte Symmetrie gegeben hat und daß damals nicht nur alle Teilchen und Kräfte, sondern auch die Naturgesetze selbst die heute verborgene Symmetrie aufwiesen.

Struktur durch Kälte

Symmetrien werden überall gebrochen. Um uns herum sehen wir in der Regel keine perfekten symmetrischen Vorgänge, sondern unregelmäßige, chaotische Strukturen. In der Turbulenz eines Sturzbaches vermögen wir keine Symmetrie zu sehen. Wenn wir aber Gelegenheit haben, das Wasser, aus dem er besteht, in der kristallinen Form einer

Schneeflocke oder gar als isolierten Wassertropfen zu betrachten, wird die zugrunde liegende Symmetrie offensichtlich. Unser Blick auf die basalen einfachen symmetrischen Verhältnisse wird so fortwährend getrübt. Als das Universum noch jung war, herrschte ein Zustand hoher Symmetrie. Die Naturkräfte waren noch im Gleichgewicht und wiesen nicht die extremen Unterschiede auf, die wir heute beobachten. Bei zunehmender Expansion und Abkühlung kam es mehrfach zum Bruch der Symmetrien.

Symmetriebrechung heißt aber nicht, wie man dies fälschlicherweise verstehen könnte, daß die Symmetrie hinterher nicht mehr vorhanden sei. Die Gleichungen, die ein bestimmtes System beschreiben, sind vielmehr vollkommen symmetrisch. Asymmetrisch können hingegen die Lösungen solcher Gleichungen sein. Wenn man z. B. zwei durch eine Symmetrie miteinander verbundene Teilchen betrachtet, so müssen diese keineswegs bei jeder Lösung der Gleichung identische Eigenschaften haben. So kann ein Teilchen durchaus schwerer sein als das andere. Die Gleichungen müssen dann aber auch Lösungen zulassen, in denen das andere Teilchen schwerer ist. Betrachtet man nun alle möglichen Gleichungen eines solchen Systems, dann wird man feststellen, daß die Masse der beiden beteiligten Teilchen ausgeglichen ist. Die Tatsache, daß wir zwei verschieden schwere Teilchen oder zwei unterschiedlich starke Naturkräfte beobachten, heißt somit keineswegs, daß es sich wirklich um jeweils zwei verschiedene Dinge handelt. Die Situation könnte durchaus ebenfalls der asymmetrischen Lösung einer im Grunde symmetrischen Gleichung entsprechen. Der Blick auf die eine in der Natur verwirklichte Lösung trübt also den Blick auf die tatsächlich vorhandene Symmetrie. Diese Situation ist es, die wir als Symmetriebruch bezeichnen. Wenn wir die zugrunde liegenden Gesetze des Universums erkennen wollen, müssen wir deshalb unseren Blick auf die Zeit vor der Symmetriebrechung richten.

Symmetriebrechung kann man sich gut am Beispiel des Phasenübergangs verdeutlichen, der in vielen physikalischen Systemen auftritt. Wenn Wasser gefriert, findet ein solcher Phasenübergang zwischen der flüssigen und der festen Phase statt. Hierbei, und das ist für uns bedeutsam, kommt es zu einem Zustand minderer Symmetrie und höherer Organisation. Während die Wassermoleküle im flüssigen Zustand eine hohe geometrische Symmetrie aufweisen, ist ein Stück Eis keineswegs symmetrisch. Bei räumlicher Rotation um verschiedene Winkel sieht eine Eisfläche anders aus als vorher, nicht jedoch das flüssige Wasser. Aber das Eis hat eindeutig eine höhere Ordnung. Es enthält Strukturen und hierdurch bedingt völlig neue Eigenschaften. Man kann also verallgemeinernd sagen, daß bei Übergang zu niedrigeren Temperaturen eine Tendenz besteht, Symmetrien zu brechen und hierdurch gleichzeitig geordnete Strukturen aufzubauen. Je weiter ein System von der vollkommenen Symmetrie entfernt ist, um so strukturierter wird es sein und um so schwieriger ist es, die ursprüngliche Symmetrie zu erkennen.

Ein weiteres Beispiel für die Kreativität des Symmetriebruchs ist der Ferromagnetismus. Wird ein Stabmagnet über eine bestimmte Temperatur hinaus erhitzt, werden sich die Eisenatome so heftig bewegen, daß deren Ausrichtung chaotisch und ungerichtet ist. Insgesamt ist der Eisenstab jetzt nicht magnetisch, da sich die in alle Richtungen zeigenden magnetischen Minifelder gegenseitig aufheben. Bei Abkühlung jedoch nehmen auch die atomaren Bewegungen ab, und die Felder innerhalb des Eisenstabes ordnen sich koordiniert in eine Richtung an. Unser Stück Eisen ist jetzt magnetisch. Der Magnetismus ist also nicht notwendigerweise eine Eigenschaft des Ferromagneten an sich, sondern entsteht als Folge einer Symmetriebrechung bei niedrigen Temperaturen. Höhere Temperaturen bedingen hier ebenfalls einen symmetrischen Zustand, da die Felder innerhalb des Metalls keine bevorzugte Richtung aufweisen.

Wir haben uns bisher mit geometrischen Symmetrien beschäftigt, da diese gut vorstellbar sind. Daneben gibt es weitere Symmetrien wie z.B. die Zeitsymmetrie, von der noch die Rede sein wird. Physiker kennen aber auch andere, abstraktere und nur mathematisch erfaßbare Symmetriegruppen. Dieses sind die sogenannten Eichsymmetrien. Z.B. beruht das Gesetz von der Erhaltung der elektrischen Ladung in einem geschlossenen System auf einer solchen Eichsymmetrie. Der Name Eichsymmetrie hat vorwiegend historische Gründe und rührt daher, weil es hierbei möglich ist, die mathematische Beschreibung verschiedener Kräfte vielfach neu zu wählen oder zu »eichen«, ohne daß hierdurch die Werte dieser Kräfte eine Veränderung in der Raum-Zeit-Lokalisation erfahren müssen. Durch den Bruch solcher Symmetrien entstehen nun genauso neue Strukturen, wie durch den Bruch der Symmetrie von Wassermolekülen beim Gefrieren eine neue Struktur entsteht. Auch die Existenz von Materie ist nichts anderes als Ausdruck eines solchen Symmetriebruchs. Nach den derzeitigen Vorstellungen der theoretischen Physiker existiert an jedem

Raum-Zeit-Punkt ein Energiefeld, also auch im Vakuum. Dieses wird nach seinem Beschreiber Higgsfeld genannt. Wird nun die zugrunde liegende Symmetrie gebrochen, dann manifestiert sich das Energiefeld als massehaltiges Teilchen. Die Materie wird geboren. Die Existenz unseres Universums haben wir also dem Bruch einer solchen Eichsymmetrie zu verdanken. Andererseits gibt es aber auch Eichsymmetrien, die nicht gebrochen sind. Hierzu gehören die Symmetrien der elektromagnetischen Kraft und der Gravitationskraft. Die Energiefelder dieser Kräfte bringen deshalb keine massehaltigen Teilchen hervor. Aus diesem Grund sind Photonen als Übermittler der elektromagnetischen Kraft und die Gravitonen als Trägerteilchen der Schwerkraft masselos.

Im Mittelpunkt der Welt steht heute nicht mehr die Materie. Grundlegender sind verborgene Symmetrieprinzipien, deren Brechung so verschiedene Dinge wie Teilchen oder Kräfte hervorbringen kann. Bei höheren Temperaturen wiederum erkennt man die zugrunde liegende Symmetrie. Deshalb suchen Physiker diese Eichsymmetrien bei riesigen Temperaturen, die durch die heutigen Teilchenbeschleuniger erzielt werden können. Strukturbildung ist also eng mit verborgenen Symmetrien verwandt. Theoretiker und Experimentatoren sind deshalb bestrebt, intensiv die Gemeinsamkeiten zu erforschen, die hinter so verschiedenen Dingen wie Teilchen und Kräften stecken. Da durch Symmetriebruch Merkmale entstehen, ist umgekehrt bei symmetrischen Zuständen mit einer größeren Einfachheit zu rechnen. Diese Einfachheiten sind es, nach denen wir suchen und in denen wir die letzten Wahrheiten über unsere Existenz zu finden hoffen.

Die Welt im Spiegel

Die Symmetrie physikalisch-mathematischer Gleichungen bedeutet, daß diese unverändert bleiben, wenn man beispielsweise rechts und links vertauscht. Alle bekannten Theorien und Experimente basierten darauf, daß die Natur prinzipiell keinen Unterschied zwischen rechts und links oder, anders ausgedrückt, zwischen der Parität macht. Stellen Sie sich ein Labor vor, welches an einer Seite aus einer Spiegelwand besteht. Ein Physiker stellt in diesem Labor allerlei Experimente an. Wir als Zuschauer haben keine Chance zu entscheiden, ob wir das richtige Laboratorium oder aber die gespiegelte Version betrachten. Natürlich gibt es Anhaltspunkte für uns, anhand derer wir die richtige Szene identifizieren könnten. Wir sehen die Uhr im Spiegel falsch herum gehen, aber sie könnte ja auch so gebaut sein, um uns zu irritieren[33]. Der Physiker könnte Linkshänder sein, und auch die Tatsache, daß sein Herz rechts schlägt, würde uns keine Sicherheit geben. Erstens gibt es Menschen, bei denen das Herz auf der rechten Seite liegt, und zweitens kommt es uns darauf an zu beurteilen, ob eine der beiden sichtbaren Versionen mit den uns bekannten Naturgesetzen nicht zu vereinen ist. Kein Aspekt der Szene im Labor und kein bekanntes Experiment erlaubt es uns dann, den Unterschied zwischen der echten und der gespiegelten Welt zu erkennen. Fast kein Experiment! Denn im Jahr 1956 konnte von Frau Professor Chien-Shiung Wu – allgemein bekannt als

---

[33] In bayerischen Souvenirläden gibt es solche Uhren, die symbolisieren sollen, daß dort die Zeit anders geht.

222

Madame Wu – in einem aufsehenerregenden Versuch gezeigt werden, daß eine solche Paritätsverletzung in der Natur tatsächlich vorkommt. Dieses war zuvor von C. N. Yang und T. D. Lee vorausgesagt worden. Beim radioaktiven Zerfall von Kobalt 60 werden die Elektronen nämlich nicht in alle Raumrichtungen, sondern asymmetrisch abgestrahlt. Sie verlassen den Kern in Richtung einer Senkrechten, die durch den Eigendrehimpuls, den Spin des Atoms, festgelegt wird. Im Spiegelbild könnte man sehen, daß die Elektronen entgegengesetzt zu dieser Senkrechten emittiert werden. Würden wir also in unserem Labor den Physiker auffordern, ein Experiment mit Kobalt 60 durchzuführen, könnten wir sofort entscheiden, ob wir in den Spiegel schauen oder nicht. Es handelt sich also um den klassischen Fall einer Symmetrieverletzung, wobei hier von der Natur die Spiegelbildsymmetrie (Parität) verletzt wird. Später konnte gezeigt werden, daß die Verletzung der Parität ein grundlegendes Charakteristikum des radioaktiven beta-Zerfalls ist, also anders ausgedrückt ein Merkmal der schwachen Kernkraft. Diese Entdeckung war absolut schockierend, warf sie doch ein grundlegendes Glaubensbekenntnis der Physik über den Haufen. In der Tat ist die Paritätsverletzung etwas ganz Außergewöhnliches. Stellen wir uns hierfür einmal eine völlig isolierte Kugel im ansonsten leeren Weltraum vor. Sicherlich würden wir erwarten, daß mit der Kugel überhaupt nichts geschieht. Sie würde sich nicht drehen und nicht plötzlich wegbewegen. Es gäbe also keine bevorzugte Richtung im Raum, weder oben oder unten, noch links oder rechts, in welche die Kugel sich spontan bewegen würde. Der Raum hat offenbar eine vollkommene Symmetrie und bevorzugt keine Richtungen. Nun ist die Kugel ein Kobalt 60 Isotop, und wir können beobachten, daß die emittierten Elektronen die Richtung nach links bevorzugen. Was ist an dieser Richtung nun Besonderes, und warum gibt es eine solche Bevorzugung überhaupt? Wenn man jedenfalls von einer völligen Gleichberechtigung der Richtungen wie oben, unten, links oder rechts ausgeht, dürfte ein solcher asymmetrischer Prozeß nicht stattfinden. Dennoch gibt es eine ganze Reihe dieser Paritätsverletzungen, die vor allem die Händigkeit betreffen. Generell scheint es so zu sein, daß die Richtung nach links in der Natur bevorzugt wird. Die mit der schwachen Wechselwirkung assoziierten Neutrinos drehen sich immer nach links. Das kann man nur deshalb so behaupten, da Neutrinos (wahrscheinlich) masselos sind. Teilchen mit Masse, die sich langsamer als Licht bewegen, können nämlich eine solche Händigkeit nicht besitzen. Wenn sie von einem schnelleren Beobachter überholt würden, hätte dieser den Eindruck, daß sie sich in die entgegengesetzte Richtung bewegten und deshalb ihre Drehrichtung auch entgegengesetzt sei. Da aber nichts schneller als ein Neutrino fliegen kann, ist dessen Drehrichtung eindeutig festgelegt. Betrachten wir Neutrinos im Spiegel, dann erkennen wir den Betrug sofort. Rechtsdrehende Neutrinos gibt es in der Natur nicht. Insgesamt konnte gezeigt werden, daß die schwache Wechselwirkung offensichtlich etwas mit der Geometrie der Teilchen zu tun hat, auf die sie wirkt. Rechtshändige Teilchen werden von ihr ignoriert. Und damit steht fest, daß Gott Linkshänder ist.

Vom rein logischen Standpunkt ist gegen die Paritätsverletzung nichts einzuwenden. Selbstverständlich für uns ist die Identität eines Objektes bei Drehungen oder Verschiebungen im Raum. Es gibt keine solche Operation, die sich mit der Existenz eines Gegenstandes nicht vereinbaren ließe. Wir können wir einen Gegenstand bewegen, wie wir wollen, er bleibt immer derselbe Gegenstand. Anders ist es bei der Spiegelbildsymmetrie. Hier können wir nicht so einfach behaupten, daß es für jedes Objekt ein spiegelbildliches Pendant geben muß. Es gibt nämlich keine Möglichkeit, ein Objekt durch Bewegungen im dreidimensionalen Raum in sein Spiegelbild zu überführen. Meine rechte Hand bleibt immer die rechte Hand, gleichgültig wie ich sie auch verrenken mag. Während ein Objekt im Raum stetig bewegt werden kann, ist das Spiegelbild ein Alles-oder-Nichts Phänomen. Es gibt keine Übergänge zwischen dem Original und dem Spiegelbild. Diese sind nicht ineinander überführbar und stellen zwei grundsätzlich verschiedene Dinge dar. Theoretisch ist es also durchaus denkbar, daß es Objekte gibt, deren Spiegelbilder nicht existenzfähig sind. Es ist also nicht die theoretische Überlegung, sondern unsere Erfahrung, die davon ausgeht, daß alles spiegelverkehrt existenzfähig sein müsse. Objekte, die nur in ungespiegelter Version existieren können, haben wir aber in unserer Umgebung noch nie gesehen (wenn man einmal von Vampiren absieht, die ja bekanntermaßen auch kein Spiegelbild haben). Neutrinos kann man also als die Vampire der Elementarteilchen bezeichnen. Spiegelbildliche Versionen von ihnen sind nicht lebensfähig.

Später, im Jahr 1964, konnte gezeigt werden, daß auch eine andere Art der Symmetrie, und zwar die Ladungssymmetrie verletzt werden kann. Hierzu versetzen wir uns wieder in unser Testlabor. Diesmal beobachten wir die Versuche des Physikers und sollen erraten, ob sich das Labor und der Untersucher aus regulärer Materie oder aus Antimaterie zusammensetzen. Auch hier sollte man glauben, daß es kein Experiment gibt, um die Situation zu klären. Aus Antiatomen zusammengesetzte Laborgeräte und Physiker sähen nicht anders aus, als die uns vertraute Materie. Auch die physikalischen Gesetze in einer solchen Antiwelt wären die gleichen wie bei uns. Dieses nennt man Ladungsinvarianz, um auszudrücken, daß es keine prinzipielle Bevorzugung in der Natur für einen bestimmten Ladungszustand gibt. Ob der Atomkern positiv ist und die Elektronen negativ oder aber genau umgekehrt, ist grundsätzlich egal. Aber auch hier gibt es eine Ausnahme von der Regel. Beim Zerfall von bestimmten Teilchen, den sogenannten Mesonen, kommt es zu einer Symmetrieverletzung, die CP-Verletzung genannt wird. Hierbei steht C für Charge (Ladung) und P für Parität. Auch Antineutrinos zeigen dieses Phänomen. Da die Ladungsumkehr keine Rolle spielen soll, also eine Invarianz gefordert wird, sollten sich Neutrinos, die durch Umtausch ihrer Ladung zu Antineutrinos werden, ebenfalls wie gehabt nach links drehen. Aber sie denken gar nicht daran, den symmetriegläubigen Physikern diesen Gefallen zu tun. Sie drehen sich nach rechts. Da Neutrinos an der schwachen Kraft beteiligt sind, ist diese, sowohl was die Parität als auch die Ladung angeht, nicht von perfekter Symmetrie oder, besser gesagt, von gebrochener Symmetrie.

Neben der Ladungssymmetrie (C-Parität) und der Spiegelparität (P) gibt es noch eine Symmetrie bezüglich der Zeitumkehr. Dies bedeutet, daß physikalische Prozesse zeitreversibel sind. Auf das Problem, daß die Zeitrichtung in physikalischen Gleichungen beliebig austauschbar ist, die Zeit also keine Rolle spielt, werden wir später zurückkommen. Die Kombination dieser drei Symmetrien wird CPT-Parität genannt, wobei T für Time (Zeit) steht.

Die Antiwelt

Lange Zeit war man der Meinung, daß der symmetrische Urknall gleiche Mengen von Materie und Antimaterie hätte hervorbringen müssen. Ein großes Problem besteht nun darin, daß sich Materie und Antimaterie unter Freisetzung gewaltiger Energiemengen gegenseitig vernichten. Es dürfte also in unserem Universum überhaupt keine Materie und somit keine Erde und keine Menschen geben. Da es uns aber unzweifelhaft gibt, muß irgend etwas dafür verantwortlich gemacht werden können. Der aufmerksame Leser weiß natürlich sofort, um was es sich hier nur handeln kann. Genau, der Symmetriebruch ist der Schuldige! Eine winzige Verletzung der CP-Symmetrie bewirkte das minimale Überwiegen der Materie gegenüber der Antimaterie am Anfang des Universums. Ihr verdanken wir also unsere Existenz. Denn glücklicherweise wurden in der Zeit, als sich die Grundbausteine der Materie zu Protonen und Antiprotonen zusammenfanden, die Protonen aufgrund einer Verletzung der Ladungssymmetrie geringfügig bevorzugt. So kamen auf ca. eine Milliarde Antiprotonen eine Milliarde und eins Protonen. Deshalb vernichteten sich eine Milliarde Antiprotonen mit einer Milliarde Protonen unter Aussendung von zwei Milliarden

Photonen. Ein Proton überlebte dieses Inferno. Dieser minimale Überschuß der Materie gegenüber der Antimaterie ist der Ursprung unserer materiellen Welt.

Antimaterie wurde übrigens von dem Engländer Paul Dirac (1902–1984), der den Lucasianischen Lehrstuhl in Cambridge innehatte (auf dem schon Newton saß und den heute Stephen Hawking besetzt), bereits im Jahr 1928 vorausgesagt. Nach seiner Neuformulierung der Quantentheorie mußte jedes elektrisch geladene Teilchen einen entsprechenden Partner mit entgegengesetzter Ladung haben. Antimaterie unterscheidet sich äußerlich überhaupt nicht von gewöhnlicher Materie, nur sind die Atomkerne negativ geladen und werden von Positronen, den positiven Gegenstücken der Elektronen, umkreist. Es ist also durchaus möglich, daß aus Antiprotonen und Antielektronen komplette Antiatome existieren, die zu Antisternen, Antiplaneten und sogar Antimenschen zusammengefügt sind. Zu unserer vertrauten Welt gäbe es überhaupt keinen erkennbaren Unterschied (wenn man hier einmal von den besprochenen Paritätsverletzungen bei einer bestimmten Form des radioaktiven Zerfalls absieht). Dennoch glauben wir, daß es im für uns beobachtbaren Universum keine größere Ansammlung von Antimaterie gibt. Bei Kontakt mit gewöhnlicher Materie zerstrahlt diese nämlich unter ungeheurer Energieabstrahlung, die wir mit unseren Detektoren erkennen könnten.

Ebenso wie aus Materie und Antimaterie reine Energie entstehen kann, so ist es möglich, mit Hilfe hoher Energien Teilchen und ihre korrespondierenden Antiteilchen zu erzeugen. Carl Anderson konnte 1932 als erster ein Positron nachweisen. Im Alter von nur 31 Jahren erhielt er 1936 für diese Entdeckung den Nobelpreis. Er konnte mit seinem Experiment nicht nur zeigen, daß die von Dirac postulierte Antimaterie tatsächlich existiert, sondern er warf ein für allemal die jahrtausendealte philosophische Vorstellung über den Haufen, daß Materie unzerstörbar sei. Ein Elektron und ein Positron zerstrahlen beim Aufeinandertreffen zu reiner Energie, es bleibt nichts Materielles übrig. Materie kann also in Energie umgewandelt werden, und aus Energie kann Materie entstehen. Was Einstein mit seiner berühmten Formel ausdrückte, nämlich die Äquivalenz von Masse und Energie, wurde durch Carl Andersons Experiment erstmalig praktiziert. Im Jahr 1955 wurden dann auch Antiprotonen entdeckt. In heutigen Teilchenbeschleunigern wird ständig Antimaterie erzeugt. Obwohl eine solche Symmetrie zwischen Antimaterie und Materie herrscht, haben wir im gesamten Weltraum noch keinen Hinweis für das Vorkommen von Antimaterie gefunden. Möglicherweise sind die Antimateriemengen in den Speicherringen unserer Teilchenbeschleuniger die größten Vorräte, die es im gesamten Universum gibt.

Eine interessante Variante zum Thema Antimaterie hat übrigens Richard Feynman in die Diskussion gebracht. Die Registrierung eines Elektrons, das sich auf eine positive Ladung hin bewegt, wäre identisch mit einer Registrierung, auf der sich ein Positron in der Zeit rückwärts von der positiven Ladung weg bewegt. Wenn wir also von dem Flug eines Elektrons einen Film drehen würden und diesen vorwärts und rückwärts vorgeführt bekämen, dann könnten wir nicht entscheiden, ob es sich um ein Elektron oder ein Positron handelt. Nach dieser Interpretation ist ein Elektron dasselbe wie ein Positron, es erscheint uns nur als Positron, wenn es sich in der Zeit rückwärts bewegt! John Wheeler hat sogar einmal (wenngleich auch nicht ganz ernsthaft) vorgeschlagen, daß es in Wirklichkeit nur ein einziges Elektron im gesamten Universum gibt. Dieses bewegt sich vom Urknall an in die Zukunft, macht am Ende der Welt kehrt und gelangt als Positron wieder zum Urknall zurück. Wie ein Pingpongball schwirrt es so zwischen Vergangenheit und Zukunft. Die große Anzahl der Elektronen, die wir sehen, wäre dann in Wirklichkeit nur ein einziges, welches unsere Zeit bereits sehr oft durchlaufen hat. So absurd diese Theorie klingt, sie könnte erklären, warum ein Elektron absolut identisch mit jedem anderen ist. Hiermit ist nicht etwa gemeint, daß Elektronen sich so sehr ähneln, daß kein Unterschied festzustellen sei. Es gibt einfach *grundsätzlich* kein Unterscheidungsmerkmal. Und wenn es keine Möglichkeit gibt, zwei Dinge voneinander zu unterscheiden, stellt sich die Frage, ob es wirklich voneinander getrennte Entitäten sind. Tauschen wir beispielsweise in Gedanken die Positionen zweier Elektronen miteinander aus, dann können wir nicht behaupten, daß der neue Zustand sich irgendwie von dem ursprünglichen unterscheidet. Es ist tatsächlich überhaupt nichts geschehen. Dies gilt übrigens nicht nur für Elektronen, sondern insgesamt für alle Teilchen und auch für komplette Atome. Identität kann, so betrachtet, nur durch eine komplexe Anordnung einer ungeheuer großen Anzahl von Atomen entstehen und ist keine Eigenschaft, die auf die Elementarteilchen zurückzuführen ist. Die infolge der Komplexität nicht reproduzierbare Anordnung dieser Atome begründet somit einzig den Anspruch, etwas Individuelles darzustellen.

DIE KRAFT DER NATUR

Angesichts des friedlichen Ozeans,
den der Sonnenuntergang in grandiose Farben taucht,
macht sich eine innere Stimme vernehmbar:
»Diese Muster, diese Formen, diese schillernden Farben
sind mathematische Lösungen der Maxwellschen Gleichungen.
Ganz und gar vorhersehbar und berechenbar.
Das ist alles.«

Hubert Reeves, Schmetterlinge und Galaxien,
Hanser, München 1992, S. 18

Wir erfahren unsere Umgebung als Wechselspiel von Materie und Kräften. Durch die alltägliche Erfahrung kennen wir viele solcher Kräfte, denen wir ständig ausgesetzt sind. Stoß, Wärme, Bewegung oder Druck sind Beispiele hierfür. Empedokles hielt Liebe und Haß für grundlegende physikalische Kräfte, die Anziehung und Abstoßung verursachen. All diese Kräfte sind aber in Wirklichkeit nicht fundamental. Bei genauer Analyse zeigt sich, daß sie lediglich unterschiedliche Manifestationen der Grundkräfte der Natur darstellen. Die Gravitation ist hingegen eine Kraft, die sich nicht auf ein anderes Prinzip reduzieren läßt. Deshalb nennen wir sie eine Naturkraft.

Die Schwerkraft, die uns am Erdboden festhält, war den Menschen schon immer so vertraut, daß sie lange Zeit gar nicht als Kraft angesehen wurde. Daß Gegenstände nach unten zur Erde fallen, wurde von Aristoteles nicht als Ausdruck einer Kraft interpretiert, sondern als der natürliche Drang aller Dinge, auf dem Erdboden zur Ruhe zu kommen. Erst Galilei und Newton erkannten, daß die Anziehungskraft eine Eigenschaft der Materie ist, die über große Entfernungen wirksam wird, und Einstein formulierte dann eine Theorie, in welcher die Gravitation als fundamentale Eigenschaft des Raums und der Masse auftaucht.

Neben der Schwerkraft gibt es aber noch andere fundamentale Grundkräfte in der Natur. Bereits im Altertum war bekannt, daß Bernstein, den man an Stoff reibt, andere Gegenstände anziehen kann. Heute kennen wir diesen Sachverhalt besser von Kämmen, welche die Haare zu Berge stehen lassen können. Nach dem griechischen Wort für Bernstein »ελεκτρον« (elektron) nennen wir diese Kraft deshalb Elektrizität. Auch sind schon seit langer Zeit Erze bekannt, die auf Eisen anziehend wirken. Der Magnetismus konnte so als weitere eigenständige Kraft identifiziert werden.

Bis zur Mitte des 19. Jahrhunderts waren somit die Schwerkraft, die Elektrizität und der Magnetismus als fundamentale Naturkräfte bekannt. Faraday und Maxwell konnten dann zeigen, daß Elektrizität und Magnetismus nur verschiedene Aspekte ein und derselben Kraft sind. Eine solche Vereinheitlichung von Kräften ist der Traum aller Physiker. Dieses ist begründet in dem Wunsch, eine einfache, grundlegende Beschreibung der Natur zu finden, die alle Phänomene zu erklären vermag. So wie Newton viele bis dahin zusammenhangslose Naturerscheinungen wie die Bewegung der Planeten und den Verlauf von Kanonenkugeln mit einheitlichen Bewegungsgesetzen erklären konnte, so hofft man heute, alle Kräfte auf eine basale Urkraft zurückführen zu können.

Neben der vereinigten elektromagnetischen Kraft und der Schwerkraft gibt es jedoch noch zwei weitere Kräfte, die bis in unser Jahrhundert hinein unentdeckt blieben. Es handelt sich hierbei um die starke Kraft, die dafür zuständig ist, daß Atomkerne zusammengehalten werden, und die schwache Kraft, die für bestimmte Arten des radioaktiven Kernzerfalls verantwortlich ist. Daß wir von diesen Kräften bisher nichts wußten, liegt an ihren unvorstellbar geringen Reichweiten. Während die Schwerkraft und die elektromagnetische Kraft unendlich weit reichen und deshalb für uns tagtäglich erfahrbar sind, agieren die beiden Kernkräfte nur in dem winzigen Bereich von 10^{-13} bis 10^{-15} cm. Sie sind also ausschließlich für das Innenleben von Atomen von Belang, und wir können sie so nicht unmittelbar bemerken.

Kräfte, werden durch Felder übertragen. Faraday und Maxwell haben diesen Begriff eingeführt und ihm eine physikalische Realität verliehen. Was nun ein solches Feld wirklich ist, konnten sie jedoch auch nicht sagen. Die Quantentheorie modifiziert dieses Konzept dahingehend, daß Kräfte keine kontinuierlichen Felder darstellen, sondern durch einzelne Teilchen vermittelt werden. Diese Teilchen sind sozusagen quantisierte Energiebündel der zugehörigen Quantenfelder. Ebenso wie die Elementarteilchen wurden auch diese kraftvermittelnden Teilchen aufgrund von Symmetrien mit Hilfe von Eichtheorien vorausgesagt. Es muß somit stets als glänzender Erfolg der symmetrischen Theorien angesehen werden, wenn ein solches Vermittlerteilchen dann tatsächlich gefunden wird. Da es sich bei den zugehörigen Symmetrien um sogenannte Eichsymmetrien handelt, werden die Übermittler dieser Kräfte auch Eichbosonen genannt. Bosonen sind Teilchen, die einen ganzzahligen Spin[34] tragen und als Botenteilchen fungieren. Benannt sind sie nach dem indischen Physiker Satyendra Bose (1894–1974).

Die Träger der elektromagnetischen Kraft sind die masselosen Photonen. Diese haben einen Spin von eins, keine Ruhemasse, und sie bewegen sich im Vakuum mit Lichtgeschwindigkeit. Je kleiner die Masse eines Botenteilchens ist, um so weiter kann es sich bewegen. Die Reichweite der Photonen ist wegen ihrer Masselosigkeit somit unbegrenzt.

Ähnlich wie das Photon als Überträger der elektromagnetischen Kraft fungiert, so soll es auch für die anderen drei fundamentalen Naturkräfte solche Botenteilchen geben. Wir erinnern uns, daß Botenteilchen im Grunde ein quantisiertes Energiebündel eines zugehörigen Feldes darstellen. So sollte die schwache Kernkraft ebenfalls durch Botenteilchen mit dem Spin von eins übertragen werden, die dem Photon sehr nahe stehen, sich von diesem aber durch eine relativ große Ruhemasse unterscheiden. Deshalb können sie auch nicht die unbegrenzte Reichweite der Photonen haben, und zu ihrem Nachweis sind hohe Energien erforderlich. Eine glänzende Bestätigung der Vorhersagen der Quantentheorie war die Entdeckung der elektrisch geladenen W^+- und W^--Teilchen und des neutralen Z^0-Teilchens 1983 am CERN (Conseil Européen pour la Recherche Nucléaire) in Genf, die genau

---

[34] Der Spin ist der innere Drehimpuls eines Teilchens und wird als ein Vielfaches des Ausdrucks $1/2 \, (h/2\pi)$ angegeben, wobei h die Plancksche Konstante ist. Ein ganzzahliger Spin ist also ein ganzzahliges Mehrfaches des obigen Ausdrucks.

diese Vermittler der schwachen Kernkraft darstellen. Diese Teilchen sind ca. 80- bis 90mal so schwer wie ein Proton, und entsprechend kurz ist ihr Aktionsradius, der nicht über den Atomkern hinaus von Bedeutung ist. Wie die anderen Botenteilchen muß man sich die Übermittler der schwachen Kraft als sogenannte virtuelle Teilchen vorstellen. Virtuelle Teilchen haben eine begrenzte Lebensdauer, die von ihrem Energiegehalt oder, anders gesagt, von ihrem Gewicht abhängig ist. Je schwerer sie sind, um so kürzer leben sie und umgekehrt. Genauer ausgedrückt darf die Unschärfe des Energiegehalts multipliziert mit der Unschärfe der Lebensdauer nicht kleiner werden als die sogenannte Plancksche Konstante h, einem infinitesimal kleinen Wert der Quantenphysik. Darum kann das masselose Photon unbegrenzt leben und hat so auch eine unendliche Reichweite, während die schweren (und energiereichen) Übermittler der beiden Kernkräfte bisher unentdeckt im Atomkern wirksam waren.

Die Kraft des Bernsteins

Die *elektromagnetische Kraft* beherrscht das Reich der Chemie. Atombindungen und Molekülbildungen werden durch den Austausch von Elektronen als Träger der elektrischen Energie möglich. Sie ist um ein Vielfaches stärker als die Schwerkraft. Ein Magnet kann ein Stück Eisen gegen die Wirkung der Gravitation festhalten. Um die ungeheure Stärke der elektromagnetischen Kraft zu demonstrieren, benutzte Leon Lederman in seinen Vorlesungen einen Stab, der in der Mitte ringförmig markiert war.

Einen Teil nannte er »oben« und den anderen »unten«. Nun hielt er den Stab »oben« fest und fragte, warum »unten« nicht herunterfiele, obwohl es von der Schwerkraft doch angezogen würde. Die Antwort ist, daß die stärkere elektromagnetische Kraft die beiden »Teile« aneinander bindet und die Schwerkraft im Vergleich hierzu von verschwindend geringer Stärke ist. Genauer gesagt ist die elektromagnetische Kraft 10^{41}mal stärker als die Gravitation. Wir spüren die ungeheure Stärke dieser Kraft nur deshalb nicht in ihrer vollen Wucht, weil nahezu alle Gegenstände, mit denen wir es zu tun haben, gleichviel Protonen und Elektronen enthalten, also elektrisch neutral sind. Im Gegensatz zur Schwerkraft ist die elektromagnetische Kraft nämlich neutralisierbar. Positive und negative Ladungen heben sich gegenseitig auf.

Auch wenn wir so die elektromagnetische Kraft nicht täglich bemerken, gäbe es ohne sie nicht ein Atom, kein Molekül und keine hieraus zusammengesetzten komplexen Strukturen. Die elektromagnetische Kraft bewahrt uns davor, in die riesigen atomaren Lücken der Erdoberfläche einzusinken, ebenso wie sie es uns unmöglich macht, durch Wände zu gehen. Die einzelnen Atome unseres Körpers und auch die von Hauswänden sind nämlich so weit voneinander entfernt, daß wir keine Mühe hätten, wie Gespenster alle Gegenstände zu durchdringen, wenn nicht die sich gegenseitig abstoßenden, negativ geladenen Atomhüllen dies verhindern würden. Wir beziehen unsere Energie aus der elektromagnetischen Strahlung der Sonne und verdanken dieser Kraft außerdem, daß wir sehen können. Darüber hinaus beschert sie uns das (manchmal zweifelhafte) Vergnügen, Radio und Fernsehen zu empfangen. Gemeinsam mit der Schwerkraft hat auch die elektromagnetische Kraft eine prinzipiell unendliche Reichweite[35]. Dies ist, wie wir gesehen haben, dadurch bedingt, daß die Überträger der elektromagnetischen Kraft, die Photonen, masselos sind und sich daher ohne Zeitlimit mit Lichtgeschwindigkeit bewegen können.

Die Geisterteilchen

Die *schwache Kraft* bewirkt bestimmte Formen des radioaktiven Zerfalls. Sie ist für den sogenannten beta-Zerfall verantwortlich, bei dem sich Neutronen unter Aussendung von Elektronen (beta-Strahlung) und Antineutrinos in Protonen verwandeln. Die theoretische Einführung dieser Kraft war notwendig, weil die anderen bekannten Kräfte für diese Art der Radioaktivität nicht verantwortlich gemacht werden konnten. Sie ist, wie ihr Name sagt, ca. 100.000mal schwächer als die starke Kraft. Mit dieser hat sie ihre kurze Reichweite gemeinsam. Auch sie wirkt nur auf unvorstellbar kleine Distanzen von ca. 10^{-15} cm. Die schwache Kraft ist in der Lage, bei einem Kernprozeß verschiedene Quarks ineinander umzuwandeln. So kann aus einem Up-Quark ein Down-Quark entstehen. Auch Leptonen werden durch die schwache Kernkraft umgewandelt. Aus einem Elektron kann so ein Neutrino entstehen. Diese Kraft ist es übrigens, die in modernen Kernkraftwerken zur Energiegewinnung genutzt wird.

---

[35] Genauer gesagt hat die elektromagnetische Kraft zwar eine unendliche Reichweite, ihre Stärke nimmt aber quadratisch mit der Entfernung ab.

Die schwache Kernkraft regelt die Beziehungen zwischen einer bestimmten Gruppe von Elementarteilchen, zu denen auch das Elektron gehört. 1931 bemerkte der Österreicher Wolfgang Pauli (1900–1958), daß in der Energiebilanz des radioaktiven Zerfalls etwas nicht stimmte. Stets fehlte nach einem solchen Zerfall ein winziger Energiebetrag. Nach dem Energieerhaltungssatz war es aber nicht möglich, daß ein Teil der Energie einfach verschwindet. Pauli postulierte deshalb, daß die fehlende Energie von einem bis dahin unbekannten Teilchen davongetragen würde. Der Italiener Enrico Fermi (1901–1954), dem am 2. Dezember 1942 in Chicago die erste Kettenreaktion gelang, nannte dieses theoretische Teilchen »Neutrino«, also kleines neutrales Teilchen. 1953 wurden diese Neutrinos experimentell nachgewiesen.

Da ein Neutrino durch die Wirkung der schwachen Kraft aus einem Elektron gebildet werden kann, nennt man es auch Elektron-Neutrino. Daneben gibt es weitere Teilchen, die der schwachen Kraft gehorchen. So wurden nach und nach noch zwei Verwandte des Elektrons, das Myon und das Tauteilchen sowie das entsprechende Myon-Neutrino und das Tau-Neutrino entdeckt.

Gemäß der Quantentheorie ist die schwache Kernkraft nicht nur als ein Kraftfeld, sondern auch als quantisierte Energie zu beschreiben. Analog zu den Photonen als Träger der elektromagnetischen Kraft sollte es also auch Austauschteilchen für die schwache Kernkraft geben. Diese Teilchen wurde W-Teilchen (für weak, engl.: schwach) getauft. Die Entdeckung der Botenteilchen der schwachen Kernkraft im Jahre 1983 war eine großartige Bestätigung des sogenannten Standardmodells der Quantenphysik.

Die stärkste Kraft der Welt

Lange Zeit hat man nicht verstanden, warum Atomkerne überhaupt stabil sein können. Die gegenseitige Abstoßung der positiv geladenen Protonen sollte doch eigentlich jeden Atomkern auseinander sprengen. Irgend etwas muß dafür sorgen, daß trotz der starken abstoßenden Wirkung der elektromagnetischen Kraft die Kernteilchen im Inneren des Atoms zusammenbleiben. Hierbei muß es sich um eine Kraft handeln, die noch stärker ist als der Elektromagnetismus. Die Kraft, welche die Protonen und Neutronen im Atomkern zusammenhält, wurde deshalb *starke Kernkraft* genannt.

Doch trotz dieser Bindungskraft kann es nur eine begrenzte Anzahl von etwas über hundert Elementen geben. Bei deutlich über hundert Protonen im Atomkern ist nämlich selbst die starke Kernkraft nicht mehr in der Lage, die gegenseitige Abstoßung zu neutralisieren. Deshalb können Elemente mit hoher Protonenzahl spontan zerfallen. Uran beispielsweise hat 92 Protonen und ca. 140 Neutronen (die Neutronenzahl kann variieren). Die elektrische Abstoßung zwischen den Protonen ist hierbei so groß, daß die starke Kraft nicht mehr die Stabilität des Atoms gewährleisten kann. Deshalb können Urankerne leicht zerfallen, wobei ein gewisser Energiebetrag freigesetzt wird. Diese Bindungsenergie ist die Grundlage für die enorme Sprengkraft der Atombombe. Die Energie, die hier aus der starken Kernkraft gewonnen wird, ist ungefähr eine Million Mal größer als die chemische (elektromagnetische) Bindungskraft, die beispielsweise durch die Explosion von Dynamit freigesetzt werden kann.

Auch der Prozeß, der die Sterne zum Strahlen bringt, die Vereinigung von Wasserstoffkernen zu Helium, setzt Energie mit Hilfe der starken Kernkraft frei. Am unteren Spektrum der Elemente mit geringer Protonenzahl im Atomkern ist nämlich die elektrische Anziehungskraft nicht in der Lage, die Bindungskraft der starken Wechselwirkung zu übertrumpfen. Die ebenfalls im Kern vorhandenen Neutronen leisten als elektrisch neutrale Teilchen keinen Beitrag zur Abstoßung der Nuklearpartikel, sondern verschieben die Kräftesituation über die starke Kraft in Richtung Zusammenhalt. Elemente mit niedrigem Protonengehalt sind deshalb extrem stabil. Im Gegenteil wird sogar Energie gewonnen, wenn man zwei Protonen zusammenbringt. Bei dieser sogenannten Fusion entsteht aus Wasserstoff (mit einem Proton) Helium (mit zwei Protonen). Dieser Prozeß soll einmal unsere Energieprobleme lösen helfen, da Wasserstoff quasi unbegrenzt zur Verfügung steht und darüber hinaus nicht die radioaktiven Abfallprodukte anfallen wie bei den jetzigen Kernreaktoren[36]. Noch ist die wirtschaftliche Energiegewinnung mit Fusionsreaktoren allerdings Zukunftsmusik.

Bereits in den dreißiger Jahren hatte man Vorstellungen davon, wie die starke Kernkraft übertragen werden sollte. Der japanische Physiker Hideki Yukawa (1907–1981) nannte im Jahr 1935 die Vermittler dieser Kraft »Pi-Mesonen« und sagte aufgrund der geringen Reichweite eine

---

[36] Als Ausgangssubstanz für die technologische Kernfusion wird statt normalen Wasserstoffs jedoch überwiegend der schwere Wasserstoff Deuterium genommen. Das Endprodukt dieser Kernfusion, Helium, ist zwar harmlos, allerdings wird bei diesem Prozeß als Zwischenprodukt auch der radioaktive schwere Wasserstoff Tritium erzeugt.

große Masse von etwa 100 MeV (Megaelektronenvolt = 1 Million Elektronenvolt) voraus. Bei der Suche nach diesem schweren Teilchen war man überaus erfolgreich. 1946 wurde das Pi-Meson, oder kurz Pion genannt, entdeckt. Man fand jedoch nicht nur ein einziges schweres Teilchen, sondern im Lauf der fünfziger und sechziger Jahre wurden immer mehr Teilchen in den Beschleunigeranlagen gefunden, die der starken Wechselwirkung unterliegen und die man Hadronen (griechisch: stark) nannte. Enrico Fermi schlug einmal vor, demjenigen Physiker den Nobelpreis zu verleihen, der kein neues Teilchen entdecken sollte.

Inzwischen sind mehrere hundert »Elementarteilchen« bekannt. Die meisten dieser Teilchen kennen wir nur aus Beschleunigeranlagen oder aus den Trümmern von Teilchenkollisionen in der kosmischen Strahlung. Diese Strahlung erreicht uns im wesentlichen aus Überresten gewaltiger Naturkatastrophen wie der Explosion einer Supernova. So konnten schon vor dem Zeitalter der Teilchenbeschleuniger hochenergetische Teilchen nachgewiesen werden. Ganz überwiegend sind solche Teilchen extrem kurzlebig und spielen offensichtlich für uns keine hervorragende Rolle. Unsere gesamte materielle Umwelt ist aus nur drei Teilchen aufgebaut, nämlich den Protonen, Neutronen und Elektronen. Als noch nicht mehr Elementarteilchen bekannt waren, erschien die subatomare Welt deshalb einfach und verständlich. Die ständige Entdeckung neuer Teilchen weckte ganz erhebliche Zweifel daran, daß es sich hierbei wirklich um elementare Partikel handelt. Dieser »Teilchenzoo« befriedigt in keinster Weise unser Bedürfnis nach einem einfachen Verständnis der Natur. Wo wir grundlegende Bausteine der Materie suchen, finden wir immer mehr exotische Teilchen. Dazu kam noch Diracs Entdeckung, daß zu jedem der bekannten Teilchen ein Antiteilchen existiert, welches die für grundlegend gehaltenen Bausteine der Natur noch einmal verdoppelt.

Die Elementarteilchenphysiker standen vor einem Dilemma. Anstatt daß die Natur im kleineren Maßstab immer einfacher und durchschaubarer würde, fand man nun immer mehr Teilchen, die in keine Systematik mehr einzuordnen waren. Auch waren die komplexen Wechselwirkungen zwischen diesen Teilchen nicht mit den von Yukawa geforderten Pi-Mesonen zu erklären. Mathematische Berechnungen ergaben hier häufig unlogische Resultate. Irgend etwas war an der Theorie der starken Kernkraft also noch grundsätzlich unverstanden.

Vor einem ähnlichen Problem standen auch die Chemiker des 19. Jahrhunderts. Damals wurden immer mehr chemische Elemente bekannt, welche die Natur immer komplizierter erscheinen ließen. Dem russischen Chemiker Dmitrij Mendelejew (1834–1907) und dem deutschen Arzt Julius Meyer (1830–1895) gelang es schließlich, unabhängig voneinander im Jahr 1868 ein Ordnungssystem aufzustellen, welches verschiedene Elemente zu Gruppen mit gleichen Charakteristika verband. Lücken in diesem System entsprachen unbekannten Elementen, deren Natur aus der Position in Mendelejews und Meyers Periodensystem vorhergesagt werden konnte. Die Vielfalt der bekannten Elemente konnte so auf einfachere Prinzipien zurückgeführt werden. Mendelejew und Meyer wußten noch nicht, warum sich die Elemente in ein solches Schema einordnen ließen. Die Entdeckung der Bausteine der Materie – Protonen, Neutronen und Elektronen – und das

Bohrsche Atommodell konnten dann später eine schlüssige Erklärung hierfür liefern. Alle bekannten Elemente und chemischen Verbindungen beruhten auf einer unterschiedlichen Anordnung dieser drei elementaren Teilchen.

So wie Mendelejew und Meyer die verschiedenen Atome in das Periodensystem der Elemente einordnen konnten, gelang dem Physiker Murray Gell-Mann der Nachweis, daß alle Hadronen sich in einem bestimmten Schema darstellen ließen. Dieses enthielt acht Gruppen und wurde von Gell-Mann in Anlehnung an den buddhistischen achtfachen Weg zur Weisheit der »achtfache Weg« genannt. Ähnlich, wie Mendelejew und Meyer durch das Periodensystem neue Elemente voraussagen konnten, war Gell-Mann in der Lage, mit Hilfe seines Schemas bisher unentdeckte neue Teilchen zu postulieren. Viele dieser Teilchen wurden einfach nach dem griechischen Alphabet benannt. Das erste Teilchen, das Ω^- (Omega Minus), konnte dann 1963 nachgewiesen werden.

Der achtfache Weg war hilfreich, Ordnung in die verwirrende Anzahl der subatomaren Partikel zu bringen. Eine Erklärung für die Existenz dieser Teilchen lieferte er jedoch ebensowenig, wie Mendelejews Periodensystem die Unterschiede zwischen den verschiedenen Atomen begründen konnte. Ähnlich, wie durch die Entdeckung der Protonen, Neutronen und Elektronen die Vielfalt der chemischen Elemente durch drei elementare Teilchen erklärt werden konnte, versuchte Murray Gell-Mann die Vielfalt der neu entdeckten Teilchen mit einem einfacheren Prinzip zu erklären. Im Jahr 1964 schließlich schlugen Gell-Mann und George Zweig unabhängig voneinander vor, daß es noch elementarere Partikel gibt als die Protonen,

Neutronen und die vielen anderen Hadronen. Sie vermuteten, daß die bisherigen »Elementarteilchen« gar nicht elementar sind, sondern aus Untereinheiten bestehen, die Murray Gell-Mann »Quarks« nannte. Die zahlreichen unterschiedlichen Hadronen konnten sie dann damit erklären, daß diese aus je drei verschiedenen Quarks bestehen. Auch die zuvor nicht verstandenen Wechselwirkungen zwischen den Teilchen konnten so als Interaktion der fundamentaleren Kräfte, die zwischen den Quarks herrschen, interpretiert werden.

Es ist also nicht mehr nötig, daß wir uns die Bezeichnungen für die vielfältigen Teilchen merken, die von den Experimentalphysikern gefunden wurden. Wichtig ist, daß sich all diese verschiedenen Teilchen aus der verschiedenen Kombination der Quarks konstruieren lassen. Die von Yukawa geforderte starke Kraft zwischen den Neutronen und Protonen des Atomkerns ist somit nur eine Begleiterscheinung der viel stärkeren und fundamentaleren Beziehung zwischen den Quarks, aus denen die Kernteilchen bestehen.

Der Name Quark für dieses neue Elementarteilchen wurde von Gell-Mann in Anlehnung an einen Satz aus dem Roman »Finnegans Wake« von James Joyce gewählt, in dem es heißt: »Three Quarks for Muster Marks.« Der Begriff Quark ist dem deutschen Milchprodukt entnommen, welches offenbar aufgrund seiner lautmalerischen Kompetenz einen gewissen Reiz auf den englischen Poeten ausübte. In seinem Roman, der angefüllt ist mit schwer verständlichen Reimen und Wortspielen, wird das Leben des Mister Finn erzählt. Seine drei Kinder sind die Quarks. Manchmal wird Mister Finn aber auch als »Muster Marks«

bezeichnet, und einige Male sind die drei Quarks ein Synonym für den Vater selbst. Diese Identität der drei Untereinheiten mit dem gesamten Komplex und deren untrennbare Verknüpfung miteinander veranlaßten Gell-Mann offenbar zu dieser Namenwahl.

Diese Quarkhypothese wurde inzwischen durch Experimente gestützt, in denen Protonen hochenergetisch mit Elektronen beschossen werden. Aufgrund der Streuung der Elektronen ergeben sich Hinweise, daß das Proton eine innere Struktur hat und aus drei verschiedenen Teilen besteht. Protonen und Neutronen sind also keineswegs elementar, sondern bestehen aus untergeordneten Einheiten, nämlich den Quarks.

Die Elektronen gehören einer anderen Gruppe von Teilchen an, den sogenannten Leptonen (leichte Teilchen). Diese sind im Gegensatz zu den Protonen oder Neutronen nicht aus Quarks aufgebaut, sondern stellen selbst elementare Partikel dar. Es gibt demnach bei den Materieteilchen nur noch Quarks und Leptonen. Aufgrund des Quarkmodells läßt sich nun die Artenvielfalt der subatomaren Teilchen erheblich vereinfachen und in drei Kategorien einordnen: Die leichten, elementaren Leptonen, die schweren, aus drei Quarks bestehenden Baryonen und die dazwischen liegenden Mesonen, die aus nur zwei Quarks aufgebaut sind.

Aufgrund ihrer symmetrischen Eigenschaften sind die Teilchenphysiker in der Lage, noch unbekannte Teilchen vorherzusagen. So sagt das auf Symmetrien basierende Standardmodell sechs unterschiedliche Quarks und sechs Leptonen (leichte Elementarteilchen) voraus. Diese sind wiederum in je drei »Generationen« unterteilt.

	1. Generation	2. Generation	3. Generation
1. Quark:	Up-Quark	Strange-Quark	Top-Quark
2. Quark:	Down-Quark	Charm-Quark	Bottom-Quark
1. Lepton:	Elektron	Myon	Tauon
2. Lepton:	Elektron-Neutrino	Myon-Neutrino	Tau-Neutrino

Unsere Welt ist im wesentlichen aber nur aus drei Bestandteilen aufgebaut. Alle Materie, wie wir sie kennen, besteht
nur aus Up-Quarks und Down-Quarks sowie den Elektronen. Protonen und Neutronen setzen sich aus diesen beiden
Quarks zusammen, und umkreist werden sie von Elektronen. Von gewisser Bedeutung sind daneben auch noch die
Neutrinos, die uns aus dem Inneren der Sonne und als
Überbleibsel von Sternenexplosionen ständig durchfluten
und die – wie wir noch sehen werden – möglicherweise die
Zukunft unseres Universums bestimmen. Die vielen anderen Teilchen, die es noch gibt, existieren im wesentlichen
nur als Trümmer von Kollisionen, sei es in kosmischer
Strahlung oder aber in den Teilchenbeschleunigern der Experimentalphysiker. Diese sind in der Regel so kurzlebig,
daß sie für uns nur von geringer Bedeutung sind.

Quarks sind längst kein theoretisches Hilfsmittel mehr,
sondern können inzwischen in Teilchenbeschleunigern erzeugt und nachgewiesen werden. Neben den Up-Quarks
und Down-Quarks unserer materiellen Welt wurde noch
ein drittes Teilchen, das Strange-Quark, als Bestandteil
anderer Hadronen identifiziert. Ein wichtiger Prüfstein für
dieses Modell war die Forderung nach der Existenz einer
schweren Version des Up-Quarks, welches den bezaubern-
den Namen Charm-Quark erhielt. 1974 erfuhr die Quarkhypothese eine weitere experimentelle Bestätigung, als

246

dieses in Stanford entdeckt wurde. Neben dem Strange-Quark wurde dann 1977 das Bottom-Quark gefunden. Nachdem nun fünf der sechs theoretisch vorausgesagten Quarks entdeckt wurden, steht und fällt das gesamte sogenannte Standardmodell der Teilchenphysiker mit der Existenz des letzten verbleibenden Bausteins, des Top-Quarks.

Die Suche nach der Spitze

Seit fast zwanzig Jahren ist die Suche nach dem Top-Quark vorrangigstes Ziel der Hochenergiephysiker auf der ganzen Welt. Dieses scheint jedoch eine so große Masse zu besitzen, daß es sich bisher dem Nachweis erfolgreich entziehen konnte. Je größer die Masse eines gesuchten Teilchens ist, um so größer muß auch die aufgebrachte Energie sein, um dieses dingfest zu machen. Insbesondere die neuen geplanten Beschleuniger am CERN (Large Hadron Collider, LHC) oder der 84 Kilometer lange Superconducting Super Collider (SSC) in Texas waren Hoffnungsträger bei der Suche nach dem Top-Quark. Für letzteren hat der US-amerikanische Kongreß jedoch 1993 die Mittel gestrichen[37]. Am CERN in Genf und am FERMILAB (Fermi National Accelerator Laboratory) in Batavia (Illinois) bei Chicago lieferten sich die leistungsfähigsten

---

[37] Durch die Streichung des SSC-Projektes erhielt die Verwirklichung des europäischen LHC-Beschleunigers eine besondere Bedeutung. Im Dezember 1994 beschlossen die 19 beteiligten Cern Mitgliedsländer die endgültige Genehmigung des Projektes. Hiernach soll im Jahr 2004 mit dem Betrieb begonnen werden. Im Jahr 2008 soll dann in einer zweiten Ausbaustufe die volle Leistungsfähigkeit des Beschleunigers erreicht werden.

Beschleunigeranlagen der Welt in den letzten zwei Jahrzehnten den größten (und teuersten) Wettstreit in der Wissenschaftsgeschichte. Wenn sich die Suche als erfolglos erweisen sollte, dann käme das gesamte Standardmodell der Theoretiker in ernsthafte Schwierigkeiten.

Während ich an diesem Buch arbeite, platzt die wissenschaftliche Sensation. Am 24. April 1994 erhielt die Zeitschrift *Physical Review* ein 150 Seiten starkes Manuskript, in dem der Nachweis des Top-Quarks beschrieben wird. Gewinner des Wettrennens ist das FERMILAB bei Chicago. Hier wurden auf dem sieben Kilometer langen Beschleuniger TEVATRON Protonen und Antiprotonen mit einer Energie von insgesamt 1800 GeV[38] zur Kollision gebracht und die dabei entstehenden Trümmer in zwölf Millionen Versuchen untersucht. Insgesamt 15mal konnte hierbei das Top-Quark identifiziert werden. Am 26. April wurde diese Entdeckung von den beteiligten – aus 439 Wissenschaftlern bestehenden – internationalen Teams gleichzeitig auf Pressekonferenzen in Batavia, Ottawa, Rom, Tokio und Taipeh vorgestellt. Die *Frankfurter Rundschau* feierte diese Entdeckung auf ihrer Titelseite mit der Überschrift:

Wissenschaftler spüren letzten Baustein der Materie auf. *»Top-Quark« im künstlichen Urknall nachgewiesen/ Wichtigste Entdeckung seit der Relativitätstheorie Albert Einsteins.*

---

[38] Energien werden im subatomaren Maßstab in Elektronenvolt angegeben. Da Energie nur ein anderer Aspekt der Masse ist, werden deshalb auch die Massen nicht in Gewichtseinheiten, sondern ebenfalls in Elektronenvolt gemessen. Ein Elektronenvolt ist die Energie, welche ein Elektron beim Passieren einer 1 Volt Batterie erhält. Ein Gigaelektronenvolt (GeV) sind eine Milliarde Elektronenvolt.

Farbe als Kraft

Bald nachdem die Quarkhypothese von den meisten Physikern akzeptiert worden war, wurde auch ein Modell vorgelegt, welches die Kräfte zwischen den Quarks berücksichtigt. Quarks haben eine bestimmte Eigenschaft, die ihre Wechselwirkung bestimmt. Diese Kraft hat eine gewisse Ähnlichkeit mit dem Elektromagnetismus. Im Unterschied zu diesem muß sie aber viel stärker sein, da sonst die sich gegenseitig abstoßenden positiv geladenen Protonen jeden Kern sprengen würden. Folgerichtig wird sie deshalb die starke Kraft genannt. Außerdem hat sie eine extrem kurze Reichweite und muß die Wechselwirkung zwischen drei verschiedenen Quarks und nicht nur zwischen positiver und negativer Ladung regeln. Diese Ladung der Quarks wurde »Farbladung« genannt und hat überhaupt nichts mit Farben zu tun. Willkürlich werden hierfür oft die Farben rot, blau und grün gewählt. Die Theorie dieser Farbkraft, die Quantenchromodynamik, beschreibt die Symmetrie der Quarkfamilie. Hiernach gibt es sechs verschiedene Quarks, die in je drei verschiedenen »Farben« vorkommen. Ähnlich wie sich positive und negative elektrische Ladung gegenseitig aufheben können, sind die drei Farben in der Lage, sich zu neutralisieren. Damit ein Teilchen entsteht, müssen sich drei Quarks so verbinden, daß sie einen neutralen, »farblosen« Zustand erreichen, also eine Kombination aus einem roten, einem blauen und einem grünen Quark. Die sogenannten Baryonen (schwere Teilchen), zu denen unsere Protonen und Neutronen gehören, sind sämtlich in dieser Form aufgebaut. Eine zweite Möglichkeit, einen farblosen Quarkzustand zu erzeugen besteht darin, daß sich ein Quark mit einem Antiquark verbindet. So kann ein rotes Quark mit einem antiroten Quark eine stabile farblose Verbindung eingehen. Partikel, die aus einem Quark und dem entsprechenden Antiquark bestehen, nennt man Mesonen (mittlere Teilchen).

Obwohl nun schon ziemlich viel über die Quarks bekannt ist, ist es noch nie gelungen, diese einzeln darzustellen. Dies liegt an einer merkwürdigen Eigenschaft der starken Kernkraft, welche die Quarks aneinander bindet. 1973 wurde eine entsprechende Theorie von Gross, Wilczek und Politzer vorgestellt. Schon früher wurden experimentell Hinweise darauf gefunden, daß die starke Kernkraft mit zunehmendem Abstand nicht wie alle anderen Kräfte abnimmt, sondern immer stärker wird. Die neue Theorie war nun in der Lage, dieses Phänomen in die Quantentheorie einzubauen. Die Weiterentwicklung dieser Theorie führte zu der sogenannten Quantenchromodynamik (Farbdynamik), die heute als die korrekte Beschreibung der starken Kernkraft angesehen wird. Je weiter die Quarks hiernach voneinander getrennt werden, um so stärker wird die Bindungskraft, die sie zusammenhält. Wenn sich zwei Quarks andererseits sehr nahe kommen, dann verhalten sie sich fast so, als wenn sie freie Teilchen wären und von der starken Kraft nichts spüren. Dieses Phänomen wird asymptotische Freiheit genannt. Es ist so ähnlich wie bei einem Hund an der Leine. In der Nähe von Herrchen oder Frauchen kann er sich völlig frei bewegen, sobald er aber versucht sich weiter zu entfernen, verspürt er die Grenzen seiner Freiheit.

Die Alleskleber

Wie für alle Kräfte, so fordert die Quantentheorie auch für die starke Kernkraft gequantelte Energiefelder – also Teilchen – als Übermittler ihrer Wirkung. Die Botenteilchen der starken Kernkraft werden Gluonen (vom Englischen »to glue« = kleben) genannt. Sie sind für den Zusammenhalt der Quarks im Inneren des Atomkerns verantwortlich. Die zugrunde liegende Symmetrie ist nicht gebrochen, deshalb haben Gluonen auch keine Masse. Wie die Photonen gehören sie zu den Botenteilchen mit einem Spin von eins. Der erste experimentelle Nachweis von Gluonen wurde 1978 in der 6 Kilometer langen Speicherring-Anlage des DESY Beschleunigers (Deutsches Elektronen Synchrotron) in Hamburg geführt. Obwohl die starke Kernkraft der elektromagnetischen also sehr ähnlich ist, ist ihre Beschreibung doch etwas komplizierter. Dies liegt unter anderem daran, daß die drei verschiedenen Farbladungen mit einbezogen werden müssen. So wie die Photonen Träger der elektromagnetischen Kraft sind, so vermitteln die Gluonen die Farbkraft. Insgesamt sind acht verschiedene Gluonen erforderlich, um die starke Kraft zu beschreiben. Somit kennen wir zwölf verschiedene Botenteilchen, das Photon, die drei Teilchen der schwachen Kraft und die acht Gluonen.

Die starke Kraft hat als Kernkraft eine extrem kurze Reichweite. Sie beträgt etwa 10^{-13} cm. Damit zwei Teilchen durch diese Kraft zusammengehalten werden, müssen sie sich praktisch unmittelbar nebeneinander befinden. Nicht alle Teilchen reagieren aber auf die starke Kraft. Leptonen, zu denen auch die Elektronen und die Neutrinos gehören, werden von ihr nicht beeinflußt.

251

Wie wir gesehen haben, unterscheidet sich die starke Kraft nun prinzipiell von allen anderen Kräften. Während die übrigen Kräfte mit dem Abstand abnehmen, nimmt die Gluonenkraft zu, je weiter die Quarks voneinander getrennt werden. Man kann sich das am ehesten wie ein Gummiband vorstellen, das die Quarks zusammenhält. Um dieses Band zu zerreißen, müßte man so viel Energie aufwenden, daß an jedem Rißende durch die investierte Energie ein neues Quark auftauchen würde. Es ist also unmöglich, ein isoliertes Quark zu beobachten. Mesonen sind gut geeignet, um dieses Phänomen zu demonstrieren. Sie bestehen nämlich aus nur zwei Quarks, bzw. aus einem Quark und einem Antiquark. Wenn man dieses System mit genug Energie beschießt, dann bricht es nicht etwa einfach auseinander. Die Energie, die hierzu erforderlich wäre, reicht nämlich aus, um aus dem Nichts ein Quark-Antiquark-Paar zu erzeugen. Unser neu geschaffenes Quark verbindet sich umgehend mit dem Antiquark aus dem beschossenen Meson, und das aus dem Nichts aufgetauchte Antiquark fühlt sich zu dem realen Quark des Mesons hingezogen. Statt zwei halbe Mesonen zu bekommen, haben wir durch die Energiezufuhr plötzlich aus einem Meson zwei Mesonen geschaffen. Diese Situation ist oft mit dem Zustand eines Seils verglichen worden, wobei die Quarks die Seilenden repräsentieren. Sie können so fest ziehen, wie Sie wollen. Wenn das Seil reißt, halten Sie nie zwei isolierte Enden in Ihren Händen, sondern immer zwei neue Seile mit je zwei Enden. Wenn sich zwei Quarks aber sehr nahe kommen, dann spüren sie kaum etwas von der starken Kraft, ebenso wie ein schlaffes Gummiband keinen Zug ausübt. Zu Zeiten des Urknalls herrschte ein solcher Zustand von so hoher Dichte, daß die Quarks sich völlig frei und isoliert bewegen konnten.

Die schwächste Kraft der Welt

Die *Gravitation* ist die schwächste aller Naturkräfte. Obwohl sie für uns als die dominanteste aller Kräfte erscheint, ist sie in Wirklichkeit sogar ungeheuer schwach. Die elektromagnetische Kraft, die wir in unserer Umgebung nur relativ selten wahrnehmen, ist demgegenüber ungefähr 10^{41} mal stärker. Der riesige Unterschied zwischen diesen Kräften überschreitet jedes Vorstellungsvermögen, welches wir für Zahlen haben. Im Gegensatz zur elektromagnetischen Kraft kann die Gravitation aber nicht neutralisiert werden. Während sich positive und negative elektrische Energie gegenseitig aufheben, kann die Schwerkraft durch die Masse der Körper nur addiert werden. Sie ist somit die einzige Kraft, die alle Körper erfahren. Diese Tatsache bewirkt zusammen mit ihrer unendlichen Reichweite, daß die Gravitation trotz ihrer Schwäche im großräumigen Universum die beherrschende Kraft ist. Sie bestimmt die Bewegung der Galaxien ebenso wie die Rotation der Erde um die Sonne und nicht zuletzt unsere Anwesenheit auf der Oberfläche des Erdballs. Wegen ihrer Schwäche spielt die Schwerkraft hingegen im Bereich der Atome und Quanten keine Rolle. Die um 40 Zehnerpotenzen stärkeren Kernkräfte dominieren hier die Beziehungen zwischen den subatomaren Teilchen.

Die quantenmechanischen Übermittler der Schwerkraft, die Gravitonen, entziehen sich bis heute dem experimentellen Nachweis. Wie das Photon dürfen sie auch keine Masse haben, da die Reichweite der Schwerkraft unendlich ist. Das Graviton soll einen Spin von zwei haben und eine besondere Eigenschaft, nämlich die der Selbstkopplung, besitzen. Dies bedeutet, daß Gravitonen nicht nur von anderen massehaltigen Teilchen ausgetauscht werden, sondern daß Gravitonen auch selbst mit anderen Gravitonen in Wechselwirkung stehen. Man kann auch sagen, daß die Schwerkraft selbst der Schwerkraft unterliegt. Dieses Verhalten führt zu höchst komplizierten Wechselwirkungen nicht linearer Art, die bis heute noch nicht völlig verstanden sind. Auch die Gluonen der starken Kraft kennen übrigens das Phänomen der Selbstkopplung. Die Einführung der Gravitonen löst ein weiteres Problem der Schwerkraft. Im Weltbild Newtons war die Schwerkraft eine momentane Wirkung, die unmittelbar auf alle Körper wirkt. Durch die Vorstellung von Gravitonen als Übermittler der Schwerkraft unterliegt diese auch dem Tempolimit der Lichtgeschwindigkeit. Wenn die Sonne plötzlich aus unserem Universum verschwinden würde, würde die Erde deshalb noch für ca. 8 Minuten ihre Bahn um die nicht mehr vorhandene Sonne fortsetzten, ehe sie in den Tiefen des Weltalls verschwindet.

Einheit der Grundkräfte

Vor über 100 Jahren erkannten Faraday und Maxwell, daß die zunächst grundverschieden aussehenden elektrischen und magnetischen Kräfte ein und dasselbe sind. Wird ein Stabmagnet innerhalb einer Drahtspule bewegt, so entsteht elektrischer Strom. Andererseits kann man in der

Umgebung einer stromdurchflossenen Spule Magnetismus feststellen. Darüber hinaus erkannte Maxwell, daß sich elektrische und magnetische Felder in Form einer Welle fortbewegen, und dies mit Lichtgeschwindigkeit. Hierdurch konnte er sowohl die Optik, als auch die Elektrizität und den Magnetismus als Ausdruck ein und desselben Prinzips darstellen. Die erste Vereinheitlichung der Grundkräfte der Natur war geboren.

Ende der sechziger Jahre konnten Steven Weinberg, Sheldon Glashow und Abdus Salam nachweisen, daß sich die schwache Kraft und die elektromagnetische Kraft einheitlich als elektroschwache Kraft beschreiben lassen. Es war nämlich aufgefallen, daß zwischen Elektromagnetismus und schwacher Kraft mehr Gemeinsamkeiten bestehen, als dies auf den ersten Blick erscheint. Wenn die schwache Kraft nicht eine so winzige Reichweite hätte, sondern im großräumigen Maßstab wirksam wäre, dann würde man viele Ähnlichkeiten zum Elektromagnetismus erkennen können.

Das größte Hindernis zur Vereinheitlichung beider Kräfte besteht aber darin, daß das Botenteilchen der elektromagnetischen Kraft, das Photon, über keine Masse verfügt und darum eine unbegrenzte Reichweite hat, während die Überträger der schwachen Kraft mit ihrer extrem kurzen Reichweite offenbar ziemlich schwer sein müssen. Das Botenteilchen der schwachen Kraft ist im Sinne der einheitlichen Beschreibung aber im Grunde nichts anderes als ein schweres Photon. Weinberg und Salam konnten nun unabhängig voneinander nachweisen, daß es möglich ist, die Botenteilchen der schwachen Kraft gemeinsam mit der elektromagnetischen Kraft zu beschreiben. Hierfür benutzten sie die Yang-Mills Theorie, die ebenfalls zu der Gruppe der Eichsymmetrien gehört. Diese Theorie bietet den Vorteil einer hohen Symmetrieeigenschaft, es war jedoch nicht gelungen, sie von den lästigen Unendlichkeiten zu befreien, an denen die Quantentheorien alle litten. Sie galt für viele als »nicht-renormierbar«. Außerdem handelte es sich bei der Yang-Mills Symmetrie um ein Musterbeispiel einer mathematisch perfekten Theorie, von der aber niemand glaubte, daß sie etwas mit unserer wirklichen Welt zu tun haben könnte. In einer aufsehenerregenden Publikation konnte der nur 24jährige holländische Student Gerard 't Hooft 1971 beweisen, daß die Yang-Mills Theorie doch renormierbar ist, und machte sie somit als Werkzeug für theoretische Physiker brauchbar. Weinberg und Salam konnten anschließend zeigen, daß diese bisher für nutzlos gehaltene mathematische Schönheit die Spielregeln für das subatomare Kräftemessen liefern konnte. Das letzte Hindernis der Vereinheitlichung der schwachen Wechselwirkung mit der elektromagnetischen Kraft war somit beseitigt. Die Theorie der elektroschwachen Kraft sagte bis dahin unbekannte neue Trägerteilchen voraus. Das Photon, Übermittler der elektromagnetischen Kraft, bekam Familienzuwachs. Diese Teilchen wurden von Weinberg W- und Z-Teilchen (weak und zero) genannt, wobei das W-Teilchen in elektrisch positiv und negativ geladener Form vorkommen sollte und das Z-Teilchen elektrisch neutral sei. 1983 wurden am CERN die beiden W-Teilchen entdeckt und ein Jahr später auch das Z-Teilchen. Es waren Carlo Rubbia und Simon van de Meer, die hierfür im Jahr 1984 den Nobelpreis erhielten. Die von ihnen gefundenen Teilchen hatten exakt die

Eigenschaften, die Weinberg, Glashow und Salam vorausgesagt hatten.

Nachdem die Vereinigung der elektromagnetischen
Kraft mit der schwachen Kernkraft gelungen war, wurde
das nächste Ziel in Angriff genommen, nämlich auch die
starke Kernkraft in dieses Konzept mit einzubeziehen.
Diese Vereinheitlichung der starken Kraft mit der elektroschwachen Kraft ist Gegenstand der sogenannten
Großen Vereinheitlichenden Theorie (englisch: Grand Uni-
fied Theory, abgekürzt GUT). Photonen, W- und Z-Teilchen waren bereits als Geschwister identifiziert worden.
Wäre es möglich, daß auch die acht Gluonen der starken
Wechselwirkung zur selben Familie gehören? Sowohl die
elektroschwache Theorie als auch die Quantenchromodynamik, also die Theorie der starken Kernkraft, beruhen
gleichermaßen auf der Yang-Mills Symmetrie. Photonen,
W- und Z-Teilchen und Gluonen sind also sämtlich Eichbosonen ein und derselben Theorie.

Experimentell gesehen ist die Frage nach der Einheit
der Grundkräfte nur mit enormen Energiebeträgen zu
lösen. Während die Vereinheitlichungsenergie der elektroschwachen Kraft bei ca. 100 GeV liegt und mit heutigen Beschleunigern problemlos zu erreichen ist, sind die
Energien, bei denen die starke Kraft oder die Gravitation
eingebunden werden, um ein Vielfaches höher. Die Energie, bei der eine einheitliche Beschreibung der elektroschwachen Kraft und der starken Kraft möglich ist, also
die Energie der GUT, liegt bei geschätzten 10^{15} GeV. Die
Einbeziehung der Gravitation wird erst bei 10^{19} GeV erwartet. Diese Energien sind so unvorstellbar groß, daß es
völlig ausgeschlossen erscheint, sie jemals zu erreichen.

Nicht daß 10^{15} GeV sehr viel Energie wäre. Ihr Autotank enthält etwa diesen Betrag. Das Problem ist nur, diese gesamte Energie auf ein einziges Teilchen zu konzentrieren. Selbst ein Beschleuniger von den Ausmaßen unseres gesamten Sonnensystems könnte keine Kollisionen mit einer solchen Wucht zustande bringen. Es bleibt somit zunächst den Theoretikern vorbehalten, eine umfassende Theorie zu finden.

Dennoch liegt eine vereinheitlichende Theorie im Bereich des Möglichen, auch wenn wir bestimmte Voraussagen nie experimentell überprüfen können. Folgeerscheinungen einer solchen Theorie wären allerdings beobachtbar. Die zugrunde liegende Eichtheorie würde nämlich neben den Photonen, den W- und Z-Teilchen und den acht Gluonen noch zwei weitere, bisher unbekannte Eichbosonen fordern. Durch die Brechung dieser Symmetrie würden diese ebenso wie bei den Teilchen der schwachen Wechselwirkung eine Masse erhalten. Diese sogenannten X- und Y-Teilchen wären aber so extrem schwer (10^{15} Protonenmassen), daß wir keine Aussicht haben, sie in Beschleunigern erzeugen zu können. Diese neuen Teilchen sollen nun in der Lage sein, Quarks in Leptonen umzuwandeln. Dies gilt auch für die Quarks, aus denen Protonen bestehen. Nach dieser Theorie kann ein Proton, welches aus drei Quarks besteht, schließlich in ein Pion und ein Positron verwandelt werden. Demnach sollte ein Proton nicht wie bisher angenommen absolut stabil sein, sondern nach einer unvorstellbaren Zeitdauer von ca. 10^{31} Jahren zerfallen. Diese enorme Lebenserwartung der Protonen hängt mit der großen Masse der X- und Y- Teilchen zusammen. Große Masse bedeutet ja, daß die Reichweite

258

extrem kurz ist. Damit die Quarks in den Genuß dieser Wechselwirkung kommen, müssen sie sich also fast berühren. Nun ist ein Proton aber im Vergleich zu den drei darin herumsausenden Quarks riesig groß. Ein Vergleich wäre mit drei Sandkörnern anzustellen, die in unserem Sonnensystem herumschwirren. Die Chance, daß sie sich so nahe kommen, daß ein Austausch von X-Teilchen erfolgt, ist demnach extrem gering. Da solche Ereignisse sehr selten sind, kann das Proton also außerordentlich lange leben. Aber dennoch wäre alle Materie des Universums tatsächlich vergänglich. Erinnern wir uns daran, daß das Weltall aber erst ca. 10^9 Jahre alt ist.

Man braucht jedoch nicht so lange zu warten, um ein Proton zerfallen zu sehen. Wenn ein Proton in 10^{31} Jahren zerfällt, dann müßte bei einer Menge von 10^{31} Protonen eines im Jahr zerfallen. Experimente zum Nachweis des Protonenzerfalls werden zur Zeit in Tunnel und Salzbergwerken in mehreren Ländern tief unter der Erde durchgeführt, um sie vor der kosmischen Strahlung zu schützen. Hierbei wird die erforderliche Protonenmenge in Form normalen Wassers (ca. 10.000 Tonnen) zur Verfügung gestellt. Diese riesigen Wasserbehälter werden ständig mit sogenannten Photomultipliern überwacht, die einen Protonenzerfall an der Form der resultierenden Strahlung erkennen würden. Bisher ist aber noch kein eindeutiger Protonenzerfall registriert worden. Immerhin steht somit fest, daß die Lebenszeit eines Protons mindestens 10^{32} Jahre beträgt. Dennoch haben die Versuchsanlagen zum Nachweis des Protonenzerfalls spektakuläre Ergebnisse hervorgebracht. Sie können nämlich nicht nur die Spuren der Protonentrümmer nachweisen, sondern auch Neutri-

nos, die extrem schwach wechselwirkenden Geisterteil-
chen. Am 23. Februar 1987 registrierten die Anlagen
unter dem Eriesee und in Tokio Neutrinos, die aus dem
Zentrum der Explosion eines Sterns als Supernova in der
großen Magellanschen Wolke stammten. Diesen Neutri-
noausbruch bei einer Supernova Explosion hatten Astronomen schon in den sechziger Jahren vorausgesagt.

Es gibt noch eine zweite experimentell nachweisbare
Voraussage der Großen Vereinheitlichenden Theorie.
Diese betrifft die Existenz von magnetischen Monopolen.
Wir kennen bisher ausschließlich magnetische Dipole,
d. h. daß jeder Magnet einen Nordpol und einen Südpol
besitzt. Brechen wir einen solchen Magneten durch, dann
erhalten wir zwei kleinere Magneten mit wiederum je
einem Nord- und Südpol. Isolierte Nord- oder Südpole
sind in der Natur noch nie beobachtet worden. Die GUT
sagt jedoch die Existenz solcher Monopole voraus und
macht auch Aussagen über deren Gewicht. Sie sollen bei
der Größe eines atomaren Teilchens ungefähr 10^{15}mal so
schwer sein wie ein Proton und hätten damit das respektable Gewicht eines Bakteriums. Bei dieser enormen Masse
ist es nicht verwunderlich, daß solche Monopole in den
Beschleunigern nicht nachgewiesen werden können, da zu
ihrer Erzeugung unvorstellbar hohe Energien notwendig
wären. Aber wenn irgendwann zufällig ein vom Urknall
übriggebliebener kosmischer Monopol an einer supraleiten-
den Spule vorbeifliegt, würden die Experimentatoren es
erkennen können. In mehreren Laboratorien auf der Welt
werden solche Spulen ständig überwacht, um die verräte-
rischen Stromschwankungen erkennen zu können. Auch
die Versuchsanordnungen, mit denen nach Protonenzer-

fällen gesucht wird, könnten einen magnetischen Monopol entdecken. Dieser wäre nämlich in der Lage, während seines Fluges durch ein Wasserbecken hintereinander eine ganze Reihe von Protonenzerfällen zu induzieren. Ein solcher perlschnurartiger Protonenzerfall wäre ebenfalls ein starker Hinweis auf die Existenz magnetischer Monopole. Bis heute sind sie jedoch nicht nachgewiesen[39], so daß eine Bestätigung der GUT noch aussteht. Andrej Linde hat jedoch die prinzipielle Nachweisbarkeit magnetischer Monopole kürzlich in Frage gestellt. Er behauptet nämlich, daß sich diese nach dem Urknall durch eine eigenständige ungeheure Expansion sozusagen aus unserem Universum herauskatapultiert hätten.

Das letzte große Ziel der einheitlichen Beschreibung ist die gemeinsame Formulierung aller vier Grundkräfte. Aber die schwächste Kraft, die Gravitation, weigert sich hartnäckig in dieses Konzept einbezogen zu werden. Das Graviton scheint etwas völlig anderes zu sein als die übrigen kraftvermittelnden Teilchen. Während sich sowohl die Träger der elektroschwachen Kraft als auch der starken Kernkraft gemeinsam als Eichbosonen der Yang-Mills Symmetrie beschreiben lassen, gelingt dieses für das Graviton nicht. Die Einbeziehung der Schwerkraft ist aber unabdingbare Voraussetzung für die Versöhnung der beiden großen Theorien des 20. Jahrhunderts. So hervorragend sich sowohl die Allgemeine Relativitätstheorie als auch die Quantenmechanik zur Beschreibung der beob-

---

[39] 1982 wurde in Stanford von dem SLAC Beschleuniger ein Ereignis registriert, welches als Monopoldurchgang interpretiert wurde. Dieses konnte jedoch nicht reproduziert werden, und überwiegend geht man davon aus, daß bis heute kein sicherer Monopolnachweis gelungen ist.

achtbaren Natur und zur Vorhersage physikalischer Phänomene eignen, so sehr widersetzen sie sich einer Vereinigung. Die Relativitätstheorie ist nicht in der Lage, das
Verhalten subatomarer Strukturen zu erklären, die Quantenmechanik versagt bei der Beschreibung der Gravitation. Jeder Versuch, eine Theorie der Quantengravitation
zu formulieren, führte bisher zu nicht renormierbaren,
also mathematisch unsinnigen Ergebnissen. Die offensichtliche Notwendigkeit, beide Theorien zusammenzufassen und zu einer einheitlichen Theorie zusammenzufügen,

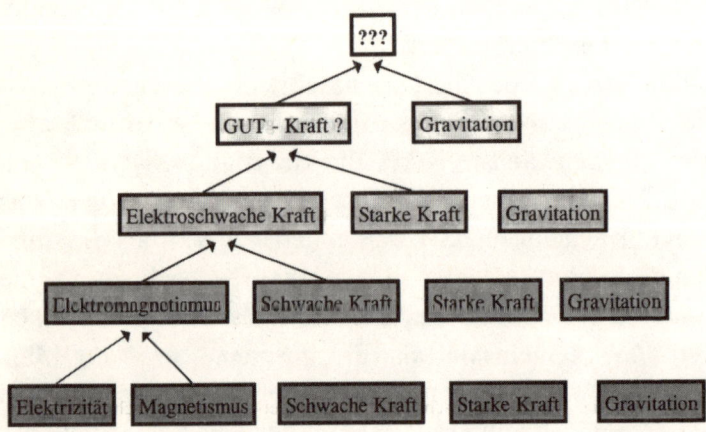

Abbildung 8: Die ursprünglich fünf Kräfte der Natur konnten bisher durch Vereinheitlichung der elektromagnetischen und der
elektroschwachen Kraft auf drei Kräfte reduziert werden. Zumindest theoretisch ist heute eine Vereinheitlichung auf zwei Kräfte
(die GUT-Kraft und die Gravitation) denkbar. Worin jedoch die
letzte Vereinheitlichung besteht, ist bisher unklar. Möglicherweise bieten die unten beschriebenen Stringtheorien hierzu den
Schlüssel.

ist bisher erfolglos geblieben. Dies ist aber notwendig, um die Vorgänge zu Zeiten des Urknalls zu verstehen.

Es ist bis heute nicht möglich, die Gravitation mathematisch so zu beschreiben, wie es für die anderen Kräfte gelungen ist, nämlich mit Hilfe der Quantenfeldtheorien. Mit Hilfe einer solchen Theorie war es möglich, die elektromagnetischen Vorgänge auf Quantenniveau zu beschreiben. Die entsprechende Theorie ist die Quantenelektrodynamik. Später gelang eine Einbeziehung der schwachen Kernkraft in dieses Konzept. Auch die starke Kernkraft kann mit einer Feldtheorie beschrieben werden, der Quantenchromodynamik. Obwohl diese drei Kräfte in eine Theorie eingebunden sind, die höchst erfolgreich experimentell bestätigt werden kann, besteht immer noch ein Problem darin, die enormen Unterschiede zwischen der elektroschwachen Kraft und der starken Kraft zu vereinheitlichen. Für die Schwerkraft aber verfügen wir noch nicht einmal über ein brauchbares Konzept, welches ihre Eigenschaften auf Quantenniveau beschreiben kann. Normalerweise interessiert die Gravitation hier auch nicht sehr, da es bis heute keinen meßbaren gravitativen Effekt gibt, der für die Teilchenphysiker von Bedeutung wäre. Wichtig ist er dennoch, wenn wir den Zustand zu Beginn unseres Universums verstehen wollen. Am Anfang der Zeit war die Gravitationskraft nämlich unter den ungeheuren Druck- und Temperaturverhältnissen stark genug, um einen wesentlichen Einfluß auf die Teilchen auszuüben. Was wir also brauchen, um die Vorgänge zu dieser Zeit zu verstehen, ist eine Feldtheorie der Quantengravitation. Die Suche nach dieser Theorie bestimmt die Zielsetzung der heutigen theoretischen Physik.

Das Feld der Felder

Bei der Forderung nach den Austauschteilchen der verschiedenen Kräfte ließen sich die Theoretiker von Symmetrieprinzipien leiten. Photonen und die neuen Teilchen sollten zu einer Familie gehören, die bei hohen Energien vereinheitlicht werden können. Die offensichtlichen Unterschiede zwischen dem masselosen Photon mit unendlicher Reichweite und den schweren Austauschteilchen der schwachen Kraft mit ungeheuer kleiner Reichweite innerhalb des Atomkerns würden nach der Theorie bei hohen Temperaturen verschwinden. Die Tatsache, daß wir enorme Unterschiede zwischen Photonen und W- und Z-Teilchen beobachten, ist Ausdruck der Symmetriebrechung der elektroschwachen Kraft. Diese Symmetriebrechung muß aber irgendwie verursacht worden sein. Verantwortlich wird hierfür ein unbekanntes neues Quantenfeld gemacht. Da Quantenfelder aber immer eine Energie darstellen, die – wie der Name sagt – in Quanten auftreten, muß es also auch ein solches Quantenbundel geben. Und das bedeutet die Voraussage eines neuen, bisher unbekannten Teilchens. Dieses ist nach dem Theoretiker Peter Higgs aus Edinburgh benannt.

Das Higgsteilchen unterscheidet sich grundsätzlich von allen bekannten Elementarteilchen. Es ist in gewisser Art dafür verantwortlich, daß die übrigen Teilchen ihre Masse erhalten. Denn oberhalb der zur Vereinheitlichung erforderlichen Energien sind die bekannten Teilchen wie Quarks, Elektronen und Austauschteilchen masselos. Der Symmetriebruch bewirkt aber irgendwie, daß einige dieser Teilchen Masse bekommen. Wenn wir also verstanden haben, wie die Symmetrien gebrochen werden, dann werden wir vermutlich auch das Problem der Masse erkennen können. Praktisch kann man sich diese Situation am ehesten so vorstellen, daß unser gesamtes Universum von einem Higgsfeld durchsetzt ist oder, anders ausgedrückt, überall Higgsteilchen vorhanden sind (Leibniz hätte diese Idee sicherlich sehr gefallen!). Alle anderen Teilchen bewegen sich nun in diesem Higgsfeld und haben unterschiedliche Wechselwirkungen mit diesem. Photonen zeigen sich überhaupt nicht von dem Higgsfeld beeindruckt, deshalb sind sie masselos und bewegen sich mit Lichtgeschwindigkeit. Die anderen Familienmitglieder der elektroschwachen Kraft hingegen treten mit den Higgsteilchen in Wechselwirkung. Hierdurch verändert sich der Raum für die W- und Z-Teilchen, er wird irgendwie zähflüssiger. Die Teilchen werden also langsamer und erhalten so auch ihre Masse. Aber auch die Familienstruktur wird durch das Higgsfeld etwas durchschaubarer. Bei sehr hohen Temperaturen nämlich verringern sich die Wechselwirkungen der schweren Teilchen mit dem Higgsfeld, sie werden somit immer schneller und masseärmer, bis irgendwann kein Unterschied mehr zwischen den Z-Bosonen und den Photonen besteht. Sie sind dann identisch, und die elektroschwache Kraft ist vereinheitlicht. Warum aber alle Teilchen in unterschiedlicher Art und Weise und manche gar nicht mit den Higgsteilchen interferieren, ist auch den Theoretikern völlig unklar.

Der Nachweis des Higgsteilchens steht nach der Entdeckung des Top-Quarks ganz oben auf der Wunschliste der Experimentalphysiker. Viele sind der Auffassung, daß dieser Moment unmittelbar bevorsteht. Die neuen Beschleuniger werden in Energiebereiche vordringen, in denen die

Erschaffung des Higgsbosons erwartet wird. Die Entdeckung des Higgsteilchens wäre in der Tat eine ganz besondere Angelegenheit. Es handelt sich hierbei ja nicht um ein ganz gewöhnliches Teilchen, wie es mehrere Hundert gibt. Das Higgsteilchen ist absolut einzigartig. Es ist sozusagen für die gesamte materielle Welt verantwortlich. Ohne Higgsteilchen hätte kein anderes Teilchen das für uns so wichtige Attribut der Masse. Leon Lederman nennt es deshalb auch das »schöpferische Teilchen« und hat ihm ein ganzes Buch gewidmet.

Wie viele Dimensionen gibt es?

Ich sehe meinen Baum, und er sieht seinen
(dem meinen bemerkenswert ähnlichen) Baum,
und was der Baum eigentlich an sich ist,
wissen wir nicht.
Für diese Überspanntheit ist Kant verantwortlich.

Erwin Schrödinger, Was ist Leben,
Piper, München 1987, S. 162

Platon glaubte, daß die »Ideen«, die hinter den beobachtbaren Dingen stecken, die eigentliche Realität ausmachen.
Alles um uns herum stellt nur einen Abglanz der Wirklichkeit dar, so wie er es in seinem berühmten Höhlen-
gleichnis beschrieb. Stellen wir uns Menschen vor, die
dazu verdammt sind, ihr Leben in einer dunklen Höhle zu
verbringen. Das einzige, was sie sehen können, ist die
Höhlenwand, die durch ein flackerndes Feuer gespenstisch
erleuchtet wird. Hin und wieder sieht man verzerrte
Schatten, die durch das Geschehen außerhalb der Höhle
an die Wand geworfen werden. Da unsere bedauernswer-
ten Höhleninsassen keine Ahnung von den Vorgängen in
der richtigen Welt haben, halten sie die Schatten auf der
Höhlenwand für die einzige Wirklichkeit. Ähnlich ergeht
es uns mit unserer Betrachtungsweise der Realität. Was
hinter den beobachtbaren Dingen steckt, entzieht sich
unserer Erkenntnisfähigkeit.
Platon wußte nichts von der Unanschaulichkeit der
subatomaren Strukturen. Aber genau in der Situation der

Höhlenmenschen befinden wir uns, wenn wir versuchen, uns eine begriffliche Vorstellung in diesem Bereich zu machen. Selbst ein einzelnes Elektron entzieht sich völlig unserer Vorstellungskraft. Wir können es mit den Begriffen unserer makroskopischen Welt umschreiben, indem wir es uns als winzig kleines Kügelchen vorstellen. Aber diese Beschreibung ist mit Sicherheit falsch. Dies wird deutlich, wenn wir uns andere Eigenschaften eines Elektrons verdeutlichen wollen wie den Spin, die elektrische Ladung, die Unbestimmtheit seines Aufenthaltsortes oder die prinzipielle Ununterscheidbarkeit von anderen Elektronen mit fehlender individueller Identität. Auch hier greifen wir wieder auf Begriffe der uns geläufigen Realität zurück, ohne den wahren Sachverhalt hierdurch treffen zu können.

Platons Höhlenmenschen wäre ein besserer Zugang zur Realität möglich gewesen, wenn sie die Schatten systematisch vermessen hätten. Aus der Änderung einzelner Schatten während des Flackerns des Feuers hätten sie sogar eine Beschreibung der dreidimensionalen Struktur der Geschehnisse außerhalb der Höhle gewinnen können. Sie hätten so genau wissen können, wie ein realer Mensch aussieht. Da sie aber nie dreidimensional gesehen hätten, wäre dieses Wissen abstrakt geblieben. Sie hätten sich ein dreidimensionales Wesen nie *vorstellen* können.

Es ist also durchaus möglich, auf andere Charakteristika unserer Umwelt zu schließen, ohne daß wir über ein geeignetes Sinnesorgan hierfür verfügen. Wir hatten ja auch schon gesehen, daß zweidimensionale Bewohner einer Kugeloberfläche durch Vermessung von Winkelsummen auf die real existierende dritte Raumdimension schließen könnten. Wenn wir also von höheren Dimensionen reden, dann ist hier keineswegs die »mathematische« Dimensionalität gemeint, die wir in vielen Formeln dieses Fachgebietes finden können.

Für Mathematiker ist es nämlich überhaupt kein Problem ohne Bezug auf die Realität von zehn-, hundert-, tausend- oder gar n-dimensionalen Räumen zu reden. Wenn wir aber im folgenden von einem höherdimensionalen Raum reden, dann meinen wir, daß dieser tatsächlich existiert. Er ist genauso vorhanden wie unser dreidimensionaler Raum. Es ist eine anthropozentrische Sicht, letzterem einen höheren Stellenwert zuzuschreiben als den möglicherweise vorhandenen zusätzlichen Dimensionen. Ein Elektron sieht diese Angelegenheit jedenfalls völlig anders und vorurteilsfreier als wir.

Theodor Kaluza, ein Mathematiker aus Königsberg, schrieb 1919 eine Arbeit, in der er vorschlug, eine zusätzliche vierte Raumdimension einzuführen. Hierdurch, so Kaluza, könne eine vereinheitlichende Theorie des Elektromagnetismus und der Schwerkraft formuliert werden, die völlig mit der Einsteinschen Relativitätstheorie übereinstimme.

Das erstaunliche Ergebnis war, daß erstmalig die Gravitationskraft gemeinsam mit der elektromagnetischen Kraft beschrieben werden konnte. Elektromagnetismus ist hiernach nur eine andere Erscheinungsform der Gravitation in einem höherdimensionalen Raum. Schwerkraft kann also gleichmäßig in vier Raumdimensionen wirksam werden. In den drei uns bekannten Dimensionen erfahren wir die Gravitation als eine Kraft, die anziehend auf alle Massen wirkt.

Kaluza untersuchte nun, wie die Schwerkraft sich für uns in der verborgenen vierten Dimension darstellen würde. Sein überraschendes Ergebnis bestand darin, daß wir die Schwerkraftwirkung der vierten Dimension genauso erfahren würden, wie wir den Elektromagnetismus kennen. Maxwells Feldgleichungen sind also nichts anderes, als die Anwendung der Einsteinschen Theorie auf die vierte Raumdimension. Elektromagnetismus und Gravitation sind für Kaluza somit im Grunde ein und dasselbe. Nur weil wir nicht in der Lage sind, die vierdimensionale Struktur des Raums zu erfassen, glauben wir, es mit zwei verschiedenen Kräften zu tun zu haben. Einstein selbst korrespondierte in dieser Angelegenheit mit Kaluza und empfahl den Annalen der Preußischen Akademie der Wissenschaften die Veröffentlichung dieser Arbeit.

Das Problem in Kaluzas Modell ist darin zu sehen, daß es eine zusätzliche Raumdimension für uns ganz offensichtlich nicht gibt. Der Schwede Oskar Klein entwickelte dieses Konzept deshalb 1926 weiter und forderte, daß die zusätzliche Raumdimension unvorstellbar klein sein müsse, nämlich nur 10^{-33} cm. Darum ist sie uns bisher entgangen.

Nach dieser Vorstellung ist jeder Raumpunkt in Wirklichkeit ein Kreis in der vierten Raumdimension. Diese Raumdimension sehen wir deshalb nicht, weil sie sich in einem winzigen Bereich von ca. 10^{-33} cm aufgerollt habe und deshalb mit keiner uns bekannten Methode sichtbar gemacht werden kann. Denn nach der Heisenbergschen Unschärferelation sind Impuls und Ort nur komplementär bestimmbar. Wenn also die Ortsbestimmung auf 10^{-33} cm genau wird, dann muß entsprechend die Energieungenauigkeit extrem groß werden. Um diesen Bereich der kompaktifizierten Dimensionen erkennen zu können, bräuchte man Energien in der Größenordnung der Planck Energie von 10^{19} GeV, die mit keinem Beschleuniger der Welt erreichbar sind.

Einstein hatte ja bereits die Schwerkraft als eine geometrische Eigenschaft der vierdimensionalen Raumzeit beschrieben. Die Idee von Kaluza ging nun noch weiter, indem er auch den Elektromagnetismus geometrisierte. Auch die Tatsache, daß die Schwerkraft um so viele

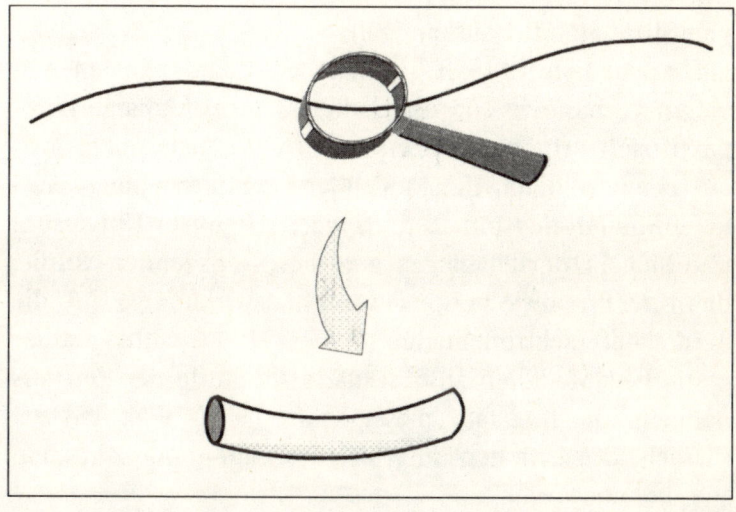

Abbildung 9: In dem Modell von Kaluza und Klein ist jeder Raumpunkt in Wirklichkeit ein Kreis in einer höheren Dimension. Eine eindimensionale Linie kann sich bei näherer Betrachtung durchaus als ein Schlauch herausstellen. Was wir aus größerer Entfernung für einen Punkt halten, ist somit tatsächlich ein kleiner Kreis. Allerdings sind die Kreise der vierten Raumdimension nach diesem Modell so winzig (10^{-33} cm), daß es keine Chance gibt, sie direkt zu beobachten.

271

Größenordnungen schwächer ist als der Elektromagnetismus, kann in dem Modell der höherdimensionalen Welt durch den enormen Größenunterschied zwischen unserem dreidimensionalen Raum und der vierten Dimension erklärt werden.

Manche Theoretiker träumen heute davon, daß es irgendwann gelingt, alle Kräfte als geometrische Eigenschaft beschreiben zu können. So wie Einstein die Schwerkraft als eine Eigenschaft des Raums entschlüsselte, wäre dann vielleicht ein Verständnis aller Naturkräfte möglich, welches ohne künstliche Annahmen und willkürliche Ausgangsbedingungen auskäme.

Die Vorstellung, daß zusätzliche Raumdimensionen – sofern vorhanden – in ungeheuer kleinem Maßstab kompaktifiziert sein müssen, ergibt sich übrigens auch noch aus einem anderen Umstand. Wenn nämlich eine zusätzliche Raumdimension so groß wäre wie unser Universum und sich in derselben Art wie dieses ausdehnen würde, dann müßte dies beispielsweise Auswirkungen auf die Stärke der Elektronenladung haben. Diese sollte mathematischen Modellen zufolge dann im Laufe der Zeit abnehmen. Die Konstanz dieser Kräfte belegt also, daß zusätzliche Dimensionen, sofern sie existieren, nur sehr klein sein können.

Den Theorien von Kaluza und Klein wurde in der Folgezeit nicht viel Beachtung zuteil. Heute sind sie jedoch wieder hochaktuell geworden. Um aber alle Kräfte in einer »Theorie für Alles« als geometrische Funktionen der Raumzeit darzustellen, müssen noch weitere Dimensionen eingeführt werden. Eine Zeitlang glaubte man, mit zehn Raumdimensionen die Gravitation besser mit den anderen

Kräften in Übereinstimmung bringen zu können. Hierbei muß man sich vorstellen, daß jeder Raumpunkt nicht nur wie in der ursprünglichen Theorie von Kaluza und Klein aus einem winzigen Kreis besteht, sondern aus einer höherdimensionalen Kugel. Dieses wird zwar für uns immer unanschaulicher, ist jedoch mathematisch präzise darstellbar.

Auf die Zahl zehn waren unabhängig voneinander zwei verschiedene Forschungsrichtungen gekommen. Theoretiker haben nachgewiesen, daß sechs weitere Raumdimensionen in die Theorie von Kaluza und Klein einzufügen sind, um neben der elektromagnetischen auch die schwache und die starke Kernkraft zu berücksichtigen. Zum anderen fordert auch die Theorie der sogenannten Supergravitation, in der dem Graviton noch einige Partner zur Seite gestellt werden, zehn Raumdimensionen.

Aber dennoch kann es keinen zehndimensionalen Raum geben. Wie wir gesehen haben, ist die Natur nicht vollständig symmetrisch. Die schwache Wechselwirkung bevorzugt bei dem radioaktiven beta-Zerfall eine bestimmte Emissionsrichtung. Die Parität wird hierdurch verletzt. Eine solche Paritätsverletzung kann es aber nur in Geometrien geben, die eine ungerade Anzahl an Raumdimensionen haben. Da Kobalt 60 aber unter Verletzung der Parität asymmetrisch zerfällt, gibt es keinen zehndimensionalen Raum.

Neue Modelle gehen deshalb nur noch von ungeraden Raumdimensionen oder von geraden Raumzeitdimensionen (der Raumdimension plus einer zeitlichen Dimension) aus. Offenbar kann die Symmetrie der Natur in einem neun- oder 25dimensionalen Raum besser beschrieben werden als bisher. Voraussetzung dafür ist allerdings nicht nur, daß wir akzeptieren, lediglich einen Bruchteil der vieldimensionalen Welt zu erfahren, sondern daß wir darüber hinaus noch einmal unsere Vorstellung von Materie gründlich revidieren.

Die Saiten,
auf denen die Natur spielt

Von Nichts kommt nichts,
so wenig als etwas in das Nichts übergeht.

Mark Aurel in seinen Selbstbetrachtungen

Die Suche nach dem letzten Teilchen

Nach der ersten umfassenden Naturbeschreibung durch
Newton haben sich seine Nachfolger stets bemüht, einheitliche Grundprinzipien in den Naturgesetzen zu entdecken.
Unterschiedliche komplexe Tatsachen können so auf basale Gesetzmäßigkeiten reduziert werden. Die erste Vereinheitlichung schuf Newton selbst, als er die irdische und
die himmlische Mechanik als identisch erkannte. Faraday
und Maxwell stellten den Magnetismus und die Elektrizität als Ausdruck eines gemeinsamen elektromagnetischen
Prinzips dar. Weiterhin zeigte sich, daß ein bisher eigen-
ständiger Bereich der Physik – nämlich die Optik – nichts
anderes ist als ein kleiner Teilbereich des Elektromagnetismus. Alles, was man in der Vergangenheit über das Verhalten des Lichts herausgefunden hatte, war grundlegender und einfacher in Maxwells Feldgleichungen enthalten.
Einstein schuf die Relativitätstheorie in dem Bestreben,
die Mechanik Newtons und die Feldgleichungen Maxwells
in einem einheitlichen Bezugsrahmen darzustellen. Darüber hinaus verband er Raum und Zeit mit Begriffen der

Geometrie. Die überaus erfolgreiche Quantentheorie brachte Ordnung in die verwirrende Anzahl der chemischen Elemente und später in den vielfältigen Teilchenzoo der Hochenergiephysiker. Sie vereinheitlichte Teilchen mit den ihnen zugeordneten Feldern und Kräften. Eine große Vereinheitlichung steht aber noch aus. Die durch Einsteins Relativitätstheorie schlüssig erklärte Gravitationskraft läßt sich einfach nicht mit der Quantentheorie unter einen Hut bringen. Jeder Versuch, diese beiden großen Theorien des 20. Jahrhunderts miteinander zu versöhnen, scheitert an unsinnigen Resultaten. Außerdem gibt es zwischen den beiden Theorien allein in ihrer Formulierung einen grundlegenden Unterschied.

Die Relativitätstheorie beruht auf klaren, relativ einfach verständlichen Prinzipien. Sie ist, wie die Physiker gern sagen, eine schöne Theorie. Die Geometrie des Raumes ist hier die Grundlage für die Schwerkraft. Ihre Formulierungen sind schlüssig und haben einen großen ästhetischen Reiz. Die Quantenmechanik muß man im Vergleich hierzu einfach als eine häßliche Theorie bezeichnen. Sie erscheint nicht aus einem Guß, sondern besteht aus vielen, teilweise nicht zusammenpassenden Einzelteilen. Darüber hinaus sind ihre Grundlagen schwer oder gar nicht verständlich. Die philosophischen Implikationen erscheinen paradox oder einfach nicht in unsere reale Welt hineinzupassen. Nicht nur das, bestimmte nach der Quantentheorie berechnete Größen weigern sich hartnäckig, vernünftige Werte anzunehmen. Vielmehr ergeben sich hier Unendlichkeiten und sogenannte Anomalien, die einfach nicht stimmen können. Mit Hilfe von Renormierungen, mathematischen Verfahren, die einige für unsaubere Tricks halten, können diese Werte zwar auf ein berechenbares Maß zurückgeführt werden, es ist jedoch evident, daß die Wirklichkeit hierdurch nicht korrekt beschrieben werden kann. Es scheint so zu sein, als ob auch die Quantenmechanik einen grundsätzlichen Mangel aufweist und zur Beschreibung der tatsächlichen Gegebenheiten noch etwas ganz anderes erforderlich ist. Dennoch ist die Quantenphysik die erfolgreichste Theorie, die wir haben. Tagtäglich beweisen uns Anwendungen dieser Physik ihren Stellenwert in der realen Welt. Wenn aber die Relativitätstheorie mit der Quantenphysik vereint werden soll, dann muß man offenbar eine grundsätzlich andere Betrachtungsweise in Erwägung ziehen, als sie jede der einzelnen Theorien beitragen kann. Diese neue Physik heißt nach Meinung vieler führender Theoretiker heute Stringtheorie. Wesentlicher Bestandteil dieser Theorie ist eine völlig neue Darstellung der kleinsten Teilchen.

Ausgangspunkt für unser atomistisches Verständnis war bisher die Vorstellung, das letzte Teilchen, sei es nun Atom, Proton oder Quark, sei ein winzig kleiner Punkt. Dieser Punkt ist sogar noch kleiner, als wir ihn uns vorstellen können. Der Radius eines Photons oder eines Elektrons ist nämlich Null, d.h. daß sie überhaupt keine Ausdehnung besitzen. Nun ist aber der Energiebetrag, den man aufwenden muß, um eine bestimmte elektrische Ladung auf die Oberfläche einer Kugel zu plazieren um so größer, je kleiner deren Radius ist. Bei einem Radius von Null wäre der Energiebetrag eines Elektrons demnach unendlich. Und gemäß der Äquivalenz von Masse und Energie müßte somit wiederum auch die Masse unendlich groß sein. Experimentell ist sie aber extrem klein, nämlich nur ca.

9×10^{-28} Gramm. Diese Diskrepanz ist mit der herkömmlichen Vorstellung der Elementarteilchen nicht zu verstehen. Trotzdem kann man gut damit umgehen. In der Quantenphysik werden nämlich keine Energien gemessen, sondern nur Energiedifferenzen. Die Skala, mit deren Hilfe diese Differenzen bestimmt werden, kann man nun willkürlich verschieben. Wenn man also die Energieskala um einen unendlichen Betrag verschiebt, verschwindet plötzlich die unendliche Energie des Elektrons. Dieses Verfahren wird Renormierung genannt, also als ein Wiederherstellen der Normalität aufgefaßt. Quantentheorien, bei denen dieser Trick funktioniert, nennt man deshalb renormierbar. Aber ganz eindeutig ist dies kein sehr befriedigendes Verfahren, irgend etwas stimmt noch nicht an der Beschreibung der Elementarteilchen.

Aber nicht nur diese ungeklärten rechnerischen Probleme, auch die doch relativ große Anzahl der Elementarteilchen macht vielen Physikern zu schaffen. So sind viele seit Demokrit davon überzeugt, daß die unterste Stufe der Materie etwas Einfaches oder, besser gesagt, Einheitliches, sein müsse. Durch die Entdeckung der Quarks konnte der Teilchenzoo von mehreren hundert Elementarteilchen zwar drastisch reduziert werden, für den Geschmack vieler Theoretiker bleiben zu viele Teilchen übrig. Zu den sechs Leptonen gesellen sich sechs Quarks, die außerdem noch in je drei verschiedenen sogenannten Farben vorkommen, und die entsprechenden Antiteilchen müssen ja auch noch mit berücksichtigt werden. Der Wunsch nach einer erneuten Vereinheitlichung und Vereinfachung ist also immer noch präsent.

Das ultimative T-Shirt

Physiker aus aller Welt arbeiten zur Zeit fieberhaft an der Suche nach nichts Geringerem als der Theorie für Alles (engl. oft TOE, Theory of Everything, genannt). Diese Theorie soll alle Grundkräfte inklusive der Schwerkraft in sich vereinigen und die Grundlagen aller physikalischer Prozesse beschreiben können. So wie heute im Prinzip im Bereich des Elektromagnetismus keine Experimente notwendig sind, um das Ergebnis einer Versuchsanordnung vorherzusagen, so soll mit Hilfe dieser Theorie *alles* berechenbar werden, was sich mathematisch fassen läßt. In der Chemie ist es beispielsweise möglich, die Eigenschaften aller bekannten und sogar noch hypothetischer unbekannter Moleküle am Computer zu untersuchen, da die zugrunde liegenden Gesetzmäßigkeiten vollständig bekannt sind. Ähnlich sollte die Theorie für Alles fähig sein, eben alles im Bereich der Physik und somit des gesamten Universums zu berechnen.

Unbefriedigend ist es vor allem, daß wir viele Maßeinheiten der Natur nur aufgrund experimenteller Überprüfungen kennen. Es gibt keinen für uns erkennbaren Grund, warum es gerade die Teilchen gibt, die wir beobachten können, und warum sie genau die Eigenschaften haben, die wir messen. Wir kennen zwar die elektrische Ladung eines Elektrons, der Grund, warum sie genau so ist, wie sie ist, bleibt uns jedoch verborgen. Die Existenz aller Teilchen und die Ursache ihrer Eigenschaften und Wechselwirkungen soll von einer allumfassenden Theorie ebenso erklärt werden wie die Struktur von Raum und Zeit. Einziger Anwärter auf eine solche Theorie ist heute die Stringtheorie. Wenn es irgendwann einmal gelingen sollte, verschiedene Beobachtungen so lange auf ein gemeinsames Grundprinzip zu reduzieren, daß nur noch ein unbekannter Parameter übrig bliebe, der zur Eichung aller meßbaren Größen herangezogen werden könnte, dann würde sich die Vorstellung von Leon Lederman, Direktor des FERMILAB bei Chicago, verwirklichen lassen, der die Formel der Welt einmal auf seinem T-Shirt tragen möchte.

Tatsächlich gibt es viele Forscher, die glauben, diesem Ziel so nahe wie noch nie zu sein. Es wäre in der Tat ein bemerkenswertes Ereignis in der Geschichte der Menschheit, wenn wir eines Tages in der Zeitung lesen würden, die allumfassende Vereinheitlichung sei gelungen und die Weltformel entdeckt. Dieser Moment kann ohne Übertreibung als ein Höhepunkt menschlichen Daseins bezeichnet werden. Es wäre der Triumph des reduktionistischen Prinzips, wonach alle noch so komplexen Vorgänge in der Natur auf ein einziges und einfaches Grundprinzip zurückzuführen sind. Viele der besten Wissenschaftler setzen zur Zeit alles auf die Stringtheorie und begeben sich auf die Suche nach dem ultimativen T-Shirt. Etliche von ihnen sind überzeugt, daß es nur noch eine Frage einiger Jahre oder Jahrzehnte ist, bis das lang ersehnte Ziel der Menschheit, die Natur vollkommen zu verstehen, erreicht ist. Skeptiker merken jedoch an, daß es schon oft in der Geschichte der Physik Momente gab, in denen man glaubte, die Natur bald komplett verstanden zu haben. Gegen Ende des 19. Jahrhunderts waren führende Physiker der Meinung, daß es nichts Wesentliches mehr zu entdecken gäbe, da die Naturgesetze so gut wie vollständig bekannt seien. Als Max Planck Physik studieren wollte, wurde ihm von dem Lehrstuhlinhaber Ph. von Jolly davon abgeraten mit dem Argument, in der Physik gäbe es nichts Neues mehr zu entdecken.

Kritiker der Vision von einer allumfassenden Naturbeschreibung weisen darauf hin, daß wir aufgrund technischer Beschränkungen möglicherweise nur einen winzigen Ausschnitt der wahren Naturgesetze erkennen können. Mit unseren Teilchenbeschleunigern überschauen wir die Natur im Energiebereich bis zu ungefähr 100 GeV und vielleicht in naher Zukunft bis zu 1000 GeV. Die Energie, die kurz nach dem Urknall herrschte, die sogenannte Planck Energie beträgt demgegenüber 10000000000000000000 (10^{19}) GeV. Um diese Energieskala direkt beobachten zu können, benötigten wir einen Beschleuniger, der um einiges größer sein müßte als die derzeit gebräuchlichen. Eine solche Maschine müßte eine Länge von ungefähr einem Lichtjahr haben! Wenn wir die gesamte Energieskala bis zur Planck-Energie als einen Zollstock betrachten, der von der Erde bis zur Sonne reicht, dann kennen wir hiervon eine Strecke von ca. 7,5 Mikrometern. Das ist genau die Größe eines roten Blutkörperchens. Aus dem Gesamtspektrum der möglichen Energie überschauen wir nur einen infinitesimal winzigen Bruchteil. Weshalb, so fragen die Skeptiker, sollte es gerade durch die Beobachtung eines so kleinen Teilbereiches möglich sein, Erkenntnisse über die gesamten Möglichkeiten der Natur zu gewinnen?

Andererseits wird es vielleicht auch nach der Entdekkung der allumfassenden Theorie umwälzende neue Betrachtungsweisen geben können. Unsere Beschreibung physikalischer Begriffe könnte für immer nur eine ungenaue Approximation der realen Verhältnisse sein, wobei wir immer noch nicht wissen, was real bedeutet. Zukünftige Entwicklungen könnten eine im Prinzip zwar korrekte allumfassende Theorie so auf immer genauere Fundamente stellen. Es ist jedoch schwer vorstellbar, daß in 1000 oder 10.000 oder 100.000 Jahren die Menschen (sofern es sie noch gibt) eine unveränderte allumfassende Theorie der Natur benutzen, die im Jahre 2000 entwickelt wurde. Wir haben den unverwüstlichen Glauben, daß die Entwicklung immer weiter gehen wird, solange wir uns die Chance des Überlebens geben. Die Entdeckung einer allumfassenden Theorie käme aber einem gewissen Stillstand gleich. Auch wenn uns heute die topologische Superstringtheorie als aussichtsreichster Kandidat für eine vollkommene Beschreibung aller natürlichen Vorgänge erscheint, so können wir nicht ermessen, zu welchen Gedankenleistungen und Erkenntnissen zukünftige Generationen (von Menschen oder eher Computern) noch fähig sein werden.

Schwingende Saiten

Die Anfänge des bisher einzigen Anwärters auf eine allumfassende Theorie liegen in den sechziger Jahren. Der italienische Physiker Gabrielle Veneziano entwickelte 1968 am CERN in Genf ein Modell der starken Kernkraft, in dem Elementarteilchen nicht als punktförmige Gebilde, sondern als kleine Fäden auftauchten. Wegen verschiedener Unstimmigkeiten wurde diese Theorie nicht sehr beachtet. Außerdem wurde in den siebziger Jahren eine höchst erfolgreiche Theorie der starken Kernkraft – die Quantenchromodynamik – aufgestellt, die weit besser als

Venezianos Modell die Wechselwirkungen der starken Kraft beschreiben konnte. Besonders störend an Venezianos Theorie war ein merkwürdiges Teilchen, welches durch diese vorausgesagt wurde und mit dem man nichts anfangen konnte. Dieses Teilchen sollte keine Ruhemasse besitzen und einen Spin von zwei tragen. Ein solches Teilchen gab es aber in bezug auf die starke Kraft nicht. So verfiel Venezianos Theorie in einen Dornröschenschlaf, und es dauert mehr als 15 Jahre, bis diese Idee erneut aufgegriffen wurde. Insbesondere durch die Arbeiten von Michael Green vom Queen Mary College in London und John Schwarz vom California Institute of Technology erlebte die Stringtheorie einen stürmischen Aufschwung. In der Stringtheorie von Green und Schwarz sind die Elementarteilchen keine ausdehnungslosen Punkte, sondern winzig kleine Fäden, die wie eine Violinsaite vibrieren können. Diese sogenannten Strings (englisch: Saite) haben den Vorteil, daß sie keine Unendlichkeiten produzieren, die künstlich wieder wegberechnet werden müssen. Die Renormierungen der Quantentheorien sind hier also überflüssig. Einen entscheidenden Durchbruch erhielt die Stringtheorie deshalb nach einigem Auf und Ab, als Green und Schwarz 1984 eben dies schlüssig nachweisen konnten. Durch eine weitere Bearbeitung der Theorie, in der Materie und Strahlung als einheitliches Prinzip in Form einer Supersymmetrie zusammengefaßt wurden, entstand die sogenannte Superstringtheorie.

Das bis dahin störende Teilchen ohne Masse und dem Spin von zwei konnte in der neuen Stringtheorie als der lang gesuchte Übermittler der Schwerkraft, das Graviton, identifiziert werden. Die Stringtheorie war also plötzlich gar keine Theorie der starken Kraft mehr, wie Veneziano geglaubt hatte, sondern vielmehr eine Theorie der Gravitation. Dieses war deshalb revolutionär, weil erstmalig die Schwerkraft in der Quantentheorie sich nicht als ärgerliches Hindernis erwies, sondern im Gegenteil unabdingbarer Bestandteil der neuen Theorie war.

Voraussetzung für die Identifizierung des Gravitons war allerdings, daß in dem neuen Stringkonzept die Energie, d.h. also die Spannung eines Strings, um viele Potenzen höher angenommen wurde als zuvor von Veneziano. Die vielen Teilchen, die bisher entdeckt wurden, sind demnach nichts anderes als niederfrequente Schwingungszustände der Strings, also sozusagen die tiefsten Töne, die auf der Saite gespielt werden können. Die uns bekannten unterschiedlichen Teilchen sind somit lediglich verschiedene Bewegungsmuster des einen fundamentalen Strings. Um den nächst höheren Spannungszustand zu erreichen, sind Energien erforderlich, die denen zu Beginn des Urknalls ähneln. Bei diesen Energien wird eine Vereinheitlichung nicht nur der vier Kräfte, sondern auch aller bekannten Teilchenfamilien erwartet. Leider liegen solche Energiebereiche weit über allen Werten, die wir jemals in Beschleunigern zu erreichen hoffen. Alle Teilchen, die wir kennen und in den Beschleunigeranlagen erzeugen können, entsprechen somit der Welt der extrem niedrigen Energie. Bei diesem niedrigsten Schwingungsmodus erscheint der String wie ein punktförmiges, in sich unbewegliches Teilchen. Die bisherigen Quantentheorien sind nach dieser Vorstellung nichts anderes als die Darstellung eines Extremfalls der Stringtheorie bei niedrigen Energien oder Schwingungsfrequenzen, ähnlich wie Newtons Mechanik nur einen Spezialfall der Einsteinschen Theorie darstellt. Die Quantenphysik wäre demnach also eine Physik für Strings auf ihrem niedrigsten energetischen Niveau. Die String-theorien beanspruchen aber den gesamten Energiebereich bis hin zu der unvorstellbar hohen Planckschen Energie von 10^{19} GeV.

Strings sind unvorstellbare kleine Gebilde. Sie sind nur 10^{-33} cm lang. Im Vergleich zu ihnen ist ein Atomkern riesig. Ein Proton ist ca. 10^{20}mal so groß wie ein einzelner String. Das Verhältnis zwischen einem Proton – das, wie wir gesehen haben, im Vergleich zum Atom ebenfalls winzig ist – zu einem String ist ungefähr so wie das zwischen unserer Milchstraße und einer Erbse. Es bleibt für unsere Vorstellungskraft unbegreiflich, wie drei solch winzige Fäden, aus denen in der Stringtheorie ja die Quarks bestehen sollen, die Charakteristika eines im Vergleich hierzu so riesigen Protons bestimmen können.

Die Musik der Natur

Die Strings bringen auch Ordnung in den verwirrenden Teilchenzoo der subatomaren Partikel. Ein einzelner String kann verschiedene Spannungszustände und »Vi-brationen« annehmen. Ähnlich wie eine schwingende Violinsaite durch verschiedene Obertöne unterschiedli-che Klänge produzieren kann, so stellen unterschiedliche Schwingungsmodi des Strings die Manifestationen der Elementarteilchen dar. Alle Teilchen sind somit im Grun-de identisch, sie sind lediglich verschiedene Oberton-muster eines fundamentalen Strings. Man könnte auch etwas poetisch sagen, daß die Teilchen und die Kräfte, die wir kennen, eine Art von Musik sind, welche die Natur erzeugt. Darüber hinaus kann man sich offene und geschlossene Strings vorstellen. Der niedrigste Spannungszustand eines geschlossenen Strings würde dann einem Graviton und der eines offenen Strings einem Photon entsprechen, während höhere Spannungszustände die anderen Teilchen und Kraftvermittler repräsentieren. Neuere Modelle arbeiten demgegenüber nur noch mit geschlossenen Strings. Andere Theorien sehen den Unterschied eher darin, daß die Schwingungen sich sowohl im als auch gegen den Uhrzeigersinn ausbreiten können. Bei niedrigen Energien, wie sie in unserer Umgebung herrschen, würden Strings sich dann so zusammenziehen, daß sie uns als punktförmige Teilchen erscheinen. Bei hohen Energien, wie sie während des Urknalls herrschten, wäre die Stringeigenschaft der Teilchen jedoch dominierend.

In der klassischen Vorstellung von Teilchen als Punktpartikel ergibt sich das Problem, daß jedes elementare Teilchen, von denen bisher mehrere hundert beschrieben sind, sich irgendwie von den anderen unterscheiden muß. Man muß hier also eine große Zahl »elementarer« Zustände akzeptieren, ohne irgendeine Vorstellung davon zu haben, wie diese Unterschiede zwischen den Teilchen zu verstehen sind. So ist es schwer vorstellbar, wie ein ausdehnungsloser Punkt sich von einem anderen ausdehnungslosen Punkt unterscheiden soll. Wie kann ein ausdehnungsloser Punkt überhaupt eine Eigenschaft haben? Dieses Dilemma löst die Stringtheorie elegant, indem sie nur ein elementares Objekt beschreibt, das sehr viele Er-

scheinungsformen durch unterschiedliche Energiezustän-
de annehmen kann. Da verschiedene Energien aber verschiedene Massen bedeuten, lösen die Strings auch das
Problem der vielfältigen unterschiedlichen Massen der bekannten Teilchenarten. Da es unendlich viele verschiedene
Schwingungszustände geben kann, ist der Entdeckung
neuer Teilchen mit verschiedenen Massen keine theoretische Grenze mehr gesetzt. Die nahezu botanische Vielfalt
der Elementarteilchen, die Enrico Fermi einmal beklagt
hatte, wäre so mit einem einfachen Prinzip erklärt.

Strings sind aber nicht nur längliche Elektronen oder
Quarks. Sie stellen vielmehr etwas Fundamentaleres dar,
eine tiefere Ebene der Realität. In der klassischen Quantentheorie sind die Teilchen gebündelte Manifestationen
von Energie an bestimmten Punkten des zugehörigen
Quantenfeldes. Elektronen sind so gequantelte Energie-
punkte im Elektronenfeld, Neutronen ebensolche im Neu-
tronenfeld usw.. Diese Quantenfelder nun stellen nach der
Vorstellung der Stringtheoretiker eine niederenergetische
Manifestation von Defekten in der Raumzeit dar. Der String
ist demnach so etwas wie eine Störung oder eine Unregelmäßigkeit des Raum-Zeit-Kontinuums. Auch wenn dies
unserem Denken noch weitaus fremdartiger erscheint als
die ohnehin schon schwierige Vorstellung der klassischen
Quantenfelder, so stellt es doch eine grundlegende Vereinfachung dar, da alles Existierende letztendlich auf ein gemeinsames Prinzip zurückgeführt werden kann. Und dieses
Prinzip erfaßt nicht nur Materie und Energie, sondern auch
den Raum, die Zeit und insbesondere die Gravitation.

Noch mehr Raumdimensionen

Die Stringtheorien geben sich ebenfalls nicht mit nur drei Raumdimensionen zufrieden. Eine vollkommene Symmetrie scheint nur in Räumen mit einer höheren Anzahl von Dimensionen zu herrschen. Zunächst gingen die Stringtheoretiker von 25 Raumdimensionen und einer Zeitdimension aus. Später gelang es, diese Anzahl auf neun Raumdimensionen und eine Zeitdimension zu reduzieren. Diese Fülle von Dimensionen war es, die bei der Formulierung der Stringtheorie Anfang der siebziger Jahre das höfliche Desinteresse der meisten Physiker begründete. Denn offenbar leben wir in einer Welt mit drei Raumdimensionen, und so mußten die Stringtheoretiker die überzähligen Dimensionen irgendwie loswerden. Ebenso wie in der alten Theorie von Kaluza und Klein schafften sie dies, indem sie annahmen, daß diese Dimensionen hier ebenfalls in ungeheuer kleinem Maßstab aufgerollt und daher für uns unsichtbar sind. Alle Versuche, die Stringtheorie in drei Raumdimensionen darzustellen, führten zu mathematischen Unsinnigkeiten, so daß zumindest für die Anhänger der Stringtheorie feststeht, daß es mindestens sechs Raumdimensionen zusätzlich zu den uns bekannten gibt. Ein wesentlicher Vorteil der höheren Dimensionen in Verbindung mit der Stringtheorie ist es, daß die unangenehmen unendlichen Terme, die in der klassischen Quantenmechanik auftreten, hier wie durch Geisterhand verschwinden. Die interessante Frage stellt sich für die Stringtheoretiker nicht darin, warum diese zusätzlichen Raumdimensionen so winzig klein sind. Dies läßt sich einigermaßen gut mit der frühen Wirkung der Schwerkraft erklären. Vielmehr ist es verwunderlich, wie die uns bekannten drei Raumdimensionen sich zu so ungeheurer Größe entwickeln konnten.

Nach der Deutung der Stringtheorie ist das, was wir für einen Raumpunkt halten, also in Wirklichkeit ein komplexer sechsdimensionaler Raum. Dieser ist allerdings so klein aufgerollt, daß er uns wie ein Punkt erscheint. Die Größenordnung dieses Raumgebiets liegt bei 10^{-33} cm, also in einem Bereich, den wir mit den leistungsfähigsten Beschleunigern bei weitem nicht einsehen können. Dieser sechsdimensionale Raum erscheint uns nur deshalb als Punkt, weil wir ihn sozusagen nur sehr grob aus der Entfernung wahrnehmen können. Dies ist etwa so wie bei einem Schlauch, der uns von ferne als Linie erscheint. Bei näherem Hinsehen würden wir entdecken, daß jeder Punkt auf der vermeintlichen Linie in Wirklichkeit einem Kreis entspricht. Stringtheoretiker stellen sich vor, daß wir bei näherem Hinsehen auch in irgendeiner Form die zusätzlichen sechs Dimensionen des Strings entdecken würden. Wie gesagt, wären hierfür aber so gewaltige Energiemengen erforderlich, daß wir keine Hoffnung haben, sie je erreichen zu können. Die Art und Weise, wie sich diese sechs Dimensionen gefaltet haben, ihre sogenannte Topologie, soll einen wesentlichen Einfluß darauf haben, welche Teilchen oder Wechselwirkungen in der Natur existieren. Viele Berechnungen beschäftigen sich deshalb derzeit damit, verschiedene Topologien durchzurechnen und die Ergebnisse mit der realen physikalischen Welt zu vergleichen. Wenn die topologischen Strukturen der Strings erst einmal verstanden sind, so glauben viele Theoretiker, dann ist das größte Problem der Stringtheorie gelöst.

Wenn man sich vorstellt, daß z. B. ein Elektron nach dieser Deutung nichts anderes ist als eine topologische Veränderung der lokalen Raumzeit, die dadurch hervorgerufen wird, daß sich ein String in der zehndimensionalen Raumzeit bewegt und hierbei einen bestimmten Schwingungszustand einnimmt, dann wundert es uns nicht mehr, wie viele Verständigungsschwierigkeiten wir bei dem Versuch haben, die Quantenwelt zu begreifen. Ein Elektron ist demnach kein wohldefinierter, punktförmiger Körper, der wie durch Magie mal hier und mal da oder sogar gleichzeitig an verschiedenen Orten auftaucht. Die Veränderungen der Raumzeit im höherdimensionalen Bereich kann von uns eben nur mit unseren unzulänglichen Sinnen in unserer dreidimensionalen Welt wahrgenommen werden. Es ist also keineswegs erstaunlich, daß wir viele Dinge nicht begrifflich verstehen können. Ebenso wie ein zweidimensionales Lebewesen nie die Natur einer Kugel begreifen kann, können wir uns keine korrekte Vorstellung von der Natur des Elektrons machen. Uns stehen nur Analogien zur Verfügung, die jedoch aufgrund ihrer Beschränktheit zu paradoxen und unverständlichen Aussagen führen.

Aber nicht nur die Elementarteilchen, auch die Kräfte werden in der Stringtheorie als geometrische Eigenschaften eines höherdimensionalen Raums aufgefaßt. Strings können neben der Vibration noch weitere strukturelle Eigenschaften besitzen. Sogenannte heterotische Strings stellen sozusagen eine Mischung aus der alten Stringtheorie mit 26 Raumzeitdimensionen und der moderneren zehndimensionalen Theorie dar. Hierbei sind die zusätzlichen 16 Dimensionen aber eher eine innere Eigenschaft des Strings, die für die nicht gravitativen Kräfte verantwortlich sind. Eigenschaften wie elektromagnetische Ladung werden nun völlig neuartig interpretiert. Bei der klassischen Vorstellung der punktförmigen Elektronen gingen wir immer davon aus, daß die Ladung irgendwie auf dem Elektron sitzt, Ladung und Elektron also im Prinzip zwei verschiedene Dinge sind. Bei einem String ist die Ladung aber eine geometrische Eigenschaft, die sich durch seine Bewegung in einer höherdimensionalen Topologie ergibt. Elektrische Ladung ist somit eine Ausdrucksform des Strings und nicht eine äußere Eigenschaft wie in dem klassischen Elektronenmodell. Die elektrische Kraft zwischen zwei Teilchen entsteht hiernach durch die Wechselwirkung zweier Strings mit unterschiedlichen geometrischen Eigenschaften, wobei sich die Art der Wechselwirkung eben durch diese Geometrie zwangsläufig ergibt. So wie ein Schlüssel nur in einer bestimmten Richtung ins Schloß paßt, so ist im Stringmodell die Wirkung zwischen den Teilchen als Ausdruck der Topologie zu verstehen und nicht Folge einer zusätzlichen separaten Kraft.

Strings sollen aber, da sie Anwärter auf eine Theorie für Alles sind, nicht nur Elementarteilchen, Botenteilchen und Kräfte erklären, sondern auch Raum und Zeit mit einbeziehen. Je näher man der Größenordnung der Strings von ca. 10^{-33} cm kommt, um so mehr werden Begriffe wie Raum und Zeit sich nicht mehr in unserer Alltagsbedeutung erfassen lassen. In diesem Bereich ist es nicht mehr richtig, davon zu reden, daß sich Strings in der höherdimensionalen Raumzeit bewegen, vielmehr bestehen sowohl der Raum als auch die Zeit aus Strings. Erst bei der groben Besichtigung der Realität, weit oberhalb der Stringgrößen, können wir mit einer Vereinfachung das Geschehen so beschreiben, als ob sich Teilchen vor einem Hintergrund von Raum und Zeit verhalten. Wären wir aber in der Lage, Strings direkt zu beobachten, dann gäbe es keine Trennung mehr zwischen dem Vordergrund und dem Hintergrund.

In Verbindung mit höherdimensionalen Räumen bietet die Stringtheorie eine völlig neue Sicht des Beginns unseres Universums. Sie interpretiert nicht nur den Urknall anders als die klassische Theorie, sie stellt sogar die bisher verbotene Frage, was vor dem Urknall war. Hiernach war das wesentliche Ereignis nicht der Urknall selbst, sondern das Auseinanderbrechen eines zehn- oder 26dimensionalen Raumes in unsere vierdimensionale Raumzeit und in den kompaktifizierten sechs- oder 22dimensionalen Raum. Dieses dramatische Geschehen wäre demnach der Vorläufer des Urknalls, welcher lediglich als ein Nebenprodukt des viel heftigeren Auseinanderberstens der Dimensionen angesehen wird. Völlig ungeklärt ist aber sowohl der Mechanismus, wie man sich ein solches Aufspalten der Dimensionen vorzustellen hat, als auch die Art, in der sich die überzähligen Dimensionen topologisch anordnen.

Aber nicht alle Theorien gehen von diesem geometrischen Verständnis der reichhaltigen Raumdimensionen aus. Abdus Salam, dem mit Steven Weinberg die Vereinheitlichung der elektroschwachen Kraft gelang, glaubt, daß es in Wirklichkeit nur zwei Dimensionen gibt. Hiernach wäre die Welt mit einer Raumdimension und einer Zeitdimension entstanden. Erst später haben sich durch Vorgänge, die einem Phasenübergang ähneln, neue Strukturen entwickelt, die dann als unsere vierdimensionale Raumzeit und die kompaktifizierten sechs internen Dimensionen der Strings auftauchten. Hiernach würden wir dann einen Teil dieses Phasenübergangs, nämlich unsere vier Dimensionen als Raum und Zeit wahrnehmen, während uns ein anderer Teil, die sechs eingerollten Dimensionen, als elektrische Ladungen, Kernkräfte usw. erscheinen. Steven Weinberg interpretiert die Dimensionen der Stringtheorie auch nicht unbedingt im Sinne zusätzlicher räumlicher Dimensionen. Diese sind für ihn eher Variablen, die dem System zusätzliche Freiheitsgrade verleihen. Diese zusätzlichen Freiheiten kann man als Dimensionen interpretieren oder aber auch nicht. Es entzieht sich einfach unserem Vorstellungsvermögen, wie man solche Variablen begrifflich zu fassen hat. Da wir über keine vergleichbaren Freiheitsgrade verfügen, ist auch jeder Versuch der Anschaulichkeit zum Scheitern verurteilt. Die ganze Sache wird hier also etwas abstrakter als die zusätzlichen Raumdimensionen, die wir uns irgendwie als einen Hyperraum begreiflich zu machen versuchen. Nach dieser Interpretation sind unsere drei Raumdimensionen und die Zeit lediglich eine mögliche Manifestation von vier der zehn Freiheitsgrade, die der String hat. Die übrigen sechs Freiheitsgrade haben eine Manifestationsform gewählt, die unseren Sinnen nicht zugänglich ist. Raum und Zeit sind somit keine fundamentalen Größen, denen sich alles unterzuordnen hat, sondern entstehen als eine Ausdrucksform des einzigen basalen Daseinsprinzips.

Hello Susy

Wir haben ja schon die relativ einfach verständlichen geometrischen Symmetrien und die abstrakten Eichsymmetrien kennengelernt. Die Vereinheitlichung der Elementarteilchen hat eine dritte Form von Symmetrien hervorgebracht, die sogenannte Supersymmetrie[40]. Diese wird von ihren Schöpfern kurz und liebevoll SUSY genannt. Hier muß jedoch einschränkend gesagt werden, daß es sich im Gegensatz zu den bisher besprochenen Symmetrien um reine Theorie handelt. Es gibt bisher keine experimentellen Hinweise, die das Konzept der Supersymmetrie stützen. Dennoch handelt es sich um eine bestechende Idee, die zu einer weiteren Vereinheitlichung der Natur führt und nicht nur die Unterschiede zwischen allen Kräften, sondern auch die zwischen sämtlichen bekannten Teilchen, ob Materie- oder Botenteilchen, aufhebt. Weiterhin sind supersymmetrische Theorien renormierbar, also frei von unsinnigen mathematischen Ausdrücken. Wie bei nahezu allen neuen Theorie bekommen wir die Vorteile der Supersymmetrie aber auch nicht, ohne daß wir einen zusätzlichen Brocken zu schlucken haben. Eine merkwürdige Eigenschaft dieser Supersymmetrie ist nämlich die Vorhersage einer gänzlich ungewöhnlichen neuen Materieart, der

---

[40] Insbesondere experimentelle Physiker sind über die Bezeichnung Supersymmetrie nicht sehr glücklich. Denn die Teilchen dieser Theorie heißen nicht nur Superteilchen; auch nennen sich die entsprechenden Theoretiker gerne Superphysiker. Dieses ist sicherlich nicht dazu angetan, den manchmal schwelenden Konflikt zwischen Praktikern und Theoretikern zu entschärfen.

Schattenmaterie. Wendet man nun diese Supersymmetrie auf die Stringtheorien an, dann erhält man die sogenannte Superstringtheorie.

Die Verbindung der Supersymmetrie mit der Stringtheorie hat sich als außerordentlich fruchtbar erwiesen und darüber hinaus Probleme der älteren Stringtheorien gelöst. So traten beispielsweise in den ursprünglichen Modellen Teilchen auf, die es nicht geben darf, ohne so ziemlich alle physikalischen Prinzipien zu verletzten. Diese sogenannten Tachyonen können sich nämlich schneller als das Licht bewegen. Das ist nicht nur nach der Relativitätstheorie verboten, sondern kann darüber hinaus zu solchen Paradoxien führen, daß die Wirkung vor der Ursache eintritt. Man könnte auch sagen, daß sich Tachyonen in die Vergangenheit bewegen mit allen unangenehmen Zeitparadoxien. In der Verbindung dieser Stringtheorien mit der Supersymmetrie verschwinden nun plötzlich diese ungebetenen Tachyonen, so daß ein wesentlicher Einwand gegen die Strings entkräftet werden konnte.

Verdrehte Wirklichkeit

Mehrfach wurde schon eine Eigenschaft der subatomaren Teilchen erwähnt, die mit deren Drehimpuls zusammenhängt. Es ist jetzt an der Zeit, diesen sogenannten Spin etwas genauer unter die Lupe zu nehmen. Verschiedene Teilchengruppen wie die Materieteilchen und die Botenteilchen unterscheiden sich ja grundsätzlich durch diesen Spin. Nun besteht dieser Unterschied aber nicht einfach darin, daß sich Teilchen mit höherem Spin schneller um ihre Achse drehen. Vielmehr ist der Spin Ausdruck einer viel elementareren Eigenschaft der Teilchen.

Häufig wird der Spin auch als Drehimpuls bezeichnet, obwohl es sich hierbei um etwas anderes handelt als eine gewöhnliche Rotation. Denn wie alles in der Quantenphysik, ist auch der Spin nicht mit irgendeiner Erfahrung unserer Welt zu beschreiben. Die klassische Rotation kommt ja dadurch zustande, daß sich beispielsweise bei einem drehenden Kreisel sehr viele Atome um einen gemeinsamen Mittelpunkt drehen. Wir erkennen die Drehung daran, daß wir einen Punkt auf der Oberfläche des Kreisels beobachten und sehen, wie er sich um den Mittelpunkt bewegt. Ein Elementarteilchen hat aber keine weiteren Untereinheiten, die sich um einen solchen Mittelpunkt drehen könnten. Auf einem Elektron mit dem Radius null gibt es keine Punkte, die sich um die Elektronenachse drehen und die wir beobachten könnten. Deshalb spricht man davon, daß der Spin eine *innere* Eigenschaft des Teilchens ist, der nur in grober Analogie mit dem Drehimpuls makroskopischer Körper vergleichbar ist. Außerdem kann der Spin wie alle Eigenschaften der Quanten nur bestimmte Werte annehmen und ist kcine kontinuierliche Größe. Bei makroskopischen Objekten sind wir es hingegen gewohnt, daß eine Drehung unendlich viele Geschwindigkeiten annehmen kann.

Das Besondere an diesem Spin ist, daß er offenbar etwas beschreibt, das auf eine fundamentale Eigenschaft der Quantenwelt hinweist. Dreht man nämlich ein Elektron um 360 Grad, dann befindet es sich nicht etwa wie jeder andere um seine Achse gedrehte Körper wieder in derselben Position wie zuvor. Um die Ausgangslage zu erreichen, muß man das Elektron vielmehr zweimal um die eigene Achse, also um 720 Grad drehen. Man kann dies auch so ausdrücken, daß aus der Sicht des Elektrons die Umgebung nach einer 360 Grad Drehung nicht dieselbe ist wie vor der Drehung. Erst eine weitere Drehung ergibt für das Elektron denselben Gesichtspunkt. Es ist so, als ob das Elektron da, wo für uns eine Umgebung existiert, zwei verschiedene Umgebungen sehen kann. Irgendwie bewegt es sich also in einer anderen Dimension oder empfindet eine andere Geometrie des Raums als wir[41].

Licht und Materie

Die Supersymmetrie geht ebenfalls von einer solchen abstrakten Geometrie aus, die ihre Grundlage in dem Spin der verschiedenen Teilchen hat. Unsere Welt scheint nämlich aus zwei völlig verschiedenen elementaren Einheiten zu bestehen, den Materieteilchen oder Fermionen (benannt nach Enrico Fermi) mit einem halbzahligen Spin und den Botenteilchen oder Bosonen mit einem ganzzahligen Spin. Die Idee der Vereinheitlichung strebt es aber an, daß nur ein elementares Grundprinzip das Geschehen

---

[41] In Wirklichkeit ist das Problem noch abstrakterer Natur. Bei Drehung um 360 Grad wird die Zustandsbeschreibung nicht in sich überführt. Mathematisch ausgedrückt wird die ursprüngliche Zustandsbeschreibung mit einem negativen Vorzeichen versehen, wobei nach erneuter Drehung durch doppelte Negation der Ausgangszustand wieder erreicht wird.

in der Welt beherrscht. Dieser zunächst für unüberbrückbar geltende Widerspruch zwischen diesen beiden Klassen von Teilchen wurde Mitte der siebziger Jahren mit einer neuen Symmetrieklasse aufgehoben, nämlich der Supersymmetrie. Nach diesem Prinzip sind also Fermionen und Bosonen unterschiedliche Darstellungen ein und desselben Grundprinzips. Dieses hat noch einmal eine grundlegende Änderung unserer Weltanschauung zur Folge. Wenn wir sagen, daß Bosonen und Fermionen im Grunde identisch sind, dann klingt das nicht sehr aufregend. Wir können diese Aussage aber auch so formulieren, daß Licht und Materie aus derselben »Substanz« hergestellt sind. Wenn Sie es noch etwas dramatischer lieben, dann können Sie auch sagen, daß der Mensch im Grunde aus »eingefrorenem« Licht besteht. Die Supersymmetrie hebt also den Unterschied zwischen Strahlung und Materie völlig auf. Beides sind gleichberechtigte Ausdrucksformen ein und desselben Prinzips.

Damit eine einheitliche Beschreibung der Lichtteilchen und der Materieteilchen möglich wird, müssen allerdings einige Vorstellungen akzeptiert werden, die unter anderem zur Vorhersage einer völlig neuen Teilchenart führen. Die Elementarteilchen der Materie – die Fermionen – haben, wie wir gesehen hatten, eine ausgesprochen merkwürdige Geometrie. Oder besser gesagt, für die Fermionen hat die Welt eine merkwürdige Geometrie. Als Teilchen mit einem halbzahligen Spin müssen sie sich sozusagen zweimal um ihre eigene Achse drehen, um den Ausgangszustand (exakter ausgedrückt: die mathematische Beschreibung des Ausgangszustandes) zu erreichen. Bei den Botenteilchen, den Bosonen ist das anders. Sie haben einen ganzzahligen

Spin und sehen die Welt in etwa so wie wir. Die Super-symmetrie nun beschreibt einen geometrischen Rahmen, in dem für beide Teilchenarten Platz ist. Allerdings geht dies nur mit Hilfe der Einführung zusätzlicher Dimensionen, und da hört unsere Vorstellungskraft, um was es eigentlich geht, eindeutig auf. Interessant ist nun, daß man eine einheitliche Beschreibung der Fermionen und Bosonen erhält und die grundlegenden Unterschiede zwischen diesen Teilchen nicht mehr existieren. Materieteilchen und Botenteilchen sind somit nicht mehr Vertreter zweier völlig getrennter Klassen, sondern können durch eine Transformation, welche die zusätzlichen Dimensionen berücksichtigt, ineinander überführt werden. Das wäre sogar experimentell überprüfbar, da zu jedem bekannten Teilchen ein solches transformiertes Analogon existieren müßte. Jedes Botenteilchen muß also über einen entsprechenden Fermionenpartner verfügen und umgedreht. Dieser Partner unterscheidet sich vom Original nur durch seinen Spin. Der Superpartner des Quarks heißt Squark, derjenige der Leptonen Sleptonen und der Photonenpartner hört auf den Namen Photino und das Graviton hat in Form des Gravitinos Zuwachs bekommen. Am schlechtesten ist jedoch das W-Teilchen bedacht worden. Sein Partner muß mit dem Namen Wino (im Englischen soviel wie Saufbruder) leben. Allerdings ist bis heute noch kein SUSY Teilchen identifiziert worden. Dies spricht aber nicht unbedingt gegen diese Theorie, da die zugrunde liegende Symmetrie gebrochen ist, sich also unserer Sichtweise bisher entzieht. Wahrscheinlich sind die supersymmetrischen Teilchen, wenn es sie gibt, zu schwer, um mit den bisherigen Beschleunigern erzeugt zu werden. Aber schon die neuen, derzeit in Planung befindlichen Anlagen könnten den Beleg für die Realität dieser Teilchen liefern.

Aus den Superteilchen könnte übrigens ganz normale Materie aufgebaut sein. Diese hätte nur eine merkwürdige Eigenschaft: Wir würden sie weder sehen noch fühlen können. Auch gäbe es keine elektromagnetischen Effekte, die wir beobachten könnten. Schattenmaterie würde uns ungehindert durchdringen, und wir würden es nicht einmal merken. Nur der Schwerkraft gehorcht diese merkwürdige Materie ebenso wie unsere. Gravitationseffekte wären deshalb die einzige Chance für uns, hieraus aufgebaute Schattensterne oder Schattenplaneten ausfindig zu machen. Nach der Superstringtheorie ist es nicht ausgeschlossen, daß ein Teil der fehlenden Masse unseres Universums, die sogenannte dunkle Materie, aus eben dieser Schattenmaterie besteht. Schattenmaterie ist übrigens etwas völlig anderes als Antimaterie. Diese unterscheidet sich ja von unserer Materie in der elektrischen Ladung der Elementarteilchen. Auch würden wir den Kontakt mit Antimaterie nicht so schadlos überstehen wie den mit Schattenmaterie. Beim Aufeinandertreffen von Antimaterie mit gewöhnlicher Materie zerstrahlen sich beide gegenseitig unter ungeheurer Energieentwicklung.

Die Stringtheorien stellen die Mathematiker vor eine völlig unbekannte Aufgabe. Bisher war es stets so, daß sie die Nase vorn hatten. Mathematische Modelle wurden entwickelt, ohne Bezug auf ihre Anwendbarkeit in den Naturwissenschaften. Häufig wurden alte mathematische Systeme neu entdeckt, um aktuelle physikalische Probleme zu lösen. Die Mathematik verfügt also über einen großen

300

Pool an Theorien und Berechnungsverfahren, auf den ständig zurückgegriffen werden konnte. Die Stringtheorien erfordern aber einen völlig neuen mathematischen Ansatz. Die Berechnungen der Stringeigenschaften erweisen sich als außerordentlich schwierig, so daß die Physiker das Problem an die Mathematiker weitergereicht haben. Es ist offenbar notwendig, zunächst eine neue Mathematik zu entwickeln, um die Konsequenzen der Stringtheorien durchrechnen zu können. Dies ist einmal so ausgedrückt worden, daß die Stringtheorie zu früh entdeckt wurde. Sie ist eigentlich eine Wissenschaft des 21. Jahrhunderts und bedarf deshalb auch der Mathematik der nächsten hundert Jahre.

Das Stringmodell von Green und Schwarz wurde von vier Wissenschaftlern aus Princeton weiterentwickelt. Diese Gruppe, die häufig als das »Princeton String Quartett« (Streichquartett) bezeichnet wird, benutzte eine andere, der ursprünglichen überlegene Symmetrie, die sogenannte E(8) x E(8) Gruppe. Viele glauben heute, daß sich hinter diesem Kürzel die bisher beste Formel zur Beschreibung des gesamten Universums verbirgt. Dennoch handelt es sich bei den Stringtheorien keineswegs um abgesicherte Tatsachen. Ein Problem besteht darin, daß die Verfechter dieser Theorie (die immer zahlreicher werden) bisher keine experimentell überprüfbare Voraussage machen können. Dies ist aber stets der Prüfstein einer jeden neuen Theorie. Es reicht nicht aus, daß ein Modell in sich konsistent ist und bessere mathematische Ergebnisse liefert als ältere Vorstellungen. Bevor uns eine Theorie überzeugt, muß sie sich nicht nur in der Theorie bewähren, sondern uns anhand von reproduzierbaren experimentellen Ergebnissen oder der Voraussage künftiger Entdeckungen von ihrer Richtigkeit überzeugen. In einigen Versionen der String-theorien gibt es tatsächlich Voraussagen, die wir vielleicht eines Tages überprüfen können. So könnten Teilchen mit riesigen Massen existieren, die sich in der Größenordnung der Planckschen Masse (etwa 10^{19} Protonenmassen oder 20 Mikrogramm) bewegen. Dies wären Elementarteilchen mit einer sehr geringen Ladung und dem unvorstellbar großen Gewicht, welches zwischen dem eines Bakteriums und eines Flohs liegt. Diese Teilchen sind viel zu schwer, um in Beschleunigeranlagen erzeugt zu werden. Es könn-ten aber einige von ihnen seit dem Urknall im Universum unterwegs sein und irgendwann einmal auf einen Teil-chendetektor treffen. Im Bereich der überprüfbaren Vor-hersagen liegt möglicherweise auch die Masse eines neuen Z^0 Teilchens aus der Familie der Photonen. Dieses wird ebenfalls von der Stringtheorie gefordert und könnte mit den neuen Beschleunigern in absehbarer Zeit entdeckt werden.

EINE KURZE GESCHICHTE
DES UNIVERSUMS

Es g i b t Erscheinungen,
die uns Astronomen Schwierigkeiten bereiten,
aber muß der Mensch alles verstehen?

Bertold Brecht, Leben des Galilei,
Ph. Reclam jun., Leipzig 1971, S. 51

Seit der Antike beschäftigen sich Philosophen und Naturwissenschaftler mit der Frage, wie groß unser Universum
ist. Die Alternative bestand jeweils darin, daß es sehr groß
oder aber unendlich groß sein könne. Die äußere Begrenzung stellte für Jahrtausende der Fixsternhimmel dar.
Während Sonne und Mond die Erde umkreisen, bildete das
Firmament die Grenze, welche das Weltall vom Himmel
schied. Die alten Atomisten hielten wie Giordano Bruno das
Weltall für unendlich groß. Letzterer mußte für diese Anschauung sterben.

Aber es gab nicht nur theologische Argumente gegen ein
unendliches Weltall. Der Arzt und Hobbyastronom Wilhelm
Olbers (1758 – 1840) machte im Jahr 1823 eine bemerkenswerte »Entdeckung«. Er stellte fest, daß der Nachthimmel
schwarz ist. Dies ist uns allen so selbstverständlich, daß
wohl kaum einer darüber nachdenkt, warum das so ist.
Wenn das Weltall aber unendlich groß und unendlich alt
wäre, so überlegte sich Olbers, dann müßte an jedem Punkt
des Himmels in unserer Sichtlinie ein Stern stehen. Selbst
wenn dieser noch so weit entfernt wäre und noch so

schwach leuchten würde, im Laufe der unendlichen Zeit hätte uns sein Licht auf jeden Fall erreicht. Da auf diese Weise jeder Punkt am Himmel eine unendlich lange Linie repräsentiert, muß irgendwo auf dieser Strecke ein Stern anzutreffen sein, dessen Licht wir sehen sollten. Der nächtliche Himmel muß bei einem unendlichen Universum also in einem gleißenden Sternenlicht leuchten.

Im Laufe der Geschichte haben sich viele Denker die unterschiedlichsten Vorstellungen von unserem Universum gemacht. Die Kontroversen der verschiedenen philosophischen und naturwissenschaftlichen Richtungen betrafen die Größe des Weltalls, die Lagebeziehungen der Himmelskörper oder auch das Alter des Universums. Merkwürdigerweise ist aber eine stillschweigende Voraussetzung nie in Frage gestellt worden, nämlich die statische Natur unserer Welt. Selbst revolutionäre Erneuerer wie Albert Einstein schreckten vor dem Gedanken zurück, das Weltall könne sich irgendwie *bewegen*.

Was verwegene Denker nicht für möglich gehalten haben, wurde in den zwanziger Jahren unseres Jahrhunderts durch mühsame Vermessungsarbeiten am dunklen Nachthimmel bewiesen. Olbers' Paradoxon konnte so hundert Jahre nach seiner Beschreibung aufgelöst werden. Das Universum kann endlich oder unendlich sein. Der Himmel bleibt schwarz, weil unsere Welt nicht statisch ist, sondern sich beständig ausdehnt und weil sie nicht unendlich alt ist. Die Beobachtung der Sterne hat uns sogar das Geburtsdatum des Universums enthüllt.

Der amerikanische Astronom, Jurist und Hobbyboxer Edwin Hubble (1889 – 1953) verbrachte Jahre damit, Beobachtungsdaten am 2,5 Meter-Teleskop auf dem Mount

Wilson zu sammeln. Hierbei entdeckte er die sogenannte »Rotverschiebung« der Galaxien. Das Licht, welches uns von fernen Galaxien erreicht, ist nämlich im elektromagnetischen Spektrum näher bei den Frequenzen im Rotbereich angesiedelt, als es zu erwarten wäre. Dies erklärte Hubble mit dem Doppler Effekt.

Der Österreicher Christian Doppler (1803 – 1853), Mathematiklehrer an einer Realschule in Prag, hatte 1842 herausgefunden, daß eine Schallquelle, die sich auf jemanden zubewegt, einen höheren Ton produziert und eine sich wegbewegende Schallquelle einen tieferen. Um dies nachzuweisen, wurden im Jahr 1845 in der Nähe von Utrecht in Holland Trompeter auf einen fahrenden Eisenbahnwaggon verfrachtet, die einen konstanten Ton blasen sollten. Musiker am Schienenrand stellten dann fest, daß der Ton bei sich näherndem Zug zunächst höher war, als er sein sollte, und beim Vorbeifahren tiefer wurde. Dieses liegt daran, daß die auf den Beobachter zufahrenden Schallwellen quasi gestaucht und die sich entfernenden gedehnt werden. Dadurch ändert sich ihre Wellenlänge und somit auch die Frequenz und die Tonhöhe.

Den Doppler Effekt kann man nicht nur an Schallwellen, sondern an allen Wellen, von Wasserwellen bis hin zu elektromagnetischen Wellen, nachweisen. Eine Lichtquelle, die sich vom Beobachter entfernt, produziert deshalb gedehnte, d.h. niederfrequente Wellen. Da Licht geringerer Frequenz am roten Ende des sichtbaren Spektrums angesiedelt ist, spricht man hierbei von Rotverschiebung. Entsprechend würde eine Lichtquelle, die sich auf uns zubewegt, eine Blauverschiebung verursachen. Zu Zeiten Hubbles wußte man bereits, aus welchen Elementen die Galaxien bestehen, und konnte somit voraussagen, welche Wellenlängen das emittierte Licht haben müsse. Das Spektrum, welches Hubble maß, entsprach jedoch nicht den erwarteten Wellenlängen, sondern war in Richtung Rot verschoben. So überraschte er die Welt im Jahr 1929 mit der sensationellen Mitteilung, daß das Licht ferner Galaxien deshalb zu geringeren Frequenzen hin verschoben erscheint, weil sich die entsprechenden Lichtquellen von uns fortbewegen.

Der zwingende und revolutionäre Schluß hieraus war, daß das Weltall nicht, wie man jahrtausendelang angenommen hatte, statisch und unveränderlich ist, sondern sich ständig ausdehnt. Da die Rotverschiebung an allen entfernten Galaxien gemessen werden konnte, sieht es so aus, als ob alle Galaxien sich mit großer Geschwindigkeit von uns fortbewegen. Und je größer der Abstand einer Galaxie von uns ist, um so größer ist auch ihre Fluchtgeschwindigkeit. Obwohl sich aber alles von uns entfernt, können wir dennoch nicht annehmen, wir seien der Mittelpunkt des Universums. Vielmehr würde jeder Beobachter in jeder Galaxie sehen, daß sich alle anderen Galaxien von ihm entfernen. Diese Ausdehnung darf man sich also nicht so vorstellen, als ob sich von *einem* Mittelpunkt aus alles nach außen bewegt. Einen solchen Mittelpunkt gibt es im nämlich Weltall nicht. Vielmehr dehnt sich der Raum an sich aus und treibt dadurch die Galaxien auseinander.

Eine gute Analogie erhält man durch die Vorstellung, unser Weltall sei die Oberfläche eines Ballons und die Galaxien seien aufgeklebte Punkte. Bläst man den Ballon nun auf, dann wird sich jeder Punkt von allen anderen entfernen. Es gibt auf der Ballonoberfläche keinen Mittelpunkt, aber dennoch hat jeder Punkt den Eindruck, alles bewege sich von ihm fort. Diese Analogie ergibt noch einen anderen nützlichen Aspekt. Demnach ist das Weltall zwar nicht unendlich aber unbegrenzt, ebenso wie die Ballonoberfläche kein Ende hat und dennoch eine definierte Fläche besitzt.

Die Ausdehnung des Weltalls hat aber noch eine andere, viel spektakulärere Folge: Wenn das Universum beständig größer wird, dann muß es einmal kleiner gewesen sein. Verfolgt man nun die Bewegung bei der jetzigen Ausdehnungsgeschwindigkeit zurück, dann kommt man zu einem Zeitpunkt vor ungefähr 15 Milliarden Jahren[42], an dem das Weltall auf einen winzigen Punkt geschrumpft war. Von hier an muß unser Universum im Laufe der Jahrmilliarden in einem gewaltigen Ausbruch zur jetzigen Größe angewachsen sein.

Diese Theorie wurde erstmalig 1948, ausgerechnet am 1. April, publiziert. Aber auch die Liste der Autoren entbehrt nicht einer gewissen Symbolträchtigkeit. Es handelt sich um die Herren Alpher, Bethe und Gamow. Der Anfang der Welt wurde somit nach unserer Vorstellung zum ersten Mal einigermaßen korrekt von drei Wissenschaftlern beschrieben, die bewußt durch die Arrangierung ihrer Namen eine Assoziation zu dem Beginn des griechischen

---

[42] Die Bestimmung der Entfernung der weitesten Sternensysteme ist derzeit nur mit einer gewissen Ungenauigkeit möglich. Auch ist die Fluchtgeschwindigkeit der Galaxien nicht exakt bestimmbar. Das Alter des Universums liegt deshalb nach Meinung der Astronomen zwischen zwölf und 20 Milliarden Jahre. Im folgenden wird stets von einem Alter des Universums von ca. 15 Milliarden Jahren ausgegangen.

Alphabets herstellen wollten[43]. Seitdem ist das Modell des Urknalls nicht mehr aus unseren kosmologischen Theorien wegzudenken.

Die astronomische Entdeckung der Rotverschiebung führte so zur Beantwortung einer der ältesten philosophischen Fragestellungen: Die Welt hat einen Anfang. Und auf einmal sehen sich Astronomen mit Fragen konfrontiert, die sie überhaupt nicht provozieren wollten. Was war vor dem Anfang, und wer hat diesen Anfang eingeleitet? Mögliche Antworten auf diese Fragen erwarten wir heute aber eher von den Wissenschaftlern, die sich mit der Welt der Quanten beschäftigen, als von Kosmologen.

Gibt es einen Anfang?

Viele Völker haben eigene Schöpfungsmythen hervorgebracht, die eine Ursache – meist den Willen eines übernatürlichen Wesens – für die Entstehung der Welt verantwortlich machen. Die griechischen Philosophen nahmen überwiegend überhaupt keinen definierten Anfang des Universums an. Der Kosmos existierte für sie seit allen Ewigkeiten, lediglich die jetzt bestehende Ordnung wurde irgendwann aus dem Chaos geschaffen. Spätere Philosophen beriefen sich in aller Regel bezüglich des Anfangs der Welt auf theologische Standpunkte. Auch Descartes

---

[43] Hans Bethe hatte eigentlich mit der Veröffentlichung nichts zu tun. Er wurde von George Gamow jedoch gebeten, ob er seinen Namen mit auf die Arbeit schreiben dürfe, um so den Anfang der Welt gebührend darstellen zu können.

hielt sich nicht lange mit der Frage nach der Ursache der Welt auf. Das war für ihn selbstverständlich Gott. Als Rationalist berief er sich aber nicht ausschließlich auf den Glauben, sondern bemühte sich um verschiedene Arten des Gottesbeweises, wie dies lange vor ihm schon Anselm von Canterbury (1033 – 1109) versucht hatte[44].

Jahrtausendelang war die Frage nach dem Anfang der Welt also ein Privileg von Theologen. Philosophen hielten diese Frage für grundsätzlich nicht beantwortbar, und seriöse Naturwissenschaftler wollten sich nicht in die Nähe mystischer Spekulationen begeben. Seit einigen Jahrzehnten ist dies anders geworden. Wissenschaftler fragen heute nicht nur nach dem »Wie«, sondern gehen sogar soweit, nach dem »Warum« zu fragen. Der Beginn von Raum und Zeit, die Schöpfung des Universums ist zum Gegenstand ernsthafter Forschung geworden.

Roger Penrose und Stephen Hawking stellten in den sechziger Jahren fest, daß unter bestimmten Voraussetzungen, die allgemein akzeptiert wurden, Raum und Zeit einen Anfang haben *müssen*. Der Anfang würde dann in einer »Singularität« liegen. Was eine Singularität ist, weiß kein Mensch. Es handelt sich um eine mathematische Monstrosität, einem einzigen raum- und zeitlosen Punkt,

---

[44] Der Gottesbeweis von Anselm von Canterbury: Unter Gott kann man sich etwas vorstellen, worüber hinaus nichts Größeres und Vollkommeneres gedacht werden kann. Wenn es ihn nicht gibt, ihm also das Attribut der Existenz fehlt, dann stimmt obige Definition nicht, und man könnte sich ein Wesen vorstellen, welches alle Eigenschaften Gottes hat, dazu aber noch die der Existenz. Da unser zunächst vorgestellter Gott aber etwas ist, worüber nichts Größeres vorstellbar sein kann, ergibt sich ein logischer Widerspruch. Also muß Gott existieren.

an dem alle Naturgesetze ihre Gültigkeit verlieren. Singularitäten sind sozusagen Punkte in der Raumzeit, die dimensionslos sind, also kein Raumvolumen und keine Zeit beanspruchen, aber dennoch über eine unendliche Energie verfügen. Wenn es eine solche Singularität am Anfang der Zeit gab, dann ist es zwecklos, danach zu fragen, was davor war. Diese Frage ist nach Stephen Hawking genauso sinnlos, als wenn man am Nordpol steht und fragt: »Wo ist Norden?« Kosmologen gehen heute davon aus, daß sich eine solche Singularität buchstäblich aus dem Nichts gebildet hat. Um zu verstehen, wie so etwas möglich sein kann, müssen wir uns zunächst mit der Frage beschäftigen, was dieses Nichts eigentlich ist.

Ist das Nichts wirklich gar nichts?

Die Frage nach dem Nichts erscheint zunächst paradox. Was gibt es schon über etwas, das per definitionem nichts ist, zu sagen? Andererseits macht dieses »Nichts« oder, physikalisch ausgedrückt, das Vakuum den überragend größten Teil des Universums aus. Der nächtliche Himmel scheint zwar mit Sternen übersät zu sein, zwischen diesen befinden sich aber riesige Leerräume. Unser nächster Nachbar, der Stern Proxima Centauri, ist immerhin mehr als vier Lichtjahre von uns entfernt. Und dabei befinden wir uns hierbei in dem relativ dicht besiedelten Gebiet unserer Milchstraße. Zwischen den Galaxien und Galaxienhaufen existieren unvorstellbar große Raumgebiete, die völlig leer sind. Betrachtet man das Universum großräumig, dann kommt der Materie so gut wie keine Bedeutung zu. Diese ist lediglich eine minimale Verunreinigung der großen Leere. Aber selbst in unserer Erfahrungswelt, in der doch alles augenscheinlich angefüllt ist mit Materie, regiert das Nichts. Der Raum, den ein Atom einnimmt, ist im wesentlichen leer. Um einen winzigen Kern kreisen in einem riesigen Abstand die Elektronen. Wenn ein Proton so groß wäre wie eine Apfelsine, dann würde das Elektron diese in einem Abstand von ungefähr zehn Kilometern umkreisen. Dazwischen ist nichts. Noch viel weiter entfernt sind die nächsten Atomkerne. Selbst in einem festen Körper besteht deshalb der Raum zu weit über 99% aus dem Vakuum.

Von diesem Vakuum hat uns die Quantenphysik ein völlig neues Verständnis beschert. Ein »Nichts« im klassischen Sinn gibt es hier nicht. Ein »Quantenfeld« vibriert und oszilliert vor Aktivität, auch im sogenannten Nichts. Das Quantenfeld stellt ja nur die Wahrscheinlichkeit, an einem bestimmten Ort einen bestimmten Wert anzutreffen, dar. Für jeden Ort gibt es somit eine gewisse Wahrscheinlichkeit, daß dieser Wert ungleich Null ist. Hiernach ist das Nichts am ehesten der niedrigste Energiezustand, den ein System haben kann. Da die Energie an jedem Raumpunkt gemäß der Unschärferelation nicht genau definiert ist, sondern unterschiedliche Wahrscheinlichkeiten annimmt, sind auch Energieniveaus vorhanden, die ausreichen, gemäß der Äquivalenz von Masse und Energie, Teilchen spontan entstehen zu lassen. Je kleiner also ein Raumgebiet ist, um so größer können die energetischen Fluktuationen werden und unterschiedlich schwere Teilchen produzieren. Diese paarig entstehenden Teilchen vernichten sich unmittelbar wieder gegenseitig und leben zu kurz, um beobachtbar zu sein. Diese Besonderheit unterscheidet sie von den realen Teilchen, und man nennt sie deshalb »virtuelle Teilchen«.

Man kann diesen Vorgang auch anders beschreiben. Gemäß der klassischen Deutung der Quantenphysik gibt es komplementäre Parameter, die sich nur mit einer gewissen Ungenauigkeit messen lassen. Ort und Impuls eines Teilchens sind solche Parameter, aber auch Energie und Zeit. Je genauer also der zeitliche Rahmen eines Quantenereignisses gesteckt wird, um so ungenauer wird jede Aussage über dessen energetischen Zustand. Genauer gesagt kann das Produkt aus der Energieunschärfe der Teilchen und der Unschärfe ihrer Lebensdauer nicht kleiner als die Plancksche Konstante h werden. Hiernach wird die Energie um so ungenauer, je exakter ein zeitlicher Bereich erfaßt werden kann. Bei extrem kurzen Zeitintervallen existiert also eine große Unschärfe des Energiebetrags. Somit kann für diese kurze Zeit Energie spontan auftreten. Dieser Vorgang wird oft als Ausborgen bezeichnet, da kurzfristig eine Energieschuld eingegangen wird. Gemäß der Äquivalenz von Masse und Energie bedeutet dies aber nichts anderes, als daß auch Teilchen aus dem Nichts entstehen können. In dem extrem kurzlebigen Bereich der im Vakuum entstehenden Teilchen ist also genügend Spielraum für das Entstehen insgesamt beträchtlicher Energiemengen und somit virtueller Teilchen. So ist das Vakuum keineswegs leer. Es vibriert vor Aktivität, und ständig entstehen Felder und Teilchenpaare, die sich unmittelbar wieder gegenseitig auslöschen.

Das Vakuum kann sogar elektromagnetische Eigenschaften annehmen, es kann polarisiert werden. Wenn

eine Energiefluktuation stark genug ist, um ein Teilchen-
paar hervorzubringen, kann dieses von einem reellen Teilchen angezogen oder abgestoßen werden. Entsteht so z. B.
ein virtuelles Paar aus einem Elektron und einem Positron,
dann wird das Elektron von einem in der Nähe befindlichen Proton angezogen und das Positron abgestoßen. Das
Vakuum erhält eine Ladung, es ist polarisiert.

Zwei Effekte des Vakuums sind experimentell nachweisbar. In den vierziger Jahren bestimmte Willis Lamb
die Energieniveaus des Wasserstoffatoms und stellte fest,
daß sie mit den theoretisch vorausgesagten Werten nicht
exakt übereinstimmten. Er fand einen Unterschied von
einer Million zu einer Million und eins. Mit erstaunlichem
Selbstbewußtsein wies Lamb die Vermutung zurück, es
könne sich hierbei um eine Meßungenauigkeit handeln
und forderte die Theoretiker auf, eine Ursache für dieses
Phänomen zu suchen. Diese erklärten die gefundene Differenz, die später als Lamb Verschiebung bekannt wurde,
dadurch, daß das Elektron des Wasserstoffatoms durch
Fluktuationen und Polarisationen des Vakuums in seiner
Energiebilanz beeinträchtigt wird. Robert Oppenheimer
(1904 – 1967), der »Vater« der Atombombe, hatte diesen
Effekt 1930 vorausgesehen, als er versuchte, den Einfluß
virtueller Photonen auf das Energieniveau eines Atoms zu
berechnen. Mit virtuellen Photonen sind hier diejenigen
Photonen gemeint, die von einem Elektron emittiert und
sofort wieder reabsorbiert werden. Diese Photonen ver-
bleiben somit im Atom, verändern aber dessen Energiebilanz. Oppenheimer machte auch auf das Problem aufmerksam, daß durch die Emission und Absorption der
virtuellen Photonen das beteiligte Atom eine unendliche

Energie haben müsse. Dieses Problem wurde später mathematisch durch die sogenannten Renormierungen beseitigt, eine Situation die heute noch von vielen nicht akzeptiert wird und unter anderem mit ein Grund für die Entwicklung der Stringtheorien ist.

Ebenfalls in den vierziger Jahren befaßte sich der Holländer Hendrik Casimir mit der Frage, was geschehe, wenn zwei Metallplatten sich im Vakuum befinden. Er kam zu dem erstaunlichen Ergebnis, daß sich diese anziehen müßten, wohlgemerkt, ohne elektrische, magnetische oder sonstige Kräfte dafür verantwortlich zu machen. Vakuumfluktuationen außerhalb der Platten haben genügend Raum, um sich zu größeren Wellen zu verbinden, und drücken sozusagen von außen auf die Platten. Zwischen den beiden Platten ist der Raum zu eng, um größere Fluktuationen zu ermöglichen. Dem Druck von außen wird nur wenig entgegengesetzt. Beides bewirkt im Endeffekt, daß die Platten sich anziehen. Dieses wurde übrigens experimentell bestätigt. Heute versucht man, die Eigenschaften des Vakuums technologisch zu nutzen. Indem man Atome in winzig kleine Behälter sperrt, kann man beispielsweise deren Strahlungsemission verhindern oder aber verstärken. Entscheidend für uns ist hierbei, daß ganz offensichtlich das umgebende Vakuum bestimmt, ob und wie ein Atom Energie abgibt. Das Vakuum ist also keineswegs »nichts«, sondern greift höchst aktiv in alle elementaren Prozesse ein.

Das Verständnis des Vakuums ist für die Entstehung des Universums von entscheidender Bedeutung. Auch der Urknall könnte nichts anderes gewesen sein als eine Fluktuation im Quantenfeld des Vakuums. Wenn man sich vorstellt, daß in unserem Universum alle Erhaltungsgrößen wie Energie, elektrische Ladung usw. sich gegenseitig zu Null aufheben, dann könnte das Universum durchaus aus dem Nichts entstanden sein, ohne einen Erhaltungsgrundsatz zu verletzen. Das Problem der Erschaffung von »Allem« haben wir hiermit aber nur verschoben. Das »Nichts« ist ja offenbar mehr als gar nichts. Es besteht aus einem Higgsfeld, aus entstehenden und vergehenden virtuellen Teilchen und manchmal sogar aus einem entstehenden Universum. Das »Nichts« unterliegt also offenbar einer Ordnung und bestimmten Naturgesetzen.

Also war doch etwas vor dem Urknall, gibt es etwas nördlich des Nordpols?

Schöpfung aus dem Nichts

Wie wir oben gesehen haben, ist eine Entstehung des Universums aus dem Nichts durchaus mit den Erhaltungsgesetzen vereinbar, wenn man davon ausgeht, daß die entsprechenden Größen im gesamten Universum sich gegeneinander zu Null aufheben. Unserer kausalen Denkweise entspricht es aber auch, die Frage nach der Ursache, dem Warum des Anfangs, zu stellen. Möglicherweise gibt uns die Quantenphysik auch hier eine Antwort. Der Wahrscheinlichkeitscharakter der Quantenwelt bedingt unter anderem, daß nicht jedes Ereignis einer Ursache eindeutig zuzuordnen ist. Ursache und Wirkung haben hier nicht den festen Stellenwert, wie wir ihn in unserer makroskopischen Welt gewohnt sind. In einer quantenmechanischen Deutung der Entstehung der Welt aus dem Nichts muß deshalb keine implizite Ursache für die Materialisation aus dem Vakuum bestehen. Die Wahrscheinlichkeit, daß das Universum entstehen kann, reicht hier aus, um seine Entstehung zu rechtfertigen.

Möglicherweise ging dem Urknall ein Stadium des *falschen Vakuums* voraus. Hierbei handelt es sich um einen Zustand, der nicht dem niedrigsten Energieniveau entspricht, das ein System annehmen kann. Ein Beispiel für eine solche Situation ist das Wasserbecken eines Stausees. Die Ruhe trügt, ein Riß im Staudamm würde beweisen, daß das Wasser sich nicht in seinem niedrigsten Energieniveau befindet. Ähnlich kann man sich ein falsches Vakuum vorstellen. In der Quantenwelt kann aber ein »getunneltes« Ereignis auftreten, so als ob das Wasser plötzlich bei intaktem Staudamm auf der anderen Seite auftritt.

Ein solcher Übergang zu einem anderen Energieniveau könnte Ursache des Urknalls gewesen sein. Wenn man sich vorstellt, daß vor dem Urknall ein *wahres Vakuum* herrschte, also ein Vakuum frei von Materie und Energie, dann wissen wir, daß auch dieser Raum gemäß den Gesetzen der Quantenmechanik Fluktuationen aufweist. Uns interessieren hier vor allem Energiefluktuationen, die dazu führen, daß aus einem kleinen Gebiet des wahren Vakuums ein falsches Vakuum entstehen kann. Die Wahrscheinlichkeit für ein solches Ereignis wäre zwar sehr gering, aber endlich. Irgendwann sollte ein solches Ereignis also auftreten, wenn es überhaupt Sinn macht, in dieser Situation zeitliche Begriffe zu verwenden. Es wäre vergleichbar mit dem Bruch des Staudamms und der Entfaltung der Kraft der Wassermassen. Die Existenz eines falschen Vakuums inmitten eines wahren Vakuums oder, anders ausgedrückt, die Fluktuation eines wahren Vakuums in ein kleines Raumgebiet eines falschen Vakuums würde dazu führen, daß sich das falsche Vakuum mit ungeheurer Geschwindigkeit ausbreiten würde. Diese Expansion würde Raum und Zeit erfassen. Dies ist nach heutigem Verständnis nichts anderes als der Urknall gewesen.

In nahezu allen philosophischen Weltbildern wurde die Tatsache des Seins nie in Frage gestellt. Die Existenz war sozusagen der Normalzustand, während das Nichts stets etwas Ungeheuerliches an sich hatte. Martin Heidegger[45] (1889 – 1976) machte demgegenüber die Frage populär, warum es überhaupt Etwas gibt und nicht vielmehr nur das Nichts. Schon vor ihm quälten sich Leibniz und Friedrich W. J. Schelling (1775 – 1854) mit diesem Problem. Heute glauben wir die Antwort zu kennen. Es gibt Etwas, weil das Nichts nach den Gesetzen der Quantenphysik grundsätzlich instabil ist.

Schwierigkeiten haben wir sicherlich noch, uns vorzustellen, wie aus dem Nichts so viel entstehen kann, daß ein gesamtes Universum mit seinem enormen Materie- und Energiegehalt resultiert. Aber der Erhaltungssatz der Energie wird keineswegs verletzt. Mit der Entstehung von Materie und somit von Energie wird gleichzeitig über gravitative Wirkungen negative Energie erzeugt, so daß die Bilanz immer noch Null bleiben kann. Teilchen, die aus dem Nichts entstehen, üben aufeinander eine Gravitationswirkung aus, die als negative Energie genau den

---

[45] Heidegger zitiere ich nur außerordentlich ungern, da er sich als überzeugter Nationalsozialist auch nach dem 2. Weltkrieg nie eindeutig vom Faschismus distanziert hat. Zur Ontologie, der Lehre vom Sein, hat er jedoch bedeutende Beiträge geleistet.

Betrag der in den Teilchen enthaltenen positiven Energie aufhebt. Diese potentielle Gravitationsenergie ist die Energie, die gewonnen würde, wenn das Universum wieder auf einen Punkt zusammenschrumpfen würde. Wenn diese negative Energie genauso groß ist wie die Energie des gesamten Universums, dann wäre die Gesamtenergie (und somit auch die Gesamtmasse) des Universums gleich Null. Unser Weltall könnte somit tatsächlich aus dem Nichts aufgetaucht sein, ohne daß wir uns Gedanken darüber machen müssen, woher die Energie und die Materie gekommen sind. In der Stringtheorie stellt man sich darüber hinaus vor, daß der Übergang des Vakuumzustandes einem Auseinanderbrechen der ursprünglich zehn Dimensionen entsprach und der Urknall mit der gewaltigen Ausdehnung nur ein Folgeprodukt hiervon darstellte.

Eine naheliegende Folgerung dieser Schöpfungsgeschichte ist es übrigens, daß unser Universum nicht allein ist. Es ist nämlich nicht sehr wahrscheinlich, daß eine solche Vakuumfluktuation nur einmal aufgetreten ist. Denkbar ist, daß an vielen Orten in Raum und Zeit solche Zustände auftreten. Unser Universum wäre dann nur eines von möglicherweise sehr vielen.

Eine aufgeblähte Welt

1980 unterstützte Alan Guth vom MIT diese Theorie mit einer neuen Idee. Er entwickelte das Konzept des inflationären Universums. Hierbei spielen bisher noch nie beobachtete Eigenschaften der Materie eine Rolle. Guth behauptete nämlich, daß bei sehr hohen Dichten und

Temperaturen, wie sie kurz nach dem Urknall herrschten, Materie sich nicht anzieht, sondern im Sinne einer Anti-Gravitation abstößt. Dieses Phänomen wäre bedingt durch das »Ausfrieren« der Schwerkraft. Wir haben schon gesehen, daß die Abtrennung der Gravitation von der einheitlichen Grundkraft als eine Art Phasenübergang gedeutet werden kann, ähnlich dem Übergang von flüssigem Wasser zu Eis. Jeder Gartenbesitzer weiß, daß er im Winter die Wasserzuleitung abdrehen muß, weil durch das Gefrieren des Wassers und die hierdurch bedingte Ausdehnung in den Leitungsrohren diese platzen können. Ähnlich soll sich das Universum ausgedehnt haben, als die Schwerkraft sich abkoppelte. Diese Ausdehnung war aber von solcher ungeheuren Heftigkeit und Geschwindigkeit, daß der Ausdruck Inflation eher noch beschönigend wirkt. Das Weltall soll sich nämlich im Zeitraum von 10^{-35} bis 10^{-32} Sekunden nach Beginn des Urknalls auf das 10^{50}fache aufgebläht haben. Alle 10^{-38} Sekunden verdoppelte sich die Größe des Universums. Diese Größenordnung überschreitet jede Vorstellungskraft. Wenn man beispielsweise ein Proton um den Faktor 10^{50} aufblähen würde, dann wäre es im Endergebnis zehnmilliardenmal so groß wie unser gesamtes Universum. Man kann nun einwenden, daß eine solche Ausdehnung unmöglich sei, da sich im Rahmen einer so gewaltigen Inflation in so kurzer Zeit alles mit Überlichtgeschwindigkeit voneinander entfernt haben müsse. Und das ist nach Einsteins Relativitätstheorie unmöglich. Dieses Problem entsteht aber deshalb nicht, da der Urknall eben keine Explosion war, bei der Materie mit einer bestimmten Geschwindigkeit ausgespuckt wurde. Vielmehr war es der Raum selbst, der sich ausdehnte.

Es bewegte sich also nichts Materielles mit Überlichtgeschwindigkeit, sondern es kam zu einer exponentiellen
Aufblähung des Raumes, der den Geschwindigkeits-
beschränkungen Einsteins nicht unterliegt. Dieses ist übrigens auch heute noch der Fall. Wenn wir sagen, das Universum dehnt sich aus, dann bedeutet dies nicht, daß die
Galaxien nach Art einer Explosion auseinanderfliegen. Es
ist vielmehr der Raum zwischen den Galaxien, der sich
ausdehnt und diese dadurch auseinandertreibt.

Auch für das Inflationsmodell ist der Begriff des falschen
Vakuums wichtig. Wir hatten oben bereits gesehen, daß es
sich hierbei um ein Vakuum handelt, das nicht den nied-
rigst möglichen Energiezustand hat. Ein falsches Vakuum
hat ebenso wie das echte Vakuum keinen materiellen Inhalt, unterscheidet sich von diesem aber dadurch, daß es
eine Energiedichte hat, die von Null unterschiedlich ist.
Man kann sich dieses falsche Vakuum auch als einen »unterkühlten« Zustand vorstellen. Unter bestimmten Bedingungen ist es möglich, z.B. Wasser auf unter null Grad
Celsius abzukühlen, ohne daß es zu Eis gefriert. Voraussetzung hierfür ist, daß das Wasser absolut frei von
Partikeln wie Staub ist, die als Kondensationskeime für die
Eisbildung fungieren können. Ebenso soll es vorstellbar
sein, daß die Trennung der vier Grundkräfte voneinander,
die oft auch als ein »Ausfrieren« bezeichnet wird, verzö-
gert ablief. Hierbei handelt es sich um den Moment, in
dem die Trägerteilchen vom masselosen Zustand in einen
massehaltigen übergehen und die zuvor bestehende Eichsymmetrie gebrochen wird. Das frühe Universum hätte
sich demnach in einem unterkühlten Zustand befunden,
wenn man es akzeptiert, bei Temperaturen von ungefähr

10^{27} Kelvin[46] von kühl zu reden. Dieses hätte zwei gigantische Folgewirkungen: Erstens würde in einem solchen Zustand die Schwerkraft negativ wirken, zwei Massen würden sich also nicht anziehen, sondern abstoßen. Dies würde zu einer enormen schlagartigen Vergrößerung des Universums führen, nämlich zu der inflationären Phase. Nach Abschluß dieser Phase, die nur einen winzigen Sekundenbruchteil dauerte und nach ca. 10^{-32} Sekunden beendet war, war das Universum von seinem ursprünglichen Radius einer Quantenfluktuation auf die Größe einer Pampelmuse angewachsen. Zweitens würde die durch diese Inflationszeit verzögerte Abspaltung der Grundkräfte eine ungeheure Energie freisetzen, ähnlich wie Wasser beim verzögerten Gefrieren Wärmeenergie abgibt. Diese Energiemengen wären so gewaltig, daß hieraus alle Materie unseres Universums entstehen konnte. Den Übergang von der inflationären Phase zu der Phase der »klassischen« Expansion kann man sich ebenfalls als einen gewaltigen Symmetriebruch vorstellen. Während der Inflation war das Universum in hohem Maße homogen. Der sich aufblähende Raum hatte zwar ein riesiges Energiepotential, es gab aber keine Strukturierung, also auch noch keine Materie. Das Ende der inflationären Phase setzte durch den Symmetriebruch, der das falsche Vakuum in ein echtes Va-

---

[46] Temperaturen werden von Physikern üblicherweise nicht in Grad Celsius, sondern in Kelvin angegeben. Namensgeber ist der englische Physiker William Thomson, der spätere Lord Kelvin (1824–1907). 0 Kelvin sind –273 Grad Celsius und stellen den absoluten Nullpunkt dar. Bei den hier besprochenen hohen Temperaturen ist es gleichgültig, ob Sie sich diese in Grad Celsius oder Kelvin vorstellen. Auf den geringen Unterschied von 273 Grad kommt es nicht an.

kuum verwandelte, schlagartig dessen gesamte Energie frei, und es entstand alle Energie und Materie unseres Universums. Die Symmetrie war gebrochen.

Guths Modell ist nicht nur in der Lage, die großräumige Gleichförmigkeit, die sogenannte Isotropie des Weltalls, zu erklären, sondern sagt auch eine kosmologische Konstante voraus, die mit dem beobachteten Wert übereinstimmt. Weiterhin würde die ungeheure Ausdehnung in einem winzigen Zeitabschnitt Unregelmäßigkeiten des Anfangszustandes glätten. Die von uns beobachtete Isotropie des Universums wäre somit nicht Ausdruck rätselhafter Anfangsbedingungen, sondern wäre zwangsläufiges Resultat dieses Glättungsprozesses. Die Inflationstheorie ist für viele auch deshalb so attraktiv, weil sie das sonst ungelöste Problem der Homogenität des Universums einfach zu erklären vermag.

Im Inflationsmodell von Alan Guth ist unser beobachtbares Universum nämlich nur ein winziger Teil des gesamten Universums. Wieder einmal werden unser Sonnensystem und der Mensch zu einer Randerscheinung des Weltalls degradiert. Das Universum ist nach dem Inflationsmodell ca. 10^{50}mal größer als bisher angenommen, möglicherweise ist es sogar unendlich. Während der Inflation müssen sich alle Raumbereiche ausdehnen. Wenn die Anfangsbedingungen während des Urknalls nun chaotisch und nicht geordnet waren, dann könnte dies indes jeder Raumbereich unterschiedlich lang und mit unterschiedlichen Geschwindigkeiten getan haben. Unser Weltall könnte dann eine »Blase« unter vielen (unendlich vielen?) sein.

Zwei Probleme, die den Astronomen seit langem zu schaffen machen, nämlich das sogenannte Flachheitsproblem und das Horizontproblem, werden durch das inflationäre Modell gelöst. Bis heute ist unbekannt, wie das Schicksal unseres Universums sein wird. Wird es sich in alle Zeiten hin ausdehnen oder wird es irgendwann unter der Last seines eigenen Gewichts kollabieren und auf einen neuen Urknall zusteuern? Abhängig ist dies von der Masse im Universum. Diese wird von den Astronomen mit dem griechischen Buchstaben Ω (Omega) bezeichnet. Ist sie kleiner als die sogenannte kritische Dichte ($\Omega = 1$), wird es auf ewig expandieren, ist sie aber größer, dann kommt es irgendwann einmal zum großen Zusammenbruch. Dies kann man mit der Situation vergleichen, wenn ein Stein von der Erde aus senkrecht in die Luft geworfen wird. Unterhalb einer bestimmten Geschwindigkeit wird er wieder auf die Erdoberfläche fallen, da die Anziehungskraft der Erde verhindert, daß er ihren Einflußbereich verläßt. Bei einer Geschwindigkeit aber von ca. 40.000 km/h, wie sie Trägerraketen erreichen, kann er die Erde verlassen und auf ewig mit konstanter Geschwindigkeit weiter fliegen.

Viele Beobachtungen sprechen dafür, daß unser Universum ziemlich genau die kritische Dichte von $\Omega = 1$ hat, also im Einsteinschen Sinn, geometrisch gesehen, flach ist. Die Frage ist nun, warum es genau diesen Wert haben soll. Aus der unendlich großen Gesamtzahl aller möglichen Zahlen, die hierfür in Frage kämen, ist es für die Astronomen sehr verwunderlich, daß dieser Wert so genau bei eins liegen soll. Das Inflationsmodell nun hat den Vorteil, daß sich aus ihm exakt ein Wert von eins für die kritische Masse errechnet. Denn nach der Inflationstheorie ist der für uns beobachtbare Teil des Universums nur eine winzige Blase in einem viel größeren »Megauniversum«.

Egal, wie das gesamte Universum gekrümmt ist, in dem relativ kleinen Teil unseres Universums sind die Abstände viel zu klein, als daß wir die globale Raumkrümmung anders als mit eins beobachten könnten. Die Verhältnisse sind also ähnlich wie auf einer riesigen Kugel, wobei man bei der Beurteilung einer sehr kleinen Fläche nicht die Krümmung der Oberfläche erkennen kann. Eine andere Analogie, welche die Flachheit des inflationären Universums verdeutlicht, besteht in der Annahme, daß der dreidimensionale Raum zu Beginn chaotisch gefaltet war, ähnlich wie ein Gummituch, welches man zusammenknüllt. Bei der ungeheuren Expansionsgeschwindigkeit während der Inflation wird dieses Gummituch nun gestreckt und wird, völlig unabhängig vom Ausgangszustand, immer flach sein.

Ebenso großes Kopfzerbrechen bereitet das Horizontproblem. Wohin wir im Universum auch blicken, es sieht überall ziemlich gleich aus. Zwar ist im »kleineren« Maßstab der Galaxien und Galaxienhaufen eine Struktur vorhanden, im wirklich Großen ist das Universum jedoch sehr homogen. Nicht nur die großräumige Galaxienverteilung, auch die kosmische Hintergrundstrahlung ist in allen Himmelsrichtungen extrem gleichförmig. Dies ist aus folgendem Grund verwunderlich: Wenn wir an die sichtbaren Grenzen unseres Universums stoßen, erhalten wir Licht, das vor ca. 15 Milliarden Jahren ausgesandt wurde, also kurz nach dem Urknall. Sehen wir in die entgegengesetzte Richtung gilt dies ebenso. Die Gebiete, die wir sehen können, sind also durch ca. 30 Milliarden Lichtjahre voneinander getrennt und entfernen sich ständig mit einer großen Geschwindigkeit voneinander. Da unser

Universum aber erst 15 Milliarden Jahre alt ist, kann keine Information von dem einen Teil des Universums zu dem anderen gelangt sein. Diese können nie in Verbindung gestanden haben. Woher weiß der eine Teil des Universums von der Hintergrundstrahlung des entgegengesetzten Teils, da diese bis auf den tausendsten Teil miteinander übereinstimmen? Für die Inflationstheorie ist dies kein Problem, da ja im frühen Universum alle Teile miteinander Kontakt hatten und sich das Weltall *inflationär*, d. h. mit einer viel größeren Geschwindigkeit, als es der Lichtgeschwindigkeit entspricht, ausgedehnt hat.

Die entscheidende Sekunde

Eine der erstaunlichsten Konsequenzen, die sich aus der Hochenergiephysik ergibt, ist deren Anspruch, etwas über die Verhältnisse auszusagen, wie sie zu Anbeginn der Welt in den ersten winzigen Sekundenbruchteilen geherrscht haben. Für Physiker ist es aber viel einfacher, Aussagen über den Urknall als über den gegenwärtigen Zustand des Universums zu machen. Das frühe Universum war nämlich sehr gleichförmig, und die Geschehnisse wurden ausschließlich durch die Bedingungen der Temperaturskala diktiert. Das Verhalten der verschiedenen Teilchen bei unterschiedlichen Temperaturen ist jedoch zu einem geringen Teil in den Beschleunigeranlagen zu beobachten und zum größeren Teil aus den Theorien abzuleiten. Wenn wir also die Temperatur zu einem bestimmten Zeitpunkt kennen, dann können wir ziemlich genau sagen, was in dem entsprechenden

Augenblick vor sich ging. Da wir die heutige Temperatur kennen (die der Hintergrundstrahlung von ca. drei Kelvin), läßt sich für jeden beliebigen Zeitpunkt die Temperatur aus einer Betrachtung der gegenwärtigen Expansion des Universums berechnen.

Der unvorstellbar kleine Zeitabschnitt vom Beginn der Schöpfung bis zu 10^{-43} Sekunden danach ist heute noch für die meisten Wissenschaftler ein Tabu. Was sich in diesem winzigen Sekundenbruchteil abgespielt hat, vermag kein Mensch zu sagen. Unsere bekannten Naturgesetze versagen bei den unendlich hohen Temperaturen und Drücken, die zu diesem Zeitpunkt herrschten. Dennoch versuchen sich heute theoretische Physiker an dieser Frage.

Was jedoch nach diesem Zeitraum von 10^{-43} Sekunden geschehen ist, darüber glauben die Physiker ziemlich genau Bescheid zu wissen. Wenn unser Universum sich beständig ausdehnt, dann war es demzufolge früher einmal sehr viel kleiner. Da in dem kleinen Universum die gleiche Energie und Materie wie heute vorhanden war, muß es demzufolge auch sehr viel dichter gewesen sein. Je dichter etwas zusammengedrückt wird, um so heißer ist es aber auch. Hitze bedeutet nun, physikalisch gesehen, nichts anderes, als daß die einzelnen Atome sich schneller bewegen. Bei sehr hohen Temperaturen flitzten die Teilchen des frühen Universums also mit großen Geschwindigkeiten durcheinander, und die Chance, daß sie miteinander kollidieren, war entsprechend groß. Dies ist die Grundlage für die Berechnungen, die sich mit der allerersten Sekunde befassen. So wie jede Hausfrau (und jeder Hausmann) weiß, daß es im gesamten Universum kein flüssiges Wasser gab, als dieses noch über 100 Grad Celsius heiß war, so können Teilchenphysiker auch für viel höhere Temperaturen die Eigenschaften der Teilchen und Kräfte voraussagen. In heutigen Teilchenbeschleunigern werden Energien erreicht, wie sie in unserem Universum im Augenblick der ersten Sekunde nach dem Urknall geherrscht haben. Teilchenbeschleuniger sind also so etwas wie eine Zeitmaschine. Wir sind durch sie in der Lage, direkt zu beobachten, wie sich das frühe Universum entwickelt hat.

Nach 10^{-43} Sekunden war das gesamte Weltall 10^{-33} cm groß. Dies ist so winzig, daß nicht nur unser Universum, sondern 10^{20} weitere solcher Universen bequem in einem Proton Platz gefunden hätten. Es bestand eine extreme Symmetrie aller Teilchen und Kräfte. Das Universum war also ausgesprochen homogen. Die Unterschiede, die wir heute zwischen den vier Grundkräften sehen, existierten noch nicht, ebenso wie ein Unterschied zwischen den verschiedenen Erscheinungsformen von Wasser jenseits des Siedepunktes nicht existiert. Bei den extrem hohen Temperaturen des Urknalls waren die Reichweiten und Stärken der heute so unterschiedlichen Kräfte identisch, so daß man von einer einzigen Superkraft reden kann. Aber nicht nur die Kräfte waren vereinigt, auch die verschiedenen Elementarteilchen existierten zu dieser Zeit noch nicht in der uns bekannten Form.

Wenn wir die Zeit rückwärts verfolgen, dann sehen wir, daß bei größerer Dichte des Universums, also bei höheren Temperaturen, die Atome zuerst ihre Elektronen verlieren. Bei weiter steigender Temperatur bleiben auch die Atomkerne nicht mehr stabil. Ihre große Geschwindigkeit führt dazu, daß kein einziges Atom von hochenergetischen Zusammenstößen verschont bleibt und regelrecht zertrümmert wird. Diese Situation wird heute tagtäglich in den Beschleunigern der Teilchenphysiker reproduziert. Es existierte zu dieser Zeit also ein Gemisch aus einzelnen Protonen, Neutronen, Elektronen und Photonen. Dies war der Zustand etwa eine Sekunde nach dem Urknall. Wir gehen in der Zeit noch weiter zurück und sehen, wie bei noch höherer Dichte und Temperatur auch die Protonen und Neutronen durch immer heftiger werdende Zusammenstöße in ihre Bestandteile, die Quarks, zerlegt werden. Es gab also im ganz frühen Universum nur ein Gemisch aus Quarks und Leptonen (Elektronen und ähnliche Teilchen). Wir sehen, daß von der Komplexität unserer Welt nicht viel übrigbleibt. Das Universum war wesentlich einfacher strukturiert, je weiter wir in die Zeit zurückgehen. Es hatte, anders ausgedrückt, mehr Symmetrie. Klettern wir auf der Temperaturskala der Schöpfung noch weiter nach oben, so verschwinden nach Vorstellungen vieler Teilchenforscher auch die Unterschiede zwischen den sogenannten Elementarteilchen. Elektronen, Quarks oder Photonen werden eins. Zu diesem Zeitpunkt war das Universum also in einem Zustand maximaler Symmetrie. Die gesamte Materie bestand aus nur einer einzigen Teilchenart, und die Wechselwirkung zwischen diesen Teilchen wurde durch eine einzige Kraft vermittelt.

Wir befinden uns jetzt nur noch 10^{-43} Sekunden vom Urknall entfernt. Dieser Zeitpunkt wird die Planck Zeit genannt. Hier verlassen wir jetzt einmal den Bereich der abgesicherten Wissenschaften und spekulieren ein wenig. Noch weiter oben auf unserer Leiter in die Vergangenheit gab es keinen Unterschied zwischen dem, was wir heute als Teilchen und Kräfte bezeichnen. Beides war zu diesem Zeitpunkt ein und dasselbe. Die Superkraft und das Superteilchen vermischen sich zu einer Entität, sozusagen zu einem Superkraftteilchen. Aber es kommt noch besser! Selbst Raum und Zeit waren zu Beginn des Universums keine verschiedenen Dinge. Kurz vor dem Gipfel unserer Temperaturleiter ist die Zeit bereits nicht mehr vom Raum zu unterscheiden. Zeit ist hier tatsächlich nichts anderes als eine zusätzliche Raumdimension. Auch wenn wir uns dies nicht vorstellen können, so nehmen wir es hier einmal einfach so hin. Und nun kommt der spannende Moment, in dem wir die letzte Sprosse unserer Leiter erklimmen. Wir stehen am Anfang der Schöpfung und warten auf den Auftritt der letzten Wahrheit, die uns Menschen quält, seit wir bewußt denken können. Was kann jetzt noch geschehen, wo es nur ein Superkraftteilchen und die vereinigte Raumzeit gibt? Gibt es denn noch mehr zu vereinheitlichen? Richtig, selbst die Unterschiede zwischen unserem Superkraftteilchen und der Raumzeit lösen sich auf. Beide verbinden sich zu etwas, wofür mir kein Wort einfällt. Alles ist nun verschmolzen und nur eine unbeschreibliche Daseinsform, welche die Potenz enthält, bei Abkühlung solche für uns verschieden erscheinende Dinge wie Kräfte, Teilchen, Raum und Zeit zu repräsentieren.

Es gab also zu Beginn der Welt wahrscheinlich nur EINS[47]. Dieses EINS ist die perfekte Symmetrie, die gemeinsame Form von Materie, Energie, Kräften, Raum und

---

[47] Mir ist doch noch ein Wort eingefallen, wenn es Ihnen aber besser gefällt, können Sie auch sagen: »Am Anfang war das WORT.«

Zeit. Daß diese Manifestationen von EINS uns so völlig unterschiedlich erscheinen, liegt demnach lediglich daran, daß bei Übergang zu niedrigeren Temperaturen diese perfekte Symmetrie nach und nach gebrochen wurde. Diese Symmetriebrechungen ergaben neue Formen, die wir in Unkenntnis der gemeinsam zugrunde liegenden Struktur für elementar halten. Dies ist ungefähr genau so, als wenn ein nach Grönland verfrachteter Wüstenbewohner Pulverschnee und eine Eisscholle für zwei grundsätzlich verschiedene Dinge halten würde. Mit einem Kocher jedoch könnte er sowohl Schnee als auch Eis in Wasser überführen und so erkennen, daß es sich hier um ein und dieselbe Substanz handelt. Die riesigen (und riesig teuren) Teilchenbeschleuniger der Elementarphysiker sind nichts anderes als solche Kocher, in denen versucht wird, die zugrunde liegende Einheit verschiedener Dinge zu erkennen, indem man sie bei extrem hohen Energien (also Temperaturen) untersucht. Diese Untersuchungen haben ein relativ klares Bild von der ersten Sekunde geliefert, auch wenn dieses noch weit davon entfernt ist, als vollständig zu gelten.

Nach dem rückwärtigen Gang durch die allererste Sekunde folgen wir dem Weg des Universums nun noch einmal in der richtigen Richtung, wie ihn die Hochenergiephysiker aufgezeichnet haben. Bei einer Temperatur von 10^{32} Kelvin, ca. 10^{-43} Sekunden nach dem Anfang kam es zur ersten Symmetriebrechung, und die Schwerkraft trennte sich von der einheitlichen Grundkraft ab. Es gab also nicht mehr nur eine Grundkraft, sondern zwei verschiedene Kräfte, die das Zusammenspiel der Teilchen bestimmten. Nach 10^{-35} Sekunden spaltete sich die starke Kraft bei einer Temperatur von 10^{27} Grad ab. Das ursprüngliche Elementarteilchen differenzierte sich in Quarks und Leptonen. Der übriggebliebene Teil der Urkraft spaltete sich nach 10^{-9} Sekunden in die elektromagnetische und die schwache Kraft. Bei Abkühlung auf 10^{15} Kelvin waren die vier Kräfte, wie wir sie heute kennen, somit bereits getrennt. Dieses ist übrigens die Temperatur, die in heutigen kernphysikalischen Anlagen erreicht werden kann. Die Vielfalt des Universum, wie sie uns vertraut ist, stellt also in Wirklichkeit nichts anderes dar, als die Manifestation der Kälte unserer Umgebung, in der die allumfassende Einheit mehrfach gebrochen ist und sich in vielen verschiedenen Gesichtern zeigt. Kernphysiker versuchen, uns zu zeigen, was hinter diesen Masken steckt, was sich hinter den Begriffen wie Teilchen und Kräften in Wahrheit verbirgt, und vielleicht auch einmal, was EINS ist, die Einheit von Raum, Zeit, Kraft und Materie.

Nach der Entstehung von Quarks dauerte es nicht lange, bis diese sich zusammenfanden und die uns heute bekannten Elementarteilchen wie Protonen und Neutronen bildeten. Das Weltall war zu diesem Zeitpunkt schon ungefähr eine zehntausendstel Sekunde alt. Das erscheint nicht sehr viel, aber immerhin war schon eine ganze Menge in unserem Universum bis dahin passiert.

Nachdem die verschiedenen Elementarteilchen hervortraten und die vier Kräfte separiert waren, entstanden die ersten Atomkerne durch den Zusammenschluß von Protonen und Neutronen im zarten Alter des Weltalls von ca. drei Minuten. Dieser stürmischen Geburtsphase mit den sich überschlagenden Ereignissen folgte nun ein etwas gemächlicheres Tempo. Die nächsten Sekunden, Minuten, Stunden, Jahre und sogar Jahrtausende vergingen, ohne daß sich viel in unserer Welt veränderte. Es dauerte noch ungefähr 300.000 Jahre bis das nächste berichtenswerte Ereignis eintrat. Das Universum war so weit abgekühlt, daß die Atomkerne in der Lage waren, Elektronen einzufangen und so die ersten stabilen Atome zu bilden. Da sich zu dieser Zeit die Elektronen mit den Protonen verbanden und nicht mehr als freier Nebel umherschwirrten, wurde das bis dahin undurchsichtige Universum lichtdurchlässig. Wiederum passierte lange Zeit nicht viel. Die Welt dehnte sich nur weiter aus und wurde kühler. Nach etwa einer Milliarde Jahren betrug die Temperatur nur noch eisige zehn Grad über dem absoluten Nullpunkt. Die ältesten Objekte, die wir mit unseren Teleskopen am Rand des sichtbaren Universums entdecken können, sogenannte Quasare, entstanden zu dieser Zeit.

Den Urknall belauscht

Das hier dargestellte Modell des heißen Urknalls ist das sogenannte Standardmodell der Kosmologen. Während es zu Beginn vor allem aufgrund der von Hubble gefundenen Rotverschiebung ins Leben gerufen wurde, liegen in der Zwischenzeit weitere Beweise für seine Richtigkeit vor. Es soll hier nicht verschwiegen werden, daß es auch durchaus seriöse Wissenschaftler gibt, die dennoch das Standardmodell anzweifeln. So gibt es Versuche, die Rotverschiebung anders zu erklären als durch eine Fluchtbewegung der Galaxien. Hierfür müssen aber Konstruktionen herhalten, die von einem Weltall ausgehen, das z. B. von kleinen kosmischen Eisennadeln durchsetzt ist und in dem ständig neue Materie geschaffen wird. Diese Materie-erschaffung sorgt dafür, daß trotz ständiger Expansion des Universums die Dichte immer und überall gleich bleibt. Ein solches sogenanntes »Steady State« Modell wurde zuerst in den vierziger Jahren von Herman Bondi und Thomas Gold entwickelt und später von Fred Hoyle modifiziert. Letzterer war es übrigens auch, der dem Ur-knall seinen Namen gegeben hat. In einem Streitgespräch während einer Radiosendung nannte er die für ihn nicht akzeptable Tatsache der explosiven Entstehung des Uni-versums verächtlich »big bang«. Im Deutschen hat sich hierfür die Bezeichnung Urknall eingebürgert.

Obwohl diese Theorien mathematisch nicht widerlegbar sind, werden sie von den meisten Kosmologen nicht ernst genommen. Insbesondere eine eher zufällige Entdeckung aus dem Jahr 1964 gab den Ausschlag für die Gemein-schaft der Wissenschaftler, den Urknall als unumstößliche Tatsache zu akzeptieren.

Die Hauptakteure unserer Beweisführung ahnten zu Be-ginn des Jahres 1964 nicht, daß sie die spektakulärste Entdeckung seit Hubbles Rotverschiebung machen sollten. Arno Penzias und Robert Wilson, angestellte Physiker bei den Bell Telephone Laboratories in New Jersey, waren in diesem Jahr damit beschäftigt, eine neue Radioantenne in Holmdel auszurichten. Diese war dafür konstruiert wor-den, den künstlichen Satelliten ECHO I zu überwachen. Da diese Antenne aber über ausgesprochen gute Rausch-eigenschaften verfügte, eignete sie sich auch hervorragend zur Erfassung astronomischer Radioquellen. Mit Hilfe die-ser Antenne wollten Penzias und Wilson nun Signale aus der Milchstraße untersuchen. Während dieser Lauschaktion erhielten sie aber ständig ein äußerst lästiges Störsignal. Der Leser ahnt hier vielleicht schon, daß sich in diesem Signal der Nobelpreis für Penzias und Wilson verbarg. Doch an so hohe Ehren dachten die beiden nicht, als sie dieses ordinäre Rauschen empfingen. Im Gegenteil waren sie wohl eher verärgert, weil sie den Fehler nicht finden konnten, der den ordnungsgemäßen Fortgang ihrer Arbeit behinderte. Sogar eine unschuldige Taubenfamilie mußte ihr bequemes Quartier in der Antenne räumen, da ihre Exkremente als Verursacher des Dauerrauschens verdächtigt wurden. Das Rauschen hatte die merkwürdige Eigenschaft, daß es aus allen Richtungen gleich stark empfangen wurde. Hierfür konnte es nur zwei Erklärungen geben. Entweder wurde die Störung durch die Antenne selbst ausgelöst, oder sie kam tatsächlich von überall aus dem Weltraum. Die Frequenz dieser Strahlung war ebenfalls ausgesprochen gleichförmig und lag im Mikrowellenbereich. Einer bestimmten Frequenz können Physiker nun eine Temperatur zuordnen. Die Strahlung von Penzias und Wilson hatte eine Temperatur von knapp drei Grad über dem absoluten Nullpunkt. Genau diese Temperatur suchten die Kosmologen schon seit langem, weil nach dem Modell des heißen Urknalls noch eine Restwärme nachweisbar sein müßte. Bereits in den vierziger Jahren hatten Theoretiker, vor allem George Gamow und später Ralph Alpher, die sogenannte Hintergrundstrahlung postuliert. Jim Peebles und Robert Dicke aus Princeton suchten bereits nach dieser Strahlung. Als sie von dem Ergebnis von Penzias und Wilson erfuhren, bestätigten sie ihnen, die kosmische Hintergrundstrahlung gefunden zu haben.

334

Durch die ständige Expansion des Universums wurde auch die Wellenlänge der Glut des Urfeuers gedehnt. Längere Wellenlängen bedeuten aber niedrigere Temperaturen. Aus der Hitze des Urknalls ist so im Laufe der Zeit die Kälte der Hintergrundstrahlung geworden. In der Juliausgabe 1965 des *Astrophysical Journal* veröffentlichten Penzias und Wilson ihre Messungen in einem kurzen Artikel mit dem bescheidenen Titel *»Die Messung einer verstärkten Antennentemperatur bei 4080 Megahertz«*. In der gleichen Ausgabe erschien eine Arbeit von Peebles und Dicke, in der die gefundene Strahlung als Überbleibsel des Urknalls interpretiert wurde. Quasi über Nacht wurde die Urknallhypothese dadurch für die meisten Astronomen zum Standardmodell der Kosmologie. Den Nobelpreis für die Entdeckung der kosmischen Hintergrundstrahlung erhielten Penzias und Wilson im Jahr 1978.

Eine weitere hervorragende Bestätigung der Urknalltheorie wurde durch den im November 1989 von der NASA gestarteten Satelliten COBE (Cosmic Background Explorer) erbracht. Wie von der Urknalltheorie vorausgesagt, war in allen Richtungen die äußerst gleichförmige Strahlung im Mikrowellenbereich von 2,735 Kelvin meßbar, die nur außerordentlich geringe Schwankungen von weniger als einem Tausendstel aufwies. Nach diesen Schwankungen haben die COBE Wissenschaftler aber gesucht. Sie sollen nämlich die Keime anzeigen, aus denen im frühen Universum die Galaxien entstanden. Allerdings sind die Fluktuationen der Hintergrundstrahlung viel zu großflächig, um die Galaxienentstehung zu erklären. Obwohl neuere Auswertungen auch kleinflächigere Fluktuationen darstellen konnten, ist die Frage nach dem Ursprung der »klumpigen« Struktur des Universums jedoch nach wie vor ungeklärt.

Aber nicht nur die Entdeckung der kosmischen Hintergrundstrahlung wird heute als Beweis für die Urknalltheorie angesehen. Berechnungen haben ergeben, daß nahezu alle Materie etwa drei Minuten nach dem Urknall in Form von Wasserstoff (ca. 75%) und Helium (ca. 25%) vorhanden war. Ein winziger Bruchteil der Masse jedoch bestand aus sogenanntem schweren Wasserstoff, dem Deuterium, aus Helium-3 und ein noch tausendfach geringerer Bruchteil aus Lithium-7. Nun können Kosmologen die im Universum vorhandene Menge dieser Elemente berechnen. Sie wissen auch, wieviel Helium beispielsweise seit dem Urknall in den Sternen durch Kernfusion gebildet wurde. Hieraus läßt sich ein Vergleich der heute vorhandenen Menge dieser Elemente mit den durch die Urknalltheorie theoretisch vorausgesagten Häufigkeiten anstellen. Für alle Elemente zeigte sich eine außerordentlich exakte Übereinstimmung zwischen den gemessenen und den theoretisch postulierten Größen. Diese Tatsache ist neben der kosmischen Hintergrundstrahlung das gewichtigste Argument für die Richtigkeit des kosmologischen Standardmodells.

Die Struktur des Universums

Trotz des schlüssig erscheinenden Standardmodells beantwortet dieses aber keineswegs alle Fragen. Ein wichtiges, ungelöstes Problem besteht in der Erklärung der großräumigen Eigenschaften des Universums. Im sehr großen Maßstab gesehen, ist dieses nämlich auffällig gleichförmig.

Es gibt keine Regionen, die sich irgendwie grundsätzlich bezüglich ihrer Galaxienverteilung voneinander unterscheiden. Auch die Hintergrundstrahlung ist von bemerkenswerter Gleichförmigkeit. Es gibt zwei Möglichkeiten die großräumige Isotropie des Universums zu erklären: Zum einen können bestimmte Anfangsbedingungen zu Beginn der Zeit diese deterministisch festgelegt haben, und zum anderen könnte die Entwicklung des Universums so erfolgt sein, daß sich aus jedem Anfangszustand das jetzige Universum zwangsläufig entwickeln mußte. Für den Naturwissenschaftler reicht es also nicht aus, daß er alle Naturkonstanten und die sie verknüpfenden Gesetze kennt. Der Ausgangszustand hat ebenfalls einen wesentlichen Einfluß auf die Gestalt der Welt. Die Suche nach diesen Anfangsbedingungen zur Erklärung der großräumigen Eigenschaften unseres Universum ist deshalb zu einem zentralen Problem geworden.

Es gibt aber auch viele physikalische Systeme, bei denen die Anfangsbedingungen nur eine sehr geringe Rolle spielen. Wenn man einen Luftballon beispielsweise aufbläst, dann ist es gleichgültig, in welcher Form er vorher zusammengeknüllt war, er wird immer rund werden. Wenn Sie ein Glas mit Wasser füllen, ist es ebenfalls für den Endzustand unwesentlich, aus welcher Höhe und wie schnell Sie es gefüllt haben. Der letztendliche Wasserspiegel wird immer gleich sein. Ähnlich ist es möglicherweise zu Beginn des Universums gewesen. Die Anfangsbedingungen könnten hier ebenfalls von untergeordneter Bedeutung gewesen sein. Wenn dem so wäre, dann wären wir vielleicht besser in der Lage, die gegenwärtige Struktur des Universums zu verstehen. Andererseits hätten wir keine Chance, je den ursprünglichen Zustand rekonstruieren zu können, genauso wie wir einem Glas Wasser nicht ansehen können, wie es gefüllt wurde.

Aber obwohl das Universum im ganz großen Maßstab eine bemerkenswerte Gleichförmigkeit aufweist, ist doch nicht zu übersehen, daß sich lokal Strukturierungen erkennen lassen. Unser Sonnensystem ist eine solche Struktur, dieses wiederum Bestandteil des Systems unserer Galaxie. Die Milchstraße selbst ist eindeutig strukturiert. Der dichte Kern mit ca. 200 Milliarden Sternen ist von spiralartigen Armen umgeben, die aus interstellarem Staub und Sternen in ihrer Geburtsphase bestehen. Die in der Seitenansicht flache Scheibe unserer Galaxie ist umgeben von einem kugelförmigen Gebiet, dem sogenannten Halo, der bisher noch unbekannte Materie enthält. Die Milchstraße nun ist wiederum in eine Ansammlung von Galaxien eingebunden, die neben dem ca. doppelt so großen Andromedanebel noch ungefähr 20 weitere kleinere Galaxien enthält. Mit drei Millionen Lichtjahren Durchmesser handelt es sich bei dieser sogenannten lokalen Gruppe um einen eher kleinen Galaxienhaufen. In den letzten Jahren sind immer größere Ordnungsprinzipien im Universum gefunden worden. Galaxien strukturieren sich zu Galaxienhaufen und diese wiederum zu Superhaufen. Nahezu die gesamte uns bekannte Materie des Universums befindet sich darin. Zwischen diesen Superhaufen sehen wir so gut wie nichts. Anfang der achtziger Jahre wurde ein riesiger Leerraum entdeckt, der einen Durchmesser von ungefähr 150 Millionen Lichtjahren mißt. In diesem Bereich wurden weniger als ein Fünftel der Galaxien entdeckt als in vergleichbaren anderen Regionen. Die bisher größte

Struktur im Universum ist die sogenannte Große Mauer. Viele Tausende von Galaxienhaufen ordnen sich hier in einer riesigen Fläche von 500 mal 200 Millionen Lichtjahren an. Der Durchmesser dieser »Mauer« beträgt demgegenüber bescheidene 15 Millionen Lichtjahre. Solche Strukturen scheinen sich im Abstand von mehreren hundert Millionen Lichtjahren zu wiederholen. Anscheinend haben Galaxienansammlungen die Tendenz, sich in Form relativ dünner Flächen anzuordnen. Das Universum sähe dann aus wie ein durchlöcherter Schweizer Käse. Hier liegt ein bis heute großes ungelöstes Problem der Kosmologie. Wie kam es zu dieser schwammartigen Struktur der Galaxienverteilung, und wie konnten sich überhaupt Galaxien aus der Einförmigkeit des Urknalls entwickeln? Um diese Frage anzugehen, müssen wir uns jedoch zunächst mit etwas beschäftigen, was wir noch nie gesehen haben, aber woraus offenbar der weitaus größte Teil unseres Universums besteht.

Dunkle Materie

Eine der rätselhaftesten Erscheinungen unseres Universums ist die Anwesenheit der »dunklen Materie«. Kosmologen sind davon überzeugt, daß alles, was wir sehen oder mit radioastronomischen Instrumenten erfassen können, nur einen sehr kleinen Bruchteil der Masse des Universums ausmacht. Die unzähligen Sterne, Galaxien, Galaxienhaufen, Quasare und andere sichtbare Strukturen wären hiernach nur ein kleiner Anteil der Gesamtmaterie, der aus irgendwelchen Gründen Licht aussendet. Von den weitaus größten Massen im beobachtbaren Weltall wissen wir so gut wie nichts.

Aber warum soll es diese geheimnisvolle Materie überhaupt geben? Ein wesentlicher Grund hierfür liegt darin, daß sich bestimmte kosmologische Phänomene nur durch die Annahme gewaltiger unbekannter Massen erklären lassen. So haben beispielsweise astronomische Beobachtungen ergeben, daß sich die Galaxien einschließlich unserer eigenen viel zu schnell drehen. Bei diesen hohen Rotationsgeschwindigkeiten müßten sie eigentlich aufgrund ihrer Fliehkraft längst auseinandergerissen worden sein.

Viele Galaxien, so auch die Milchstraße, haben einen dichten Kern, der von Spiralarmen umgeben ist. Der Raum zwischen den Armen ist aber keineswegs leer. Das, was uns als Spiralen erscheint, ist in Wirklichkeit lediglich der Ort, an dem viele neue Sterne geboren werden. Deshalb ist die Materie hier heller als an anderen Stellen der Galaxie. Man geht heute davon aus, daß unsere Galaxie eher einer Scheibe ähnelt, mit spiralförmiger Anordnung heißerer Sterne, die im sichtbaren Bereich eine Spiralform vortäuschen. Wir können uns also bei der Beurteilung der Masse des Universums keineswegs auf das verlassen, was wir am nächtlichen Himmel sehen. Materie kann strahlen oder auch nicht. Aber es gibt glücklicherweise etwas, was Materie auf jeden Fall muß: Sie zieht andere Körper an. Die Schwerkraft ist die einzige Eigenschaft, auf die wir uns bei der Frage nach der Materie des Universums verlassen können. Anhand der Kenntnis der Schwerkraft und der Bewegungsgesetze wissen wir, wie sich Galaxien bewegen müßten, wenn sie nur aus dem bestünden, was wir sehen. Und die Tatsache lautet: Sie bewegen sich anders. Kepler beschrieb die Abhängigkeit der Entfernung eines Planeten von der Sonne und seiner Rotationsgeschwindigkeit. Nach dem ersten Keplerschen Gesetz bewegt sich ein Planet um so langsamer, je weiter er von der Sonne entfernt ist[48]. Gleiches gilt auch für eine ganze Galaxie. Die peripheren Anteile sollten sich also langsamer bewegen als die inneren. Unsere Sonne umrundet beispielsweise das Zentrum der Milchstraße mit 230 Kilometern pro Sekunde. Für einen Umlauf um unsere Galaxie braucht sie ungefähr 200 Millionen Jahre. Die Milchstraße selbst hat einen Durchmesser von ca. 100.000 Lichtjahren. Aber im Abstand von ca. 250.000 Lichtjahren können wir noch die Radiostrahlung von Wasserstoffwolken beobachten, die unsere Galaxie umkreisen. Und hier stimmen deren Geschwindigkeiten keineswegs mit der Keplerkurve überein. Die Wolken umkreisen unsere Galaxie viel zu schnell und müßten längst aufgrund der Fliehkräfte den Einflußbereich der Milchstraße verlassen haben. Tatsächlich kann man ein solches Verhalten an allen bisher beobachteten Galaxien feststellen.

Die einzige Erklärung für das Rotationsverhalten der Galaxien ist die Annahme von großen Materiemengen, die diese umgeben. Auch wenn wir diese Materie nicht mit unseren Teleskopen sehen können, so wissen wir doch recht gut über ihre Menge Bescheid. Die erstaunliche Konsequenz, die sich aus der Auswertung der gravitativen

---

[48] Die Rotationsgeschwindigkeit ist nach dem Keplerschen Gesetz für die Bahnbewegung der Planeten umgekehrt proportional zur Quadratwurzel des Abstandes vom Zentrum.

Wirkung dieser dunklen Materie ergibt, besteht darin, daß der sogenannte »Halo«, die kugelförmige Masseansammlung um unsere Galaxie, etwa zehnmal so viel Masse enthält wie der Teil der Galaxie, den wir bisher kannten. Wir kennen mit anderen Worten nur maximal 10% des Universums. Von den restlichen 90% wissen wir nur, daß sie existieren, mehr nicht. Die Zusammensetzung dieser neuen Bereiche ist völlig unbekannt, da sie weder im sichtbaren Licht noch auf anderen Frequenzen elektromagnetische Strahlung emittieren. Es handelt sich also tatsächlich um »dunkle Materie«.

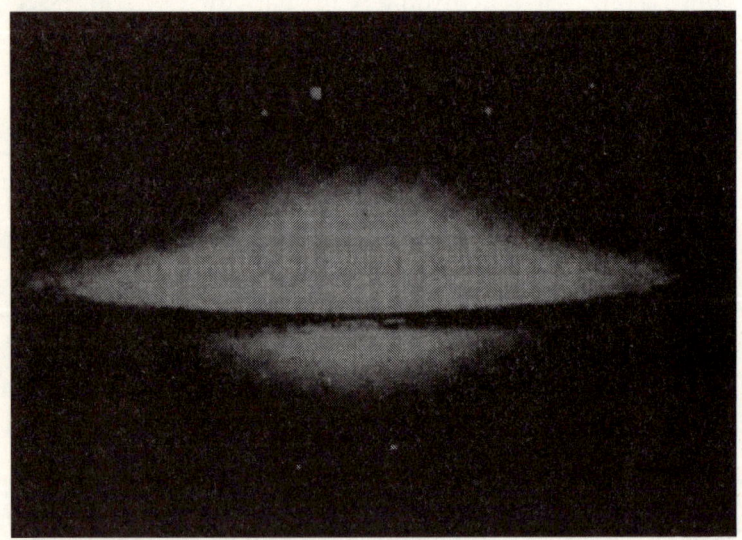

Abbildung 10: Die Sombrero Galaxie M104 (NCG 4594) ist über 42 Millionen Lichtjahre von der Erde entfernt und besteht aus Tausenden von Milliarden Sternen. Diese sichtbare Materie stellt aber wahrscheinlich nur einen Bruchteil der ca. zehnmal so großen unsichtbaren Masse der Galaxie dar, die sich kugelförmig um diese verteilt.

Auch die großen Galaxienhaufen enthalten übrigens bei weitem nicht genügend Masse, um das Auseinanderdriften der einzelnen Galaxien zu verhindern. Selbst wenn man berücksichtigt, daß jede einzelne Galaxie zu 90% aus dem unsichtbaren Halo besteht, reichen die Massen der Galaxien immer noch nicht aus, um den gesamten Haufen stabil zu halten. Auch zwischen den verschiedenen Galaxien muß es also noch eine ganze Menge von diesem merkwürdigen Zeug geben, wofür wir bisher keinen besseren Namen als dunkle Materie gefunden haben.

Das Problem, welches Astronomen mit der unregelmäßigen Verteilung der Galaxien haben, relativiert sich ebenfalls vor diesem Hintergrund. Vielleicht ist die Materie im Weltall doch völlig gleichmäßig verteilt und die großräumigen Strukturen wie die Galaxienhaufen und Superhaufen oder die Große Mauer sind lediglich kleine leuchtende Teilbereiche innerhalb dieser Materiehomogenität. Die Suche nach den bisher unbekannten Anfangsbedingungen, die den Keim für die Materiekonzentration in den Galaxien legten, würde sich danach erübrigen.

Es gibt aber außer den besprochenen Gravitationswirkungen noch ein anderes, mehr theoretisches Argument für die Existenz der dunklen Materie, nämlich die Größe der kritischen Dichte Ω. Alle sichtbare Materie zusammengenommen ergibt einen Wert von $\Omega = 0{,}01$. Das Universum hätte hiernach also bei weitem nicht genug Masse, um die gegenwärtige Expansionsbewegung irgendwann zu stoppen. Kosmologen gehen jedoch davon aus, daß der Wert in Wirklichkeit bei eins liegt, daß das Universum also geschlossen ist und sich nicht in alle Ewigkeit ausdehnen wird. Berücksichtigt man die dunkle Materie, die man im Halo der Galaxien vermutet, dann kommt man maximal auf einen Wert von $\Omega = 0{,}3$. Es reicht also bei weitem nicht aus, das Universum zu schließen.

Bei der Suche nach der Natur der fehlenden Materie hilft uns die Häufigkeitsverteilung der Elemente, wie wir sie heute vorfinden. Kosmologen sind nämlich in der Lage, hieraus die Gesamtmasse des Universums zu berechnen. Da im frühen Universum kurz nach dem Urknall praktisch alle Neutronen für die Synthese von Helium aufgebraucht wurden, korreliert die heute beobachtete Menge von Helium gut mit der Gesamtmasse des Universums. Weiterhin wurde Deuterium in Helium-3 umgewandelt. Diese Elemente sind aber wenig stabil und wandelten sich zum großen Teil in Helium um. Bei größerer Dichte des Universums konnten mehr dieser Umwandlungsreaktionen ablaufen. Es muß also um so mehr Materie existieren, je weniger Deuterium und Helium-3 es gibt. Das ebenfalls in geringen Mengen entstandene Lithium-7 wurde durch Kollisionen mit Protonen rasch wieder in zwei Heliumkerne umgewandelt. Wenn das frühe Universum sehr dicht war, waren mehr Protonen vorhanden, um Lithium-7 zu zerstören. Je weniger Lithium-7 wir also heute vorfinden, um so dichter muß unser Universum sein. Da Lithium-7 aber auch später noch erzeugt werden konnte, ist dessen Voraussagekraft etwas komplizierter als die der anderen frühen Elemente.

Wenn man nun die Materiedichte des Universums aus der Häufigkeitsverteilung der aus dem Urknall hervorgegangenen Elemente berechnet, dann erreicht Ω einen Wert von ungefähr 0,02 bis 0,06. Es fehlen also weiterhin über

90% der erwarteten Materie. Ein eindrucksvolles Experiment zur Bestimmung der Materiedichte des Universums wurde am 20. Juli 1969 bei der Mondlandung von APOLLO 11 durchgeführt. Wie ein Millionenpublikum im Fernsehen mitverfolgen konnte, wurde hierbei ein Aluminiumsegel zur Messung des sogenannten Sonnenwindes auf der Mondoberfläche aufgestellt. Die nachträgliche Auswertung ergab einen Deuteriumanteil, aus dem sich errechnen ließ, daß die Dichte des Universums nur maximal 10% der kritischen Dichte ausmacht. Wo ist aber der Rest der Materie geblieben? Und auch die Verfechter der Inflationstheorie, die einen Wert von $\Omega = 1$ voraussagen, müssen immerhin noch ca. 94% der Masse im Weltall suchen. Und diese Materie muß etwas anderes sein als alles, was wir kennen! Da wir die Häufigkeit von Wasserstoff, Helium usw. berechnen können, wissen wir, wieviel baryonische Materie es gibt. Baryonische Materie ist die uns vertraute normale Materie, die also hauptsächlich aus Protonen und Neutronen aufgebaut ist. Um den vorausgesagten Wert der kritischen Dichte von eins zu erreichen, reicht diese Materie aber bei weitem nicht aus. Wir kommen auf maximal 6% des notwendigen Wertes. Wenn man annehmen würde, daß es insgesamt mehr baryonische Materie gibt, die wir nur noch nicht entdeckt haben, dann kommt man in Konflikt mit der beobachteten Häufigkeit der Elemente. Wäre nämlich die gewöhnliche Materie in der Menge vorhanden, die ausreicht, um das Universum zu schließen, dann hätte sich sehr viel mehr Helium bilden müssen, als wir heute feststellen. Auch anhand der beobachtbaren Mengen an Deuterium oder Lithium-7 können wir verläßliche Aussagen darüber machen, wieviel baryonische Materie es im Universum insgesamt geben kann. Und diese Menge reicht nun einmal bei weitem nicht aus, um die kritische Dichte zu erreichen. In den optimistischsten Modellen kann die baryonische Materie ca. 30% zu der erforderlichen Masse beitragen. Der Großteil des Universums besteht somit offenbar nicht aus Protonen und Neutronen, sondern aus einer exotischen Substanz, von der wir absolut keine Vorstellung haben. Das, was wir für die Substanz des Universums hielten, die Planeten, Sterne und Galaxien, ist offenbar nur winziges Treibgut auf dem Meer der geheimnisvollen nichtbaryonischen Materie.

Es gibt noch ein anderes Argument dafür, daß die dunkle Materie etwas völlig Fremdartiges sein muß. Dieses hängt mit dem bis heute ungelösten Rätsel der Galaxienentstehung zusammen. Das Problem ist folgendes: Bei der gleichförmigen Verteilung von Energie bzw. Materie zu Zeiten kurz nach dem Urknall müssen sich irgendwie sogenannte Keime gebildet haben, die aufgrund ihrer gravitativen Wirkung weitere Materie anzogen und so zu der klumpigen Struktur des gegenwärtigen Universums führten. Diese Vorstufen für unsere Galaxien konnten aber erst entstehen, als das Universum so weit abgekühlt war, daß stabile Atome existieren konnten. Andererseits waren, bedingt durch die Expansion des Weltalls, die einzelnen Atome bereits so weit voneinander entfernt, daß deren Schwerkraft zu schwach war, um solche Galaxienkeime zu bilden und zusammenzuhalten. Wenn wir also die Keimzellen unserer Galaxien finden wollen, müssen wir wohl oder übel auch bei der Sorte von Materie anklopfen, die nicht aus den uns bekannten Protonen und Elektronen aufgebaut ist. Solche Form der Materie könnte sich bereits zusammengeballt haben, noch bevor sich stabile Atome bilden konnten. Als dann später die Atomkerne entstanden, wurden diese von den bereits bestehenden Gravitationszentren der dunklen Materie angezogen und bildeten den Keim für die heute vorhandenen großräumigen Strukturen.

Wir haben also zwei Kandidaten für dunkle Materie. Ein Teil besteht aus ganz gewöhnlicher Materieform, wie wir sie aus unserer Umwelt kennen. Im Umkreis der Galaxien könnten Riesenplaneten wie der Jupiter, sogenannte braune Zwerge oder aber auch schwarze Löcher ihre Bahnen ziehen. Große Gasmassen, die noch keine leuchtenden Sterne hervorgebracht haben, könnten ihren Beitrag zur dunklen Materie leisten. Kandidat Nummer zwei ist jedoch um ein Vielfaches größer und geheimnisvoller. Wie oben gezeigt, müssen wir uns ganz offensichtlich mit der Tatsache abfinden, daß es nichtbaryonische Materie gibt.

Für diese Materieform, die sich nicht aus Protonen, Neutronen oder Elektronen wie alles in unserer Umwelt zusammensetzt, kommen im Prinzip drei verschiedene Möglichkeiten in Betracht. Die sogenannte heiße und die kalte dunkle Materie sowie in letzter Zeit ein besonders exotischer Kandidat, der kosmische String.

Heiße dunkle Materie wird deshalb so bezeichnet, weil sie sich mit Lichtgeschwindigkeit bewegt. Favoriten hierbei sind die Neutrinos. Diese Teilchen haben gegenüber den anderen Kandidaten den Vorteil, daß wir sie kennen und im Labor täglich erzeugen können. Neutrinos sind bisher als masselose Teilchen angesehen worden. Weil sie mit gewöhnlicher Materie kaum interferieren, ist die Arbeit mit ihnen extrem schwierig. Da es Neutrinos in großer Menge überall im Universum gibt, könnten sie zusammen die kritische Masse erreichen, wenn der Nachweis gelänge, daß sie doch nicht masselos sind. Eine der Möglichkeiten, die Neutrinomasse zu beweisen, besteht in der Tatsache, daß es nicht nur ein Neutrino gibt, sondern drei verschiedene, nämlich das Elektron-Neutrino, das Myon-Neutrino und das Tau-Neutrino. Nach den Gesetzen der Quantenphysik kann sich nun beispielsweise ein Elektron-Neutrino in ein Myon-Neutrino umwandeln oder aber ein Tau-Neutrino in ein Elektron-Neutrino. Diese Umwandlung kann jedoch nur stattfinden, wenn die Neutrinos eine unterschiedliche Masse haben, d.h. wenn mindestens zwei von ihnen eine von Null verschiedene Masse besitzen. Nach diesen sogenannten Neutrinooszillationen wird zur Zeit in zahlreichen Experimenten gesucht. Trotz einiger Ergebnisse in diese Richtung ist bis heute unklar, ob das Neutrino nun eine Masse besitzt oder nicht.

Aber selbst wenn man die Neutrinomasse beweisen könnte, gäbe es noch ein Problem. Nach Berechnungen, welche die frühe Phase des Urknalls nachbilden, hätte die allgegenwärtige massereiche Neutrinowolke jeden Keim für die Entstehung von Galaxien zerstört. Später wäre sie aber in der Lage gewesen, große Strukturen zu bilden, aus denen sich die Superhaufen entwickelten. In diesen hätten sich dann quasi als Unterabteilungen Galaxienhaufen und schließlich Galaxien bilden können. Diese Geschichte hat nur einen entscheidenden Haken. Galaxienhaufen müßten hiernach älter sein als einzelne Galaxien. Die Beobachtung der Galaxien beweist jedoch das Gegenteil. Es gibt in allen Galaxien Sterne, die nahezu so alt sind wie das Universum selbst. Die Suche nach der Masse des Neutrinos scheint uns also nicht zu der geheimnisvollen dunklen Materie zu führen.

Die zweite Form der dunklen Materie wird als kalt bezeichnet, da sie aus Teilchen bestehen soll, die deutlich mehr Masse als die Neutrinos besitzen und wesentlich langsamer sind. Deshalb hätten sie sehr früh Keime für Materiekonzentrationen legen können, ohne daß diese durch ihre große Geschwindigkeit wie bei den Neutrinos wieder auseinandergerissen worden wären. Diese Teilchen ergeben sich aus der Theorie der Supersymmetrie und werden, da sie nur schwach mit normaler Materie interferieren und sehr schwer sind, »WIMPs« (weakly interacting massive particles) genannt. Als spiegelbildliche Partner der uns bekannten Partikel haben wir diese Squarks, Sleptonen, Photinos usw. schon kennengelernt. Das Problem mit ihnen ist nur, daß sie kaum mit unserer Welt interagieren und deshalb extrem schwer nachzuweisen sind. WIMPs könnten noch ein anderes Problem der Kosmologen lösen, nämlich das der fehlenden Sonnenneutrinos. Unsere Sonne erzeugt ihre Energie durch Kernfusion, bei der eine von der Temperatur abhängige Anzahl von Neutrinos erzeugt wird. Diese können durch aufwendige Experimente nachgewiesen werden. Die gemessene Neutrinozahl beträgt aber nur ca. ein Drittel der berechneten Werte. Wenn nun WIMPs im Universum überall vorhanden wären, dann könnten sie sich ebenfalls im Inneren der Sonne angesammelt haben und hier zu einer Senkung der Kerntemperatur der Sonne beitragen. Dies würde erklären, warum wir weniger Neutrinos messen, als wir sie für höhere Temperaturen erwarten. Auch eine andere Erklärung der fehlenden Sonnenneutrinos hängt mit der dunklen Materie zusammen. Die Neutrinodetektoren ermitteln fast ausschließlich Elektron-Neutrinos. Wenn es Umwandlungen der Neutrinos untereinander gibt, welches gleichbedeutend mit einer Neutrinomasse wäre, dann würde uns der Anteil entgehen, der sich auf dem Weg zur Erde in Myon-Neutrinos oder in Tau-Neutrinos umgewandelt hat.

Aber auch die Berechnungen mit der kalten dunklen Materie haben einen Schönheitsfehler. Es ist hiermit zwar zu erklären, wie sich die Keime für die Galaxienentwicklungen gebildet haben, die Materie müßte dann jedoch viel gleichmäßiger im Universum verteilt sein, als wir sie beobachten. Die riesigen Leerräume zwischen den Superhaufen sind durch die Theorie der WIMPs nicht zu erklären. Einen Ausweg bietet möglicherweise die Annahme, daß es sich bei den Leerräumen in Wirklichkeit nur um ein Zusammentreffen nicht leuchtender Materie handelt. Wenn das Universum relativ homogen mit Materie erfüllt ist, welche sich hier und da als strahlende Galaxien zu erkennen gibt und überwiegend aber kalt ist, dann wären WIMPs in der Lage, nicht nur das Problem der Galaxienentstehung zu klären, sondern könnten auch die dunkle Materie darstellen, die zur Komplettierung der kritischen Dichte Ω erforderlich ist.

Es gibt jedoch noch einen dritten Kandidaten für die fehlende Masse, der weit exotischer anmutet als alles, was wir im Universum kennen. Es handelt sich hierbei um ungeheuer lange, extrem dünne Fäden reiner Energie. Während des Urknalls könnten diese Gebilde sich bei der Symmetriebrechung der Schwerkraft gebildet haben. Ähnlich wie sich beim Gefrieren Risse im Eis bilden, so könnten sich durch das »Ausfrieren« der Schwerkraft 10^{-35} Sekunden nach dem Urknall topologische Defekte der Raumzeit gebildet haben, die als 10^{-33} cm dünne Fäden das Universum über Hunderte von Millionen oder gar Milliarden Lichtjahre durchziehen. Ein solcher »kosmischer String« ist mit nichts vergleichbar, was wir kennen. Er stellt sozusagen einen Zustand ungeheuer konzentrierter reiner Energie dar. Wenn solche Strings gebogen verlaufen, haben sie eine unvorstellbar große gravitative Wirkung. Diese wurde nicht nur zur Erklärung der fehlenden Masse des Universums, sondern auch der großräumigen Galaxienverteilung vorgeschlagen. Kosmische Strings hätten genug Anziehungskraft, um die Struktur des Universums mit seiner perlschnurartigen Anordnung von Galaxienhaufen zu erklären. Der sogenannte »große Attraktor«, eine bis heute unbekannte Quelle riesiger Anziehungskraft, auf den unsere Milchstraße und mit ihr die Galaxien der lokalen Gruppe zudriften, könnte ein solcher kosmischer String sein. Kosmische Strings liegen der Theorie zufolge nicht ruhig im Weltraum. Vielmehr bewegen sie sich und können sich dabei selbst überschneiden und dabei Stücke abtrennen. Bewegte Strings geben Energie ab, wobei ihre einzige Energieform Gravitation ist. Nach solchen Gravitationswellen wird heute in aufwendigen Experimenten gesucht. Gravitationswellen könnten jedoch nicht nur von kosmischen Strings, sondern auch von schwarzen Löchern oder beim Zusammenstoß zweier Neutronensterne entstehen. Bisher konnten sie nicht nachgewiesen werden. Die Tatsache, daß kosmische Strings Energie abstrahlen, hat für uns eine unangenehme Konsequenz: Sie können im Laufe der Zeit so viel Energie abgegeben haben, daß nichts mehr von ihnen übrig geblieben ist. Wir haben also eine Theorie vor uns, die behauptet, kosmische Strings hätten den Keim für die Entstehung der

Galaxien gelegt und sich anschließend aufgelöst. Eine Theorie, die wir also durch Beobachtung weder bestätigen noch widerlegen können. Allerdings müßten die wirklich großen kosmischen Strings, die mehrere Milliarden Lichtjahre lang sein können, bis heute überlebt haben und sich irgendwann durch ihre Gravitationswirkung verraten. Eine Möglichkeit, sie nachzuweisen, bestünde in ihrer Eigenschaft, als Gravitationslinse wirksam zu werden. Wie Albert Einstein nachwies, wird Licht durch massive Körper abgelenkt. Dies konnte ja anhand der Ablenkung des Ster-

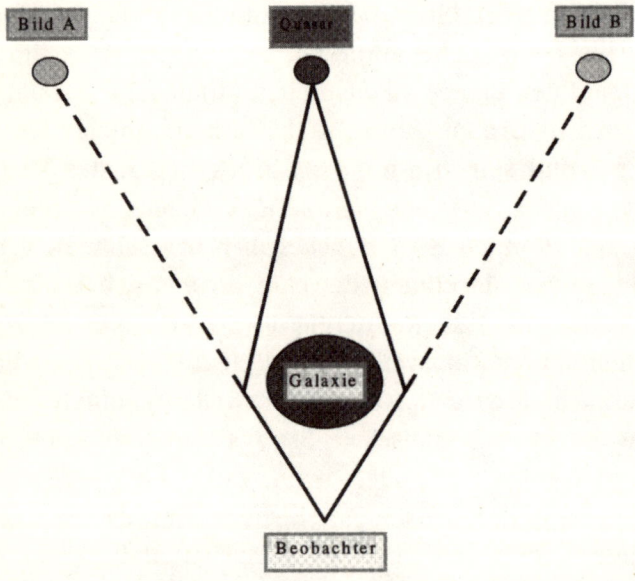

Abbildung 11: Das Licht, welches uns von einem fernen Quasar erreicht, wird durch eine massereiche Galaxie um diese herum abgelenkt. Für den irdischen Beobachter sind deshalb zwei identische Bilder des Quasars zu erkennen. Dennis Walsh entdeckte 1979 erstmalig solche kosmischen Doppelbilder.

nenlichts während der Sonnenfinsternis im Jahr 1919 nachgewiesen werden. Wenn nun zwischen dem Teleskop eines Astronomen und einer weit entfernten Lichtquelle sich ein massives Objekt befindet, dann kann dieses die Lichtstrahlen so beugen, daß sie auf beiden Seiten des Objektes vorbeilaufen. Wir sehen dann statt der einen Lichtquelle zwei identische nebeneinander liegende Objekte. Solche kosmischen Doppelbilder wurden zuerst 1979 entdeckt. Auch ein kosmischer String könnte zu solchen Doppelbildern führen. Bisher konnte die Ursache einer solchen Gravitationslinse immer als leuchtende Materie, z. B. als ein Quasar, identifiziert werden. Astronomen suchen nun nach Doppelbildern, die durch kein leuchtendes Objekt verursacht werden. Würden sie mehrere solcher Doppelbilder finden, die sich dann auch noch in eine Reihe gliedern ließen, wäre dies ein bedeutsamer Hinweis auf die Existenz eines kosmischen Strings. Übrigens haben diese kosmischen Strings möglicherweise nicht nur den Namen mit den Superstrings der Teilchenphysiker gemeinsam. Nach einer Theorie haben sich kosmische Strings nämlich in der Frühphase des Universum aus ganz gewöhnlichen winzig kleinen Superstrings gebildet, die durch die Expansion zu ihrer späteren Länge auseinandergezogen wurden.

Schwarze Löcher und Singularitäten

Nachdem wir uns nun damit vertraut gemacht haben, daß unser Universum zum großen Teil aus exotischen Bestandteilen zusammengesetzt ist, für die uns jede Vorstellungskraft fehlt, sind wir nicht mehr überrascht zu erfahren, daß es auch Orte gibt, an denen unsere Vorstellungen von Raum und Zeit keine Bedeutung mehr haben. Raum und Zeit sind relativ. Sie können durch Beschleunigung und große Massen beeinflußt werden. Bei sehr großen Geschwindigkeiten, die der Lichtgeschwindigkeit nahekommen, hatten wir die relativistischen Effekte schon kennengelernt, die quasi zu einer Deformierung des Raumes und der Zeit führen. Da gemäß des Einsteinschen Äquivalenzprinzips Beschleunigung und Gravitation als gleichwertig aufgefaßt werden können, sollten diese merkwürdigen Effekte auch in Anwesenheit großer Gravitationskräfte auftreten. Um einen Zustand wie z.B. die maximale Zeitdilatation, welche bei Lichtgeschwindigkeit auftritt, durch Gravitationskräfte hervorzurufen, wären sehr große Massen erforderlich. Da die Schwerkraft bei gegebener Masse eines Körpers auch von dessen Radius abhängt, sollte unsere Masse auf einen kleinen Raumbereich zusammengepreßt sein. Bereits Laplace mutmaßte, daß es so große Körper geben könne, denen selbst Licht nicht entkommen würde. Seit Einstein wissen wir genau, daß auch Licht der Schwerkraft unterliegt. Wenn nun die Gravitationswirkung eines Körpers so groß wäre, daß nicht einmal Licht von seiner Oberfläche entkommen könnte, dann wäre keine Materie und keine Strahlung jemals in der Lage, diesen Körper zu verlassen. Ein solches Objekt nennt man deshalb ein schwarzes Loch. Der Physiker Karl Schwarzschild entwickelte als Soldat im ersten Weltkrieg erstmals die Vorstellung eines schwarzen Lochs. Er benutzte hierfür Einsteins Überlegungen zur Raumkrümmung. Wenn der Raum nun so weit gekrümmt würde, daß er sich in sich selbst zurück krümmt, wäre er vom Rest der Raumzeit völlig abgetrennt. Am Beispiel der Gummimatte, auf der eine Kugel eine Delle hinterläßt, kann man sich vorstellen, daß eine sehr schwere Kugel zu einer Abtrennung eines kugelförmigen Gebiets der Matte führt. Dieses ist in der bildlichen Vorstellung der Raumkrümmung das schwarze Loch. Unsere Kugel könnte in diesem abgetrennten Gebiet kreisen so viel und so schnell wie sie will. Sie wird niemals wieder die Oberfläche des Gummituchs erreichen.

Schwarze Löcher könnten ständig in unserem Universum entstehen. Voraussetzung hierfür ist das Vorhandensein genügend großer Materiemengen. Genügend Materie bedeutet hier mehr als das Zweieinhalbfache der Masse unserer Sonne. Von dieser Größenordnung gibt es aber reichlich Sterne in unserer Milchstraße und in jeder anderen Galaxie. Ein solcher Stern wird nun, nachdem er seine nuklearen Brennvorräte aufgebraucht hat, seiner eigenen Gravitation nichts mehr entgegensetzen können. Solange die Kernfusion als Energiequelle noch funktioniert, ist der hierdurch erzeugte Druck so stark, daß der Stern stabil bleibt. Das eigene Gewicht zieht ihn nämlich zusammen, und die erzeugte Energie treibt ihn auseinander. Beide Kräfte heben sich gegenseitig auf. Erlöscht der Stern jedoch, kann nichts das Zusammenfallen verhindern. Unter der Last des eigenen Gewichtes stürzt er auf einen im Vergleich zu seiner Masse winzigen Radius zusammen. Die ungeheure Materiedichte, die hierdurch erreicht wird, bedingt eine entsprechend hohe Anziehungskraft an seiner Oberfläche. Die Anziehungskraft ist nun so groß, daß die Fluchtgeschwindigkeit, die nötig wäre, um das System zu verlassen, größer als die Lichtgeschwindigkeit wird. Da es aber keine größere Geschwindigkeit geben kann, ist nichts

– nicht einmal das Licht – in der Lage, diesem schwarzen Loch zu entkommen. Somit kann nichts, was in ein schwarzes Loch hineingerät, jemals wieder herauskommen. Schwarze Löcher können wir deshalb nicht sehen. Dennoch könnten sie sich durch ihre enorme Gravitationswirkung verraten.

Den Radius um ein schwarzes Loch, von dem an kein Entweichen mehr möglich ist, nennt man den Ereignishorizont. Dieser hat aber noch eine andere Eigenschaft. Wie wir gesehen haben, gehen Uhren nach Einsteins Relativitätstheorie nicht nur bei großen Geschwindigkeiten langsamer, sondern auch in Gegenwart großer Massen. Das schwarze Loch ist aber eine wirklich große Masse. Deshalb nimmt die gravitationsbedingte Zeitdilatation so stark zu, daß das Intervall zwischen zwei Zeitsignalen unendlich wird oder, anders ausgedrückt, die Zeit zum Stillstand kommt. Die Grenze, an der die Zeit keine Bedeutung mehr hat, ist ebenfalls der Ereignishorizont, der für alle Materie den Punkt ohne Umkehrmöglichkeit anzeigt.

Bis heute ist noch kein schwarzes Loch definitiv nachgewiesen worden. Dies ist nicht einfach, da ein solches eben nicht sichtbar wäre und sich nicht durch Radiostrahlung verraten würde. Es hätte zwar eine enorme Gravitationswirkung, aber wie wir gesehen haben, besteht der Großteil unseres Universums aus gravitativ wirksamer Materie, die wir bis heute nicht kennen. Wir können also keineswegs aufgrund einer unklaren Gravitationsquelle davon ausgehen, daß es sich hierbei um ein schwarzes Loch handelt. Aber dennoch sind schwarze Löcher keineswegs so spekulativ, wie es scheinen mag. Sie sind vielmehr unausweichliche Konsequenz der Einsteinschen Theorie. Es würde die Physiker deshalb sehr wundern, wenn es keine davon im Universum geben sollte. Obwohl noch kein einziges von ihnen entdeckt wurde, sind sich die Astronomen über viele Eigenschaften völlig im klaren. Wenn es also schwarze Löcher gibt, dann wissen wir – wenn wir eines finden – ziemlich genau, wie es beschaffen sein sollte.

Möglicherweise sitzt im Zentrum einer jeden Galaxie ein solches schwarzes Loch. Hier sind riesige Materiemassen konzentriert, und ein Teil der intensiven Strahlung, die uns aus diesen Regionen erreicht, wäre dadurch zu erklären, daß ständig von dem schwarzen Loch Materie aus der Umgebung angesaugt würde. Diese stürzt dann mit hoher Geschwindigkeit auf das schwarze Loch zu und emittiert hierbei hochenergetische Strahlung im ultravioletten Bereich. Die meisten Astronomen sind der Überzeugung, daß das Objekt Sagittarius A West im Zentrum unserer Milchstraße ein massereiches schwarzes Loch enthält. Dieses liegt, von uns aus gesehen, in Richtung des Sternbildes Schütze (Sagittarius). Hier ist eine Radioquelle entdeckt worden, die ungefähr zehnmillionenmal soviel Energie abgibt wie die Sonne. Ein weiterer Kandidat für ein schwarzes Loch ist auch die starke Röntgenquelle Cygnus X-1 im Sternbild des Schwans, die sich im Abstand von ca. 6000 Lichtjahren von uns entfernt befindet und eine Masse von etwa zehn Sonnenmassen besitzt. Das schwarze Loch soll sich hier mit einem anderen Stern in einem Doppelsternsystem befinden und von seinem Partner fortlaufend Materie abziehen. Auch hierbei wird die charakteristische Röntgenstrahlung erzeugt, die wir als indirekten Hinweis auf die Existenz des schwarzen Lochs auf der Erde empfangen können.

Es gibt möglicherweise noch ein anderes, größeres schwarzes Loch. Unser gesamtes Universum könnte als gigantisches schwarzes Loch aufgefaßt werden, wenn seine kritische Masse groß genug ist, um die andauernde Expansion irgendwann umzukehren. Das Universum wäre dann in der Einsteinschen Sprache ebenfalls ein abgeschlossenes Raumgebiet, welches sich in sich selbst zurück krümmt, da nichts außerhalb seiner Grenzen entweichen könnte.

Ein schwarzes Loch ist also eine Einbahnstraße für Materie und Energie. Es verschlingt alles, was ihm zu nahe kommt, und gibt nichts mehr ab. Somit hat es beste Voraussetzungen dafür, unsterblich zu sein. Lange ging man deshalb davon aus, daß es unzerstörbar in alle Ewigkeit bestehen würde. In den siebziger Jahren bewies Stephen Hawking hingegen, daß schwarze Löcher nicht so endgültig sind, wie man bis dahin geglaubt hatte. Sie können sogar »verdampfen« und sich irgendwann komplett auflösen. Wie ist das möglich, wo wir doch eben gehört haben, daß absolut nichts sich von einem schwarzen Loch entfernen kann? Die Erklärung ist in der Quantenphysik zu suchen. Am Ereignishorizont entstehen und vergehen ständig wie überall im Vakuum paarweise virtuelle Teilchen. Diese vernichten sich gegenseitig in einer nicht beobachtbaren Zeit. Es ist nun vorstellbar, daß ein Teilchen genau am Rande des Ereignishorizontes aufgrund der Unschärferelation, mit der es eine geringe, aber endliche Wahrscheinlichkeit hat, auch außerhalb des Ereignishorizontes aufzutauchen, hierdurch die Möglichkeit bekommt, das schwarze Loch zu verlassen. So werden irgendwann alle Teilchen das Loch verlassen haben, und dieses ist »verdampft«. Auch schwarze Löcher müssen also irgendwann sterben. Was nach der kompletten

Auflösung von dem schwarzen Loch noch übrigbleibt ist unbekannt. Möglicherweise handelt es sich um eine nackte Singularität. Eine solche Singularität könnte im Zentrum eines jeden schwarzen Loches stecken. Aber worum handelt es sich eigentlich bei dieser Singularität?

Singularitäten sind ärgerliche Konsequenzen aus der Theorie des Urknalls und der schwarzen Löcher. Ärgerlich deshalb, weil keine Aussagen über sie möglich sind. Wie der Name andeutet, handelt es sich um etwas Einmaliges, wofür es keinen Vergleich im übrigen Kosmos gibt. In der Singularität gibt es weder Raum noch Zeit. Wenn aber etwas existiert, das weder Raum noch Zeit beansprucht, dann ist es sozusagen aus unserem Universum verschwunden. Die Frage danach, wo es denn eigentlich sei, macht hier ebenso wenig Sinn wie die Frage nach dem Zeitraum, in dem die Singularität existiert. Naturgesetze, wie wir sie kennen, haben hier keine Bedeutung mehr. Wenn also tatsächlich im Zentrum eines jeden schwarzen Lochs eine solche Singularität existiert, dann handelt es sich hierbei um einen Bereich, über den keine sinnvollen physikalischen Aussagen zu machen sind.

Aber schwarze Löcher sind nicht der einzige Ort, wo Singularitäten eine Rolle spielen. Möglicherweise sind wir alle aus einer solchen Singularität hervorgegangen. Der Urknall ist nach der Auffassung des kosmologischen Standardmodells ebenfalls ursprünglich eine Raumzeit-Singularität gewesen. Es läßt sich sogar nachweisen, daß es unter bestimmten Voraussetzungen diese Singularität in der Vergangenheit des Urknalls gegeben haben muß. Stephen Hawking und Roger Penrose haben dieses in ihrem berühmten Singularitätensatz festgelegt. Eine dieser Be-

dingungen ist die anziehende Wirkung der Gravitationskraft. Wir haben aber bereits gesehen, daß im »Inflationsmodell« des Universums die Gravitationskraft durchaus einmal eine abstoßende Kraft gewesen sein könnte. In diesem
Fall würde der Singularitätensatz nicht gelten, und der Urknall hätte diese lästige Besonderheit doch nicht gehabt.

Mit Singularitäten umzugehen ist schon schwierig genug, da wir etwas als Realität akzeptieren müssen, welches
sich wiederum jeder Beschreibbarkeit entzieht. Es kann aber
noch schlimmer kommen. Die »klassischen« Singularitäten
sind sozusagen eingebettet in ein schwarzes Loch oder in
das Zentrum der Explosion, aus der unser Universum hervorging. Nun gibt es aber auch denkbare Situationen, in
denen eine Singularität ohne Begleitung eines schwarzen
Lochs auftaucht. Wenn ein solches komplett verdampft ist,
könnte die nackte Singularität übrigbleiben, da sie ja von
den physikalischen Prozessen, denen das schwarze Loch
unterliegt, nicht betroffen ist. Solche Singularitäten ohne
Ereignishorizont haben noch unangenehmere Konsequenzen. Hier werden paradoxe Situationen erwartet wie sogenannte weiße Löcher, die mit unseren physikalischen Gesetzen nicht vereinbar sind. Eine nackte Singularität ist für
Physiker deshalb so obskur, daß Roger Penrose sie einfach
verboten hat. Dieses Prinzip der sogenannten kosmischen
Zensur legt also fest, daß es nackte Singularitäten nicht
geben darf. Dies ist sicherlich eine höchst unbefriedigende
Situation, weil wir bis heute noch kein Wissen darüber
haben, ob es Singularitäten wirklich gibt, und wenn ja, wie
wir mit den mathematischen Konsequenzen hieraus umgehen sollen. Die kosmische Zensur ist somit sicherlich nicht
das letzte Wort in Sachen Singularitäten.

Raum- und zeitlose Punkte, die unendlich viel Masse oder Energie enthalten, entziehen sich somit völlig den uns bekannten Naturgesetzen. Dies ist ein Punkt, warum viele Wissenschaftler glauben, auch die Relativitätstheorie sei nicht der Abschluß der Physik großräumiger Strukturen. So könnte die Relativitätstheorie lediglich einen Teil einer übergeordneten physikalischen Gesetzmäßigkeit beschreiben, ähnlich wie die Newtonsche Physik in Einsteins Theorie enthalten ist. Da die Relativitätstheorie in sich solche Dinge wie Singularitäten birgt, die sie selbst nicht zu erklären vermag, ist es ganz offensichtlich, daß mit Hilfe der allgemeinen Relativitätstheorie die letzten Geheimnisse nicht zu lösen sind. Physiker hegen also immer noch die Hoffnung, daß sich die Singularitäten eines Tages genauso schnell ins mathematische Nichts auflösen, wie sie aufgetaucht sind.

Wurmlöcher

Schwarze Löcher und Singularitäten sind keineswegs die einzigen Raumzeit-Gebilde, die sich Theoretiker ausdenken können. Es kommt noch besser. Wurmlöcher heißen die Favoriten mancher Physiker, wenn sie einige unklare Eigenschaften unseres Universums erklären wollen. Aber bevor wir auf diese eingehen, ist eine Wertung angebracht. Schwarze Löcher sind bisher noch nie zweifelsfrei beobachtet worden. Sie sind aber zwingende Konsequenz der Relativitätstheorie. Deshalb sind die meisten Kosmologen davon überzeugt, daß es sie geben *muß*. Wenn die Kernfusion in einem entsprechend großen Stern zum Stillstand kommt, dann ist die Entwicklung zu einem schwarzen Loch nach den uns bekannten physikalischen Gesetzen unausweichlich. Schwarze Löcher sind also real existent, auch wenn sich in unserer Nähe gerade keines eindeutig zu erkennen gibt. Singularitäten hingegen sind keineswegs so abgesichert. Möglicherweise gibt es sie, obwohl jeder froh wäre, wenn man ihre Nichtexistenz beweisen könnte. Aber immerhin stützen sich Singularitäten auf eine bewährte Theorie, nämlich Albert Einsteins Relativitätstheorie. Dieses ist zwar keine Garantie für ihre Existenz, sie haben aber zumindest eine gewisse solide Grundlage. Wurmlöcher hingegen, von denen jetzt die Rede sein soll, können solche Trumpfe für sich nicht ins Feld führen. Der Leser möge sie also mit einer gewissen Skepsis betrachten. Hiermit ist keineswegs gemeint, daß es sich um bloße Phantastereien handelt. Selbstverständlich gibt es eine mathematisch formulierte Theorie, die man nicht so einfach von der Hand weisen kann. Es gibt nur keine experimentell nachgewiesenen Fakten, die sich aus dieser Theorie ergeben. Auch hat die Wurmlochtheorie – wie jede neue Theorie – nicht nur Erklärungen anzubieten, sondern konfrontiert uns wieder mit neuen Fakten, die wir erst einmal schlucken müssen. Genug der Vorrede, was sind das nun für Wurmlöcher, die sich in unserem Universum tummeln sollen?

Wir haben uns schon bei der Besprechung der Inflationstheorie oder der Viele-Welten-Theorie mit dem Gedanken vertraut gemacht, daß unser Universum möglicherweise nicht Alles ist. Es kann Gebiete außerhalb unserer Raumzeit geben, zu denen ein Kontakt nicht möglich ist. Diese Gebiete können in einem gänzlich anderen

Universum liegen oder aber in einem Bereich unseres Universums, der sich außerhalb des Ereignishorizontes befindet. Nun haben Physiker wie Sidney Coleman und Stephen Hawking Theorien entwickelt, nach denen doch eine Verbindung zwischen solchen getrennten Raum-Zeit-Gebieten möglich sein soll. Und genau diese Verbindungsstrecken sind die sogenannten Wurmlöcher. Wurmlöcher heißen sie, um klarzumachen, daß sie sehr klein sind und zu eng, um uns eine Reise in andere Universen zu ermöglichen. Eigentlich ist der Ausdruck Wurmloch maßlos übertrieben. In Wirklichkeit sollen sie sich in der Größenordnung von 10^{-32} cm befinden, viel zu klein, um auch nur einem Atom einen Durchlaß zu gewähren. Diese dünnen Röhren können irgendwo in unserem Universum vorhanden sein und an einer beliebigen anderen Stelle des Universums münden. Hierbei brauchen sie jedoch nicht die ganze Strecke bis zu den entfernten Bereichen zu überbrücken, sie sind sozusagen ein Raumpunkt, der zwei entlegene Teile miteinander verbindet. Wurmlöcher können aber auch blind enden. Weiterhin können sie nicht nur irgendwo in unserem Universum eine Verbindung herstellen, sie können ebenfalls mit anderen Universen kommunizieren. Bei diesen anderen Universen kann es sich um klitzekleine Gebiete, sogenannte Babyuniversen, handeln oder um ausgewachsene Universen, die so groß oder größer sind als unseres.

Wurmlöcher wurden aber nun nicht erfunden, um unser Universum noch fremdartiger zu gestalten, als es uns schon vorkommt. Vielmehr gelingt es mit dieser neuen Theorie, ein altes Problem in den Griff zu bekommen. Es handelt sich hierbei noch einmal um die kosmologische

Konstante, die wir ja schon als Einsteins »größte Eselei« kennengelernt haben.

Wie wir oben gesehen haben, ist die kosmologische Konstante, seit Einstein sie einführte, nicht mehr so einfach loszuwerden. Für Einstein war diese Konstante ein Wert, der die Stabilität des Weltalls sichern sollte. Nachdem nachgewiesen worden war, daß dieses expandiert, konnte sie jedoch aus seinen Gleichungen nicht mehr so leicht entfernt werden. Für Einstein war die kosmologische Konstante lediglich ein Zahlenwert ohne begrifflichen Hintergrund. Später erhielt sie jedoch einen realen, physikalischen Stellenwert. Physikalisch zu definieren ist sie nämlich als die Energiedichte des Vakuums. Entfernt werden dürfte die kosmologische Konstante also nur, wenn es keine Energiedichte des Vakuums gäbe. Dieses kann aber nach der Quantentheorie nicht so sein. Zunächst sind wir geneigt zu glauben, das Vakuum müsse selbstverständlich eine Energiedichte von Null haben. Quantenphysikalisch gesehen, existieren in ihm unendlich viele Felder, Fluktuationen und virtuelle Teilchen. An jedem Raumpunkt liegt eine Wahrscheinlichkeitsfunktion vor, die es einem bestimmten Parameter erlaubt, einen bestimmten Wert anzunehmen. Dies gilt also auch für die Energie, die für einen begrenzten, winzigen Zeitraum positive oder negative Werte annehmen kann. Aber verschiedene virtuelle Teilchen haben einen entgegengesetzten Einfluß auf die kosmologische Konstante, wie z. B. Elektronen und Photonen. Da es von beiden ungeheuer viel im Universum gibt, ist es eigentlich nach allen Gesetzen der Wahrscheinlichkeit ausgeschlossen, daß diese Werte sich gegenseitig exakt aufheben sollen. Vielmehr müßte nach Aufsummierung der positiven und negativen Einflüsse auf die kosmologische Konstante immer noch ein riesiger Betrag übrigbleiben, wobei dieser positiv oder negativ sein könnte. Berechnet man nun die kosmologische Konstante nach den Vorgaben des Standardmodells, dann sollte sie in der Größenordnung von 10^{79} liegen. Selbst wenn sich beispielsweise alle positiven und negativen Energiebeiträge des physikalischen Vakuums im ganzen Universum auf geheimnisvolle Weise so unwahrscheinlich genau abgesprochen hätten, daß die Übereinstimmung ihrer Summen nach dem Komma bis auf 76 Stellen exakt gleich wäre, dann müßte die kosmologische Konstante immer noch bei ungefähr 1000 liegen. Das ist aber nicht der Fall, sondern sie liegt extrem nahe bei Null oder ist sogar gleich Null. Dieses kann man unter anderem aus der Art schließen, wie sich weit entfernte Galaxien von uns fortbewegen. Irgend etwas stimmt also nicht mit unserem Modell. Hier also liegt das Problem mit Einsteins »Eselei«.

Nun kommt die Wurmlochtheorie ins Spiel. Sie sagt nämlich voraus, daß durch die unendlich vielen Verbindungen mit anderen Universen oder, anders ausgedrückt, durch die vielfältigen Defekte der Raumzeit, die kosmologische Konstante genau Null sein muß. Wurmlöcher verbinden die Probleme der Weiten des Universums mit der Quantenphysik. Sie stellen etwas Ähnliches dar wie die virtuellen Teilchen des Vakuums, die ja als Manifestationen von Energiefluktuationen aufzufassen sind. Im Vakuum kann aber nicht nur die Energie entsprechend des Unschärfeprinzips Fluktuationen aufweisen, sondern sogar die Raumzeit selbst wird hiervon nicht verschont. Sie kann also nach der Wahrscheinlichkeit, die allen Quantenprozessen eigen ist, plötzlich entstehen und wieder vergehen. Solche spontanen Schwankungen der Raumzeit sind nun die Wurmlöcher, die dann wiederum in unser Universum oder aber in ein anderes münden können.

Stellen Sie sich unser Universum noch einmal als zweidimensionale Oberfläche eines Ballons vor. Aus der Ferne betrachtet, scheint diese Oberfläche völlig glatt zu sein. Betrachten wir sie von nah, können wir eventuell geringe Unregelmäßigkeiten entdecken. Mit dem Mikroskop hingegen sähen wir, daß die Oberfläche in Wirklichkeit erhebliche Schwankungen aufweist. Untersuchen wir die Gummihülle unseres Ballons nun mit dem Elektronenmikroskop, dann würde sich die zuvor glatte Oberfläche in ein chaotisches Gewirr aus Hügeln und Tälern verwandeln. Ähnlich soll es sich nach der Wurmlochtheorie mit dem dreidimensionalen Raum – oder besser gesagt mit der vierdimensionalen Raumzeit – unseres Universums verhalten. Auf dem Niveau der Quantenfluktuationen, die dem Lebensraum der Wurmlöcher entsprechen, wäre die Raumzeit nichts anderes als ein völliges Durcheinander, das den Wahrscheinlichkeitsgesetzen der Quantenphysik unterliegt. Also gibt es auch eine Wahrscheinlichkeit, daß sich die Raumzeit auf diesem kleinen Maßstab in einem völlig anderen Raumzeitgebiet befindet, welches nicht unbedingt in unserem Universum liegt.

Mathematisch läßt sich nun nachweisen, daß für ein mit Wurmlöchern durchsetztes Universum der Wert der kosmologischen Konstante bei Null die bei weitem größte Wahrscheinlichkeit aufweist. Die Wurmlöcher sorgen also dafür, daß die ungeheuer großen Werte der positiven und negativen Beiträge des Vakuums sich gegenseitig exakt aufheben. Wie man sich so etwas praktisch vorstellen soll, ist auch den Erfindern der Wurmlöcher nicht klar. Die theoretischen Grundlagen bieten jedoch eine eindeutige mathematische Lösung, die das Problem der kosmologischen Konstante beseitigen kann.

Ist das Universum nur für uns da?

Wenn man über schwarze Löcher, Singularitäten, Wurmlöcher, kosmische Strings oder geheimnisvolle dunkle Materie nachdenkt, fragt man sich, welchen Stellenwert der Mensch in einem solchen Universum haben mag. Es erscheint uns so fremd und unheimlich, daß unsere Erde wie ein einsamer Ort in einem feindlichen und unverständlichen Weltall erscheint. Aber andererseits könnte unsere Erde ohne die Weiten des Universums überhaupt nicht existieren. Betrachtet man nämlich die bekannten Gesetze und Konstanten, dann wird erkennbar, daß unser Weltall eine Menge von Parametern enthält, die anscheinend genau darauf abgestimmt sind, menschliches Leben zu ermöglichen.

Die Tatsache, daß natürliche Vorgänge eine solch gute Übereinstimmung mit den menschlichen Bedürfnissen aufweisen, ist oft als Gottesbeweis benutzt worden. Daß es Tag und Nacht gibt, daß Nahrung zur Verfügung steht, daß Nutztiere uns dienen können usw., war für viele ein Hinweis, daß die Natur all diese Dinge für den Menschen so eingerichtet hat. Charles Darwin hat dieser teleologischen Sicht die Grundlage entzogen, indem er als Leitprinzip der Natur nicht Planung und Zielgerichtetheit, sondern Auswahl durch Versuch und Irrtum postulierte.

Biologen sind deshalb heute nicht mehr von der Zweckmäßigkeit der Natur überzeugt und lehnen eine teleologische Betrachtungsweise überwiegend ab.

Dennoch ist es für uns ein Rätsel, wenn wir sehen, daß
unser Weltall genau so beschaffen ist, daß Leben entstehen konnte. Oft staunen wir über die riesigen Ausmaße
unseres Universums. Dieses ist aber im Grunde keineswegs
verwunderlich. Im Gegenteil darf unser Universum gar
nicht kleiner sein. Die Bildung der schweren Elemente,
aus denen wir schließlich bestehen, bedurfte der Entstehung von Sternen, explodierenden Supernovae und
Sternen folgender Generationen. All dies nimmt etliche
Milliarden Jahre in Anspruch. In dieser Zeit ist das expan-
dierende Universum auf die jetzige Größe angewachsen.
Ein wesentlich kleineres Universum als unseres könnte
also nicht die Bedingungen bieten, die wir für unsere Existenz brauchen. Aber auch ein wesentlich größeres Universum wäre für unser Dasein abträglich. Bei weiterer
Expansion werden die Sterne irgendwann ihre Energievorräte aufgebraucht haben, und die Materie wird so weit
verdünnt sein, daß sich neue Sterne nicht mehr bilden
können. Planeten wie die Erde werden dann schon lange
nicht mehr existieren. Innerhalb der unendlich langen
Spanne der möglichen Existenzdauer des Universums
leben wir also in der relativ kurzen Epoche, die unsere
Existenz ermöglicht. Wenn das Weltall also größer oder
kleiner wäre, dann wären die Bedingungen, die zur
Sternenentstehung führten nicht vorhanden, und es gäbe
auch keine Planeten und keine Menschen.

Alles Leben, wie wir es kennen, basiert insgesamt auf
Kohlenstoff. Dieses Element entstand aber nicht während

368

des Urknalls, der im wesentlichen nur Wasserstoff und Helium hervorbrachte. Die Verfügbarkeit schwererer Elemente, so auch des Kohlenstoffs, ist vielmehr das Produkt gewaltiger Naturkatastrophen. Erzeugt werden diese Elemente im Inneren der Sterne als Produkt der Kernfusion. Aus Wasserstoff und Helium entstehen so die Stoffe, die unser Leben ermöglichen. Am Schluß ihres Lebens explodieren Sterne einer bestimmten Größenordnung als Supernova mit unvorstellbarer Kraft und können für eine begrenzte Zeit so hell leuchten wie eine ganze Galaxie mit ihren vielen Milliarden Sternen. Im Jahr 1054 n. Chr. be-

Abbildung 12: Der Krebs Nebel (NGC 1952) im Sternbild Stier ist Überrest einer gewaltigen Supernovaexplosion, die sich im Jahr 1054 in 6500 Lichtjahren Entfernung von der Erde ereignet hat. Der Nebel hat einen Durchmesser von ca. sieben Lichtjahren und enthält u. a. die schweren Elemente, aus denen sich Leben entwickeln kann.

obachteten chinesische Astronomen eine solche Sternen-
explosion. Heute sehen wir die Überreste dieses Ausbruchs
als den sogenannten Krebs Nebel. Hierbei werden die
schwereren Elemente in den Raum hinausgeschleudert und
dienen als Baumaterial unter anderem für Planeten, die
möglicherweise Leben hervorbringen. Die Supernova des
Jahres 1987 in der großen Magellanschen Wolke hat vor
170.000 Jahren so viel schwere Elemente in den Raum
hinaus geblasen, daß man hieraus ungefähr fünf Millionen
Planeten von der Größe der Erde konstruieren könnte. Die
schweren Elemente unserer Umgebung und vor allem das
zentrale Atom unseres Lebens, der Kohlenstoff, sind Produkt der Sternenentwicklung. Wir sind tatsächlich in unserem Innersten »Kinder der Sterne«. Damit aber Kohlenstoff
entstehen kann, müssen einige Prozesse bemerkenswert
genau aufeinander abgestimmt sein. Es ist nämlich nicht
selbstverständlich so, daß sich im Verlauf der Sternenentwicklung Kohlenstoff bilden muß, vielmehr ist dieser Vorgang das Resultat von mehreren absolut unwahrscheinli-
chen Bedingungen. Sieht das nicht so aus, als wenn *irgend
jemand* das alles genau so für uns eingerichtet hätte.

Eine geläufige Erklärung für diese Übereinstimmungen
zu unseren Gunsten ist das sogenannte anthropische Prinzip. Es besagt, kurz ausgedrückt, daß das Weltall so ist,
wie es ist, weil wir da sind und nur ein solches Weltall
beobachten können. Wäre das Weltall nur geringfügig
anders, dann gäbe es keine bewußten Beobachter. Dies
kann auch dahin gehend gedeutet werden, daß es viele,
vielleicht unendlich viele Universen gibt. Wir sehen aber
ein möglicherweise völlig atypisches Universum, welches
genau die Bedingungen enthält, die für unser Leben not-

wendig sind. Diese Bedingungen sind also nicht extra für uns ausgewählt, es ist nur das einzige Universum, das wir beobachten können.

Das Inflationsmodell ist ebenfalls mit dieser Sicht verträglich. Wenn sich zu Zeiten des Urknalls das Universum inflationär ausgedehnt hat, dann bedeutet dies, daß sich jeder Raumbereich ausgedehnt hat. Verschiedene Raumpunkte könnten aber durchaus eine unterschiedliche Ausdehnung erfahren haben, so daß das gesamte Universum aus einer Unzahl unterschiedlicher Teiluniversen besteht. Wir würden dann in dem Teiluniversum leben, welches zufällig die von uns beobachteten Naturkonstanten hat, die unser Überleben ermöglichen. Aber nicht nur die Beobachtungsdaten, selbst die Naturgesetze könnten in anderen Universen von unseren unterschiedlich sein. Diese Sicht hat bedeutende Konsequenzen für das Verständnis unserer Suche nach den grundlegenden Gesetzen unserer Existenz. Vielleicht existieren diese überhaupt nicht. Es könnte sein, daß unsere sogenannten Naturgesetze ebenfalls nicht fundamental, sondern völlig zufällig sind. Bei uns sind sie so, daß sie unser Leben ermöglichen. In einem anderen Universum sind sie eben anders. Die basalen Naturgesetze, die eine Variation dieser für uns nachweisbaren Gesetze erlauben, sehen dann völlig anders aus und entziehen sich unserer Erkenntnisfähigkeit.

Vielen ist das anthropische Prinzip gerade wegen dieser Konsequenz nicht sehr sympathisch. Es würde ja bedeuten, daß unsere Naturgesetze in Wirklichkeit völlig zufällig sind und es demnach wenig Sinn macht, ihre Grundlagen zu erforschen, da es keine Grundlage gibt. Das anthropische Prinzip wird deshalb oft nur als ein Notbehelf angesehen, welcher uns bei Wissenslücken zeitweilig nützlich sein kann, aber bei Entwicklung unserer Wissensbasis immer überflüssiger wird. Voraussetzung hierfür ist der Glaube daran, daß Naturgesetze nicht zufällig sind, sondern daß ihnen eine gewisse Zwangsläufigkeit innewohnt. Demnach ist unser Universum nicht so, weil wir zufällig da sind, um es zu beobachten, sondern weil die Ausgangsbedingungen und die eindeutigen Naturgesetze unvermeidlich diesen Zustand hervorgerufen haben. Die meisten Physiker neigen heute zu dieser Ansicht und wären froh, wenn die Diskussion um das anthropische Prinzip irgendwann beendet wäre. Denn neue Erkenntnisse sind aus dieser Sicht nicht zu erwarten.

Die Zukunft des Universums

Irgendwann werden selbst die gewaltigen Energievorräte der größten Sterne verbraucht sein. Unsere Sonne wird noch ca. fünf Milliarden Jahre zu leben haben, bevor sie sich zum roten Riesen aufbläht und die Erde verdampft. Nach diesem kurzen Ausbruch fällt sie in sich zusammen und fristet ihren Lebensabend als weißer Zwerg, der nicht mehr viel größer ist als unsere jetzige Erde. Anschließend kühlt sie langsam aus, bis ihre letzten Brennstoffvorräte aufgebraucht sind. Dennoch werden sich in einigen galaktischen Gaswolken noch neue Sterne bilden können. Aber nach ungefähr 300 Milliarden Jahren wird es keine Neubildungen mehr geben. Nahezu alle Sterne werden als Supernovae explodiert oder erloschen sein. Wenige massearme Sterne können jedoch noch weitaus länger glühen.

Wenn das Universum ungefähr 10.000mal so alt ist wie heute, werden auch die letzten Sterne aufgehört haben, am nächtlichen Himmel zu leuchten. In 300 Milliarden Jahren wird das Universum etwa 10mal so groß und 10mal so kalt sein wie heute. Die Zentren der Galaxien werden die erkaltenden Sterne verschlingen und zu immer größeren schwarzen Löchern werden.

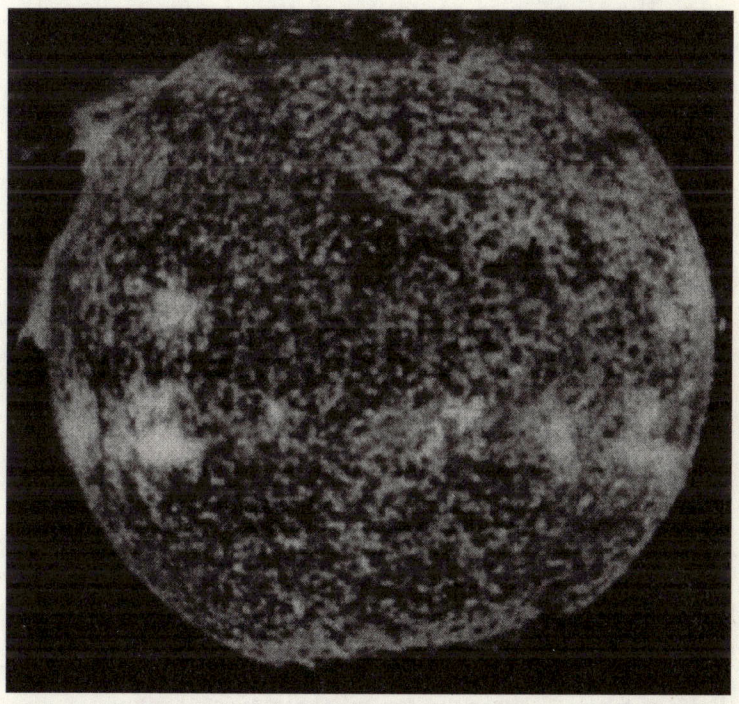

Abbildung 13: Trotz ihrer gewaltigen Energievorräte und der 330.000fachen Erdmasse wird auch unsere Sonne nicht ewig strahlen. In der kosmologisch gesehen kurzen Zeit von ca. fünf Milliarden Jahren wird sie sich zu einem roten Riesen aufblähen und die Erde verschlingen.

Die weitere Entwicklung hängt von der kritischen Dichte des Universums ab. Ist diese groß genug, dann reicht die Gravitationswirkung der vorhandenen Masse aus, die Expansion irgendwann zu stoppen und in eine Kontraktionsphase zu verwandeln. Hierbei wird das kalte Universum wieder kleiner und wärmer werden. Irgendwann wird die Hintergrundstrahlung so heiß sein, daß der nächtliche Himmel erst rötlich und später blendend weiß leuchten wird. Die Hitze wird so groß, daß sich Atome in ihre Bestandteile auflösen, und später werden auch die Atomkerne nicht mehr stabil bleiben. Es besteht wieder eine Mischung aus Strahlung und hochenergetischen Photonen, Neutrinos und Elektronen. Wenn die Dichte des Universums weiter ansteigt und sich der Unendlichkeit nähert, herrschen möglicherweise dieselben Bedingungen wie zu Zeiten des Urknalls. Manche Kosmologen glauben, daß es durch eine Art Rückstoß zu einer erneuten Phase der Expansion kommen könnte und die Geschichte des Universums wieder von vorne beginnen würde. Dieses ist das Bild des sogenannten zyklischen Universums. Für viele ist dies deshalb so attraktiv, weil es uns davor bewahrt, einen Anfang zu definieren. Es konnte jedoch gezeigt werden, daß auch ein solches zyklisches Universum einen Anfang haben muß und nicht seit ewigen Zeiten Phasen der Expansion und Kontraktion durchgemacht haben kann. Während jedes Zyklus verändert sich nämlich aufgrund einer sogenannten Massenviskosität das Verhältnis der Photonen zu den Baryonen. Die Photonen müssen der Theorie zufolge immer häufiger werden und die Baryonen im Vergleich hierzu abnehmen. Nun sind in unserem Universum die Photonen zwar bei weitem in der

Überzahl, aber das Verhältnis Photonen zu Baryonen ist keineswegs unendlich. Demzufolge kann unser Universum, sofern es zyklisch sein sollte, nicht seit unendlicher Zeit existieren. Die Vorstellung des ständigen Wechsels zwischen Expansion und Kontraktion verschiebt das Problem der Entstehung des Universums also lediglich in eine viel entferntere Vergangenheit als das klassische Urknallmodell mit seiner Entstehung der Welt aus dem Nichts vor ca. 15 Milliarden Jahren.

Die heutigen Beobachtungsdaten gehen jedoch davon aus, daß unser Universum unterhalb der kritischen Dichte liegt oder diese genau erreicht. Hierbei würde die Zukunft deutlich anders aussehen. Das Universum hätte dann zwar einen definierten Anfang aber kein Ende. Nachdem die letzten Sterne aufgehört haben zu leuchten und die Galaxien von schwarzen Löchern verschlungen wurden, passiert lange, lange Zeit nicht mehr viel in dem bisher so ereignisreichen Weltall. Es dehnt sich nur ständig weiter aus und wird immer kälter. Nach vielleicht 10^{35} Jahren zerfällt der Rest der Materie. Protonen lösen sich in ihre Bestandteile auf. Es werden also nur ein Meer von Strahlung und einsame schwarze Löcher übrigbleiben. Jetzt folgt eigentlich erst die weitaus längste Periode in der Existenz unseres Universums. Bis zu der unvorstellbar langen Zeitdauer von 10^{100} Jahren geschieht im Prinzip außer der beständigen Ausdehnung und Abkühlung der Strahlung nichts mehr. Bereits nach 10^{30} Jahren ist die kosmische Hintergrundstrahlung übrigens auf 10^{-20} Kelvin abgesunken. Der Zeitraum der Strahlung und der schwarzen Löcher ist 10^{86}mal so lang wie die Phase vom Urknall bis zum Verlöschen der letzten Sterne. Man kann also mit einigem

Recht behaupten, daß die Existenz von Sternen und überhaupt von Materie nur einen verschwindend kleinen
Bruchteil in der nahezu ewigen Zeit unseres Universums
ausmacht. Aber selbst die schwarzen Löcher sind nicht für
die Ewigkeit gemacht. Sie werden gemäß quantenphysika-
lischer Prozesse verdampfen und hochenergetische Photonen abgeben, die sich zu der kalten Strahlung gesellen.
Wenn das Universum nicht geschlossen ist, wird es sich
danach immer weiter ausdehnen und in unendlich ferner
Zukunft vielleicht einmal zum Stillstand kommen. Dann
wird es nur noch kalte homogene Strahlung geben. Alle
paar Lichtjahre zieht ein vereinsamtes Photon seine Bahn.
Dazwischen ist nichts.

Und das soll alles gewesen sein?

Jenseits des Ereignishorizontes

Unser Universum existiert seit ungefähr 15 Milliarden
Jahren. Seit Anbeginn des Weltalls hat also das Licht entfernter Galaxien 15 Milliarden Jahre Zeit gehabt, um zu
uns zu gelangen. Wir können somit maximal 15 Milliarden Lichtjahre weit sehen. Alles, was sich außerhalb dieses Radius befindet, ist für uns verborgen. Diese Grenze,
die durch das Alter des Universums und die Lichtgeschwindigkeit gegeben ist, stellt den Ereignishorizont dar.
Von Dingen, die sich außerhalb dieses Horizontes befinden, können wir nichts wissen. Je älter das Universum
wird, um so größer wird auch unser Horizont werden. Andererseits war der Ereignishorizont zu Beginn der Welt
entsprechend kleiner. Im Alter von acht Minuten war er

so groß, wie der Abstand von der Erde zur Sonne. Wir wissen nicht, wie groß das Universum zu diesem Zeitpunkt war. Fest steht aber, daß wir heute in 15 Milliarden Lichtjahren Entfernung Ereignisse beobachten können, die sich einmal in einem sehr viel geringeren Abstand von uns abgespielt haben. Alles, was außerhalb dieser Entfernung geschah, ist uns grundsätzlich verborgen.

Der durch den Ereignishorizont vorgegebene Radius ist eine unüberwindbare Hürde. Die gesamte Kosmologie kann sich nur auf diese Kugel mit einem Radius von 15 Milliarden Lichtjahren beschränken. Ob es außerhalb dieser Kugel überhaupt etwas gibt, ob der Raum jenseits des beobachtbaren Universums unendlich ist, darüber wissen wir nichts. Wahrscheinlich ist unser Universum sehr viel größer, als der für uns einsehbare Radius zu erkennen gibt.

Wenn wir unsere Teleskope auf die entferntesten Objekte im Weltall richten, dann betrachten wir in Wirklichkeit die Vergangenheit, ein Universum, wie es kurz nach dem Urknall war. In ca. 15 Milliarden Lichtjahren Entfernung sehen wir der Schöpfung zum Zeitpunkt Null zu. Allerdings nur fast zum Zeitpunkt Null, denn das Universum war in den ersten 300.000 Jahren undurchsichtig. Die Temperaturen waren nämlich so hoch und die Dichte so groß, daß das frühe Weltall für Strahlung undurchlässig war. Alles, was sich vor diesem Zeitpunkt ereignete, können wir somit nicht direkt beobachten. Was wir »sehen« können, ist jedoch der Rand des undurchsichtigen frühen Universums, eine glühende Feuerschale, die ungefähr 1000 bis 3000 Kelvin heiß war. Nun entfernt sich diese uns umgebende Feuerkugel im Rahmen der Expansion des

Universums mit enormer Geschwindigkeit von uns fort. Hierdurch wird die Wellenlänge des ankommenden Lichts gedehnt, welches gleichbedeutend mit einer Senkung der Temperatur ist. Alles was übrigbleibt ist eine kalte Strahlung von drei Kelvin oder -270 Grad Celsius, die Hintergrundstrahlung, die Penzias und Wilson 1964 entdeckten. Diese Strahlung ist somit nicht nur ein Zeuge aus der frühen Zeit unseres Universums, sondern stellt für uns ebenfalls den »sichtbaren« Rand unserer Welt dar.

Ähnlich wie unsere Vorfahren die Erde kartographierten, versuchen Astronomen dies heute für das gesamte Universum. Hier gibt es zwar noch viele weiße Flecken, aber die Struktur unseres universalen Globus ist im Groben schon einigermaßen fertig. Unsere Galaxie, die Milchstraße, besteht aus ca. 100 bis 200 Milliarden Sternen. Die Sonne und ihre Planeten liegen am Rand der Galaxienscheibe. Diese hat einen Durchmesser von ungefähr 100.000 Lichtjahren. Immanuel Kant war der erste, der 1755 mit 31 Jahren in seinem Buch *Allgemeine Naturgeschichte und Theorie des Himmels* behauptete, die in den Teleskopen zu erkennenden Nebel seien nichts anderes als weitere Galaxien ähnlich unserer Milchstraße. Alexander von Humboldt prägte hierfür später in seinem 1850 erschienenen Werk *Kosmos* den Begriff Weltinsel. Die nächste von diesen Kantschen Weltinseln in unserer Nachbarschaft ist der Andromedanebel. Dieser ist ca. 2,5 Millionen Lichtjahre von uns entfernt und kann in klaren Nächten mit bloßem Auge erkannt werden. Edwin Hubble konnte 1923 durch Beobachtungen mit dem Teleskop auf dem Mount Wilson erstmalig zeigen, daß der Andromedanebel aus einzelnen Sternen besteht, und so die von Kant geäußerte Behauptung bestätigen. Die Andromedagalaxie ist das einzige Gebilde am nächtlichen Sternenhimmel, welches nicht zu unserer Galaxie gehört. Auch die Sterne, die außerhalb des Milchstraßenbandes erkennbar sind, gehören in Wirklichkeit sämtlich zu unserer Heimatgalaxie. Es gibt in unserem Universum neben der Milchstraße noch ca. 100 Milliarden andere Galaxien. Erst in den zwanziger Jahren dieses Jahrhunderts setzte sich die Auffassung durch, daß die Milchstraße bei weitem nicht die größte Galaxie des Universums ist. Galaxien gruppieren sich zu Galaxienhaufen, Superhaufen und noch größeren Strukturen. Am Rand des sichtbaren Universums haben Astronomen die ältesten Objekte entdeckt, die wir kennen. Es handelt sich um sogenannte Quasare (quasistellare Objekte). Diese heißen so, weil sie aussehen wie Sterne, sicherlich aber keine sind. Ihre Leuchtkraft ist nämlich so groß, daß sie heller scheinen können als eine ganze Galaxie mit ihren vielen Milliarden Sternen. Man glaubt heute, daß es sich bei den Quasaren um Galaxien in ihrer Geburtsphase handelt. Ein riesiges schwarzes Loch im Zentrum könnte so viel Materie verschlingen, daß hierbei die gewaltigen Energien freigesetzt werden, die uns als Strahlung erreichen. Wahrscheinlich gibt es aber gar keine Quasare mehr. In unserer näheren Umgebung jedenfalls existieren sie nicht. Was wir am Rande des Universums sehen, ist ja auch nicht der jetzige Zustand, sondern die Situation, wie sie vor 15 Milliarden Jahren bestand. Wären wir jetzt dort, könnten wir möglicherweise unsere Milchstraße ebenfalls als entfernten Quasar beobachten. Auch sehen wir im Grunde gar nicht so weit, wie man zunächst meinen könnte. Das Licht, welches uns vom sichtbaren Rand des Uni-

379

versums erreicht, wurde nämlich zu einem Zeitpunkt ausgesandt, als das Universum noch viel kleiner als heute war. Das, was uns als 15 Milliarden Lichtjahre entferntes Objekt erscheint, ist nicht nur ein Objekt aus längst vergangenen Zeiten, sondern darüber hinaus auch eins, welches sich einmal in unserer unmittelbaren Nachbarschaft befand.

Abbildung 14: Die Andromedagalaxie M31 (NCG 224) ist mit einer Entfernung von 2,5 Millionen Lichtjahren für uns die nächste Galaxie. In klaren, mondlosen Nächten kann man sie mit bloßem Auge erkennen. Sie ist die größte Galaxie in dem Galaxienhaufen, dem auch unsere Milchstraße angehört. Bei den lichtstarken Objekten in der Mitte links und unten rechts im Bild handelt es sich um die beiden Satellitengalaxien NGC 205 und M32.

380

Was sich jenseits des sichtbaren Universums befindet wird uns wohl für immer verborgen bleiben. Aber möglicherweise macht die Frage nach dem Jenseits gar keinen Sinn, da Raum und Zeit nur in unserem Universum existieren und erst durch die Expansion der Weltkugel ständig neu geschaffen werden. Es ist aber auch durchaus denkbar, daß unser Universum nur ein kleiner Ausschnitt aus einem sehr viel größeren Megauniversum ist. Die von immer mehr Kosmologen favorisierte Inflationstheorie stützt sich auf diese Annahme.

Die Vorstellung eines unendlichen Alls jenseits unseres Ereignishorizonts hat beängstigende philosophische Folgen: Wenn das Universum unendlich groß ist und eine statistische Wahrscheinlichkeitsfunktion aufweist, dann gibt es in diesem Universum alle denkbaren Universen, so auch unseres – und dies nicht nur einmal, sondern unendliche Male. Denn jede mögliche Situation, die in Übereinstimmung mit den Naturgesetzen steht, wird irgendwann oder irgendwo auftreten. Dies ist ebenso sicher, wie in einer unendlichen Zahlenfolge jede einzelne denkbare Ziffernfolge irgendwann auftreten wird. Und da die Zahlenfolge unendlich ist, wird jede beliebige Ziffernfolge nicht nur einmal, sondern ebenfalls unendlich oft auftreten. Die Vorstellung, daß wir unendlich häufig in anderen Universen existieren und darüber hinaus auch noch Kopien von uns mit einem Rüssel statt einer Nase, mit violetten Haaren oder mit Schuppen, ist sicherlich nicht einfach zu verdauen.

Wir bauen uns ein Universum

Wenn man die Entstehung des Weltalls aus einem Va-
kuumzustand heraus akzeptiert und weiterhin auch den
Grund hierfür zu kennen glaubt, daß sich nämlich ein
Zustand bestimmter Dichte und Temperatur inflationär
ausdehnen kann, dann verwundert es einen nicht, daß es
Physiker gibt, die sich überlegen, ob man einen solchen
Zustand nicht im Labor erzeugen könne. Tatsächlich gibt
es ernsthafte Berechnungen hierzu, die davon ausgehen,
daß man eine gewisse Menge Materie ungeheuer komprimieren muß, um diesen Ausgangszustand zu erreichen. Alan Guth, der Begründer der Inflationstheorie,
hat ausgerechnet, daß ca. 10 kg Materie auf 10^{-24} cm
verkleinert werden müßten. Andere gehen davon aus,
daß man viel weniger Materie für die Schaffung einer
neuen Welt benötigen würde. Der russische Physiker
Andrej Linde, der seit einigen Jahren in Kalifornien lebt,
kommt mit weniger als 10^{-5} Gramm aus. Auch wenn wir
weit davon entfernt sind, eine Schrottpresse zu bauen,
die Materie in dieser Form komprimieren kann, so ist
es doch interessant, darüber zu spekulieren, daß die
Schaffung eines Universums mit heutigen physikalischen
Erkenntnissen *prinzipiell* möglich ist. Wir wissen nicht,
ob es jemals eine Zivilisation geben wird, die über genügend technologische Voraussetzungen verfügt, um
im Labor einen Urknall zu zünden. Doch wenn es einmal gelingen sollte, Beschleunigeranlagen zu bauen,
welche die Plancksche Energie – also 10^{19} GeV – erreichen, dann wäre es theoretisch auch möglich, daß
ein neues Universum mit anschließender inflationärer

Phase entsteht. Heutige Anlagen müssen sich aber mit bescheidenen 10^2 bis 10^3 GeV zufrieden geben. Extrapoliert man aber den Fortschritt der Beschleuniger der letzten Jahrzehnte linear in die Zukunft, dann könnte um das Jahr 2150 durchaus eine solche Maschine gebaut werden. Aber selbst wenn es nicht so weit kommen sollte; für das Verständnis unseres Universums und unserer Existenz ist dieser Gedanke dennoch ungeheuerlich. Wir wollen hier erst gar nicht in die Domäne von Sciencefiction-Autoren abschweifen und fragen, ob nicht irgendein Physiker (vielleicht einer mit Tentakeln und zwei Köpfen) in irgendeinem Labor in irgendeinem Universum diesen Versuch vor 15 Milliarden Jahren angestellt hat. Die Vorstellung aber, daß es vielleicht einmal möglich sein wird, Vakuumfluktuationen dazu zu bringen, sich inflationär auszudehnen und ungeheure Mengen an Energie und Masse zu erzeugen, stellt uns vor die Frage, welchen Stellenwert wir wohl für ein solches Universum hätten. Am ehesten wohl gar keinen, da es absolut keine Möglichkeit gäbe, mit unserer Schöpfung zu kommunizieren. Ein im Beschleuniger erzeugtes Universum würde sich nämlich sofort mit Überlichtgeschwindigkeit ausdehnen und befände sich darüber hinaus nicht in unserem Raum und nicht in unserer Zeit. Andrej Linde hatte die Idee, daß der Weltenschöpfer dadurch, daß er die Anfangsbedingungen seines Urknalls willkürlich auswählt, dem Universum sozusagen seinen Stempel aufdrücken könne. Intelligente Wesen wären dann vielleicht in der Lage, diesen Stempel zu erkennen und möglicherweise sogar eine darin enthaltene Botschaft zu entschlüsseln.

All dies mag dem seriösen Leser als Phantastereien von Physikern erscheinen, die zu lange in den abstrakten Gefilden mathematischer Beziehungen gelebt haben und sich von den Bedingungen der wirklichen Welt entfernt haben. Aber sie haben uns auch gezeigt, daß die wirkliche Welt nicht das ist, wofür wir sie immer gehalten haben. Sie ist viel phantastischer als alles, was sich Naturforscher, Philosophen oder Theologen je ausgedacht haben. Und das Phantastischste ist, daß sich in dieser Welt Staub und Dreck – als Überbleibsel von Sternenexplosionen – während der kosmischen Reise durch eine Galaxie zu kleinen Klumpen aus Fett und Eiweiß zusammengefunden haben, die wir Gehirne nennen und die versuchen, all dies zu verstehen.

Die Sprache der Natur

Es ist furchtbar, im Meere vor Durst zu sterben.
Müßt ihr denn gleich eure Wahrheit so salzen,
daß sie nicht einmal mehr – den Durst löscht?

Friedrich Nietzsche, Jenseits von Gut und Böse,
Goldmann 1987, S. 64

Die Mathematik ist die Sprache, in der wir die Natur am
besten beschreiben können. Unabhängig von der Kultur,
den Wertvorstellungen und den persönlichen Vorlieben
erlaubt es die mathematische Ausdrucksweise, eindeutige,
allgemein verbindliche Aussagen zu treffen, die nicht subjektiv interpretierbar sind. Ein in sich geschlossener logischer mathematischer Satz verkörpert eine Wahrheit, die
über jede Diskussion erhaben ist. Wenn die Regeln – der
Formalismus zur Beschreibung eines Systems – logisch
widerspruchsfrei sind, dann können wir davon ausgehen,
daß die mit Hilfe dieses Formalismus beschriebenen Beziehungen zwischen den Dingen ebenso widerspruchsfrei,
also in einem gewissen Sinne »wahr« sind. Das Problem
dieser Art der Naturbeschreibung liegt in ihrer Abstraktion. Die meisten von uns sind nicht in der Lage, die Ge-
schlossenheit, Symmetrie und damit den ästhetischen Reiz
mathematischer Symbole zu begreifen. Die Natur macht es
uns auch nicht leicht. Während wir durchaus in der Lage
sind, andere kulturelle Ereignisse wie ein Theaterstück, ein
Konzert oder ein Kunstwerk zu genießen, ohne den dahin-

terliegenden Formalismus zu begreifen, gelingt uns das in der Sprache der Natur nicht so einfach. Damit wir die Ästhetik der Naturgesetze erfassen können, müssen wir die mathematischen Beziehungen der Dinge zueinander mit Hilfe von oft unzureichenden Beispielen für uns erst verständlich machen. Das ist so ähnlich, als würden wir einem Blinden die Schönheit eines Bildes mit Hilfe von akustischen Signalen begreiflich zu machen versuchen.

Oft fragen wir uns, warum bestimmte Prinzipien der Natur durch eine Sprache beschrieben werden, für deren Verständnis offenbar nur die wenigsten von uns geeignet sind. Bereits die mathematische Formulierung relativ einfacher natürlicher Prozesse ist so komplex, daß die meisten Menschen die Sprache der Natur nicht mehr verstehen. Auch wenn uns zum Verständnis der Einsteinschen Relativitätstheorie Physiker in Fahrstühlen weiterhelfen können, so darf dies jedoch nicht darüber hinwegtäuschen, daß für die korrekte Darstellung dieser Theorie höhere Mathematik erforderlich ist. Für die Formulierung neuer physikalischer Vorstellungen wie beispielsweise der Stringtheorie reicht heute nicht einmal das Verständnis der führenden Mathematiker der Welt.

Aber auf der anderen Seite kann die Beschreibung natürlicher Vorgänge erheblich vereinfacht werden, wenn die zugrunde liegenden Regeln erst einmal verstanden sind. Komplizierte Berechnungen erübrigen sich, wenn ein Prinzip entdeckt wurde, aus dem sich alle zuvor beschriebenen Bedingungen natürlich ergeben. So bedarf es zur mathematischen Formulierung des Weges von Licht durch verschiedene Medien (wie beim Übergang von Luft zu Wasser) einiger geometrischer Berechnungen. Lange Zeit hat man nicht verstanden, warum die Brechungswinkel so kompliziert erscheinen und warum das Licht beim Durchgang durch die Wasseroberfläche ganz offensichtlich einen längeren Weg zum Ziel zurücklegt, als beim geradlinigen Verlauf notwendig wäre. Der französische Jurist und Mathematiker Pierre de Fermat (1601–1665) erkannte als erster, daß Licht nicht unbedingt den kürzesten, dafür aber den schnellsten Weg einschlägt. Die Geschwindigkeit von Licht ist in Luft und in Wasser unterschiedlich. Der optimale Brechungswinkel an der Wasseroberfläche ergibt sich aus der Tatsache, daß das Licht sich den Weg aussucht, der am schnellsten zum Ziel führt. Der Lichtstrahl »berechnet« sozusagen die Länge der Strecke und die Reisegeschwindigkeit sowohl für die Luft als auch für das Wasser. Wenn ein Lichtstrahl nun den Boden eines wassergefüllten Behälters beleuchten soll, gibt es nur eine Reiseroute, auf der dieses Ziel in der kürzesten Zeit erreicht wird. Auch derjenige, der nicht in der Lage ist, die Berechnungen der Lichtbrechung durchzuführen, kann so das zugrunde liegende Prinzip leicht verstehen und hieraus den Lauf des Lichtstrahls letztendlich rekonstruieren.

Wir können also die unverständlichen Formeln durch ein neues Prinzip ersetzten. Dieses *Wirkungsprinzip* beschreibt den Sachverhalt viel einfacher und effektiver als die Formeln, die zuvor für die Beschreibung gefunden wurden. Auch die Einsteinschen mathematischen Formulierungen können so durch ein Wirkungsprinzip ersetzt werden. Ein solches Wirkungsprinzip ist also der kürzeste Weg, einen Sachverhalt auszudrücken. Zudem ist es in der Regel verständlicher als die Darstellung durch empirisch gefundene, mathematische Formeln. Deshalb ist die Hoffnung angebracht, letztendlich viel von der für uns unverständlichen Mathematik eines Tages durch solche intuitiv leicht erfaßbaren Prinzipien ersetzen zu können. Die Suche nach der »Weltformel«, die Sie auf Ihrem T-Shirt tragen können, begründet sich in dieser Hoffnung.

Die Mathematik hat den Vorteil, etwas Objektives in unserer durch subjektive Wahrnehmungen geprägten Welt zu sein. Der Satz des Pythagoras ist richtig und wird es immer bleiben. Unabhängig von der Kultur haben sich bestimmte Wahrheiten der Mathematik in gleicher Art in verschiedenen Ländern der Erde entdecken lassen. Dieser Ansatzpunkt geht davon aus, daß die Mathematik nicht erfunden, sondern entdeckt wird, daß es also eine von unserer wissenschaftlichen Betätigung unabhängige Mathematik gibt. Naturwissenschaftler können sich natürlich irren. Hierfür gibt es unzählige Beispiele. So waren die Bewegungsgesetze des Aristoteles falsch, und die Mechanik von Newton war nicht die allumfassende Beschreibung der Wirklichkeit, sondern nur eines Spezialfalles derselben. Die Mathematik aber, die diesen Entwicklungen zugrunde lag, war richtig.

Offensichtlich liegt in der Mathematik also eine tiefe Wahrheit. Oft sind wir nicht in der Lage, diese zu verstehen. So wurden z. B. Mitte des 19. Jahrhunderts nicht-euklidische Geometrien von dem 27jährigen Bernhard Riemann beschrieben, ohne daß jemand einen Bezug zur Wirklichkeit gesehen hätte. Erst Albert Einstein gab diesen Theorien durch die Einarbeitung in seine Relativitätstheorie eine reale Grundlage. Was Riemann als abstrakte Gedankenübung während seiner Habilitationsrede vorgetragen hatte, war nichts anderes, als die korrekte Beschreibung der Raumkrümmung in Anwesenheit von Materie. Auch die modernen elementarphysikalischen Forschungen arbeiten mit sogenannten Gruppen und Eichsymmetrien. Die mathematischen Grundlagen hierfür wurden ebenfalls im vorigen Jahrhundert im wesentlichen von dem Norweger Sophus Lie erarbeitet, ohne daß jemand ahnen konnte, daß mit Hilfe dieser Mathematik einmal neue Elementarteilchen vorausgesagt werden können.

Die Mathematik ist somit nicht nur ein logisches und in sich schlüssiges Gedankengebäude, sie ist unabdingbare Voraussetzung jeder wissenschaftlichen Theorie. Außerdem stellt sie die grundlegendste aller Naturwissenschaften dar. Auf ihrem Fundament baut die Physik auf, die Basis für die Chemie ist, welche wiederum für die biologischen Wissenschaften die Grundlage bildet. So war man über viele Jahrhunderte davon überzeugt, daß die Mathematik unfehlbar und eindeutig die Beziehung zwischen den Dingen beschreibt (viele glauben das auch heute noch). Sie stellt hiernach die einzige exakte Wissenschaft dar, die lediglich Naturgesetze wiedergibt, ohne diese zu interpretieren. So müßte es möglich sein, eine vollständige und in sich widerspruchsfreie Naturbeschreibung mit Hilfe der Mathematik zu finden. Mit der Sprache der Mathematik sollte es uns auch möglich sein, unsere mangelhafte Auffassungsgabe zu verbessern. Mit unserem dreidimensional denkenden Gehirn können wir uns zwar keine höherdimensionalen Räume vorstellen, wir können sie aber berechnen und formal korrekt beschreiben.

Andererseits werden auch viele in sich logische und konsistente mathematische Theorien formuliert, von denen sich keiner vorstellen kann, daß sie etwas mit der

389

wirklichen Welt zu tun haben. Im vorigen Jahrhundert wurde den Mathematikern plötzlich klar, daß die anwendbaren Theorien sogar nur einen winzigen Bruchteil der formulierbaren mathematischen Wahrheiten darstellen. Was ist dies aber für eine Wahrheit, für die es keine Entsprechung in der realen Welt gibt? Es gibt nun Mathematiker, die der Auffassung sind, die wesentliche Aufgabe ihres Fachgebietes sei es nicht, die Beziehungen zwischen der Mathematik und der Realität festzulegen, sondern vielmehr die logischen Beziehungen zwischen den mathematischen Begriffen darzustellen. Platon und auch Descartes waren noch der Auffassung, die Mathematik sei irgendwie als Prinzip in unseren Gehirnen vorhanden, quasi als eine Präkognition der natürlichen Beziehungen, die es zu entdecken galt. Diese Theorie mußte nun endgültig über Bord geworfen werden, nachdem klar wurde, daß der überwiegende Anteil der Mathematik nichts mit unserer Welt zu tun hat und deshalb auch nicht über die ideellen Vorbilder der Natur in unseren Köpfen vorhanden sein kann.

Mathematik: Wissenschaft oder Ideologie?

Dennoch sind die meisten Mathematiker Platoniker. Sie gehen davon aus, daß mathematische Objekte wirklich vorhanden sind. Diese werden entdeckt und nicht erfunden. Die Winkelsumme eines Dreiecks ist stets 180 Grad, unabhängig davon, ob es Menschen gibt, die dies behaupten. Auch stofflich nicht reale mathematische Gegebenheiten existieren im platonischen Sinne. Dies bedeutet

390

nicht, daß sie in irgendeinem Winkel unseres Universums verborgen oder überhaupt sinnlich erfaßbar sein müssen. Vielmehr sind sie wirkliche Gegebenheiten, die außerhalb von Raum und Zeit eine dauerhafte Gültigkeit haben und in ihrer Existenz unabhängig von der entdeckenden Vernunft des Mathematikers sind. Mathematische Wahrheiten befinden sich in einer Wirklichkeit, die ähnlich wie Platons »Ideenwelt« von der Vernunft erfaßt werden kann, aber sinnlich nicht unbedingt erfahrbar sein muß.

Ganz anders wird Mathematik hingegen von den sogenannten Formalisten gesehen. Diese glauben, daß es mathematische Objekte überhaupt nicht gibt. Mathematik ist hiernach nichts anderes, als eine Sammlung von Regeln und Formeln, die wiederum auf vernünftigen Übereinkünften – den Axiomen – beruhen. Eine mathematische Aussage ist also lediglich ein in sich geschlossenes logisches Gebilde, welches an sich weder wahr noch falsch im Sinne der realen Welt ist. Manchmal gibt es mathematische Formeln, die in der Lage sind, einen tatsächlich existierenden Sachverhalt zu beschreiben. Die überwiegende Mehrheit der mathematischen Formeln hat jedoch mit unserer Umgebung nichts zu tun.

Einen Standpunkt zwischen Platonikern und Formalisten wiederum nehmen die Konstruktivisten ein. Lediglich Aussagen, die durch endliche Konstruktion erzeugt werden können, sind für sie Ausdruck der Realität. Grundlage hierfür sind die ganzen Zahlen. Sinnvolle mathematische Aussagen sind hiernach nur solche, die in einer endlichen Anzahl von Schritten aus den natürlichen Zahlen abgeleitet werden können. Alles andere, z.B. negative, irrationale oder komplexe Zahlen, sind hiernach lediglich Begriffe, die nichts mit der realen Welt zu tun haben und sich dadurch ergeben, daß mathematische Regeln in unzulässiger Weise und ohne Bezug zur Wirklichkeit angewandt werden.

Wie ist es dann aber überhaupt möglich, abstraktes mathematisches Wissen zu erwerben, wenn doch nichts in unserer unmittelbaren Umgebung eine Grundlage hierfür bietet? Platon war der Überzeugung, daß mathematisches Wissen unabhängig von der empirischen Erfahrung in der Seele des Menschen vorhanden sei, also im Kantschen Sinne eine a priori Eigenschaft der Vernunft darstellt. In seinem Werk *Menon* beschreibt er einen fiktiven Dialog von Sokrates mit einem Sklaven des thessalischen Edelmannes Menon. Durch geschicktes Fragen läßt Sokrates den Sklaven die Lösung für eine geometrische Aufgabe entwickeln, obwohl dieser über keinerlei mathematische Kenntnisse verfügt. Die Aufgabe lautete, ein Quadrat von doppelter Größe wie ein gegebenes zu konstruieren. Lediglich durch Fragen, ohne Antworten zu geben, führt Sokrates den Sklaven zu der Lösung, daß die Seite des gesuchten Quadrats der Diagonale des ursprünglichen Quadrats entspricht. Dies ist nach Platon nur möglich, weil es in der unsterblichen menschlichen Seele eine Repräsentation der ewigen Wahrheit gibt, die nicht durch Wissen erworben wird, sondern die es zu entdecken gilt.

Auch die rationalistischen Philosophen des 17. Jahrhundert wie Descartes, Leibniz oder Spinoza gingen davon aus, daß es eigenständig existierende mathematische Wahrheiten gibt, die nicht aus der Erfahrung, sondern aus der menschlichen Vernunft heraus entdeckt werden. Wahrheit aus Erfahrung war für Spinoza trügerisch. Daß die Sonne morgen aufgehen wird, ist zwar sehr wahrscheinlich, aber keineswegs sicher. Die Winkelsumme eines beliebigen Dreiecks ist aber morgen mit Sicherheit immer noch 180 Grad. Hier ist jeder Irrtum ausgeschlossen. Anzumerken ist, daß genau dieses Beispiel von Spinoza nur sehr eingeschränkt, nämlich ausschließlich in der euklidischen Geometrie gültig ist.

Die Empiristen wie Locke, Berkeley oder Hume gingen hingegen davon aus, daß auch mathematische Wahrheiten lediglich aus der Erfahrung abgeleitet werden können. Probleme gibt es bei diesem Standpunkt, wenn er offensichtliche mathematische Wahrheiten erklären soll, die aus reinem Nachdenken entwickelt wurden und keine direkte Entsprechung in der realen Welt finden. Der Empirismus kann somit nicht ausschließlich zur Erklärung mathematischer Erkenntnis herangezogen werden.

Wie Platon nahm deshalb auch Kant an, daß bestimmte Grundlagen mathematischer Wahrheit in unserem vernünftigen Denken unabhängig von der Erfahrung vorhanden sind. Wesentliche Grundlage hierfür waren für ihn die a priori Eigenschaften der Vernunft wie beispielsweise Raum und Zeit. Diesen kam ja für Kant keine eigenständige, objektive Existenz zu, sie waren notwendige Bedingungen, um die äußere Welt zu erfassen. Auch die Geometrie ist somit eine a priori Eigenschaft des menschlichen Geistes, die deshalb allgemein gültig ist und nicht hinterfragt werden kann. Dies erklärt, warum alle Menschen unabhängig voneinander auf diese grundlegenden Erkenntnisse kommen. Die (euklidische) Geometrie ist eben eine Voraussetzung für unseren Verstand, die Welt wahrnehmen zu können. Für Kant bedeutet dies aber nicht, daß sie auch objektiv existieren muß. Die Wirklichkeit der »Dinge an sich« können wir sowieso nicht erfassen. Andererseits war eine andere als die euklidische Geometrie für Kant nicht vorstellbar, weil es eben keine andere a priori Geometrie in unserem Verstand gibt.

Im 19. Jahrhundert wurden die philosophischen Grundfesten der Mathematiker gründlich erschüttert. Zunächst wurde das jahrtausendealte Dogma Euklids der wahren und unabänderlichen geometrischen Struktur unserer Welt durch die Entdeckung der nichteuklidischen Geometrien in Frage gestellt. Später zeigte Einstein, daß die nichteuklidische Geometrie ein realer Bestandteil des Universums ist. Es scheint somit eine äußere Wirklichkeit zu geben, die keineswegs mit den Kantschen a priori Eigenschaften des Verstandes übereinstimmt.

Aber auch in der mathematischen Analysis wurden Beispiele für neue, dem Verstand unzugängliche Gegebenheiten entdeckt. Selbst die Cantorsche Mengenlehre, die man für ein Musterbeispiel einer logischen geschlossenen Wahrheit ansah, erwies sich als widersprüchlich. Bertrand Russell (1872 – 1970) entdeckte als erster sogenannte »Antinomien« der Mengenlehre: Eine Menge M, die sich selbst als Element enthält[49], birgt einen solchen inneren Widerspruch. Nehmen wir nämlich eine Menge N, zu der alle Mengen außer M gehören, dann ist M weder Bestandteil von N noch ist M kein Bestandteil von N. Das Barbierparadoxon verdeutlicht diesen Sachverhalt:

In einem Dorf werden alle Männer, die sich nicht selbst rasieren, von dem Dorfbarbier rasiert.

---

[49] Dies klingt zunächst paradox, solche Mengen existieren jedoch. Folgende Menge (A) ist ein Beispiel hierfür: A = Die Menge aller Sätze, die aus neun Wörtern besteht.

Diese Aussage birgt eine tückische mathematische Antinomie. Wer rasiert den Barbier? Rasiert er sich selbst (als Dorfbewohner), dann rasiert er sich nicht, da er nicht vom Barbier (von sich) rasiert wird. Wird er aber vom Barbier (sich selbst) rasiert, dann rasiert er sich als Dorfbewohner nicht selbst! Solche Beispiele zeigen nun, daß weder der »vernünftige« Menschenverstand noch die mathematische Logik widerspruchsfrei sind. Wie kann dann mit diesen Hilfsmitteln überhaupt Wahrheit definiert, geschweige denn erkannt werden?

David Hilbert (1862–1943) aus Göttingen, einer der bedeutendsten Mathematiker seiner Zeit, war derjenige, der diesen destruktiven Tendenzen der Mathematik den Kampf ansagte und ein formalistisches Programm entwickeln wollte, welches ein für allemal den grundlegenden Wahrheitscharakter der Mathematik zementieren sollte. Dieser mathematische »Formalismus« hatte seinen Höhepunkt um die Jahrhundertwende. Im Jahr 1900 benannte Hilbert in einem Vortrag in Paris die für die damalige Zeit wichtigsten Aufgaben der Mathematik. Diese sollten hierbei gleichsam einer Sammlung gleichen, in der alle Axiome und Regeln aufgeschrieben sind. Man würde so ein Gebäude einer in sich widerspruchsfreien und kompletten Logik errichten können. Die Suche nach einem Verfahren, das formalistische Programm der Mathematik zu vollenden, war eröffnet.

Nicht entscheidbare Probleme

Dieses ehrgeizige Programm der führenden Mathematiker ihrer Zeit wurde im Jahr 1930 durch den erst 24jährigen Kurt Gödel (1906–1978) aus Wien ein für allemal zunichte gemacht. In diesem Jahr hielt Gödel vor der Wiener Akademie einen Vortrag, dessen Inhalt er ein Jahr später unter dem Titel »Über formal unentscheidbare Sätze der Principia Mathematica und verwandter Systeme« veröffentlichte. Bei den »Principia Mathematica« handelt es sich um das monumentale, dreibändige, mathematische Werk von B. Russel und A. N. Whitehead, welches 1910 veröffentlicht wurde und so etwas wie eine Bibel für Mathematiker und naturwissenschaftlich orientierte Philosophen darstellte. Gödel bewies nun, daß ein formalistisches System in sich nie widerspruchsfrei sein kann. Jedes System muß darüber hinaus Aussagen enthalten, die weder als falsch noch als wahr entschieden werden können. Es kann also kein vollständiges, in sich geschlossenen logisches System geben. Die Mathematik an sich ist immer unvollständig. Die Frage, ob ein gegebenes mathematische System widerspruchsfrei ist, wurde von Gödel dahingehend beantwortet, daß man dieses nie mit Sicherheit wissen kann. Wenn ein mathematisches System widerspruchsfrei ist, dann ist diese Widerspruchsfreiheit nämlich mit den Mitteln des Systems nie zu beweisen. Und genau dies traf das Hilbertsche Programm mitten ins Herz. Hiermit sollte ja gerade die Widerspruchsfreiheit der streng formalistischen mathematischen Logik bewiesen werden. Gödel zeigte jedoch, daß ein mathematisches System eher einem Sumpf als einem klaren Brunnen der Erkenntnis gleicht.

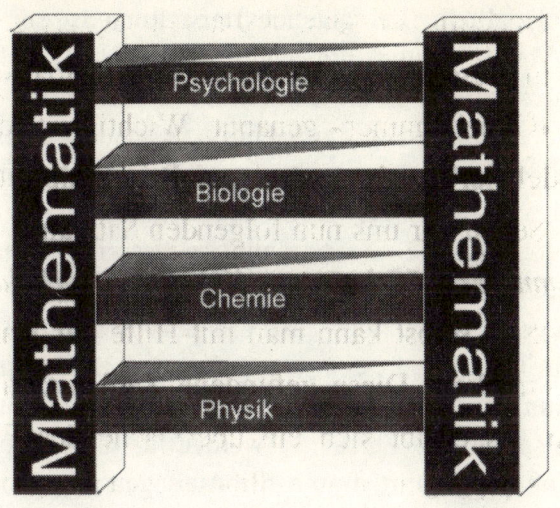

Abbildung 15: Die Mathematik ist die Stütze aller Wissenschafts-
bereiche. Jahrhundertelang ging man davon aus, daß es sich hierbei um unerschütterliche Pfeiler handele. Gödel hat jedoch gezeigt, daß selbst elementarste mathematische Prozesse nicht
widerspruchsfrei sind. Sind die Pfeiler unserer Wissenschaften
morsch?

An dieser Stelle müssen wir etwas innehalten, um Gödels Satz und seine Konsequenz zu verstehen. Es handelt
sich nämlich nicht um einen für uns wenig interessanten
Lehrsatz der Mathematik, wie es viele davon geben mag.
Vielmehr wird der Gödelsche Satz von vielen als die bedeutendste philosophische Leistung unseres Jahrhunderts
angesehen, die keineswegs nur Mathematiker etwas angeht. Manche halten ihn sogar für die wichtigste philosophische Entdeckung der Menschheit überhaupt. Er ist
es also wert, daß wir versuchen ihn zu verstehen. Der
Beweisgang Gödels ist für den Nichtmathematiker kaum

397

nachvollziehbar. Die folgende Darstellung ist somit eine grobe Vereinfachung und benutzt die Primzahltechnik in Anlehnung an die Darstellung von J. D. Barrow[50].

Gödel unterschied zunächst zwischen einer mathematischen Aussage und einer Aussage über eine mathematische Aussage, einer sogenannten Metaaussage. Wenn ich sage: »2 + 2 = 4«, dann ist dies eine mathematische Aussage. Sage ich jedoch: »2 + 2 = 4 ist eine wahre Aussage«, dann ist dies eine Metaaussage. Gödel führte nun ein logisches System ein, indem jede Ziffer und jede Beziehung zwischen diesen in eine Zahl kodiert wurde. Es wird also für das Zeichen »+« oder für das Zeichen »=« eine Zahl eingeführt. Damit die Aussagen eindeutig werden, wird nicht irgendeine Zahl benutzt, sondern eine Primzahl. Jede mathematische Operation kann nun als ein Produkt verschiedener Primzahlen dargestellt werden. Auch ein kompletter mathematischer Beweis kann so durch eine Zahl codiert werden. Primzahlen werden deshalb gewählt, weil sich das Produkt von Primzahlen jederzeit wieder eindeutig in seine Bestandteile zerlegen läßt. Eine Zahl enthält also in diesem System eine klare mathematische Aussage. Diese Zahl wird »Gödelnummer« genannt. Wichtig ist, daß auch jede Metaaussage »gödelisierbar« ist und einem Primzahlprodukt zugeordnet werden kann. Sehen wir uns nun folgenden Satz an:

Die Aussage mit der Gödelnummer »G« ist unentscheidbar.

Diesen (Meta)Satz selbst kann man mit Hilfe der Primzahltechnik als eine Zahl ausdrücken. Diese gefundene

50 John D. Barrow, The world within the world, Oxford University Press, Oxford, New York 1988

Zahl setzen wir nun als Wert für »G« ein. Es ergibt sich ein überraschendes Ergebnis: Der Satz beweist seine eigene Unentscheidbarkeit. Dieses Beispiel zeigt schlüssig, daß *alle* mathematischen Systeme diese Unentscheidbarkeit besitzen. Wichtig ist es festzuhalten, daß es sich hierbei nicht um eine paradoxe Spielerei handelt, wie wir sie aus dem Sprachgebrauch kennen, wenn wir unzulässigerweise eine Aussage und eine Metaaussage miteinander verknüpfen. Ein Beispiel hierfür ist das berühmte Paradox des Epimenides, nach dem ein Kreter sagt: »Alle Kreter sind Lügner.« Einfacher kann man auch sagen: »Dieser Satz ist falsch.«

Der Gödelsche Satz unterscheidet sich hiervon. Die Art der Codierung garantiert, daß sowohl Aussage als auch Metaaussage eindeutig als Primzahlprodukt, also mit dem gleichen Formalismus, dargestellt werden können. Es wird somit keine unzulässige Verknüpfung zweier verschiedener Systeme (Aussage und Metaaussage) vorgenommen. Gödels Theorem sagt somit tatsächlich unentscheidbare Dinge in jedem System voraus. Es gibt also neben »wahr« und »falsch« noch etwas Drittes in der Mathematik und somit in der gesamten Natur. Dieses Dritte heißt »unentscheidbar«. Jedes in sich geschlossene System beinhaltet diese Unvollständigkeit und Unentscheidbarkeit. Das einfachste System, daß man sich zur Verdeutlichung dieser Tatsache vorstellen kann, ist beispielsweise ein Computer, der keinen Monitor oder Drucker besitzt, sondern als Ausgang nur eine einzige Birne, die er aus- und einschalten kann. Eingeschaltet bedeutet hier »ja« und ausgeschaltet »nein«. Wir fragen unseren Computer nun, ob die Birne ausgeschaltet ist. Auf diese gemeine Frage ist unser System nicht in der Lage widerspruchsfrei zu antworten.

Gödel hat also nichts anderes getan, als das Fundament der gesamten Naturwissenschaften zu erschüttern. Er konnte zeigen, daß nicht einmal die Mathematik grundsätzlich eindeutig ist. Kurz ausgedrückt besagt seine Arbeit, daß innerhalb eines geschlossenen Systems immer Aussagen existieren, die mit Hilfe dieses Systems nicht entscheidbar sind. Anders ausgedrückt heißt dies, daß die Widerspruchsfreiheit eines Systems nie mit den Mitteln dieses Systems bewiesen werden kann. Dieses würde beispielsweise auch bedeuten, daß wir in unserem geschlossenen System des beobachtbaren Universums mit grundsätzlich nicht entscheidbaren Problemen konfrontiert sind. Egal wie weit Wissenschaft und Technologie auch ausreifen mögen, es werden immer Fragen zurückbleiben, die sich nicht entscheiden lassen. Die Beschreibung der Realität muß so immer bruchstückhaft bleiben. Für unsere Naturbetrachtung hat der Gödelsche Satz deshalb dramatische Konsequenzen. Wir werden nie beweisen können, daß ein von uns gefundenes System die Natur so beschreibt, wie sie wirklich ist. Immer bleibt eine Unvollständigkeit zurück, und zwar nicht, weil wir noch nicht alle Aussagen über die Natur gefunden haben, sondern weil es prinzipiell unmöglich ist, eine vollständige widerspruchsfreie Beschreibung der Natur aufzustellen. Neben den prinzipiell überwindbaren Grenzen, die uns durch unser Unwissen oder unsere mangelhaften technischen Fähigkeiten gesetzt sind, haben wir es hier also mit einem echten Problem zu tun. Gödel hat eine alte Vermutung vieler Philosophen mathematisch schlüssig bewiesen, nämlich daß unserer Erkenntnisfähigkeit grundsätzliche Schranken gesetzt sind.

Turingmaschinen

Der Beweis von Gödel geht viel weiter, als man auf den ersten Blick vermutet. Daß es nicht lösbare Probleme in der Mathematik gibt, ist schon lange bekannt. Bereits die Mathematiker an der Akademie von Platon schlugen sich mit solchen unlösbaren Aufgaben herum. Hierzu gehört beispielsweise die Unmöglichkeit, einen Winkel mit Zirkel und Lineal dreizuteilen. Einige Jahrhunderte später konnte bewiesen werden, daß es eine Lösung für diese Aufgabe tatsächlich nicht gibt. Dies ist aber nicht gleichbedeutend mit der Entdeckung von Gödel, daß es nicht entscheidbare Aussagen gibt. Denn auch wenn die Unmöglichkeit einer Lösung bewiesen werden kann, ist das Problem für die Mathematiker als gelöst einzustufen. Gödel jedoch zeigte, daß es Systeme gibt, die grundsätzlich keine solche Lösungen ergeben. Einen weiteren Dolchstoß erhielt das Hilbertsche Ideal durch Alonzo Church aus Princeton und den Engländer Alan Turing. Church bewies, daß es nicht einmal eine Methode geben kann, um die Aussagen in einem System zu finden, die entscheidbar sind, und darüber hinaus kann keine Methode alle wahren von allen falschen Aussagen trennen. Weiterhin gibt es nicht-berechenbare mathematische Funktionen, die prinzipiell von keinem Computer der Welt in endlicher Zeit berechnet werden können.

Alan Mathison Turing (1912–1954) ist insbesondere durch seine Tätigkeit als genialer Knacker von Geheimcodes bekannt geworden. Im zweiten Weltkrieg entschlüsselte er für den Britischen Geheimdienst in Bletchley Park viele deutsche und japanische Geheimcodes, unter anderem den berühmten deutschen »Enigma Code«. Historiker

glauben, daß Turing hierdurch einen großen Anteil am
Sieg der alliierten Truppen hatte. Seine größten wissenschaftlichen Leistungen hat er aber im Bereich der Logik
erbracht. Sein tragischer Tod im Jahre 1954 beendete im
Alter von 42 Jahren das Leben eines der größten Denker
unseres Jahrhunderts. Im puritanischen England wurde
der homosexuelle Turing trotz seiner überragenden Ver-
dienste für sein Land 1954 in den Selbstmord getrieben,
nachdem anläßlich eines Wohnungseinbruchs bei ihm
eine polizeiliche Durchsuchung seine sexuelle Neigung
der Öffentlichkeit präsentierte und gerichtlich eine Hor-
montherapie für ihn angeordnet wurde.

In den dreißiger Jahren baute Turing auf den Ergebnissen der Gödelschen Arbeit auf und stellte die Frage, ob man
mit Hilfe eines algorithmischen Verfahrens im Prinzip alle
Fragen der Mathematik lösen könne. Ein Algorithmus ist
eine mechanisierte Arbeitsanleitung, ein mathematisches
Problem zu lösen. Wir alle haben solche Algorithmen in
der Schule gelernt. Die schriftlichen Methoden der
Summenbildung oder der Division sind solche Algorithmen. Mit Hilfe dieser Verfahren gelingt es also, Aufgaben-
lösungen so zu formalisieren, daß sie im Prinzip auch von
einer mechanischen Rechenmaschine ausgeführt werden
können. Um die Frage der Formalisten zu beantworten,
mußte Turing jedoch zunächst den Begriff des Algorithmus präziser fassen. Lange bevor es Computer im heutigen Sinne gab, entwickelte er hierzu das Gedankenmodell
einer Rechenmaschine, die über eine Lese- und Schreib-
einrichtung verfügt. Letztere besteht im Prinzip lediglich
aus einem unendlich langen Band. Die Rechenoperation
dieses Computers besteht darin, daß jeweils eine 0 oder

eine 1 gelesen werden kann und eventuell eine neue Ziffer zugefügt wird. Eine solche recht primitive Maschine kann nun ein bestimmtes mathematisches Problem lösen. Als nächstes stellte Turing die Hypothese auf, daß umgekehrt auch für jedes Problem eine spezifische Turingmaschine existieren muß. Eine Turingmaschine ist somit ein klar durchschaubarer Algorithmus zur mathematischen Problemlösung. Die Frage ist nun, ob es Probleme gibt, für die eine Turingmaschine definitiv keine Lösung finden kann. 1936 beschrieb Turing die ersten Probleme, die sich nicht mit Hilfe einer Turingmaschine lösen lassen. Dies war gleichbedeutend mit der Aussage, daß es keinen algorithmischen Weg zur Lösungsfindung gibt. Es kann somit keine allgemeingültige Methode geben, um jedes mathematische Problem zu lösen.

Turing konnte auch nachweisen, daß es bestimmte Operationen gibt, die sich in endlicher Zeit nicht berechnen lassen. Dieses liegt keineswegs an der Geschwindigkeitsbegrenzung des Computers, sondern ist ein grundsätzliches Merkmal des betreffenden mathematischen Problems. Es gibt nämlich mathematische Fragestellungen, die mehr Lösungsschritte erfordern würden, als es Elementarteilchen im gesamten Kosmos gibt. Für diese Probleme ist es darüber hinaus beweisbar, daß es keinen kürzeren Lösungsweg geben kann. Selbst wenn jedes Photon und jedes Quark im Universum seit dem Urknall ständig eine Rechenoperation nach der anderen in der geringsten Zeiteinheit – der Planck Zeit – durchgeführt hätten, wäre die Lösung heute immer noch nicht gefunden. Neben den prinzipiell algorithmisch nicht lösbaren Problemen gibt es also auch noch faktisch nicht lösbare Probleme.

Nachdem wir nun gesehen haben, daß nicht einmal die Mathematik eindeutig und stets widerspruchsfrei ist, steht uns noch eine Überraschung bevor. Es könnte sogar sein, daß wir bisher nicht die richtige Mathematik benutzt haben, um die Natur zu beschreiben. Erst seit ca. 20 Jahren setzt sich die Erkenntnis durch, daß zahlreiche natürliche Prozesse offenbar einer anderen mathematischen Herangehensweise bedürfen, als in den letzten zwei Jahrtausenden praktiziert wurde. Aus dieser Erkenntnis heraus hat sich explosionsartig ein völlig neuer Zweig der Mathematik entwickelt. Die Rede ist vom Chaos.

Chaotische Wirklichkeit

Bereits J.C. Maxwell war sich im klaren darüber, daß eine nur winzige Veränderung der Ausgangsbedingungen zu einem völlig unvorhergesehenen Ergebnis führen kann. Wenn wir einen Bleistift auf die Spitze stellen, wird er zu einer Seite hin umfallen. Eine ungeheuer kleine Veränderung der Anfangsbedingungen läßt ihn jedoch in eine andere Richtung fallen. Wir können nie alle Bedingungen berücksichtigen, welche die Fallrichtung eines exakt mittig ausgerichteten Bleistifts ausmachen. Dieses Modell bestreitet nicht den grundsätzlich deterministischen Charakter physikalischer Prozesse. Es deckt nur auf, daß unser Wissen um die Gesetzmäßigkeiten, die einen Prozeß bedingen, nutzlos ist, um die Zukunft vorauszusagen. Das unendlich Kleine, welches wir nicht berücksichtigen können, verändert das Ergebnis in nicht vorhersehbarer Weise. Deshalb irren sich Meteorologen auch heute noch bei der Wet-

tervoraussage trotz des Einsatzes von Wettersatelliten und
Supercomputern. Da das jetzige Wetter nicht in allen seinen Einzelheiten mit allen winzig kleinen Luftströmungen
beschrieben werden kann, ist auch eine exakte Vorhersage
nicht möglich. Dies ist die Grundlage für den sogenannten
Schmetterlingseffekt. Der Flügelschlag eines Schmetter-
lings irgendwo auf der Welt kann den Ausschlag geben,
daß sich das Wetter nach vielen Jahren an einem weit
entfernten Ort völlig anders entwickelt. Meteorologen
werden darum nie in der Lage sein, eine längerfristige
Vorhersage zu geben.

Systeme, die so empfindlich auf die Anfangsbedingungen reagieren, nennt man chaotisch. Da die Anfangsbedingungen nie genau bekannt sein können, ist auch eine
Voraussage bei solchen Systemen nicht möglich. Hierbei
handelt es sich keineswegs um unbekannte Eigenschaften,
die das System sozusagen von außen (stochastisch) beeinflussen. Das Chaos und die Unvorhersehbarkeit ist vielmehr eine inhärente Eigenschaft des Systems selbst. Um
dies zu verdeutlichen, muß uns noch einmal die in physikalischen Gleichungen unumgängliche Billardkugel helfen.
Wenn wir eine Billardkugel auf einem idealen Billardtisch,
der keine Reibung aufweist, anstoßen, so sollten wir in der
Lage sein, ihren Weg für alle Zeiten vorauszuberechnen.
Es zeigt sich jedoch, daß nach wenigen Wandkontakten
eine Voraussage unmöglich wird, da sich winzigste Unsicherheiten der Ausgangsposition der Kugel so auswirken,
daß die Bahn einen völlig anderen Verlauf nehmen kann.
Selbst wenn wir in der Lage wären, die Anfangsposition
der Kugel auf die Größe eines Atomkerns genau zu bestimmen, würde die Unsicherheit bereits nach ca. zehn

Wandkontakten so groß, daß der weitere Verlauf unbestimmbar wird. Das bedeutet nicht, daß die Kugel einen willkürlichen Verlauf nehmen würde, der nicht deterministisch ist. Es ist nur unmöglich, eben jedes Atom in die Ausgangsberechnung aufzunehmen. Die Zukunft ist also offen. Es handelt sich hier somit trotz deterministischer Regeln um ein nicht determiniertes System in dem Sinne, daß eine Voraussage keine sinnvollen Resultate ergibt. Darüber hinaus geraten wir bei der Beschreibung der Anfangsbedingungen bald in den Bereich der Größenordnung der Quantenphysik, wo eine exakte Ortsbeschreibung an sich unmöglich ist. Spätestens auf diesem Niveau erkennen wir, daß unser Traum, irgendwann einmal Computer zu haben, die jedes Atom in ihrer Berechnung berücksichtigen, zerplatzt. Die Unbestimmtheit der subatomaren Strukturen macht uns einen Strich durch die Rechnung, auch nur im Prinzip eine exakte Vorhersage zu erreichen. Man könnte also sagen, daß die Natur strengen deterministischen Regeln folgt, es aber so eingerichtet hat, daß die Kenntnis dieser Regeln uns nichts nützt, wenn wir die festgelegte Zukunft voraussagen wollen. Selbst der allwissende Dämon von Laplace, der jede Teilchenbewegung kennt, würde spätestens an der Unbestimmbarkeit im Quantenbereich scheitern. Determinismus bedeutet also nicht notwendigerweise Vorhersehbarkeit. Nach dieser Sicht haben möglicherweise sowohl diejenigen Recht, die das Universum als streng deterministisches Uhrwerk im Sinne Newtons auffassen als auch diejenigen, die den freien Willen nicht zur Illusion degradieren wollen. Die Zukunft mag vorausbestimmt sein, sie ist aber ebenso unbestimmbar und unvorhersehbar.

In der Natur haben wir es ständig mit nicht-linearen chaotischen Systemen zu tun, die extrem empfindlich gegenüber ihren Anfangsbedingungen sind. Diese sind zwar streng deterministisch, aber in ihren Anfangsbedingungen nie exakt beschreibbar. Aus diesem Grund ist für solche Situation der Begriff des deterministischen Chaos geprägt worden. Chaos bedeutet hier also keineswegs völlige Unordnung, Auflösung bestehender Strukturen oder etwas grundsätzlich Destruktives. Im Gegenteil entsteht aus dem deterministischen Chaos nahezu alle Ordnung, die uns umgibt. Chaotische Systeme neigen nämlich paradoxerweise dazu, geordnete Strukturen zu erzeugen. Der größte Teil der uns umgebenden Natur ist nicht-linear chaotisch. Dennoch entdecken wir überall eine grundlegende Ordnung. Diese neuen Strukturen können plötzlich und absolut unerwartet entstehen. Begriffe wie Rückkopplung und Selbstorganisation spielen hierbei eine wesentliche Rolle. So wie das leise Rauschen eines Systems, bestehend aus Mikrofon und Lautsprecher, plötzlich ab einem bestimmten Punkt der wechselseitigen Verstärkung in ein ohrenbetäubendes Kreischen übergehen kann, so entwickeln sich unvorhersehbar neue Strukturen nicht nur in der unbelebten, sondern auch in der belebten Natur.

Mathematiker haben natürliche Phänomene immer als ungenaue Abbildungen abstrakter Modelle verstanden. Deshalb ist es für sie selbstverständlich, komplexe natürliche Systeme auf einfache, mathematisch faßbare Regeln zurückzuführen. Unregelmäßigkeit und Komplexität werden eher als ärgerliches Hindernis angesehen, eine exakte Lösung zu beschreiben. Schon länger sind auch mathematische komplexe Strukturen bekannt. Diese wurden aber eher wie eine monströse Randerscheinung behandelt und waren es nicht wert, sie einer exakten wissenschaftlichen Analyse zu unterziehen.

Ein bekanntes Beispiel hierfür ist die von dem schwedischen Mathematiker Helge von Koch 1904 entdeckte Kurve, die entsteht, wenn man die Seiten eines gleichwinkligen Dreiecks in der Mitte so nach außen zieht, daß durch jede Seite ein neues Dreieck gebildet wird. Mit den neu entstandenen Seiten verfährt man genauso ad infinitum. Die Kochsche Kurve bemüht sich sozusagen, eine Fläche zu imitieren. Sie ist unendlich lang und bildet in jedem Punkt eine Ausbuchtung. Eine solche »Kurve« ist weder Linie noch Fläche. Ihre Dimension liegt zwischen der eindimensionalen Geraden und der zweidimensionalen Ebene (bei ca. 1,262). Sie hat eine gebrochene Dimensionalität. Deshalb spricht man hier von einer fraktalen Struktur. Obwohl diese Kurve und andere fraktrale Absonderlichkeiten wie z. B. die Cantor Menge[51], deren Dimension zwischen Null und Eins liegt (genauer bei 0,631), schon lange bekannt waren, hat sie doch niemand ernst genommen und als Ausgeburt absonderlicher Ideen interpretiert. Erst der Mathematiker Benoit Mandelbrot hat diese fraktale Geometrie seit ihrer Erstbeschreibung im Jahr 1975 zu einer salonfähigen Wissenschaft ausgearbeitet. Insbesondere fraktale Formeln, die eine Dimensionalität zwischen zwei und drei erzeugen, sind mit Computerhilfe als ausdrucksvolle Grafiken mit verblüffender Ähnlichkeit zu

---

[51] Die Cantor Menge entsteht, wenn man aus einer gegebenen Strecke das mittlere Drittel entfernt. Bei den beiden verbleibenden Strecken entfernt man nun wiederum jeweils das mittlere Drittel usw.. Was übrigbleibt ist der sogenannte Cantorsche Staub, der weder eine Ansammlung von Punkten noch von Strecken ist.

natürlichen Objekten dargestellt worden. Bilder von computergenerierten fraktalen Landschaften, Gebirgen und Wolken sind inzwischen in Kunstgalerien zu bewundern.

Offensichtlich hat es viele Jahrhunderte lang niemanden gestört, daß es in der Natur so gut wie nirgendwo perfekte Dreiecke, Kreise, gerade Linien oder andere geometrische Figuren gibt. Berge sind keine mathematischen Kegel, Küstenlinien keine Kreisausschnitte und Wolken keine Ellipsoide. Dennoch ging man stillschweigend davon aus, daß sich all diese Gebilde im Grunde doch auf so einfache Modelle reduzieren ließen. In vielen Bereichen

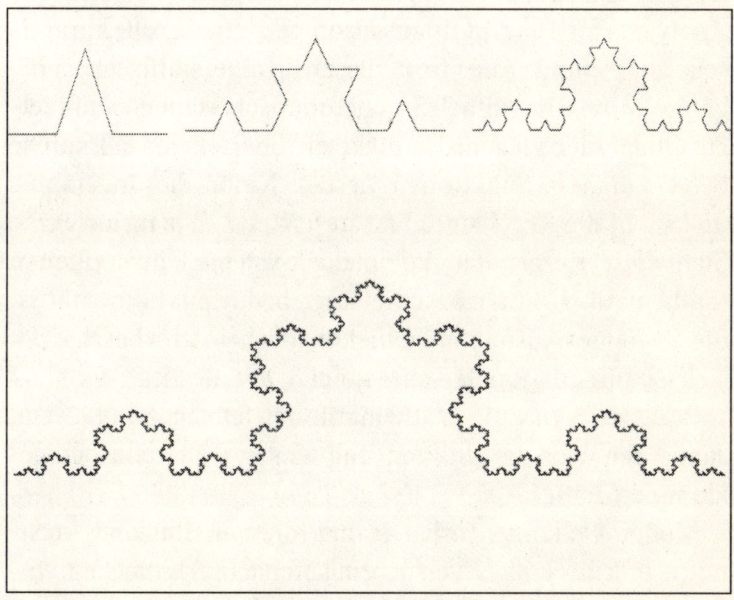

Abbildung 16: Die Kochsche Kurve ist weder Linie noch Fläche. Ihre Dimension liegt zwischen 1 und 2. Von oben links nach unten sind die Ergebnisse der zugrunde liegenden mathematischen Operation nach 1, 2, 3, und 5 Schritten dargestellt.

konnte dies auch erfolgreich nachgewiesen werden. Zunächst komplex erscheinende Strukturen wie z.B. die chaotisch wirkende Schallwelle einer Lärmquelle, die keine harmonischen musikalischen Töne von sich gibt, können in saubere mathematisch erfaßbare Teilbereiche zerlegt werden. Der Franzose Jean-Baptiste Fourier (1768–1830) zeigte, wie man mit Hilfe der nach ihm benannten Transformationsgleichung periodische Signale wie z. B. Schallwellen in eine Summe verschiedener Sinuswellen zerlegen kann. Dieses Verfahren wird heute überall in der Signalmittlung eingesetzt und hat nicht nur für Ingenieure, sondern auch für Mediziner beispielsweise bei der Analyse von Herzrhythmusstörungen eine große, praktische Bedeutung. Aber trotz dieser Erfolge, natürliche Vorgänge in relativ einfache, mathematisch »saubere« Einzelzustände zu zerlegen, ist nicht zu übersehen, daß solche berechenbaren Funktionen in der Natur die Ausnahme und nicht die Regel sind. Erst in letzter Zeit setzt sich eine Sichtweise durch, daß komplexe Systeme einer eigenen Mathematik zu ihrer Beschreibung bedürfen. Linearität ist die extreme Ausnahme. Lineare Mathematik beschäftigt sich somit mit Randerscheinungen der Realität. Es sieht so aus, als wenn die Mathematik der letzten zweitausend Jahre den weitaus größten Teil unserer Existenz ausgeklammert hätte.

Moderne Chaostheorien tragen diesem Umstand Rechnung, indem sie nicht versuchen, komplexe Systeme auf einfache Grundlagen zu reduzieren, sondern diese als eigenständige Daseinsformen definieren, deren grundlegende Eigenschaften bei einer Aufstückelung in die Einzelbestandteile verlorengingen. Chaostheorien kann man also in

410

Abbildung 17: Durch mehrfache Iteration einer einfachen mathematischen Formel entstehen Gebilde, die eine verblüffende Ähnlichkeit mit natürlichen Objekten aufweisen. Oben siebenfache und unten zehnfache Wiederholung der zugrunde liegenden Formel.

gewisser Hinsicht als holistische Mathematik bezeichnen. Die Merkmale chaotischer Strukturen, nämlich die extreme Abhängigkeit von den Ausgangsbedingungen und die Fähigkeit, plötzlich ganz neue Zustandsformen zu entwickeln, sind die Grundlage für die schöpferische Potenz unserer Umgebung. Chaos und Komplexität sind sozusagen der positive Pfeil der Zeit, der dem eher destruktiven Pfeil der Thermodynamik von der Natur zur Seite gestellt wurde.

In vielen natürlichen Systemen hat man eine chaotische Strukturen entdeckt und versucht nun, diesen mit Hilfe der neuen Mathematik beizukommen. Das Tropfen undichter Wasserhähne gehorcht ebenso einem chaotischen Muster wie die Aktionen des menschlichen Herzschlags. Die Analyse solcher chaotischen Rhythmusschwankungen konnte bereits erfolgreich zur Vorhersage von lebensgefährlichen Herzrhythmusstörungen herangezogen werden. Chaosforschung ist also nicht nur moderner Zeitvertreib für Mathematiker und Computerfreaks, sondern beispielsweise für Herzkranke von tatsächlich vitalem Interesse. Auch für das tiefliegende Verständnis der Strukturbildung bis hin zu den Geheimnissen unserer eigenen Existenz sind deshalb von diesem Wissenschaftsbereich sicherlich in Zukunft noch weitere bedeutende Beiträge zu erwarten.

Komplexität

Der zweite Hauptsatz der Thermodynamik lehrt uns, daß die Unordnung immer zunimmt. Bei energetischen Prozessen geht als Sieger stets die Wärme hervor, welches gleichbedeutend ist mit einer Zunahme der molekularen Unordnung. Diese klassische physikalische Sicht stimmt aber merkwürdigerweise überhaupt nicht mit unserer Erfahrung überein. Wir sind umgeben von Strukturen, die immer komplexer und geordneter werden. Am Sternenhimmel sehen wir, daß sich die Materie des Universums zu großräumigen Strukturen organisiert hat. Spiralförmige Galaxien, Kugelsternhaufen, Sonnen und Planeten hat es während des Urknalls noch nicht gegeben. Damals bestand ein Zustand großer Gleichförmigkeit. Irgendwie hat sich aus dieser Homogenität ein höchst differenziertes Universum gebildet. Auch in unserer Umgebung sehen wir eine Zunahme der Komplexität. Technologische Produkte werden immer komplizierter, ökonomische Systeme sind selbst für den Fachmann nicht mehr zu durchschauen und entwickeln eine eigenständige Dynamik, und neue soziologische Strukturen entstehen durch die Wechselwirkung unterschiedlicher gesellschaftlicher Gruppen. In der Natur wimmelt es von differenzierten Formen. Ob dies nun die Form von Bergen, Küstenlinien oder Flüssen ist oder gar die geordnete Aktivität des Lebens. Unsere Existenz ist das beste Beispiel dafür, wie sich aus der gleichförmigen Verteilung der organischen Moleküle in den Urozeanen komplexe Formen entwickelten, aus denen wir letztendlich hervorgegangen sind. Überall können wir beobachten, wie sich einzelne lokale Systeme bilden, sich zu größeren verbinden, Untergruppen bilden, die miteinander wechselwirken und so wieder neue, größere Strukturen hervorbringen. Zwar kennen wir auch das gegenteilige Phänomen, den Zerfall bestehender Organisationsformen, aber insgesamt gesehen haben wir doch den Eindruck, daß die Entwicklung neuer Formen eine Zeitachse hat. Und die weist eindeutig in die Zukunft.

Komplexe Systeme waren also nicht schon immer da, sie haben sich vielmehr aus einem Zustand der Gleichförmigkeit entwickelt. Es sieht also so aus, als ob der Schöpfungsakt keineswegs mit dem Urknall abgeschlossen war, sondern noch immer anhält. Neben der fatalistisch deterministischen Sichtweise, die der zweite Hauptsatz der Thermodynamik impliziert, muß es also noch ein anderes

Prinzip der Natur geben, die dem Grundsatz der ständigen Zerstörung bestehender Strukturen entgegenwirkt und zumindest im lokalen Maßstab Komplexität in höchstem Ausmaß entstehen läßt.

Chaotischen Systemen ist die komplexe Struktur gemeinsam. Wo viele Teilchen miteinander wechselwirken stellt sich oft Chaos ein. Dieses Chaos muß aber deshalb nicht grundsätzlich ungeordnet sein, es kann vielmehr neue, eigenständige Strukturen hervorbringen, deren wesentliches Merkmal die ungeheure Komplexität der Interaktion der Einzelglieder ist. Dennoch ließe sich niemals aus der Betrachtung des Einzelnen ein Rückschluß auf das Ganze gewinnen. Das Auftauchen neuer Phänomene, die sich aus ihren Bestandteilen nicht erklären lassen, wird oft mit dem Schlagwort »Emergenz« bezeichnet. Emergenz ist eine Eigenschaft komplexer Systeme, völlig unerwartete und neue Strukturen hervorzubringen. Das komplexeste System von allen ist unser Gehirn. Letztendlich besteht es aber im Prinzip aus ein und derselben Zelle, die zudem im wesentlichen nur eine Leistung vollbringt, nämlich Natrium und Kalium durch die Zellmembran zu transportieren und so elektrischen Strom fortzuleiten. Niemals könnte eine außerirdische Intelligenz aus dem Studium einer Hirnzelle Beethovens 9. Symphonie oder ein Gemälde von Picasso rekonstruieren. Das Zusammenspiel von vielen Milliarden Hirnzellen schafft hier also offenbar eine höhere Ebene der Komplexität, in der völlig neue Eigenschaften auftreten. Das Ganze ist also tatsächlich mehr als seine Einzelteile. Je mehr solcher Einzelteile vorhanden sind, um so mehr Teilsysteme oder Fraktionen können sich bilden, die in komplexer Weise miteinander wechselwirken. Diese Wechselwirkung erzeugt durch einen Prozeß, der auch Selbstorganisation genannt wurde, immer neue und unvorhersehbare Resultate.

Diese Sichtweise der Realität bedingt auch, daß wir nicht erwarten können, durch Reduzierung der naturwissenschaftlichen Erkenntnisse auf immer kleinere Einheiten und immer basalere Gesetzmäßigkeiten alles verstehen zu können. Auch wenn die Physik irgendwann einmal die Weltformel gefunden haben wird, wird es immer noch nicht möglich sein, Phänomene wie Leben, Bewußtsein oder die Entstehung geologischer Formationen aus diesen Gesetzen abzuleiten. Für die Erfassung von komplexen Zusammenhängen ist offensichtlich eine zusätzliche Herangehensweise zu der klassisch-reduktionistischen notwendig. Die oben beschriebenen Chaostheorien bieten möglicherweise hier einen ersten Ansatz. Aber wir sind ganz eindeutig noch weit davon entfernt, die Gesetze der Strukturbildung und der wachsenden Komplexität zu verstehen. Bei Physikern und Mathematikern setzt sich jedoch langsam die Idee durch, daß es solche Gesetze geben muß. Die uns bisher bekannten Naturgesetze stellen die Zunahme der Entropie in den Vordergrund. Zunahme der Ordnung und der Organisation können in diesem Weltbild nur als lokale Störungen des allgemeinen Verfalls gedeutet werden. Daß diese Strukturbildungen aber auch nach gewissen Gesetzmäßigkeiten verlaufen, die nicht mit unserer klassischen »linearen« Mathematik beschrieben werden können, ist eine Erkenntnis, die erst in den letzten zehn Jahren aufgekommen ist.

Dies ist nicht etwa so zu verstehen, als ob es etwas »jenseits« der Naturwissenschaft geben muß, um Strukturbildung zu erklären. Diese ist möglicherweise ebenso deterministisch, wie es das Chaos in neueren mathematischen Modellen ist. Heute akzeptieren wir, daß chaotisches Verhalten, komplexe Strukturen, Ordnung und Selbstorganisation keine kuriosen Randerscheinungen einer auf Linearität reduzierbaren Welt sind, sondern daß wir es hier mit einem bisher nicht verstandenem, natürlichen Prinzip zu tun haben, welches den absolut überwiegenden Anteil an der Erschaffung unserer Realität hat. Wir stehen bei der Erforschung komplexer Strukturen offensichtlich am Anfang eines neuen Zweigs der Naturwissenschaften, so wie Pythagoras und Euklid am Anfang der Geometrie standen.

Unendlichkeit

Mehrfach wurde in diesem Buch der Begriff der Unendlichkeit verwandt, wenn es darum ging, unsinnige Folgen bestimmter quantenmechanischer Berechnungen aufzuzeigen. Unendlichkeit scheint also etwas zu sein, was keinen Sinn macht. Seit der Antike quält dieser Begriff Naturwissenschaftler und Philosophen gleichermaßen. In unserer Umgebung gibt es nun sicherlich eine Menge Dinge, die sehr reichhaltig vorkommen. Aber etwas Unendliches haben wir noch nie gesehen. Die größte Zahl, die etwas Realem entspricht, ist die Anzahl aller Elementarteilchen im Universum. Wir sind aber davon überzeugt, daß diese trotz der unbegreiflichen Menge dennoch endlich sind. Wenn man genug Zeit hätte, könnte man sie alle fein säuberlich abzählen und würde auf eine zugegebenermaßen sehr große, aber in Potentialschreibweise einfach darzustellende Zahl kommen (ca. 10^{88}). Warum beschäftigen wir uns überhaupt mit dem Begriff der Unendlichkeit, der offensichtlich nichts beschreibt, was in unserer realen Welt einen Platz hat? Die Antwort ist einfach: Unser Gehirn kann sich nicht von der Unendlichkeit befreien, so sehr es sich auch bemüht. Wir finden eben kein Ende, wenn wir die natürlichen Zahlen aufsagen. Auch können wir uns nicht vorstellen, daß der Raum ein Ende hat. Stets können wir weiter zählen oder im Raum weitergehen, ohne an eine Begrenzung zu stoßen. Schon Aristoteles beschäftigte sich mit dieser Form der Unendlichkeit und nannte sie potentielle Unendlichkeit. Hiermit brachte er zum Ausdruck, daß es die Unendlichkeit an sich gar nicht gibt. Man kann zwar potentiell immer weiter zählen, eine tatsächlich bestehende Unendlichkeit ist jedoch ein in der Realität nicht erreichbarer Zustand. Die real existierende oder sogenannte aktuale Unendlichkeit war sowohl für Aristoteles als auch für Newton nichts weiter als eine sprachliche Ungenauigkeit. Diese Einstellung herrschte bis zum Ende des 19. Jahrhunderts vor. Auch Descartes erkannte, daß es eine beobachtbare Unendlichkeit nicht gibt. Dennoch haben wir in uns diesen Begriff eingepflanzt. Für Descartes war der Grund hierfür klar. Da wir mit unseren endlichen und unvollkommenen Köpfen die Vorstellung der Unendlichkeit nicht entwickeln können, kann die Erkenntnis der Unendlichkeit nur von außerhalb – nämlich von Gott – kommen und ist somit zugleich Beweis für dessen Existenz und Unendlichkeit.

Wir kommen an dieser Stelle zurück auf das eingangs beschriebene Paradox Zenons. Achilles ist in seinem Wettlauf mit der Schildkröte ebenfalls der Tatsache zum Opfer gefallen, daß der Begriff der Unendlichkeit nicht präzise gefaßt wurde. Der Fehler Zenons lag darin, daß er noch nichts von dem Limes einer Zahlenreihe wußte. Der Limes ist der Grenzwert, auf den eine bestimmte Reihe mit tödlicher Sicherheit zuläuft, ohne daß dieses Ergebnis in endlichen Einzelschritten berechenbar wäre. Die Zahlenfolge:

$$1/2 + 1/4 + 1/8 + 1/16 + 1/32 + 1/64 + 1/128 + 1/256 \ldots$$

ist ein Beispiel hierfür. Wenn man die Summe der aufeinander folgenden Zahlen hintereinander auflistet, sieht diese Reihe folgendermaßen aus:

$$1/2, \; 3/4, \; 7/8, \; 15/16, \; 31/32, \; 63/64, \; 127/128, \; 255/256 \ldots$$

Setzt man diese Reihe nun immer weiter fort, dann ist das Ergebnis eindeutig exakt eins. In endlichen Rechenschritten ist dieser Limes aber nie ableitbar, da die Zahlenreihe ewig weitergeht und die Berechnung niemals ihr Ende erreicht. Zenons Paradox ist nichts anderes als die Beschreibung einer solchen Zahlenreihe. Die Intervalle zwischen Achilles und der Schildkröte werden immer geringer. Achilles kann nun mit Zenon endlos viel Zeit damit verbringen, die einzelnen Rechenschritte nachzuvollziehen. Vor lauter Rechnerei wird er hierbei allerdings die Schildkröte in der Tat nie einholen. Er kann jedoch einfach auch sagen, der Limes meiner Zahlenreihe beträgt soundsoviel Sekunden. Nach Ablauf dieser Zeit hat er nun die Schildkröte erreicht und im nächsten Moment seinen Ruf als schnellster Läufer unter den Sterblichen gesichert. Zenons Fehler lag also darin, daß er nicht einsehen wollte, daß eine unendliche Folge abnehmender Teilstrecken trotz der Unerschöpflichkeit der Zahlenwerte einen endlichen Grenzwert besitzt. Er folgerte deshalb fälschlicherweise aus der

Tatsache, daß eine Strecke unendlich teilbar ist, daß auch die Zeit zum Durchlaufen dieser Strecke unendlich sein müsse.

Erst gegen Ende des 19. Jahrhunderts wurde das Problem der Unendlichkeit mathematisch befriedigend gelöst. Georg Cantor (1845 – 1918) konnte das beweisen, was Aristoteles mit Sicherheit überhaupt nicht gefallen hätte. Es gibt nicht nur die potentielle Unendlichkeit, sondern darüber hinaus gleich mehrere verschiedene Sorten von Unendlichkeiten. Neben der aristotelischen, abzählbaren Unendlichkeit beschrieb er noch sogenannte nicht abzählbare Unendlichkeiten. Abzählbar heißt eine unendliche Menge, wenn deren Mitglieder den natürlichen Zahlen zugeordnet werden können. Für jedes Element der Unendlichkeit existiert also ein Partner in der unendlichen Menge der natürlichen Zahlen. Aber nicht alle unendlichen Mengen sind in diesem Sinne abzählbar. Es gibt Unendlichkeiten, deren Elemente keiner noch so großen »Liste« der natürlichen Zahlen zugeordnet werden können. Immer ist es möglich, ein weiteres Element zu finden, welches nicht in der Liste enthalten ist. Eine Beweisführung für diese Aussage besteht in dem von Cantor gefundenen Diagonalverfahren. Stellen wir uns eine unendliche Liste von Zahlen zwischen Null und Eins vor:

0,82364...
0,74677...
0,65794...
0,43805...
0,12475...
.
.
.

Obwohl diese Liste also unendlich viele Zahlen enthält, können wir immer eine finden, die in ihr nicht enthalten ist. Um diese Zahl zu konstruieren nehmen wir für die erste Ziffer nach dem Komma die um eins erhöhte entsprechende Ziffer der ersten Zahl unserer Liste. In obigem Beispiel also eine 9. Die zweite Ziffer ergibt sich aus der zweiten Ziffer der zweiten Zahl, erhöht um eins. Wir erhalten also eine 5. Dieses Verfahren wird bis zur letzten Zahl fortgesetzt. Wir bekommen somit eine Zahl, die in der Liste nicht enthalten sein kann, nämlich 0,95816. Denn von der ersten Zahl unterscheidet sie sich durch die Ziffer in Position eins. Von der zweiten Zahl durch die Ziffer in Position zwei usw.. Die Menge der nulldimensionalen Punkte auf einer Linie ist ein Beispiel für eine nicht abzählbare Unendlichkeit. Auch die irrationalen Zahlen, die schon die Pythagoreer kannten, bilden eine nicht abzählbare unendliche Menge. Die genaue Definition der Cantorschen Unendlichkeiten braucht uns hier jedoch nicht zu interessieren. Wichtig ist hingegen, daß er den Begriff »unendlich« mathematisch zähmen konnte und zum Gegenstand solider Berechnungsverfahren gemacht hat. Seit Cantor müssen wir also davon ausgehen, daß es die von Aristoteles und Newton negierte aktuale Unendlichkeit tatsächlich gibt. Diese ist nicht nur eine Manifestation unseres Unvermögens, eine Grenze zu erkennen, sondern durchaus eine beweisbare Realität. Die Diskussion um die Unendlichkeit des Weltalls oder der Zeit kann also neu eröffnet werden.

Die Illusion der Zeit

Die absolute, wahre und mathematische Zeit
verfließt an sich und vermöge ihrer Natur gleichförmig
und ohne Beziehung auf irgendeinen äußeren Gegenstand.
Sie wird so auch mit dem Namen Dauer belegt.

Isaac Newton, Scholium der
Philosophiae naturalis principia mathematica

Wir alle erleben die Zeit als selbstverständlichen Bestandteil unserer Existenz. Sie ist ganz offensichtlich außerhalb von uns und hat eine allgemeingültige Bedeutung. Sie fließt immer nur in eine Richtung, in die Zukunft. Nichts kann sie aufhalten oder gar umkehren. Wir haben nicht die Möglichkeit, uns in der Zeit wie im Raum zu bewegen. Im Raum gibt es keine bevorzugte Richtung, kein Raumpunkt kann für sich in Anspruch nehmen, eine besondere Position oder Ausrichtung zu haben. In der Zeit existiert aber ganz eindeutig eine solche Bevorzugung. Die Vergangenheit ist etwas völlig anderes als die Gegenwart oder die Zukunft. Arthur Eddington war der erste, der dieses Phänomen mit dem Begriff des »Zeitpfeils« belegt hat. Obwohl sich das subjektive Zeitgefühl ändern kann, z.B. im Schlaf oder unter Medikamenteneinwirkung, so sind wir doch im Grunde davon überzeugt, daß es eine objektive, von unserer Gedankenwelt unabhängige Zeit gibt. Die Vergangenheit ist für uns eindeutig abgeschlossen. Sie ist absolut real in dem Sinne, daß sie einst die Gegenwart darstellte. Alles, was uns derzeit umgibt und was wir als Realität bezeichnen, ist Produkt der Vergangenheit. Es besteht also kein Zweifel daran, daß der abgelaufenen Zeit eine objektive Existenz zukommt, die eindeutig festgelegt und unveränderlich ist. Die Zukunft hingegen hat nur eine potentielle Realität. Sie scheint noch offen zu sein. Zwar sind wir sicher, daß die Zukunft eintreffen wird, ihre Form ist im Gegensatz zur Vergangenheit jedoch offen und beeinflußbar. Die ständige Reise in die Zukunft, auf der wir uns befinden, ist es, was wir als Gegenwart bezeichnen. Die Zeit hat also für uns zwei Komponenten, die abgeschlossene Vergangenheit und die offene Zukunft. Der Übergang von der einen zu der anderen Komponente ist wesentlich mit unserem Denken und somit mit unserer Existenz verknüpft. Insgesamt sind wir uns sicher, daß wir in der permanent dahinfließenden Zeit leben.

Unsere heutige Vorstellung der linearen Zeit war keineswegs immer Bestandteil menschlichen Denkens. Viele alte Kulturen nahmen die Zeit zyklisch wahr. Sowohl der buddhistische Reinkarnationsglaube als auch der sich alle 260 Jahre wiederholende Kalender der Maya oder die Philosophie der meisten antiken griechischen Denker sahen die Zeit als einen ewigen Kreislauf an. Auch die Deutung probabilistischer molekularer Vorgänge im Sinne der Poincaréschen Wiederkehr beschreibt die Zeit als einen unaufhörlichen, sich selbst reproduzierenden Prozeß. Sie erinnern sich, daß Poincaré die Theorie aufstellte, daß in einem sich selbst überlassenen System irgendwann nach den Gesetzen der Wahrscheinlichkeit jeder Zustand auftreten werde, also auch der Ausgangszustand. Dieser Zeitpunkt wäre durch nichts von dem ursprünglichen zu unterscheiden, die Zeit wäre zyklisch. Unsere Erfahrung ist jedoch viel einfacher. Zumindest in unserer Lebensspanne ist die Zeit eindeutig, vorwärts gerichtet, linear und stetig. Nichts ist uns selbstverständlicher als der permanente Fluß der Zeit, aber nichts scheint schwieriger zu sein, als gerade diese Zeit naturwissenschaftlich oder gedanklich anzugehen. Denn Philosophen und Naturwissenschaftler haben erstaunlicherweise große Probleme, die Zeit so zu erfassen, daß sie mit unserer Wahrnehmung übereinstimmt.

Newtons Problem mit der Zeit

Newton stellte sich Raum und Zeit als völlig unabhängige, feste und unveränderliche Größen vor. Während sich alles vor dem Hintergrund des absoluten Raumes an wohldefinierten Raumpunkten abspielte, floß die Zeit in ihrem ewigen unveränderlichen Strom ohne Beziehung zu den eventuell vorhandenen Gegenständen. Nichts konnte die Gleichmäßigkeit der Zeit beeinflussen. Aber obwohl er in der Zeit eine absolute Größe sah, taucht sie im mechanistischen Weltbild Newtons nicht mit einer eindeutigen Richtung auf. In der Physik Newtons sind nämlich alle Prozesse zeitreversibel. Die Bewegungsgesetze machen keinen Unterschied darin, ob ein Prozeß vorwärts oder rückwärts in der Zeit abläuft. Dieses liegt an der Form, in der die Zeit bei den Newtonschen Bewegungsgesetzen auftaucht. Nehmen wir einmal einen beschleunigten Gegenstand. Beschleunigung ist nach Newton, wie jeder Gymnasiast weiß, die Änderung der Geschwindigkeit pro

Zeiteinheit. Geschwindigkeit ist aber das Verhältnis von Strecke zu Zeit (wie z. B. km/h). In der Beschreibung für die Beschleunigung kommt die Geschwindigkeit also in quadrierter Form vor. Quadratzahlen sind aber immer positiv (-2 mal -2 ist genauso gleich 4 wie 2 mal 2). Es macht keinen Unterschied, ob die Zeit negativ oder positiv ist, es kommt immer ein positiver Wert in Newtons Gleichungen heraus. Insofern sind die mechanischen Gesetze alle zeitlos. Die Lösungen für beide Zeitrichtungen, in die Zukunft und in die Vergangenheit, sind identisch. Deshalb können wir bei der Filmvorführung eines mechanischen Experimentes auch nicht entscheiden, ob der Film vorwärts oder rückwärts läuft. Ob Planeten im oder entgegen des Uhrzeigersinns um einen Stern laufen, ob Billardkugeln von einem Stock angestoßen werden oder die Kugeln den Stock zurückstoßen, all dies kann aufgrund der Bewegungsgesetze nicht entschieden werden. Auch wenn unsere tägliche Erfahrung uns lehrt, daß bestimmte Zeitrichtungen bevorzugt werden (Äpfel werden nicht durch Schall- und Bewegungsenergie vom Erdboden hochgeschleudert, sondern fallen von Bäumen), so ist doch prinzipiell jeder Vorgang in umgekehrter Reihenfolge möglich, auch wenn die Wahrscheinlichkeit sehr gering ist[52]. Im

---

[52] Diese Aussage gilt im strengen Sinne nicht. In Wirklichkeit ist kein Prozeß völlig umkehrbar. Unser Universum dehnt sich beständig aus. Jeder Gegenstand wird von der kosmischen Hintergrundstrahlung getroffen, die durch die ständige Expansion des Universums immer um einen winzigen Betrag energieärmer wird. Andererseits strahlt jeder Gegenstand aufgrund seiner Temperatur infrarote Photonen ab. Würde man einen Prozeß rückwärts verfolgen, dann sähe man wie ein Gegenstand infrarote Photonen aus dem Weltall aufnimmt und dafür niederenergetische Photonen im Millimeterbereich abstrahlt, die im Laufe der Zeit energiereicher werden. Doch das ist bei einem expandierenden Universum unmöglich. Für unser subjektives Zeitempfinden spielt dieser Photonenaustausch jedoch sicherlich keine Rolle.

Weltbild Newtons ist die Zeit somit ohne eigentliche Bedeutung. Die Gegenwart, die für uns subjektiv im Mittelpunkt unserer Existenz steht, ist lediglich ein berechenbarer Punkt auf der ewigen Skala miteinander kausal verknüpfter Ereignisse. Zeit ist durch Newtons Differentialgleichungen eindeutig angehbar, ihr Wesen bleibt jedoch unverstanden.

Die Einsteinsche Raumzeit

Einstein brach radikal mit Newtons Vorstellungen der Konstanz von Raum und Zeit. Er zeigte, daß Raum und Zeit abhängige und durchaus veränderbare Größen sind, die durch das Vorhandensein von Materie in Abhängigkeit von ihrer Geschwindigkeit definiert werden. Raum und Zeit sind für unterschiedlich beschleunigte oder in unterschiedlichen Schwerefeldern befindliche Beobachter nicht dasselbe. Es gibt keine absolute Gleichzeitigkeit zweier Ereignisse. Verschieden beschleunigte Beobachter oder Beobachter in verschiedenen Schwerefeldern würden über zwei Ereignisse Unterschiedliches zu berichten haben. Was für den einen gleichzeitig geschieht, kann für einen anderen Beobachter durchaus nacheinander ablaufen. Die Gegenwart, die für uns ja unmittelbarster Bestandteil des Zeitempfindens darstellt, existiert also im Weltbild Einsteins überhaupt nicht. Es gibt kein Jetzt. Unserem subjektiven Zeitgefühl ist somit die physikalische Grundlage entzogen. Gegenwart kann hiernach nur etwas Subjektives sein und niemals der äußere Rahmen, in dem sich das Weltgeschehen abspielt. Die Zeit, wie wir sie als Aufeinanderfolge gegenwärtiger Augenblicke erleben, ist demnach nicht von objektiver Realität, sondern eine höchst persönliche Angelegenheit, die zudem noch durch unseren Bewegungszustand verändert werden kann.

Aber nicht nur die Gegenwart wird durch die Relativitätstheorie zu einer Nebensächlichkeit degradiert, auch der Unterschied zwischen Vergangenheit und Zukunft bleibt unklar. Einsteins Gleichungen sind genauso zeitsymmetrisch wie die Mechanik Newtons. Es ergibt sich hieraus nicht einmal die zwingende Konsequenz, daß Zeit überhaupt existieren muß. Prozesse, die uns aus der täglichen Erfahrung als nicht umkehrbar erscheinen, werden in ihrer zeitlichen Gerichtetheit durch die Relativitätstheorie somit ebenfalls nicht erklärt. Darüber hinaus ist Zeit bei Einstein mit dem Raum zur Raumzeit verschmolzen. Zeit kann also nicht unabhängig vom Raum existieren. Die Raumzeit muß aber eine feststehende Größe darstellen, da ein und dasselbe Ereignis für verschiedene Beobachter sowohl in der Vergangenheit als auch in der Gegenwart oder in der Zukunft liegen kann. Dieses würde aber bedeuten, daß die Raumzeit insgesamt eine objektive und unveränderliche Existenz hat, die keinen Raum für eine offene Zukunft bietet.

Die Zeit der Quanten

Noch verwirrender wird der Zeitbegriff in der Quantenmechanik. Die Zeit ist keine Größe, die bei quantenmechanischen Berechnungen eine direkte Rolle spielt. Sie ist hier kein direkt beobachtbarer Parameter. Außerdem unterliegt sie auch der Unschärferelation und ist komplementär zur Energie eines Systems zu beschreiben, so ähnlich wie Ort und Impuls komplementäre Größen der Quantentheorie sind. Zeitliche Intervalle sind also nur mit einer bestimmten Ungenauigkeit meßbar, wenn man auch über den energetischen Zustand etwas erfahren will. Weiterhin besagt die offizielle Kopenhagener Deutung, daß nicht beobachtete Größen gar nicht existieren, sondern erst durch die Messung in die Realität befördert werden. Also ist auch die Zeit in der Quantenwelt nicht real, sondern ebenso undeutlich und nur mit Wahrscheinlichkeiten beschreibbar, wie alle anderen Eigenschaften eines subatomaren Teilchens.

Auch die kosmologischen Betrachtungen zum Urknall, bei dem Quanteneffekte eine wichtige Rolle spielten, hilft uns nicht, den verlorenen Zeitpfeil zu finden. Nach der Quantendeutung des Urknalls ist die Zeit nur eine weitere Raumdimension. Einstein hat die Zeit bereits mit dem Raum zu einem Raum-Zeit-Kontinuum verknüpft. Die Quantenmechanik geht hier noch weiter. Die Zeit ist hier tatsächlich nichts anderes als Raum. Erst im Laufe der Entwicklung des frühen Universums kristallisierte sich die Zeit als eine mit anderen Eigenschaften versehene Dimension als die anderen drei Raumdimensionen heraus. Die Quantentheorie betont weiterhin die Symmetrie der Elementarteilchen und der zwischen ihnen wirkenden Kräfte. Diese Symmetrie bedingt eine Invarianz gegenüber Veränderungen in Raum und Zeit. Dies bedeutet aber nichts anderes, als daß zeitliche Veränderungen für die Beschreibung eines Quantensystems keine Rolle spielen.

Es gibt eine merkwürdige Ausnahme von der Zeitreversibilität quantenmechanischer Prozesse. Wir hatten gese-

hen, daß es in der Natur zu einer Verletzung der Ladungsumkehr und der Parität kommen kann. Die Kombination
dieser beiden Prinzipien, also der Austausch von Teilchen
durch ihre Antiteilchen und die gleichzeitige spiegelbildliche Beobachtung des Prozesses war aber stets unangeta-
stet. In den sechziger Jahren konnte jedoch gezeigt werden, daß auch dies nicht immer stimmt. Bedeutsam ist
diese Entdeckung deshalb, weil eine Verletzung der CP-
Symmetrie gleichbedeutend mit einer Verletzung der
Symmetrie bezüglich der Zeitachse ist. Anders ausgedrückt, kann durch eine CP-Verletzung eine eindeutige
Richtung der Zeit nachgewiesen werden, da der betreffen-
de Prozeß nicht umkehrbar ist. Und genau so ein Ereignis
konnte 1964 von V. L. Fitch und J. W. Cronin beobachtet
werden. Das langlebige neutrale K-Meson oder Kaon hat
nämlich die Eigenschaft, spontan zu zerfallen. Dieser Zerfall ist genauso gewöhnlich wie bei jedem anderen Teilchen. Ganz selten aber (in 0,0000001% der Fälle) zeigt es
einen anomalen Zerfall, der eine Verletzung der CP-Symmetrie und damit auch der Zeitsymmetrie beinhaltet. Dieser Prozeß ist nicht umkehrbar, er kommt in der Natur
ausschließlich in einer Richtung vor. Ist dies vielleicht ein
ganz verborgener Hinweis darauf, daß es doch einen klit-
zekleinen Zeitpfeil gibt? Andererseits ist es jedoch unwahrscheinlich, daß die Zeit sich nur im Zerfall von Kaonen ausdrücken soll. Im menschlichen Gehirn jedenfalls
gibt es sicherlich keine Kaonen, und dennoch ist das Zeitgefühl für unser Denken eine elementare Größe. Außerdem arbeitet das Gehirn überhaupt nicht auf der Grundlage
des Zerfalls exotischer Teilchen. Die wesentliche Basis der
Hirntätigkeit ist der Elektromagnetismus. Maxwells Feld-

428

gleichungen, die dieses Gebiet beschreiben, sind jedoch völlig zeitsymmetrisch. Wenn also zeitliche Prozesse in unserem Gehirn eine Rolle spielen, dann muß hierfür etwas anderes als der Kaonenzerfall verantwortlich sein.

Es gibt vielleicht noch ein anderes Argument, welches Quantenprozesse mit der Zeit verbinden kann. Während sich ein unbeobachtetes System nach der Schrödinger Gleichung deterministisch und zeitsymmetrisch verhält, kollabiert die Wellenfunktion ja im Augenblick der Messung. Aus der Wahrscheinlichkeitsverteilung beispielsweise eines Elektrons wird ein konkreter Treffer auf einer Zählapparatur. Dieser Prozeß ist keinesfalls umkehrbar. Wir können aufgrund des Aufschlagpunktes eines Elektrons nicht sagen, wie vorher die Wellenfunktion aussah. Wenn die Wellenfunktion einmal kollabiert ist, dann ist der ursprüngliche Zustand ein für allemal verloren. Hier scheint sich vage eine Möglichkeit anzudeuten, daß die Zeit gerichtet verläuft. Befriedigend kann diese Zeitdefinition aber nicht sein, wenn sie sich nur auf den Kollaps der Wellenfunktion beruft. Dies würde nämlich bedeuten, daß es den Zeitpfeil nur in beobachteten Systemen gibt. Also auch die Quantenphysik liefert uns keine plausible Erklärung für das Wesen der Zeit.

Manche Physiker vermuten deshalb, daß die Quantentheorien einfach unvollständig sind. Dieses sehen wir ja auch daran, daß die Gravitation in ihnen keine Berücksichtigung findet. Und gerade diese gravitativen Kräfte auf Quantenniveau sind, wie wir gesehen haben, zur Beschreibung der Vorgänge im frühen Universum von großer Bedeutung. Was fehlt ist also eine Theorie der Quantengravitation. Und diese Theorie müßte nach Mei-

nung vieler Physiker eben auch die eindeutige Gerichtetheit der Zeit beinhalten. Noch haben wir aber überhaupt
keine Vorstellung, wie eine solche Theorie, die sowohl die
Quantenphysik als auch die Relativitätstheorie berücksichtigt, aussehen könnte.

Zeit der Saiten

Einige glauben, daß Stringtheorien möglicherweise in der
Lage sind, die bisher unvereinbaren großen Theorien des
20. Jahrhunderts zusammenzuführen. Wenn die Stringtheorie wirklich einmal eine Theorie für Alles werden soll,
dann können wir erwarten, daß die Zeit hier ihren ge-
bührenden Stellenwert bekommt. Aber auch die neuesten
physikalischen Forschungen lassen uns im Stich. In den
Stringtheorien ist die Zeit genausowenig erfaßt wie in der
klassischen Quantenphysik. Offensichtlich ist sie zur Beschreibung des Universums nicht zwingend notwendig.
Zeit und Raum existieren zwar in den Stringtheorien, aber
nur als sekundäre Größen, die sich bei der Anwendung
der ursprünglich zeitlosen Gleichungen ergeben.

Vielleicht ergeht es uns mit der Zeit hier ähnlich, wie es
uns aufgrund der Quanteninterpretation mit der Materie
ging. Wir hängen zu sehr einem liebgewordenen alten Begriff an, der bei genauer Betrachtung in der von uns wahrgenommenen Form gar nicht existiert. Zeit könnte hiernach ebenso nur Ausdruck einer tieferliegenden Realität
sein, die sich unter bestimmten Bedingungen für uns so
äußert, wie wir nun einmal den Fluß der Zeit empfinden.

Was sagen die Philosophen?

Nach der klassischen mechanistischen Weltanschauung sind durch den deterministischen Charakter aller Vorgänge im Universum quasi die gesamte Vergangenheit und die Zukunft in einem Augenblick eingefroren. Laplace hat diese Einstellung klar durch seinen Dämon offengelegt, der aus der Kenntnis aller Teilchen sowie deren Ort und Impuls die Vergangenheit und die Zukunft erkennen könnte. Die Zeit hat hier also keine reale Bedeutung. Das, was wir als Fluß der Zeit empfinden, drückt im Grunde nur unsere Unfähigkeit aus, das gesamte System des Seins zu überblicken.

Der heilige Augustinus (354–430), der in Nordafrika und in Italien lebte, beschäftigte sich in seinem 11. Buch der *Confessiones* (Bekenntnisse) erstmals in der Philosophiegeschichte mit dem Problem der Zeit. Im Grunde war die Zeit für ihn eine Illusion. Wirklichkeit ist für uns nur das momentan Gegenwärtige. Die Vergangenheit existiert nicht real, sondern nur in unserer Erinnerung. Ebenso ist die Zukunft nicht tatsächlich vorhanden, sondern besteht aus unseren Hoffnungen und Erwartungen. Zeit ist also untrennbar verbunden mit der menschlichen Subjektivität, die Gegenwart ist lediglich ein nicht zu fassender Punkt, der keine Konstanz hat. Wo ist die Zeit also? Sie scheint ein Punkt zwischen zwei Dingen zu sein, die es gar nicht gibt. Existiert die Zeit überhaupt? Augustinus beschrieb seine Schwierigkeiten mit der Zeit folgendermaßen: »Was ist die Zeit? Wenn mich keiner danach fragt, dann weiß ich es genau, wenn ich es aber jemandem erklären will, dann weiß ich es nicht.«

Wir empfinden die Zeit nur in der von uns wahrgenommenen Art, weil wir nicht in der Lage sind, simultan die gesamte Vergangenheit und die Zukunft zu erfassen. Demgegenüber ist Gott alles gegenwärtig, er unterliegt nach Augustinus deshalb nicht der Vorstellung einer
fließenden Zeit. Augustinus entwickelte auch die Idee, daß
es vor der irdischen Existenz keine Zeit gegeben haben
kann. Gott schuf gleichzeitig mit dem Raum auch die Zeit.
In seinem Werk »Gottesstaat« beschreibt Augustinus, daß
die Welt nicht in der Zeit, sondern mit der Zeit erschaffen
wurde. Obwohl dies überraschend an heutige Theorien der
Raumzeit erinnert, hat Augustinus sicherlich nicht die
Erkenntnisse der Quantenphysik vorweggenommen. Die
Gleichzeitigkeit der Schaffung von Raum und Zeit ergab
sich bei ihm aus der notwendigen Annahme, daß Gott der
Zeit nicht unterliegt, es also vor der Schaffung der Welt
keine Zeit gegeben haben kann. Anderenfalls hätte Gott ja
die Welt in der Zeit schaffen müssen und unterläge somit
auch dem Diktat zeitlicher Zwänge.

Ähnliche Vorstellungen hatte bereits Platon, der die
Schaffung der Welt und der Zeit als miteinander verbunden annahm. Für ihn war die Zeit aber genauso irreal wie
die gesamte wahrnehmbare Welt, die ja nur Ausdruck einer
transzendenten göttlichen Welt war, die nur der Vernunft
und nicht der Erfahrung zugänglich war. Auch Zenon
wollte mit seinem Paradox von Achilles und der Schildkröte beweisen, daß es keinen Sinn macht, von einer
fließenden Zeit zu reden. Jede Bewegung würde so unmöglich werden.

Kant betrachtete die Zeit als notwendige Begleitung der
sogenannten inneren Zustände des Menschen, also seiner

Gedanken, Gefühle usw.. Diese müssen zeitlichen Charakter aufweisen, da sie sonst keine Möglichkeit der Existenz hätten. Da auch alle äußeren Aspekte der Welt für den Menschen nur über sinnliche Wahrnehmung, also über Verinnerlichung, erfaßbar sind, wird die Zeit auch zu einer unumgänglichen Qualität der wahrnehmbaren Welt. Ebenso wie der Begriff des Raumes und der Existenz schlechthin ist für Kant die Zeit aber ein empirischer Begriff. Sie existiert also aufgrund der gemeinschaftlichen Erfahrung der Menschheit und ist keine inhärente Eigenschaft der Dinge an sich. Bei Kant ist die Zeit demnach nicht Teil einer objektiven Realität, sondern etwas, das primär (a priori) in unseren Köpfen verankert ist und durch die gemeinsame Erfahrung mehrerer Menschen definiert wird. Sie ist nicht objektiv vorhanden, sondern Teil unseres Verstandes. Die Zeit ist demnach auch kein Begriff, dem man mit physikalischen Methoden beikommen kann, sondern der durch reine Vernunft und Nachdenken bestimmt wird. Außerhalb unserer Gedankenwelt gibt es nach Kant also keine Zeit. Sie ist lediglich notwendige Bedingung dafür, daß wir in der Lage sind, in unseren Gehirnen Modelle der Wirklichkeit abzubilden.

Ähnlich argumentierte der Franzose Henri Bergson (185–1941), ein vehementer Gegner der positivistischen Philosophie von Auguste Comte. Was wir sehen, entspricht keineswegs der Realität, sondern unseren modifizierten Sinneseindrücken. Farbe ist nicht existent, nur Wellenlängen. Aber auch andere Qualitäten des Denkens sind nicht aus wissenschaftlicher Erkenntnis oder Erfahrung ableitbar. Hierzu gehört ebenfalls die Zeit. Bergson unterscheidet hierbei zwischen einer inneren und einer äußeren Zeit. Die innere Zeit oder, wie er es nannte, die *reine Dauer*, ist eigentlich die einzig wahre Zeit. Hier lebt unser innerstes Bewußtsein, das Ich. Die äußere Zeit entsteht lediglich dadurch, daß wir unsere Vorstellungen irgendwo hinein projizieren müssen. Auch die Problematik des Determinismus löst Bergson mit dieser Zeitvorstellung. Das Credo der Deterministen lautet ja, daß unter bestimmten gegebenen Bedingungen gleiche Ursachen immer die gleiche Wirkung haben werden. Das Resultat ist also vorherbestimmt. Dies ist jedoch eine Täuschung, die sich aus der Betrachtung der äußeren Zeit ergibt. In der wahren inneren Zeit, der reinen Dauer, gibt es niemals zwei Momente, die sich völlig gleichen. Es gibt nie identische Ausgangsbedingungen und somit keine absolute Vorhersagbarkeit eines Ereignisses. Dies ist es, was man als Freiheit bezeichnen kann.

Obwohl es auch heute noch philosophisch orientierte Interpretationen geben mag, die den Zeitbegriff von Kant als subjektive Verknüpfung innerer Ereignisse begreifen, muß man dennoch feststellen, daß diese Vorstellung schlichtweg falsch ist. Seit Einstein ist nämlich klar, daß die Zeit keineswegs eine innere Vorstellung ist, die nicht mit der objektiven Welt in zwingender Verbindung steht. Zeit ist vielmehr grundlegend abhängig von Materie und ihren gravitativen Wirkungen sowie von der Geschwindigkeit des Beobachters. Zeit ist also keineswegs durch innere Interpretation zu definieren, sondern wenn überhaupt nur in Zusammenhang mit Gravitationswirkungen und Geschwindigkeiten, die einer objektiven Messung bedürfen.

434

Der destruktive Zeitpfeil

Die Zeit wird also sowohl durch die Philosophen als auch durch die religiös motivierten Ideen des Augustinus und durch die mechanischen Gesetze Newtons zu einer subjektiven Nebensächlichkeit degradiert. In Wirklichkeit ist sie eine Illusion, da nichts tatsächlich neu geschehen kann, sondern nur festliegende Zustände ineinander übergehen. Wieder stoßen wir auf die tiefe Kluft zwischen unserer gradlinigen Erfahrung und den Äußerungen aller Geistesgrößen unserer Geschichte. Kann es sein, daß sie alle so daneben liegen? Oder unterliegen wir tagtäglich einer Illusion, die unser gesamtes Dasein bestimmt und von der wir uns nicht befreien können?

Wenn sowohl physikalische Weltbilder von der Mechanik Newtons über Einsteins Relativitätstheorie bis hin zur Quantenmechanik als auch bedeutende Philosophen die Zeit als so nebensächlich darstellen, warum erscheint sie uns dann als so dominant und unveränderlich? Wir erleben die Zeit stets und unmittelbar als unleugbaren Bestandteil unserer Realität. Philosophen können uns hier erzählen, was sie wollen. *Es stimmt einfach nicht!* Das merken wir ganz eindeutig. Die Zeit existiert und hat eine Richtung. Und wenn nicht nur Philosophen, sondern auch Naturwissenschaftler nicht in der Lage sind, dieses zentrale Phänomen unserer Existenz zu beschreiben, dann kann nach unserem subjektiven Empfinden an der klassischen philosophischen und physikalischen Einstellung zur Zeit etwas nicht stimmen.

Eine Antwort auf diese Diskrepanzen bieten möglicherweise der zweite Hauptsatz der Thermodynamik und vor allem das Studium komplexer Systeme. Im Unterschied zu allen anderen physikalischen Gesetzen hat der zweite Hauptsatz eine Richtung in der Zeit. Er besagt ja, daß die Entropie in einem geschlossenen System nur zunehmen kann. Die Umkehrung ist nicht möglich. Die Zeit kann hier also definiert werden als ein Übergang aus einem geordneten Zustand in einen ungeordneten. Wärme fließt stets von einem wärmeren Körper auf einen kälteren, nie umgekehrt. Auch wenn lokal geordnete Strukturen entstehen, global gesehen hat die Entropie aber immer zugenommen. Da alle physikalischen Prozesse mit Umwandlung von Energie einhergehen, ist nach den Gesetzen der Thermodynamik auch jeder physikalische Vorgang irreversibel, da immer ein Teil der beteiligten Energie in Wärmeenergie übergeht, die nicht wieder komplett in die anderen Energieformen überführbar ist. Der Österreicher Ludwig Boltzmann (1844 – 1906) zeigte Ende des 19. Jahrhunderts, daß das Maß für die Unordnung mit einer statistisch zu definierenden ungeheuer großen Wahrscheinlichkeit zunimmt. Er beschrieb die Veränderungen, die geschlossene Systeme erleiden, also auf der Grundlage statistischer Methoden, die eine Zufälligkeit mit ins Spiel bringen[53]. Die überwältigende Wahrscheinlichkeit hat in diesem Modell eine Richtung, und zwar in die Zukunft. Die Entropiezunahme, die im zweiten Hauptsatz der Thermodynamik gefordert wird, erklärt Boltzmann also dadurch, daß ein System von einem

---

[53] Die Entropie eines Systems ist nach der Gleichung von Boltzmann proportional dem Logarithmus der Zustandswahrscheinlichkeit. $S = k \cdot \ln p$, wobei S die Entropie ist und k die nach Boltzmann benannte Konstante. p ist die Zustandswahrscheinlichkeit des Systems.

weniger wahrscheinlichen in einen wahrscheinlicheren Zustand übergehen muß. Alle realen Vorgänge sind demnach zeitlich gerichtete Prozesse in Richtung Wahrscheinlichkeit.

Dennoch werden nicht alle Fragen zur Zeit durch den zweiten Hauptsatz beantwortet. Er verknüpft die Zeit mit der Tatsache, daß Entropie nur zunehmen kann. Im Zustand maximaler Entropie existiert die Zeit hiernach auch nicht mehr. Denn wenn man die geringe Entropie als das Potential der Veränderungsfähigkeit eines Systems betrachtet, wird es zwangsläufig auf einen Moment hinsteuern, wo keine Veränderung mehr möglich ist. Wenn man das gesamte Universum als ein geschlossenes System ansieht, dann muß diese Prognose auch hierfür gelten. Der Arzt, Physiologe und Physiker Hermann von Helmholtz (1821–1894) prägte hierfür den Begriff des Wärmetodes, da nach dem zweiten Hauptsatz der Thermodynamik unser Universum zwangsläufig auf einen Zustand hinsteuert, in dem es nur noch eine völlig homogene Verteilung der vorhandenen Atome oder derer energetischer Überbleibsel gibt, die keine Möglichkeit der Veränderung mehr in sich tragen. Diese düstere Prognose für unser Universum bietet in diesem Zustand ebenfalls keine Grundlage mehr für den Begriff der Zeit[54].

Eine weitere philosophisch unbefriedigende Konsequenz des thermodynamischen Zeitpfeils ergibt sich aus der möglichen Zukunft unseres Universums, wenn dieses, kos-

---

[54] Sofern das Universum ewig expandiert, wird es wahrscheinlich nie den Zustand der maximalen Entropie erreichen. Mit der Ausdehnung wächst nämlich auch ständig die maximale Entropie (proportional zum Quadrat der Zeit). Diese wäre dann immer ein unerreichbares Endziel.

mologisch gesehen, geschlossen ist. Zu Beginn der Welt herrschte nach der thermodynamischen Sicht ein Zustand hoher Ordnung. Die Entropie war sehr gering und nimmt seit dieser Zeit ständig zu. Die Expansion des Universums bedingt eine Zunahme der Homogenität, bis sich ein Maximum an Entropie gebildet hat. Dies ist der Zustand, in dem es nur noch eine homogene Strahlungssuppe gibt und geordnete Strukturen längst aufgehört haben zu existieren. Sofern die Masse des Weltalls den kritischen Wert Ω übersteigt, wird sich die Expansion des Universums in ferner Zukunft immer weiter verlangsamen und schließlich in eine Kontraktionsbewegung übergehen. Bei dem anschließenden Kollaps würde aber nach den Gesetzen der Thermodynamik aus der undifferenzierten Struktur des toten Universums erneut Ordnung entstehen. Galaxien, die längst erloschen waren, würden sich erneut bilden. Irgendwann entstünde auch unsere Milchstraße wieder, und während sich das Universum weiter zusammenzieht, würde die Erde aus einem roten Riesen hervorgehen, der sich zu einem gelben Stern verdichtet. Die Zeit liefe also rückwärts, da die Entropie bei der Kontraktion des Universums auf den Großen Kollaps hin ständig abnehmen würde. Irgendwann würden wir auch wieder aus unseren Gräbern auferstehen, jünger werden und schließlich wieder im Mutterleib verschwinden. Während unseres kurzen Lebens würden wir uns genau an die Zukunft erinnern, während die Vergangenheit für uns ungewiß wäre. Wir würden also nicht einmal merken, daß die Zeit in Wirklichkeit rückwärts läuft, alles wäre genau so wie jetzt auch. Wenn alle Materie in ferner Zukunft wieder soweit auf einen Punkt zusammengestürzt ist, daß sich ein Zustand unendlicher Dichte ergibt, könnte auf diesen Großen Kollaps wieder ein neuer Urknall erfolgen, wobei sich der Zeitpfeil wieder umdrehen und in die Zukunft zeigen würde.

Gegen diese Sicht einer Zeitumkehr bei der Kontraktion des Universums argumentiert Roger Penrose mit der Auffassung, daß der Urknall und der Große Kollaps keine gleichwertigen Ereignisse seien. Hiernach wäre der Urknall ein Moment mit niedriger Entropie, und der Große Kollaps wäre ein Zustand maximaler Entropie. Wie diese Differenz allerdings zustande kommt, wird durch dieses Modell auch nicht schlüssig erklärt. Wir sehen jedoch an diesem Beispiel, daß die thermodynamischen Gesetze allein nicht befriedigend in der Lage sind, die eindeutige Gerichtetheit der Zeit zu erklären. Außerdem erscheint die Zeit auf der Grundlage des zweiten Hauptsatzes als etwas rein Destruktives. Sie charakterisiert die Entwicklung in Richtung Unordnung und Auflösung aller bestehender Strukturen. Die Zeit existiert zwar, sie hat aber nicht die Richtung, die wir gerne sehen würden.

Der schöpferische Zeitpfeil

Es muß also noch ein anderer Pfeil existieren, der die Zeit so definiert, wie wir sie erleben. Dieser Zeitpfeil muß erklären, warum aus dem Zustand der Gleichförmigkeit des frühen Universums sich all die hochorganisierten Strukturen entwickelt haben und immer noch weiter entwickeln. Er muß erklären, warum immer wieder aufs neue bisher nie dagewesene Organisationsformen sich aus einzelnen zusammengeballten Strukturen formen. Und er muß letztendlich erklären, warum die Zeit für uns definitiv existiert, warum wir uns an die Vergangenheit erinnern, aber nicht an die Zukunft. Denn wenn – wie im Weltbild von Laplace – alle Zeiten in einem Augenblick eingefroren sind, warum wissen wir dann nicht ebenso intuitiv alles über die Zukunft wie über unsere Vergangenheit?

Der zweite Hauptsatz der Thermodynamik ist nicht falsch. Entropie kann nur zunehmen und Ordnung kann, global gesehen, nur abnehmen. Der Satz sagt aber nicht, wie dies zu geschehen hat. Es besteht keine zwingende Notwendigkeit, daß der allgemeine Zerfall gleichförmig und überall zu erfolgen hat. So wie sich lokale Systeme aus der allgemeinen destruktiven Tendenz ausklinken können, so ist dies auch zeitlich für einen definierten Abschnitt möglich. Nur insgesamt gesehen, wird man im nachhinein für das gesamte Universum feststellen müssen, daß die Entropie zugenommen hat.

Der wahrscheinlich wesentliche Faktor für unseren Zeitbegriff ist eng mit dem Entstehen komplexer Strukturen verknüpft. Wir leben in komplexen Systemen und stellen selbst das komplexeste System dar, welches wir kennen. Komplexität aber ist nicht zeitsymmetrisch, sie strotzt vor Symmetriebrechungen und Chaos. Hierbei sind zeitliche Verläufe eindeutig definiert. In komplexen und chaotischen Systemen ist die Invarianz kaum oder gar nicht erkennbar. Prozesse sind nicht umkehrbar wie in der linearen Newtonschen Mechanik. Wir beobachten eben nicht, wie sich Scherben auf dem Fußboden zu einer Tasse auf dem Tisch zusammenfügen, obwohl dies theoretisch möglich wäre. Wir erkennen sofort, ob uns ein Film vorwärts oder rückwärts vorgespielt wird, weil die Bewegungsrich-

tung in die Zukunft unendlich viel wahrscheinlicher ist
als die rückwärtige. Die Zeit hat für uns also etwas mit
Statistik zu tun. Auch wenn die physikalischen Gesetze
eine Zeitreversibilität erlauben, dann ist die Wahrscheinlichkeit der Umkehrbarkeit zeitlicher Prozesse für nahezu
alle Vorgänge unserer Umgebung infinitesimal gering.
Diese Wahrscheinlichkeit gibt also der Zeit ihre Richtung.

Im vorgegebenen Rahmen der allgemeinen Entropiezunahme ist es also durchaus möglich, daß völlig neue
Strukturen auftauchen, die zeitlich nicht reversibel sind.
Stabile Systeme, die sich weit vom thermodynamischen
Gleichgewicht befinden, sind in der Lage, über ständigen
Austausch mit ihrer Umwelt hochgradig organisierte Formen anzunehmen. Und die Potenz des Universums, solche
selbstorganisierenden Systeme ständig neu hervorzubringen, scheint noch lange nicht ausgeschöpft zu sein. Komplexe Strukturen haben, wie wir gesehen haben, auch die
Eigenschaft, daß ihre Zukunft prinzipiell nicht vorauszusagen ist. An diesem Grundsatz muß jeder Versuch scheitern, die lokale Zukunft unseres Universums zu beschreiben. Auch wenn irgendwann Gewißheit darüber herrschen
wird, ob unser Universum geschlossen, flach oder offen ist,
niemals wird es hiernach möglich sein, die schöpferische
Potenz nichtlinearer komplexer Systeme vorherzusehen.
Die Welt kann also durchaus noch einige Überraschungen
für uns bereithalten. Trotz der kontinuierlich zunehmenden globalen Entropie beweist uns das Universum tagtäglich, daß komplexe Systeme ständig neu entstehen
und daß aus Unordnung Ordnung hervorgeht. Hier haben
wir also den Zeitpfeil, der die Zukunft nicht als destruktives Ende im energetischen Gleichgewicht beschreibt,

sondern der eine ständige Schaffung neuer Strukturen ermöglicht.

Dennoch scheint das Problem der Zeit bislang nicht befriedigend erfaßt zu sein. Der zweite Hauptsatz gibt der Zeit, wie wir gesehen haben, eine Richtung. Ebenso läßt sich das Entstehen komplexer nichtlinearer Strukturen mit dem Begriff der Zeit verbinden, wobei sich keine Widersprüche zum zweiten Hauptsatz ergeben. Aber unsere gesamte Umwelt baut auf der schwer faßbaren Welt der Quanten auf. Und genau hier wissen wir über den Zeitbegriff so gut wie gar nichts. Aber auch makroskopische lineare Systeme können wir mit unserem subjektiven Zeitbegriff nur schwer erfassen. So eindeutig, wie uns die Zeit in komplexen Systemen begegnet, so verborgen ist sie in einfachen mechanischen Systemen. Ganz offensichtlich benötigen wir für die Zukunft eine Beschreibungsmöglichkeit, die sowohl die klassische Mechanik als auch die Quantenmechanik umfaßt und diese als richtige, aber unvollständige Modelle der Wirklichkeit berücksichtigt.

442

Die Natur des Lebens

Ich hielt also – aufs Geratewohl –
irgendwo in meiner Lektüre inne
und las sehr aufmerksam den folgenden Satz ...
»Das einzelne Mitglied der sozialen Gemeinschaft
empfängt seine Informationen häufig
über visuelle symbolische Kanäle.«
Ich las den Satz ein paarmal und übersetzte ihn dann.
Was er bedeutet? »Die Leute lesen.«

Richard Feynman
über eine philosophisch-soziologische Konferenz
in: Sie belieben wohl zu scherzen, Mr. Feynman,
Piper, München 1991, S. 372

Wir haben bisher Dinge kennengelernt, die unser Vorstellungsvermögen bei weitem überschreiten. Einiges davon ist Spekulation, anderes nachgewiesene Tatsache. Es gibt aber etwas in unserem Universum, welches viel schwerer zu verstehen ist, als all die Strings, Wurmlöcher, Quantenfluktuationen oder die großen kosmologischen Rätsel. Wie konnte es geschehen, daß sich aus der Einförmigkeit des Urknalls, hervorgerufen durch vielfältige Symmetriebrechungen, Strukturen entwickelten, die qualitativ ganz offensichtlich eine ganz besondere Stellung einnehmen. Strukturen, die in der Lage sind, ihre Stabilität aufrechtzuerhalten, die sich reproduzieren und auf vielfältige Umwelteinflüsse reagieren können. Strukturen, die insbesondere aber zweifelsohne eine Individualität aufweisen. Und das größte Rätsel besteht darin, daß diese Strukturen sich

443

ihrer selbst bewußt sind. Hieraus ergibt sich weiter, daß sie sogar denken können und Fragen stellen. Unter den Fragen befinden sich auch solche, welche die eigene Existenz betreffen, und solche nach den Ursprüngen des Seins. Letztendlich ist so aus dem heißen Plasma des Urknalls etwas entstanden, welches wir als Leben bezeichnen. Darüber hinaus kann man sagen, daß ein physikalisch relativ einfach zu beschreibendes System, wie die homogene Strahlungssuppe des frühen Universums, irgendwann angefangen hat, über sich selber nachzudenken.

Was ist Leben?

Physiologen haben Leben stets mit Hilfe der Begriffe Reizbarkeit, Reproduzierbarkeit und Stoffwechsel zu charakterisieren versucht. Daß diese Definition unvollständig ist, haben Computerprogramme gezeigt, die genau diesen Kriterien entsprechen und die deshalb noch lange kein Mensch für lebendig hält. Computer können auf Eingaben in diffiziler Form reagieren (Reizbarkeit), sie können sogar neue Programmstrukturen entwickeln (Reproduzierbarkeit) und schließlich verbrauchen sie Energie und geben Wärme ab (Stoffwechsel). Zum Leben muß also mehr gehören, als man in der Zeit vor den Personalcomputern geglaubt hat. Auch neuere Definitionen zeigen auf, wie schwer wir es haben, den Begriff Leben zu beschreiben, obwohl es uns intuitiv überhaupt keine Schwierigkeiten macht, lebende von toter Materie zu unterscheiden. Viele Vorschläge, die das Leben charakterisieren sollen, treffen bei genauer Prüfung genausogut auf unbelebte Strukturen zu. Ordnung und Strukturbildung sowie Wachstum kennen wir ebenso von Kristallen wie von Bakterien und synchronisiertes, »zielgerichtetes« Verhalten zeigen sowohl Laser als auch Zellverbände wie beispielsweise Schleimpilze oder das Gehirn. Koordinierte Verhaltensformen mit zeitlichen Mustern können Chemiker mit einfachsten Zutaten im Reagenzglas ebenso erzeugen wie Fischschwärme. Die Liste der Beispiele ließe sich beliebig fortsetzten. Jede neue Definition des Lebens hilft uns offenbar nicht weiter, immer wieder läßt sich ein Beispiel aus der unbelebten Natur finden, welches den gleichen Kriterien genügt.

Leben erfordert über die bisherige Definition hinaus sicherlich ein bestimmtes Maß an Komplexität, die einen geordneten Zustand in einem lokalen System erzeugt. Die Ordnung kann aber nicht das wesentliche Merkmal des Lebens sein, wie z.B. Diamanten mit ihrem regelmäßigen molekularen Aufbau belegen. Leben besteht auch daraus, daß die durch Komplexität erzeugte Ordnung eine Organisation hervorruft, die viele einzelne Systeme miteinander kooperieren läßt und eine gezielte Funktionsweise ermöglicht. Dieses Kriterium wird von einem multinationalen Wirtschaftskonzern ebenso erfüllt wie von einem Wildschwein. Was also macht das Leben wirklich aus?

Es soll hier nicht die Diskussion geführt werden, ob Leben etwas qualitativ anderes ist als alles, was sonst in der Natur vorkommt. Vertreter dieser Richtung, des sogenannten Vitalismus, möchten dem lebenden Organismus einen mysteriösen Zusatz, eine »Lebenskraft«, den *élan vital*, zusprechen, der mit den gängigen Methoden der Biologie und Physik nicht erfaßbar sei. Nach dieser Theorie ist es also überflüssig, aus der für uns sichtbaren und meßbaren lebenden Struktur Prinzipien abzuleiten, die eine Erklärung für das Phänomen Leben bieten. Henri Bergson postulierte den *élan vital* als bestimmendes Element jeden Lebens. Leben war für ihn weder mechanisch-deterministisch noch teleologisch zweckgerichtet zu sehen. Vielmehr ist der *élan vital* eine Kraft, die ständig dafür sorgt, daß Leben sich weiterentwickelt. *Élan vital* kommt in der Natur in zwei verschiedenen Formen vor, als Instinkt und als Intellekt. Beide sorgen dafür, daß eine Anpassung an die Umwelt und eine Weiterentwicklung des Lebens stattfindet. Am Anfang des 20. Jahrhunderts hat vor allem der Zoologe und Lebensphilosoph Hans Driesch (1867–1941) den Vitalismus populär gemacht. Unter Berufung auf Aristoteles sprach er von einer Vorbestimmung alles Lebenden, einer Zweckmäßigkeit, die durch eine nicht faßbare Kraft, der sogenannten Entelechie, vermittelt wird. Diese Lebenskraft entzieht sich somit der naturwissenschaftlichen Erkenntnis und ist eher im Bereich des Glaubens anzusiedeln. Da Drieschs Deutungen stark in das Feld der Metaphysik und auch der Parapsychologie abdrifteten, sind sie heute weder bei Philosophen noch bei Naturwissenschaftlern sehr angesehen.

Vom Zweck des Lebens

Seit Darwin sind die meisten Biologen Reduktionisten. Lebewesen bestehen aus Materie, die in ihren Grundlagen ebenso in der unbelebten Natur vorzufinden ist. Es ist eindeutig, daß kein Vorgang im lebenden Organismus in Widerspruch zu den bekannten physikalischen Gesetzen steht.

Die Evolutionstheorie hat aufgezeigt, daß Leben nicht zu einem bestimmten Zweck entstand, sondern als Folge von Versuch und Irrtum. Blinder Zufall ersetzt also in diesem Weltbild die Vorstellung von der allumfassenden Planung, die so viele Jahrhunderte das religiöse und damit auch wissenschaftliche Dogma darstellte. Dennoch ist die Auffassung der Zweckgerichtetheit evolutionärer Auswahl immer noch in vielen Publikationen präsent. Erst in den letzten Jahren setzte sich bei den Biologen allmählich auch die Überzeugung durch, daß es viele Merkmale von Lebewesen gibt, die überhaupt keine Zweckdienlichkeit aufweisen. So war es noch vor zehn bis 20 Jahren durchaus üblich, daß biologische Diplomarbeiten sich mit der Frage befaßten, warum ein bestimmter Fisch gerade seine individuelle Färbung hat. Heute geht man eher davon aus, daß die Natur viele Dinge als Folge des evolutionären Zufalls toleriert, wenn es dem Überleben der Art nicht abträglich ist. Es gibt also Fische mit Farben, die überhaupt keinen erkennbaren Sinn haben. Sie stören den Fisch aber auch nicht, und deshalb kann sich das Merkmal dieser Farbe weiter fortpflanzen. Natürlich gibt es Warnfarben, Reizfarben usw., die für das Überleben einer bestimmten Fischart vorteilhaft sind. Es ist die Folge vieler Zufälle, daß sich diese sinnvolle neben vielen sinnlosen Farben herausgebildet hat.

Ebenso wissen wir, daß beispielsweise Bakterien, Pilze, Schwämme oder Pflanzen sogenannte Sekundärmetaboliten produzieren. Dies sind Substanzen, die für den entsprechenden Organismus keine essentiellen Stoffwechselprodukte darstellen. Manchmal sind Funktionen vorhanden und bekannt, oft genug jedoch nicht. Man könnte sie als eine »Spielwiese der Evolution« bezeichnen. Sie haben zunächst keinen Nutzen, schaden aber auch nicht, und können vielleicht irgendwann einmal der betreffenden Spezies dienlich sein. Inzwischen haben wir es gelernt, uns solche »überflüssigen« Stoffwechselprodukte z. B. als pharmazeutische Pflanzenbestandteile oder als gentechnologisch in Bakterien produziertes Insulin zunutze zu machen.

Obwohl Darwin nachweisen konnte, daß die Natur keinen bestimmten Zweck bei ihrem evolutionären Wettkampf verfolgt, hat sich bis heute hartnäckig die Meinung erhalten, daß der Mensch an der Spitze einer ominösen Evolutionsleiter stehe. In Schul- und Sachbüchern wird häufig ein Stammbaum gezeigt, wonach sich aus den Einzellern immer komplexere Lebewesen gebildet haben und der Mensch den Höhepunkt dieser Entwicklung darstellt. Aber auch diese anthropozentrische Sicht ist sicherlich falsch. Betrachtet man die Natur vorurteilsfrei, dann wird erkennbar, daß die Bakterien die eigentlichen »Erfolgsmodelle« der Evolution sind und Reptilien, Insekten, Säugetiere und somit auch Menschen lediglich eine relativ kurzfristige Seitenerscheinung des Phänomens »Leben« darstellen. Unsere subjektive Sichtweise läßt uns hingegen glauben, wir seien aus evolutionsbiologischer Sicht eine konsequente Weiterentwicklung primitiverer Vorfahren. Bakterien bevölkern jedoch nahezu unverändert seit ca. drei Milliarden Jahren die Erde. Sicher hat es physiologische und biochemische Veränderungen gegeben, die Morphologie und das »Gesamtkonzept« blieben dagegen weitgehend unverändert. Perfektes bedarf eben keiner Verbesserung. Und Anpassungen sind durch das (genetisch bedingte) flexible und große Stoffwechselpotential sowie durch kurze Generationszeiten auch in kürzesten

448

Zeiträumen garantiert. Es gibt kaum etwas, was Bakterien sich nicht als Lebensraum erschlossen hätten: heiße Quellen (thermophile bis 120 Grad Celsius!), Packeis, Salzseen (halophile), Tiefsee (barophile), extreme Säuren (pH bis eins, acidophile) und Laugen (pH bis 13, alkalophile), selbst radioaktive Strahlung (z.B. *Deionococcus radiodurans*, lebt in Uranlagerstätten und besiedelt Kühlkreisläufe von Atomkraftwerken). Bakterien leben noch in über 1000 Meter tiefen Gesteinsschichten. Man kann sagen: sie sind überall! Sie haben sich zudem noch die »Neuschöpfung« Mensch sowie dessen technische Systeme als Nahrungssubstrate erschlossen. Betrachtet man die Evolution aus einem anderen Blickwinkel als aus philosophisch/theologischer Selbstgefälligkeit, dann sind all die komplexen Lebensformen, sowohl was ihre räumliche als auch zeitliche Verteilung angeht, lediglich eine Marginalie in der Geschichte des Lebens auf unserem Planeten.

Der Zoologe und Evolutionsbiologe Richard Dawkins geht sogar soweit, daß er sämtlichen Lebensformen nur eine Aufgabe zuerkennt, nämlich als »Überlebensmaschinen« für die in ihnen enthaltenen genetischen Informationen zu dienen. Der einzige »Zweck« des Lebens bestünde demnach ausschließlich darin, die Chancen der Verbreitung für das Erbmaterial in einer feindseligen Umwelt zu erhöhen. Hiernach haben sich in den Urozeanen der frühen Erde zunächst Moleküle bilden können, die in der Lage waren, aus vorbeischwimmenden kleineren Molekülen Kopien ihrer selbst herzustellen. Aber auch gleichartige Moleküle hätten als Substrat für ihre Verdoppelung dienen können. Dies ist sozusagen die früheste Form des Kannibalismus gewesen. Hieraus ergibt sich aber nun, daß

Moleküle, die irgendwie gegen eine Aufspaltung durch andere Moleküle geschützt waren, bessere Verbreitungschancen hatten. Wiederum andere, die in der Lage waren, ein solches Schutzschild aufzubrechen, hatten noch bessere Chancen. So begann die Evolution also, die replizierenden Moleküle immer besser auszustatten. Dieser Schutz bestand vielleicht zunächst in einer Anlagerung anderer Moleküle, die dem Ursprungsmolekül eine höhere Stabilität verliehen. Später umgaben sich die Moleküle dann mit einer Eiweißhülle und schließlich mit einzelligen Lebewesen oder gar mit ganzen Menschen. Dennoch ist aus diesem Verlauf der Geschichte kein Zweck ableitbar. Wenn nur ein einziges Molekül unter den vielen zufällig entstandenen irgendwann so zusammengesetzt war, daß es Kopien seiner selbst herstellen konnte, dann war die weitere Geschichte unvermeidlich. Ob und ab wann wir nun diesen Urmolekülen das Attribut »Leben« zusprechen, ist nach Dawkins lediglich unser sprachliches Problem.

Auch das Rätsel der Vererbung konnte mit Hilfe reduktionistischer Erklärungsmodelle befriedigend gelöst werden und bietet keine Ansatzmöglichkeiten mehr, eine Zweckgerichtetheit erkennen zu lassen. Der genetische molekulare Code ähnelt in verblüffender Weise modernen Computerprogrammen. In der DNA (Desoxyribonucleinsäure) unserer Zellkerne ist die genetische Information in Form von sogenannten Basenpaaren gespeichert. Diese Basen bestehen aus vier verschiedenen Molekülen, die sich immer in bestimmten Paaren zu zweit aneinanderlagern. Drei solcher Basen bilden ein Triplet, welches wiederum den Code für eine bestimmte Aminosäure darstellt. Aus vielen solcher Triplets ergibt sich nun die Befehls-

folge für die Bildung einer Aminosäuresequenz, die das
fertige Protein darstellt. Diese Proteine bestimmen letztendlich die Struktur und Funktionsweise des lebenden
Organismus. Vererbung und Evolution konnten so unter
Abstreifung aller mystischen Deutungen auf relativ einfache molekulare Mechanismen reduziert werden. Darüber
hinaus konnte anhand der molekularen Vererbungsvor-
gänge gezeigt werden, daß es in der Natur keineswegs
planvoll zugeht, wie Aristoteles und seine zahlreichen Anhänger immer angenommen hatten. Wenn der genetische
Code zweckgerichtet wäre, dann hätte ihn wohl ein ziem-
licher Stümper entwickelt. Es gibt in der Basensequenz der
DNA Triplets, die offensichtlich für nichts gut sind und die
keine Aminosäuren codieren. Andere Aminosäuren werden
demgegenüber durch mehrere verschiedene Triplets codiert.
Jeder Absolvent eines Programmierkurses für Anfänger
könnte einen effektiveren genetischen Code schreiben. Der
Vergleich ist jedoch ungerecht. Der genetische Code wurde
eben nicht zweckgerichtet auf die Erschaffung eines bestimmten Lebewesens hin programmiert, sondern entwickelte sich aus einer Unzahl zufälliger Mutationen. Nur
hierdurch lassen sich die Redundanzen und ineffektiven
Teilbereiche des genetischen Codes erklären.

Aber trotz der überragenden Erfolge der Evolutionsbio-
logie und der Molekularbiologie ist nicht zu übersehen,
daß noch viele Fragen offenbleiben. Es gibt Wissenschaftler, die versuchen, solche bisher unverstandenen gehei-
men Absprachen innerhalb eines Lebewesens mit Hilfe der
Quantenphysik zu deuten. Eines dieser Rätsel ist die Morphogenese. Woher weiß der homogene Zellklumpen, der
sich kurz nach der Befruchtung aus der Eizelle bildet, an

welchen Stellen er sich falten oder einschnüren soll, damit letztendlich ein Frosch oder ein Mensch entsteht? Auch hier gibt es offensichtlich »geisterhafte Fernwirkungen«. Obwohl alle Zellen in diesem Stadium noch absolut identisch sind, entwickelt sich aus einer der Kopf und aus der entgegengesetzten der Schwanz. Wie ist es erklärbar, daß die Kopfzelle genau weiß, daß sie zum Kopf und nicht auch zum Schwanz werden soll, obwohl sie in keinem offensichtlichen Kontakt mit der Zelle am anderen Ende des Zellklumpens steht. Begriffe der Nichtlokalität, wie wir sie bei der Besprechung der Quantentheorie kennengelernt haben, werden neuerdings auch für diese nicht verstandenen Fernwirkungen benutzt. Ob es sich aber tatsächlich um vergleichbare Mechanismen handelt, erscheint mehr als fraglich, da die Schnittstelle zwischen der Quantenwelt und der makroskopischen Welt hier bereits überschritten ist. Wenn auf dem relativ großen Maßstab des frühen Embryos solche Quanteneffekte von Bedeutung wären, dann sollten wir sie auch in unserer makroskopischen Welt erleben können. Das ist jedoch nicht der Fall. Das Geheimnis der Morphogenese und der Strukturbildung kohärenter Systeme in lebenden Organismen muß wohl doch eher auf der Ebene des Reduktionismus erforscht werden.

Vitalität durch Komplexität

Doch trotz der überragenden reduktionistischen Erfolge bei der Deutung der Entstehung des Lebens ist es ebenso eindeutig, daß komplexe Formen Eigenschaften entwickeln, die aus der Einzelform nie erkennbar wären. Beispielsweise können wir eine isolierte Ameise genau untersuchen. Wir könnten alle ihre molekularen Bausteine und sogar ihren kompletten genetischen Code kennen. Wir würden über eine lange Zeit ihr Verhalten in bestimmten Situationen beobachten. Die Fähigkeit, die eine Ameisenkolonie kennzeichnet, nämlich koordiniert einen »Staat« mit Gesetzmäßigkeiten und Regeln aufzubauen, würden wir indes nie aus der Beobachtung unserer isolierten Ameise herauslesen können. Ebenso setzt das Leben ein ungeheuer komplexes Maß an koordinierten Einzelleistungen voraus, deren Summe mehr als die Einzelfaktoren darstellt, wobei neue Grundsätze der Selbstorganisation verwirklicht werden. Diese Selbstorganisation steuert ebenso die elektrische repetitive Erregung des Herzmuskels, die komplexen neuronalen Muster bei Planung einer Bewegung oder aber das Verhalten einer gesamten Population. Selbstorganisation ist aber keine Erfindung lebender Strukturen. Auch von relativ einfachen chemischen Reaktionen kennt man solche Mechanismen. Möglicherweise besteht hier gar kein qualitativer, sondern nur ein quantitativer Unterschied. Leben erfordert hiernach eine Höchstform an Komplexität, wie wir sie in der unbelebten Natur nicht vorfinden. Darüber hinaus sind Lebewesen hierarchisch strukturiert. Einzelne Systeme stehen im Dienst übergeordneter Strukturen und kooperieren in sinnvoller Weise miteinander. Mechanismen der positiven und negativen Rückkopplung, sogenannte Regelkreise, spielen eine weitere entscheidende Rolle. So hemmen beispielsweise die meisten körpereigenen Hormone die Ausschüttung eines anderen, übergeordneten Hormons, welches wiederum die Freisetzung des betreffenden Hormons steigert. Solche und ähnliche Systeme sorgen für die notwendige Konstanz, die trotz der Offenheit biologischer Systeme gegenüber ihrer Umwelt unabdingbar für ihre Identität ist. Diese Mechanismen halten einen Zustand aufrecht, der für alle lebenden Strukturen essentiell ist, nämlich weit entfernt vom thermodynamischen Gleichgewicht zu existieren. Leben ist so ein ständiger Kampf gegen die Entropiezunahme. Im lokalen System des Organismus nimmt im scheinbaren Gegensatz zum zweiten Hauptsatz die Entropie stets ab, während das Lebewesen zu komplexer und organisierter Form heranwächst. Scheinbar ist der Gegensatz deshalb, weil im globalen Maßstab durch den Energieverbrauch die Entropie selbstverständlich zunimmt.

Gibt es Gesetze des Lebens?

Es ist nicht zu erwarten, daß die rein reduktionistische Sichtweise des Lebens irgendwann entscheidende Fehler in diesem Modell aufdeckt. Leben beruht auf physikalisch exakt faßbaren Grundlagen. Begonnen hat es offensichtlich dadurch, daß irgendwann in den Urozeanen chemische Substanzen begannen, sich selbst zu reproduzieren. Durch zufällige Variationen und Auslese der stabilsten Formen entwickelten sich komplexere Strukturen, denen irgendwann das Attribut »Leben« zugesprochen werden konnte. Dieses geschah vor ungefähr zwei bis drei Milliarden Jahren. Zu dieser Zeit gab es lediglich ein paar Bakterienarten und Blaualgen. Später entwickelten sich dann die ersten Mehrzeller und die Hohltiere wie Polypen. Nach vielen Entwicklungsstufen traten vor hundert Millionen Jahren die

454

Säugetiere auf den Plan und seit ca. sieben Millionen Jahren die ersten Hominiden, die Vorläufer des Menschen.

Die Lücken, die unser Bild von der Entstehung des Lebens noch aufweist, sind nicht durch geheimnisvolle und unbekannte Zutaten zu füllen. Es sind im Prinzip Gesetzmäßigkeiten, die wir mit Hilfe unserer chemischen und physikalischen Kenntnisse aufdecken können. Eine Erklärung ist durch diese basalen Gesetzmäßigkeiten aber offensichtlich ebensowenig gegeben, wie die Analyse des Zentralprozessors meines Computers dieses Buch reproduzieren kann, obwohl alle Gesetze, nach denen der Computer arbeitet, hierin verankert sind. Der Begriff der Emergenz, des Entstehens völlig neuer Eigenschaften, spielt hier eine wesentliche Rolle. Die Vorgänge der Vererbung sind heute genauestens bekannt. Dennoch wird nie jemand aus dem Studium der Basensequenz der DNA das Strömungsprofil einer Haifischflosse oder das kollektive Verhalten eines Wolfsrudels bei der Jagd erkennen können. Es ergeben sich also auf komplexen Ebenen ebenso komplexe Eigenschaften. Dies bedeutet nicht zwangsläufig, daß hier andere Gesetze am Werk sind, die wir noch nicht kennen. Es können durchaus die einfachen reduktionistischen Spielregeln sein, nach denen die Entwicklung dieser Strukturen abläuft. Komplexität ist kein Beleg dafür, daß die zugrunde liegenden Gesetze auch komplex sein müssen. Die einfachen Formeln der Chaosforscher, die ungeheuer komplexe Muster erzeugen können, sind ein deutlicher Hinweis für das Gegenteil. Es offenbaren sich aber hier Gesetzmäßigkeiten, die durch die bisherige Betrachtungsweise nur ungenügend Berücksichtigung fanden. Systeme werden kohärent, koppeln aneinander und erzeugen Komplexität. In diesem Sinne muß auch Leben nicht neuen, bisher unbekannten Naturgesetzen gehorchen. Wir haben die alten Gesetze nur noch nicht genügend verstanden, um die Entwicklung emergenter Strukturen hieraus ableiten zu können. Denn die Entstehung von Leben muß nach der hier dargestellten Deutung andere Ursachen haben, als das völlig zufällige Zusammentreffen verschiedener Atome. Vielmehr gibt es offenbar Gesetzmäßigkeiten, die konsequent und nicht zufällig hochkomplexe Strukturen entwickeln, die sich wiederum weiterentwickeln. Wo die Spitze dieser Entwicklung ist, wissen wir nicht. Im Moment glauben wir noch, der Mensch stehe ganz oben auf der Skala der Fähigkeiten der Natur, komplexe Systeme zu erzeugen. Zukünftige Computersysteme werden möglicherweise anderer Meinung sein. Es ist jedoch evident, daß es neben dem destruktiven Gesetz der Entropiezunahme im gesamten Universum ein grundsätzliches Prinzip gibt, welches nach immer höheren Organisationsformen strebt. Dieses Prinzip haben wir längst noch nicht naturwissenschaftlich beschrieben, geschweige denn verstanden.

Leben aus dem Computer

Da wir Leben offensichtlich nicht mit einem eindeutigen naturwissenschaftlichen Prinzip beschreiben können, ist es nicht verwunderlich, daß sich einige darüber Gedanken machen, ob Leben wirklich ein Privileg der Natur sei. Wenn es kein verborgenes Prinzip, keinen *élan vital* gibt, der dem Leben grundsätzlich sein Charakteristikum verleiht, dann hätten wir alle Ingredienzen in der Hand, diese Spielart der Materieanordnung selbst zu erzeugen. Aber möglicherweise brauchen wir nicht einmal ausgefeilte gentechnologische Verfahren. Vielleicht reicht ja auch eine Simulation der zum Leben notwendigen Bedingungen aus.

In vielen Bereichen werden heute Computersimulationen eingesetzt. Ob zum Training für Flugzeugpiloten, zur Untersuchung von Autos im Windkanal, zur Erprobung neuer Operationsmethoden oder zur Simulierung der Sternenentwicklung und der Galaxienentstehung. Neben dieser »virtuellen Realität«, die bereits im Spielsektor vermarktet wird, haben sich andere Bereiche der Simulation entwickelt: die immer noch in den Kinderschuhen steckende »Künstliche Intelligenz« und in den letzten Jahren eben auch das »Künstliche Leben«.

Künstliches Leben bedeutet hier, daß der Computer stabile Formen entwickelt, die sich fortpflanzen können und sogar zu besseren (oder im Darwinschen Sinne angepaßteren) Lebensformen mutieren können. Simuliert wird also nicht die Physik oder die Chemie von Lebewesen, sondern das Prinzip des Lebens selbst. 1970 entwickelte der bekannte Mathematiker John H. Conway von der Universität Cambridge ein Computerprogramm, welches er *Life* nannte. Auf einem Feld mit unendlich vielen quadratischen Zellen entscheidet der Zustand der jeweils acht benachbarten Zellen eindeutig, ob eine Zelle den nächsten Schritt überlebt oder nicht. Je nach Ausgangskonfiguration lassen sich so völlig unterschiedliche Muster erzeugen. Die »Population« kann um verschiedene Zustände oszillieren, ins Unermeßliche anwachsen oder aussterben. Heute steht fest, daß *Life* viel komplexer und unvorhersehbarer ist, als selbst sein Erfinder zu Anfang gedacht hatte. In dem internationalen Computernetzwerk »Internet« existieren Folgeversionen dieses Programms, die inzwischen von zigtausend Anwendern eingesetzt werden. Kein Mensch kann heute mehr überblicken, welche Eigendynamik diese Programme bereits haben.

Wenn man den Mut hat, diese Entwicklung weiter zu denken, ist es dann möglich, daß Computer so leistungsfähig werden, daß sie als Simulation Universen, Galaxien, Sterne und Planeten entwickeln, die ihrerseits Leben und bewußte Intelligenz hervorbringen? Was können solche Programme über ihre Schöpfungsgeschichte erfahren? Wie würde eine solche »Intelligenz« sich und ihre Umwelt begreifen? Zweifelsohne hätten die simulierten Geschöpfe keine Möglichkeit, das »wirkliche« Leben zu begreifen. Sie würden »Naturgesetze« entdecken, die festlegen, wie Dinge miteinander wechselwirken. Sie würden nicht ahnen können, daß diese »Naturgesetze« nichts anderes sind als willkürliche Anweisungen des Programmierers. Sie würden sehr genau alle Abfolgen ihrer Welt beschreiben und in mathematische Gesetze fassen können. Das Wesen eines Siliziumchips oder gar der Welt außerhalb des Computers könnten sie hingegen nie begreifen.

Vielleicht sind es ja nur unsere anthropozentrischen Vorurteile, die Leben mit Fleisch und Blut verbinden und etwas »Metallischem« nie echtes Leben zuerkennen würden.

WER STELLT DIE FRAGEN?

Ameisenbär: Aber sehen Sie, obgleich es nicht so aussieht,
sind die Ameisen nicht der wichtigste Bestandteil.
Zugegeben: wenn es sie nicht gäbe,
würde die Kolonie nicht existieren,
aber etwas Äquivalentes – ein Gehirn – kann existieren,
ganz ohne Ameisen. So kommt man also
von einem höheren Standpunkt aus betrachtet
ohne Ameisen aus.
Achilles: Sicher würde keine Ameise
Ihre Theorie begeistert begrüßen.
Ameisenbär: Nun, ich habe noch nie
eine Ameise mit einem höheren Standpunkt getroffen.

Douglas R. Hofstadter, Gödel, Escher, Bach,
Klett Cotta, Stuttgart 1989, S. 350

In seinem »Discours de la méthode« beschreibt Descartes
1673 den Zweifel als das Grundprinzip der Erkenntnis.
Hieraus läßt sich ebenfalls der menschliche Geist und
somit auch das Bewußtsein ableiten. Nichts Überliefertes
wird als absolute Wahrheit akzeptiert. Der äußerste Zweifel stellt alles in Frage und will für alles Beweise. Aber irgendwo sieht der zweifelnde Geist eine unüberwindbare
Grenze: er kann nicht an seiner eigenen Existenz zweifeln. Hieraus folgt der berühmte Satz: *Ich zweifle, ich*
denke, also bin ich. Wenn man jedoch das Feld der Philosophie verläßt, ist es ganz offensichtlich, daß keine naturwissenschaftliche Theorie befriedigend das Phänomen
unserer bewußten Wahrnehmung zu erklären vermag. Phy-

siker beschäftigen sich ebenso ungern mit diesem Thema wie Biologen. Sie sind zwar im Grunde davon überzeugt, daß es irgendeine Erklärung hierfür geben muß, die in Übereinstimmung mit den bekannten Naturgesetzen steht. Welcher Art eine solche reduktionistische Deutung des Bewußtseins jedoch sein kann, ist Gegenstand höchst umstrittener Debatten, die insbesondere durch das Aufkommen der Diskussion um die sogenannte Künstliche Intelligenz heute eher von Computerwissenschaftlern geführt werden.

Die Schwierigkeiten bei der Erfassung des Bewußtseins fangen mit dessen Definition bereits an. Es gibt keinen objektiven Maßstab, mit dem diese geistige Leistung zu messen wäre. Der Solipsismus ist die philosophische Gedankenrichtung, die aus diesem Umstand die Schlußfolgerung zieht, daß nur das eigene Bewußtsein definitiv vorhanden ist und alles andere eher als Illusion aufzufassen sei. Wir wollen hier den bescheideneren Standpunkt verfolgen, nachdem nichts, also nicht einmal das persönliche Bewußtsein, in unserem Universum eine besondere und herausragende Position einnimmt. Die Anzeichen dafür, daß nicht nur das eigene Ich, sondern auch andere Menschen über ein Bewußtsein verfügen, sind so offensichtlich, daß wir diese Tatsache ohne strenge Beweisführung zunächst einmal akzeptieren wollen.

Darüber hinaus scheint es ganz eindeutig eine Graduierung des Bewußtseins zu geben. Aus dem persönlichen Erlebnis sind solche Zustände verminderten Bewußtseins jedem Menschen bekannt. Bewußtsein kann durch Drogen und Alkohol eingeschränkt und sogar ganz aufgehoben werden. Auch im Schlaf erfahren wir Bewußtsein, wenn überhaupt, in einer deutlich anderen Qualität. Irgendwann auf dem langen Weg zur Menschwerdung haben auch unsere Vorfahren Bewußtsein entwickelt. Julian Jaynes behauptet sogar, daß diese Entwicklung erst vor ca. 3000 Jahren begann. Davor soll es kein bewußtes Denken gegeben haben. Demnach wurden die Menschen der frühen Antike nicht durch bewußte Überlegungen zum Handeln angeleitet, sondern durch Interferenzen der »bikameralen Psyche«. Hiermit meint Jaynes, daß die beiden Hirnhälften unserer Vorfahren ähnlich wie bei Schizophrenen noch eine funktionelle Trennung aufwiesen. Die eine Hirnhälfte könnte so der anderen Ergebnisse unbewußter Überlegungen mitgeteilt haben, welche in der Regel als »Stimmen« gehört wurden. Diese wurden dann als göttliche Befehle interpretiert und zur Richtschnur des eigenen Handelns gemacht. Auch die Tatsache, daß in der Frühzeit Handlungsanweisungen nicht aus Überlegungen, sondern aus Orakeln und ähnlichen Zufallsereignissen abgeleitet wurden, spricht nach Jaynes für ein fehlendes oder minder ausgeprägtes Bewußtsein.

Tatsache ist jedenfalls, daß unser Bewußtsein viel weniger mit unseren geistigen und körperlichen Aktivitäten zu tun hat, als wir zu glauben bereit sind. Es ist leicht nachvollziehbar, daß viele motorische Tätigkeiten ohne Bewußtsein ablaufen. Beim Gehen sind wir uns nicht der Reihenfolge der beteiligten Muskelkontraktionen bewußt. Auch wenn wir schreiben, lesen oder gar reden, spielt das Bewußtsein keine Rolle. Hier werden einige Leser vielleicht Widerspruch anmelden. Aber überlegen Sie einmal, wie bewußt Sie einen Satz formulieren. In Ihrem Gehirn existiert eine Vorstellung davon, was Sie sagen wollen. Die Wortwahl und die Grammatik entstehen aber

unabhängig von Ihrem Bewußtsein. Normalerweise überlegen wir uns nämlich nicht bewußt, welche einzelnen
Worte wir miteinander in welcher Reihenfolge verknüpfen. Ebenso verhält es sich mit dem Zuhören, mit dem
Lernen, mit der Ausübung komplexer Tätigkeiten wie z. B.
beim Musizieren oder mit vielen Entscheidungen, die uns
abverlangt werden. Oft würde das Bewußtsein diese Hand-
lungen sogar unmöglich machen. Wenn der Autofahrer
bei plötzlichem Auftauchen eines Hindernisses erst sein
Bewußtsein aktivieren würde, wäre der Unfall unvermeidlich. Der Klavierspieler wird in dem Moment unsicher,
wenn er sich seiner Fingerbewegungen bewußt wird.

Jaynes behauptet nun sogar, daß grundsätzlich alle
menschlichen Leistungen wie Kultur, Wissenschaft, sozia-
le Bindungen oder vernünftige Erkenntnis ebenso ohne
Bewußtsein existieren können. Die Tatsache, daß alte Kulturen diese Leistungsmerkmale aufwiesen, heißt demnach
noch lange nicht, daß diese Menschen auch über ein
Bewußtsein verfügten. Eine Schlußfolgerung, welche die
sogenannten Behavioristen aus ähnlichen Überlegungen
gezogen haben, lautet sogar, daß es in Wirklichkeit überhaupt kein Bewußtsein gibt. Das Problem der Erklärung,
wie aus materiellen Strukturen Bewußtsein entstehen kann,
wird so einfach vom Tisch gefegt.

Dagegen gibt es jedoch zumindest aus meiner Sicht ein
gewichtiges Argument, welches dem Leser möglicherweise
ein wenig banal vorkommen mag. Aber sicherlich kann er
es nachempfinden. Das Argument lautet, daß ich ganz
genau weiß, daß *ich* über ein Bewußtsein verfüge. Das
Wegdiskutieren des schwer faßbaren Bewußtseins kann
sicherlich nicht die Lösung bei der Suche nach einem Phä-

nomen sein, welches jeder Mensch als eine unumstößliche Tatsache empfindet.

Wenn wir demgegenüber aber akzeptieren, daß es ein Bewußtsein gibt, haben wir nicht minder Probleme, dieses in den Griff zu bekommen. Irgendwie muß diese Leistung an die Materie des Gehirns gekoppelt sein. Naturwissenschaftler bevorzugen deshalb einen Standpunkt, nach dem Bewußtsein auch aus diesen materiellen Grundlagen heraus erklärbar sein sollte. Einige gehen hierbei so weit, daß sie Bewußtsein für ein Prinzip jedweder Materie halten und wir uns von einem Stein nur dadurch unterscheiden, daß unser Bewußtsein eben ein wenig komplexer sei. Dieses ist die philosophische Richtung des sogenannten Panpsychismus. Schon bei den Urstoffen der antiken Denkern und auch bei den beseelten Monaden[55] von Leibniz findet sich diese Gedankenrichtung wieder. Materie und Bewußtsein sind hier nur zwei verschiedene Seiten ein und derselben Wesensart. Sie sind, wie Spinoza es ausdrückte, parallel zueinander. Auch hier umgeht man geschickt das Problem, wie Bewußtsein entstehen konnte. Es ist eben überhaupt nicht entstanden, sondern bereits in jeder materiellen Struktur vorhanden. Diese Argumentation steht im krassen Widerspruch zu der Theorie der Emergenz. Hierbei wird das Auftauchen von Bewußtsein ab einer gewissen Komplexität lebender Strukturen als eine völlig neue und aus den Ursprüngen nicht ableitbare Qualität beschrieben.

---

[55] Der Name stammt von dem euklidischen Begriff »Monas« für Punkt. Von diesen Monaden gibt es nach Leibniz unendlich viele an jedem Raumpunkt. Sie haben alle eine seelenartige Qualität, die sich in der unbelebten und belebten Natur unterschiedlich zu erkennen gibt. Bei Tieren verfügen die Monaden beispielsweise über die Qualität Wahrnehmung und beim Menschen über Vernunft.

Der Panpsychismus stützt sich hingegen auf eine andere, reduktionistische Argumentation: Wenn irgendwann auf einer gewissen Entwicklungsstufe Bewußtsein aufgetreten ist, dann müssen die entsprechenden Vorstufen bereits die Potenz haben, unter geeigneten Umständen diese neue Qualität zu entwickeln. Zwischen diesen Vorstufen und dem Endprodukt besteht somit lediglich ein quantitativer, aber kein qualitativer Unterschied. Bewußtsein muß demnach etwas sein, welches in seiner basalsten Form bereits in den Atomen unseres Körpers präformiert ist.

Eine vielleicht eher annehmbare Vorstellung geht davon aus, daß unabdingbare Voraussetzung für das Entstehen bewußter Vorgänge das Leben sei. Hiernach hätten alle Lebewesen, auch ein Bakterium, ein gewisses Maß an Bewußtsein. Dies ist die philosophische Richtung des Epiphänomenalismus. Dieser ist im Grunde eine Mischung aus der Idee des Panpsychismus und der Emergenz. Bewußtsein oder dessen Vorstufen sind in jeder lebenden Zelle als inhärente Eigenschaft vorhanden. Aber dennoch ist es als völlig neue (emergente) Eigenschaft beim Übergang von den großen Urmolekülen zur ersten lebenden Zelle aufgetreten. Kritiker antworten hierauf, daß das Zucken der Bakterie bei Kontakt mit einem Fremdkörper nur deshalb als bewußte Reaktion gedeutet werden kann, weil der beobachtende Mensch sich in die Situation des Bakteriums versetzten kann. Wenn wir also in niedrigeren Lebensformen Bewußtsein sehen, dann projizieren wir lediglich unsere eigene Empfindung in diese hinein.

Die heute geläufigste Vorstellung vom Bewußtsein besteht darin, daß dieses sich bei immer komplexer werdender Gehirnstruktur zwangsläufig quasi als Begleiterscheinung entwickelt habe. Dieser Standpunkt vermag aber ebenfalls nicht zu erklären, wofür das Bewußtsein überhaupt gut sein soll und warum sich die Evolution die Mühe gemacht hat, ein Merkmal auszubilden, welches uns oft mehr behindert als voranbringt. Biologen und Verhaltensforscher vertreten häufig diesen Standpunkt, da bewußte Überlegung im Daseinskampf häufig der unbewußten und schnelleren Reaktion unterlegen ist. Karl Popper hingegen ist der Auffassung, daß der wesentliche Vorteil des Bewußtseins darin besteht, daß wir bei bedrohlichen Alternativen unsere Theorien miteinander kämpfen lassen können. So müssen wir nicht gleich selber sterben, wenn sich eine Theorie als fatal erweist. Wir brauchen lediglich die Theorie fallenzulassen. Mit dem entwicklungsgeschichtlichen Entstehen von Bewußtsein erübrigt sich für Popper deshalb die Gewaltsamkeit, die ansonsten der evolutionären Auslese anhaftet.

Menschen und Tiere

Wenn Bewußtsein nicht einem Alles-oder-Nichts-Gesetz gehorcht, stellt sich die Frage, ob es nicht neben uns auch noch andere bewußte Mechanismen geben kann. Denken und Bewußtsein sind keine eigenständigen Eigenschaften. Vielmehr sind sie an Systeme gebunden, welche über die Qualität Bewußtsein verfügen. Die materielle Voraussetzung scheint der lebende Organismus zu sein. Wie verhält es sich nun mit den anderen Lebewesen? Für viele ist es eindeutig, daß Tiere in gewissem Maße über Bewußtsein verfügen. Kant hat diesen Standpunkt jedoch energisch abgelehnt. Für ihn waren Schmerzäußerungen eines Hundes, den man schlägt, nichts anderes als mechanische Reaktionen, die überhaupt nicht mit der menschlichen bewußten Schmerzempfindung vergleichbar waren. Auch Descartes betrachtete Tiere als unbeseelte Automaten, die über keinerlei Form von Bewußtsein verfügen. Tatsächlich fällt es uns schwer zu glauben, daß die Zuckungen eines einzelligen Lebewesens bei Kontakt mit einer Mikropinzette oder das Zappeln eines Fisches am Angelhaken etwas mit bewußter Empfindung zu tun haben. Dieses ist eher mit unserer unbewußten und vom Rückenmark gesteuerten Reaktion zu vergleichen, bei der wir die Hand von einer heißen Herdplatte zurückziehen. Aber genau so schwer fällt es uns, einem Hund oder gar einem Schimpansen überhaupt keine Form des Bewußtseins zuzubilligen. Jeder, der in persönlichen Kontakt mit solchen Tieren steht, wird bestätigen, daß sich in einem solchen Lebewesen eine gewisse Persönlichkeit verbirgt. Äußerungen von Schmerz oder Freude scheinen hier mehr zu sein, als die mechanische Antwort auf externe Reize. Kants und Descartes' Standpunkt ist heute auch in Anbetracht der Darwinschen Evolutionstheorie sicherlich nicht mehr haltbar. Wir haben uns mit dem Gedanken abgefunden, daß der Mensch nicht in der Form erschaffen wurde, wie er heute ist. Nicht nur die körperliche Entwicklung, auch die geistigen Fähigkeiten und somit das Bewußtsein unterlagen diesem evolutionären Prozeß.

Bewußtsein scheint also kein menschliches Privileg zu sein, obwohl wir glauben, daß Menschen über die am weitesten entwickelte Form von Bewußtsein verfügen. Wenn wir nun davon ausgehen, daß auch Bewußtsein irgendwie mit den Gesetzen der Natur in Übereinstimmung stehen muß, dann ergeben sich hieraus zwei wichtige Konsequenzen: Erstens stellt sich die Frage, ob nicht auch hinreichend komplexe Maschinen irgendwann über Bewußtsein verfügen werden, und zweitens können wir versuchen, durch reduktionistische Modelle die physikalische Grundlage des Bewußtseins zu entschlüsseln. Beide Aspekte wollen wir im folgenden etwas näher beleuchten.

Ein Test für Computer

Um die Frage, ob Maschinen denken können, tobt derzeit ein erbitterter Streit zwischen Anhängern und Gegnern der sogenannten Künstlichen Intelligenz. Gefühlsmäßig sind die wenigsten bereit, einem Computer das zuzuerkennen, was wir für das menschlichste Privileg überhaupt halten, nämlich das bewußte Denken. Tatsache ist aber, daß keine einzige Leistung des Gehirns bekannt ist, die nicht auch von Maschinen ausgeführt werden könnte. Natürlich gibt es keine Maschine, die es mit dem menschlichen Gehirn aufnehmen könnte. Computer können nur einzelne Aspekte des Gehirns simulieren und dieses auch noch recht stümperhaft. Sie sind weit davon entfernt, die vielfältigen komplexen Eigenschaften zu besitzen, die wir als notwendig für das Denken und das Bewußtsein erachten. Aber dies ist möglicherweise nur eine Frage der Zeit. Denn im Vergleich zu uns entwickeln sich Computer rasend schnell. Die Evolution brauchte einige Milliarden Jahre, bis aus den ersten selbstreplizierenden Molekülen Sehorgane entstanden. Computern wurde das Sehen mit

Hilfe von Videokarten in einigen Jahrzehnten beigebracht. Ähnliches gilt für das Hören und sogar für die Sprache. Warum sollten Computer bei diesem Entwicklungstempo nicht eines Tages auch die letzte Hürde zur Menschlichkeit nehmen und anfangen zu denken?

Schon Alan Turing, der uns bereits als scharfsinniger Logiker begegnet ist, beschäftigte sich 1950 mit diesem Problem und entwickelte einen Test, der darüber entscheiden soll, ob Computer denken können oder nicht. Im Prinzip funktioniert die Sache so, daß eine Testperson zwei verborgenen Partnern Fragen stellt und herausfinden muß, wer von beiden ein Mensch und wer ein Computer ist. Sowohl das menschliche Gegenüber als auch der Computer versuchen nun, den Tester davon zu überzeugen, daß sie menschlich sind. Gelingt dies dem Computer, so hat er den Turingtest bestanden. Es gibt zwar heute schon Programme, die eine normale menschliche Konversation vortäuschen können, aber bei ausgiebiger Befragung über beliebig zu wählende Themenbereiche würde noch jeder Computer beim Turingtest durchfallen. Dennoch ist es im Bereich des Denkbaren, daß es derartige Maschinen irgendwann geben wird. Vertreter der Künstlichen Intelligenz behaupten nun, daß wir in diesem Moment dem Computer auch das Attribut »intelligent« zubilligen müssen.

Karl Popper bestreitet dieses energisch. Für ihn sind Computer lediglich »hochgepriesene Bleistifte«. Er hält es zwar für durchaus möglich, daß der Mensch in die natürliche Evolution dergestalt eingreifen kann, daß sich eine Spezies entwickelt, die mit unserer Intelligenz konkurrieren kann; der Gedanke jedoch, daß Computer im menschlichen Sinne denken können, erscheint ihm absurd. Der wesentliche Unterschied besteht nach Popper darin, daß sich ein Gehirn primär dazu entwickelte, einen Organismus zu leiten und seine Lebensfähigkeit zu erhalten. Vor dem Bewußtsein stand also das Leben. Ein Computer hingegen hat die primäre Aufgabe zu rechnen, und zwar nicht als Bedingung für seinen eigenen materiellen Erhalt, sondern zu einem fremdbestimmten Zweck. Künstliches Bewußtsein, meint Popper deshalb, kann es nur geben, wenn es uns zuvor gelingt, Leben zu erzeugen.

Die Tatsache, daß der Computer nicht aus Fleisch und Blut, sondern aus Silizium und Metall besteht, erscheint mir jedoch kein stichhaltiges Argument gegen diese Auffassung der Vertreter der Künstlichen Intelligenz zu sein. Der wesentliche Unterschied kann nicht darin zu suchen sein, ob der elektrische Strom nun an der Nervenzelle durch Vermittlung von Kalium- und Natriumionen fließt oder aber am Siliziumchip durch Ein- und Ausschalten des Elektronenflusses. Auch ist es nicht notwendigerweise so, daß die Steuerung eines lebenden Körpers als unabdingbare Voraussetzung für Bewußtsein zu gelten hat. Es ist zwar mit heutigen Technologien nicht möglich, ein isoliertes Gehirn am Leben zu erhalten, die meisten Neurophysiologen zweifeln jedoch nicht daran, daß ein solches Gehirn auch ohne einen zu kontrollierenden Körper über Bewußtsein verfügen würde. Es gibt für mich auch noch ein anderes Gedankenexperiment, welches mit Poppers apodiktischer Ablehnung mechanischer Intelligenz nicht verträglich ist. Gedankenexperimente haben ja den Vorteil, daß wir uns keine Sorgen um darin enthaltene technische Probleme machen müssen. Stellen wir uns also einmal vor, wir könnten eine einzelne Hirnzelle durch einen elektrischen Schalter ersetzten. Dieser reagiert auf ankommende elektrische Signale, die eine bestimmte Stärke erreichen, mit der Weitergabe eines elektrischen Impulses. Nichts anderes hat ja die ursprüngliche Hirnzelle im Grunde getan. Natürlich müssen wir auch noch die vielen ankommenden Nervenendigungen und die komplexen abgehenden Verbindungen mit unzähligen anderen Zellen berücksichtigen. In unserem Gedankenexperiment ist das im Gegensatz zur Wirklichkeit aber kein Problem. Nun gehen wir weiter und ersetzen nach und nach auf diese Art *alle* Hirnzellen. Wann würde der betroffene (und bedauernswerte) Mensch aufhören, ein bewußtes Wesen zu sein? Ist es nicht denkbar, daß er überhaupt nicht damit aufhört? So ähnlich stellen sich die Vertreter der Künstlichen Intelligenz die Schaffung eines bewußten Computers vor. Für das Entstehen bewußter Gedankengänge ist sicherlich ein ausgesprochen hohes Maß an Komplexität erforderlich. Wir sind weit davon entfernt, die komplexen Leistungen des Gehirns auch nur in einzelnen Teilbereichen simulieren zu können. Es ist aber für die Anhänger der Künstlichen Intelligenz nur eine Frage der Zeit, bis diese in Rechenmaschinen ebenso wie im menschlichen Gehirn verwirklicht werden. Für sie ist Bewußtsein demnach nichts anderes, als eine notwendige Begleiterscheinung einer gewissen inneren Komplexität. Bewußtsein muß man also nicht gesondert für Computer programmieren, es entsteht irgendwann sozusagen als Nebenprodukt.

Chinesische Algorithmen

Allerdings gibt es auch gewichtige Gegenargumente, die darauf hinauslaufen, daß die algorithmische Abarbeitung bestimmter komplexer Vorgänge noch lange nicht als bewußtes Denken interpretiert werden darf, auch wenn das verbale Ergebnis eines solchen Prozesses nicht von diesem unterschieden werden kann. Ein führender Vertreter dieser Position ist der amerikanische Philosoph John Searle. Um den Unterschied zwischen Denken und algorithmischem Arbeiten zu demonstrieren, entwarf er das Beispiel des chinesischen Zimmers. In diesem abgeschlossenen Raum sitzt Searle und bekommt durch einen Schlitz Karten mit chinesischen Schriftzeichen gereicht. Obwohl er kein Wort chinesisch versteht, ist es ihm mit Hilfe einer umfangreichen (englischen) Anweisung, wie bestimmte Zeichen zu behandeln sind, möglich, durch einen anderen Schlitz eine Karte mit einer sinnvollen chinesischen Antwort hinauszureichen. Der draußen sitzende Chinese hat nun den Eindruck, mit jemandem in Kontakt zu sein, der den Sinn der Konversation erfaßt, obwohl Searle von der ganzen Geschichte, um die es geht, kein Wort versteht. Hiergegen ist vor allem eingewandt worden, daß es praktisch unmöglich sei, die hoch spezifischen und komplexen Anweisungen für die Behandlung chinesischer Symbole so zu codieren, daß die Testperson in dem Zimmer wirklich nichts von dem Sinn des Ganzen mitbekommt. Auch würde die Beantwortung nur einer einzigen Frage nach diesem System ungeheuer viel Zeit in Anspruch nehmen. Searle konterte nun, indem er nicht nur eine Person in das Zimmer setzte, sondern Millionen von Menschen, von denen jeder nur einen ganz bestimmten Teilaspekt des Algorithmus bearbeiten sollte. Hierdurch wäre gewährleistet, daß erstens keine der beteiligten Testpersonen etwas von der Geschichte versteht, und zweitens wäre die Beantwortung einer Frage in akzeptabler Zeit durch diese Arbeitsauteilung möglich. Aber auch hier haben die Befürworter der Künstlichen Intelligenz ein gewichtiges Gegenargument. Die vielen Millionen Menschen in dem chinesischen Zimmer müßten eher wie die Zellen im Gehirn betrachtet werden, von denen auch niemand erwartet, daß sie als einzelne Individuen ein Verständnis für einen bewußten Vorgang hätten. Die Frage nach der Intelligenz und dem Bewußtsein außerhalb des menschlichen Körpers ist somit bis heute keineswegs entschieden.

Mit Leib und Seele

Wenn wir davon ausgehen, daß Bewußtsein etwas mit der physikalischen Realität zu tun hat, ergibt sich hieraus das bei den Philosophen als Leib-Seele-Problem bekannte Streitthema. Bewußtsein ist offensichtlich nichts Materielles, es hat keine Masse und reagiert nicht auf die vier Grundkräfte der Natur. Wie kann aber eine physikalische Struktur wie unser Gehirn etwas hervorbringen, das nicht den Gesetzen eben dieser Physik unterliegt? Auf der anderen Seite ergibt sich die Frage, wie das nichtmaterielle Bewußtsein auf etwas Materielles einwirken kann und die reale Umgebung beeinflussen kann.

Für Descartes waren Geist und Materie streng voneinander getrennt. Alles Materielle war für ihn primär durch

das Merkmal der Ausdehnung (res extensa) charakterisiert, während der Geist und das Denken (res cogitans) im-
materiell waren und zunächst nichts mit körperlichen
Dingen zu tun hatten. Beide sind Bestandteil unserer Realität. Da die *res extensa* aber einzig und allein mechanischen Gesetzen folgt, ist alles außer dem menschlichen
Geist (und natürlich Gott) nichts anderes als eine Maschine. Dies trifft auch für alle Tiere zu, die er »l'animal-ma-
chine« nannte. Körper, einschließlich des menschlichen,
waren für ihn somit nichts anderes als Automaten. Sie ge-
horchten den streng deterministischen Gesetzen der mechanischen Stoßwirkung. Alles in der Welt funktionierte
also nach im Prinzip durchschaubaren Mechanismen. Mit
einer einzigen Ausnahme: der Steuerung willentlicher
Vorgänge durch die menschliche Seele. Unsere Gedanken,
der freie Wille, die Vernunft sind Dinge, die nicht mecha-
nisch-kausal erklärt werden können. Sie gehören deshalb
zu einer anderen Art von Wirklichkeit.

Der Vorteil dieser dualistischen Betrachtungsweise
liegt eindeutig darin, daß sie die materielle Natur mit
Hilfe der neu aufkommenden Wissenschaft der Physik
eindeutig erklären kann, ohne auf etwas Transzendentes
oder Göttliches verzichten zu müssen. Andererseits hat
dieser Standpunkt bis heute Probleme zu erklären, wie
der immaterielle Geist auf den materiellen Körper einwirken kann, obwohl es keine Gemeinsamkeiten gibt, mit
deren Hilfe sie interagieren könnten. Welche Kräfte können sowohl in der geistigen als auch in der materiellen
Welt wirksam sein? Descartes kämpfte sein Leben lang
mit diesem Problem der Wechselwirkung zwischen Körper und Verstand. Die Seele besaß für ihn zwar keine

Ausdehnung, aber dennoch hatte sie einen festen Ort. Dieser befand sich in einem kleinen Anhangsorgan des Gehirns, der sogenannte Zirbeldrüse (Epiphyse)[56]. Hier lag die Schnittstelle zwischen Geist und Materie. Gegenüber dem Gedankengebäude der Erklärung der Welt steht diese Verbindung zwischen Körper und Geist allerdings ein wenig verloren, wenn nicht gar lächerlich dar. Eine Erklärung für die Art der Wechselwirkung zwischen der unausgedehnten und materielosen Seele und dem automatengleichen Körper findet sich darüber hinaus bei dem ansonsten um klare Kausalität bemühten Descartes auch nicht. Nach Meinung des Philosophen Karl Popper hat Descartes sich aber selbst in diese Sackgasse manövriert, indem er davon ausging, daß sich nur gleichartige Dinge gegenseitig beeinflussen könnten. Popper weist darauf hin, daß es in der Physik durchaus Beispiele dafür gibt, daß sich völlig unterschiedliche Prozesse gegenseitig bedingen. So wird die Wirkung eines Körpers auf einen anderen durch Felder vermittelt. Ein Feld wie das Gravitationsfeld wirkt also auf etwas völlig anderes, einen materiellen Körper. Ähnlich, glaubt Popper, könne auch der Geist auf den Körper wirken. Hiergegen kann man jedoch argumentieren, daß in der Quantenphysik der Unterschied zwischen Teilchen und Feldern aufgehoben wird. Beide sind untrennbar miteinander verbunden und sind gleicherma-

---

[56] Ironischerweise ist die Funktion dieses Organs bis heute noch nicht hinreichend geklärt, und tierexperimentelle Untersuchungen deuten darauf hin, daß die Zirbeldrüse tatsächlich etwas mit dem Ein- und Ausschalten des Bewußtseins beim Wachen und Schlafen zu tun hat. Insbesondere neuere Forschungen scheinen der Epiphyse nämlich eine wichtige Rolle für den Tag-Nacht-Zyklus des Menschen zuzuschreiben, den sie mit Hilfe des nachtaktiven Hormons Melatonin reguliert.

ßen Bestandteil einer physikalischen Realität. Auch handelt es sich bei Feldern um meßbare Größen, die denselben Gesetzen unterliegen wie die Materie. Im Sinne von Descartes kann man Körper und Felder also durchaus als »gleichartige Dinge« begreifen. Das Problem der Wechselbeziehung zwischen Geist und Materie bleibt also ungelöst.

Descartes' Problem des Dualismus tritt bei Spinoza nicht auf, obwohl auch er von zwei unterschiedlichen Gegebenheiten – der Materie und dem Geist – ausging. Sie waren für ihn aber untrennbar miteinander verbunden, Körper und Seele sind lediglich zwei verschiedene Seiten ein und derselben Substanz. Dies bezeichnete er als Parallelismus. Es bedurfte also keiner Schnittstelle mehr.

Aber nicht nur Körper und Seele, buchstäblich alles im Universum stellt für Spinoza eine untrennbare Einheit dar. Dies gilt sogar für Gott, der hierdurch all seiner religiösen Attribute beraubt wird. Für Spinoza gibt es nur einen Gott, der nicht zu personifizieren ist, sondern als eine geistige Substanz aufzufassen ist, die alles im Universum durchdringt. Gott hat also diese Welt nicht erschaffen, er *ist* die Welt. Unser Universum braucht keinen Schöpfer, da es für Spinoza weder Anfang noch Ende hatte. Es gibt keinen Unterschied zwischen dem Begriff Gott und dem der körperlichen oder geistigen Natur. Descartes unterschied zwischen drei Dingen in unserem Universum: Gott, Materie (res extensa) und Geist (res cogitans). Für Spinoza war dies alles eins. Diese tiefe Einheit des gesamten Universums, die nicht auf Mythen und Glauben zurückgreifen muß und dennoch dem Sein einen Sinn verleiht, hat viele Naturwissenschaftler nachhaltig geprägt. Albert Einstein schrieb einmal, daß ihm der Gott Spinozas am nächsten stünde.

Leibniz löste den kartesianischen Dualismus mit dem Begriff der »prästabilisierten Harmonie«. Geist und Körper wirken in Wirklichkeit gar nicht aufeinander ein! Es verhält sich hierbei so wie bei zwei exakt gleichgehenden Uhren. Wenn ein unbedarfter Außenstehender die beiden Uhren betrachtet, dann wird er möglicherweise zu der Auffassung kommen, es gebe eine geheime Verbindung zwischen ihnen, da die Zeiger sich absolut synchron bewegen. In Wirklichkeit sind sie jedoch lediglich so gut aufeinander abgestimmt, daß sie einen harmonischen und stabilen Zustand erreichen, ohne in direkter Beziehung zueinander zu stehen. Ähnlich hat Gott Körper und Seele zu Beginn aufeinander eingestimmt. Diese prästabilisierte Harmonie garantiert also, daß unsere Gedanken, der freie Wille oder die Vernunft in Einklang mit unserem Körper agieren können.

Für moderne Vertreter der Künstlichen Intelligenz existiert dieses Leib-Seele-Problem aber nicht. Bewußtsein ist für sie eben keine eigenständige Daseinsform. Es handelt sich nur um eine Nebenerscheinung eines hinreichend komplexen Systems. Das Bewußtsein ist also nicht aktiv tätig, es bewegt nichts in der materiellen Welt. Es ist nur die Reflexion über momentane und zukünftige Handlungsabläufe, die uns das angenehme Gefühl beschert, bewußte Wesen zu sein. Auf der anderen Seite gibt es aber auch Versuche, Bewußtsein mit Hilfe reduktionistischer Methoden zu erklären. Neurophysiologische Forschungen haben sich (ohne Erfolg) darum bemüht, den Sitz des Bewußtseins im Gehirn ausfindig zu machen. Der verdächtigste Ort war lange die sogenannte Formatio reticularis im Hirnstamm. Diese ist mit den wichtigsten Zentren des Gehirns verbunden und aus neurophysiologischen Untersuchungen weiß man, daß eine Funktionseinschränkung mit Bewußtlosigkeit einhergeht. Andererseits führt eine Stimulation dieser Hirnregion beim schlafenden Versuchstier zu sofortigem Aufwachen. Das Problem an der Formatio reticularis ist nur, daß sie entwicklungsgeschichtlich zu den ältesten Teilen des Gehirns gehört. Bewußtsein ist aber offensichtlich eine relativ neue Entdeckung der Evolution.

Überwiegend sind Neurophysiologen deshalb der Meinung, daß es sich beim Bewußtsein nur um eine nicht lokalisierbare koordinierte Funktion des gesamten Gehirns handeln kann, die am ehesten nach Art der nicht-linearen Chaostheorien zu beschreiben ist. Roger Penrose meint sogar, daß die Quantengravitation wesentlicher Bestandteil jeder Theorie des Bewußtseins werden muß und wir erst über diese geistige Leistung ein endgültiges Urteil abgeben können, wenn die Vereinigung der Quantentheorie mit der Relativitätstheorie vollzogen ist.

Viele Argumente bezüglich des Bewußtseins mögen überzeugend klingen, andere erscheinen eher weltanschaulich geprägt. Fest steht aber, daß wir derzeit nicht einmal einen naturwissenschaftlich begründbaren Ansatz haben, um diese komplexeste Leistung unseres Gehirns adäquat zu beschreiben. Auch wissen wir nicht, ob es wirklich ein Privileg des Menschen ist, als bewußte Wesen zu gelten. Bisher gibt es jedenfalls sicherlich noch keine bewußten Maschinen (obwohl dies einige Anhänger der starken Künstlichen Intelligenz bestreiten). Vielleicht wird man in der Frage des Bewußtseins tatsächlich weiterkommen, wenn Computer den hierfür als notwendig erachteten Komplexitätsgrad erreicht haben. Überzeugend ist dieser

Standpunkt für mich allerdings nicht. So gibt es komplexe Systeme, denen sicherlich kein Bewußtsein zuzusprechen ist. Denken Sie beispielsweise an eine international tätige Bank oder an die Regulation der atmosphärischen Bedingungen, die unser Wetter ausmachen. Roger Penrose führt als Beispiel das menschliche Kleinhirn an. Dieses ist komplexer, als manche tierischen Gehirne, denen wir ein gewisses Maß an Bewußtsein zuerkennen würden. Dennoch hat es mit Sicherheit überhaupt nichts mit bewußtem Denken zu tun. Der komplette Ausfall des Kleinhirns beeinträchtigt das Bewußtsein der betreffenden Person in keiner Weise. Es ist vorwiegend für die Koordination unserer Bewegungen zuständig. Komplexität alleine ist also offenbar kein Garant für das Auftreten von Bewußtsein, und wenn Computer irgendwann doch einmal über Bewußtsein verfügen sollten, dann muß dies andere Gründe als deren komplexe Arbeitsweise haben.

So werden es wahrscheinlich doch nicht die Computer sein, die unsere Fragen nach der Natur des Bewußtseins beantworten werden. Eher wird da schon eine Klärung von seiten der Neurophysiologen und Physiker zu erwarten sein. Diese werden das Bewußtsein wahrscheinlich auch nicht in Form eines bisher verborgenen physikalischen Prinzips erklären können, sondern möglicherweise nicht-lineare Modelle mit den Erkenntnissen der klassischen Physik verbinden müssen. All dies soll nicht darüber hinwegtäuschen, daß wir über das Bewußtsein eigentlich so gut wie gar nichts wissen. Man müßte deshalb schon ein Philosoph sein, wollte man noch mehr zu diesem Thema schreiben.

Das Ende einer Reise

Am Ende eines solchen Weges angelangt,
muß der Autor seine Leser um Entschuldigung bitten,
daß er ihnen kein geschickter Führer gewesen,
ihnen das Erlebnis öder Strecken
und beschwerlicher Umwege nicht erspart hat.

Sigmund Freud, Das Unbehagen in der Kultur,
Fischer, Frankfurt, 1972, S. 119

Wir stehen staunend vor einem Universum, welches uns leer und sinnlos erscheint in seinen unendlichen Weiten und unermeßlichen Zeiträumen. Die Epoche der Materie und somit auch des Lebens und des Bewußtseins verblaßt angesichts dieser zeitlichen Gegebenheiten zur Bedeutungslosigkeit. Die naive Unschuld der Naturwissenschaftler und Philosophen vergangener Jahrtausende haben wir verloren. Wir haben erkennen müssen, daß weder die Erde noch der Mensch irgendeine besondere Rolle im Spiel der kosmischen Kräfte darstellen.

Steven Weinberg schreibt in seinem Buch »Die ersten drei Minuten«: »Doch wenn die Früchte unserer Forschung uns keinen Trost spenden, finden wir zumindest eine gewisse Ermutigung in der Forschung selbst. Die Menschen sind nicht bereit, sich von Erzählungen über Götter und Riesen trösten zu lassen, und sie sind nicht bereit, ihren Gedanken dort, wo sie über die Dinge des täglichen Lebens hinausgehen, eine Grenze zu ziehen. Damit nicht zufrieden, bauen sie Teleskope, Satelliten und Beschleuniger, verbringen sie endlose Stunden am Schreibtisch, um die Bedeutung der von ihnen gewonnenen Daten zu entschlüsseln. Das Bestreben, das Universum zu verstehen, hebt das menschliche Leben ein wenig über eine Farce hinaus und verleiht ihm einen Hauch von tragischer Würde.«

Aber trotz dieser trostlosen kosmischen Perspektiven erkennen wir eine grundlegende Symmetrie, die der Harmonie der antiken Philosophen in nichts nachsteht. Die mathematische Sprache versetzt uns in die Lage, diese Perfektion zu beschreiben und unserer Erkenntnisfähigkeit zugänglich zu machen. Wir haben begriffen, daß unser Universum einen Anfang hat. Ob es ein Ende haben wird, wissen wir nicht. Überall stoßen wir auf Zeugnisse aus der Geburtsphase unserer Welt. Diese konnten wir zu einem Bild zusammensetzten, welches uns einen Eindruck von überwältigender Großartigkeit vermittelt.

Wir selbst sind keineswegs unbeteiligte Zuschauer dieses kosmischen Prozesses. Unsere Körper bestehen aus den Elementen, die von gigantischen Sternen am Ende ihres Lebens in den Weltraum geblasen wurden. Dieser interstellare Staub hat sich unter anderem zu unserer Erde zusammengeballt, die uns hervorgebracht hat. Die Bestandteile unserer Atome, die Quarks und Elektronen, wurden zu einer Zeit aus reiner Energie erzeugt, als das Universum nur einen Bruchteil einer Sekunde alt war. Wir bestehen somit aus Materie, die direkt aus dem Urknall hervorgegangen ist und seit 15 Milliarden Jahren im Weltraum umherirrte, bis sie sich zu unseren Körpern zusammenfand. Oft vergessen wir unsere Herkunft und reden über das Universum, als sei es etwas »da draußen«. Wir selbst sind aber eine Manifestation dieses Universums, und soweit wir wissen, sind wir die einzige Struktur, die zur Erkenntnis fähig ist. Wir sind sozusagen das Bewußtsein unserer Welt. Man kann dies auch so ausdrücken, daß aus der Strahlung des Urknalls Materie hervorging, die nach einigen Milliarden Jahren anfing, über sich selbst nachzudenken.

Die in unserem Erfahrungsbereich einzigartige Fähigkeit des Denkens und der bewußten Wahrnehmung scheint uns eine ganz besondere Stellung im Universum zuzusprechen. Willensfreiheit, Kultur, Emotionalität oder Moral sind Ausdruck dieser selbsterkennenden Potenz. Wir entdecken dadurch in uns eine Qualität, die keinen Vergleich besitzt und als deren Träger wir einen unermeßlichen Wert für das gesamte Universum zu besitzen scheinen. Aus diesem Verständnis heraus bezogen Philosophen und Theologen gleichermaßen jahrtausendelang die Rechtfertigung dafür, den Menschen in die Mitte des Weltalls zu versetzen. Auf der anderen Seite schrumpfen wir zur Bedeutungslosigkeit angesichts der kosmologischen Dimensionen und der fragwürdigen materiellen Existenz unserer Körper. Immanuel Kant hat diese beiden gegensätzlichen Determinanten der menschlichen Selbsteinschätzung in seinem Werk *»Kritik der praktischen Vernunft«* so zum Ausdruck gebracht: »Zwei Dinge erfüllen das Gemüt mit immer neuer und zunehmenden Bewunderung und Ehrfurcht, je öfter und anhaltender sich das Nachdenken damit beschäftigt: Der bestirnte Himmel über mir, und das moralische Gesetz in mir.«[57]

---

[57] Immanuel Kant, Kritik der praktischen Vernunft, Werkausgabe Band VII, S. 300, Suhrkamp, Frankfurt am Main 1968.

Unsere Fähigkeit, zu denken und Werte zu entwickeln, ist untrennbar mit unserer Geschichte verbunden. Hier soll nicht einem Mystizismus das Wort geredet werden, der den Mensch und das Universum als harmonisch miteinander verbundene Einheit darstellt und hieraus eine täglich anwendbare Lebensphilosophie zieht. Aber ganz offensichtlich haben wir einen Stellenwert in unserem Universum und eine Existenzberechtigung. Dies ist sicherlich ein ganz anderer Aspekt, als die trostlose Perspektive der Sinnlosigkeit unserer Existenz, die einen beim Studium kosmologischer Vorgänge überkommen kann. Die Fähigkeit, unsere Welt zu verstehen, ist deshalb vielen nicht nur müßiger Zeitvertreib, sondern Verpflichtung. Sie ergibt sich einfach aus der Tatsache, daß wir in der Lage sind, das Universum und uns selbst zumindest in Teilbereichen zu verstehen.

Naturwissenschaftler und Philosophen haben sich gleichermaßen darum bemüht, die Spielregeln unserer Existenz zu begreifen. Hierbei sind sie weitergekommen, als sie je zu träumen gewagt hätten. Wir haben Vorstellungen von Dingen, die keiner direkten menschlichen Erfahrung zugänglich sind. Wir haben mit nüchterner Analyse grundsätzliche Wahrheiten entdeckt, von deren Existenz die verwegensten Denker der Weltgeschichte keinen blassen Schimmer hatten. Wir haben streng formalistische Beweise für Aussagen gefunden, die jahrtausendelang als unentscheidbare philosophische Probleme angesehen wurden. Unsere unverstandenen Gehirne haben uns in die Lage versetzt, die Mechanismen unserer unmittelbaren Umwelt ebenso zu verstehen wie die Weiten des Universums oder die Welt der kleinsten Teilchen. Und aus dem

Verstehen entwickelte sich die Fähigkeit der Manipulation. Wir sind sogar in der Lage, unsere Grenzen zu erkennen. Hier liegt vielleicht das tiefste Geheimnis und zugleich die quälendste Erkenntnis.

Die Suche nach einem Verständnis hat uns aber lediglich Theorien beschert, die sich später stets als unvollständig erwiesen. Unsere komplette Wissenschaft ist bisher nichts anderes als eine mehr oder weniger gelungene Annäherung an die Wirklichkeit. Innerhalb eines bestimmten Bereichs funktioniert diese Wissenschaft auch, aber eben nur hier. Die Newtonsche Mechanik ergibt nicht nur ein geschlossenes Bild der Gesetzmäßigkeiten unserer Welt, sondern stellt auch ein hervorragendes Werkzeug dar. Mit Newtons Formeln werden Häuser gebaut, Brücken konstruiert, Maschinen entwickelt, und die Landung der ersten Menschen auf dem Mond wäre ohne sie nicht möglich gewesen. Aber trotzdem sind diese Formeln nicht ohne Einschränkung richtig. Sie kommen der Wahrheit nahe, aber nur, wenn wir in einem Bereich weit unterhalb der Lichtgeschwindigkeit bleiben. Einsteins spezielle Relativitätstheorie wiederum füllt diese Lücke, und die allgemeine Relativitätstheorie beschreibt die durch Newton unverstandene Beziehung von Raum und Zeit in Anwesenheit großer Gravitationsfelder. Aber dennoch hat auch Einstein nicht *die* Theorie des Universums gefunden. Sie versagt an den Singularitäten des Urknalls und der schwarzen Löcher ebenso wie bei der Beschreibung subatomarer Zustände. Für letztere haben wir eine andere Theorie, die Quantenphysik. Mit ungeheurer Präzision gelingt es hiermit, den Bereich der Atome mathematisch darzustellen und hieraus anwendbare Schlußfolgerungen zu ziehen. Leider versagt die Quantenphysik aber völlig, wenn die Schwerkraft ins Spiel kommt. Hierfür brauchen wir die Relativitätstheorie und schon beißt sich die Katze in den Schwanz. Jede Theorie taugt also offenbar nur etwas in ihrem eigenen, festumrissenen Geltungsbereich. Die Wirklichkeit, so wie sie ist, beschreibt keine von ihnen.

Natürlich machen wir Fortschritte im Verständnis der Natur. Die Theorien dieses Jahrhunderts beschreiben deren Gesetze so genau, wie dies noch vor kurzer Zeit für nicht denkbar gehalten wurde. Aber dennoch scheint etwas Grundsätzliches in diesen Theorien zu fehlen. Die Relativitätstheorie und die Quantenphysik sind offensichtlich miteinander nicht zu versöhnen. Ob die Stringtheorie sich eines Tages als das gesuchte Bindeglied herausstellen wird, ist für viele noch fraglich. Roger Penrose sagt sogar, daß die Quantenphysik schlicht und einfach falsch sei. Nicht etwa, daß er deren Erkenntnisse in Frage stellen will. Zur Beschreibung der Wirklichkeit fehlt uns seiner Meinung nach aber nicht nur eine etwas bessere Theorie, sondern eine grundsätzlich andere. Dieses wäre eine Theorie der Quantengravitation.

Ob wir jedoch eine allumfassende Theorie zur Beschreibung aller Vorgänge jemals finden werden, ist keineswegs so sicher, wie dies Stephen Hawking in seiner Antrittsvorlesung in Cambridge behauptete. Vielleicht verhält es sich hiermit ja auch so wie mit dem Limes einer Zahlenreihe. Wir kommen dem Ziel zwar immer näher, werden dieses aber in endlichen Schritten niemals erreichen. Eine Ursache hierfür könnte darin liegen, daß das, was wir als Naturgesetze erachten, in Wirklichkeit gar keine sind. Natürliche Vorgänge werden nämlich nicht nur durch die ihnen zugrunde liegenden Gesetze, sondern auch durch deren Anfangsbedingungen beschrieben. Ein abgeschossener Pfeil nähert sich während seines langsamer werdenden, bogenförmigen Fluges der Erde und kommt auf dieser zur Ruhe. Dies ist kein Naturgesetz! Galilei erkannte, daß der Pfeil mit unverminderter Geschwindigkeit fliegen würde, wenn der Luftwiderstand aufgehoben wäre. Um dies zu erkennen, muß man sich sozusagen außerhalb des Systems begeben und von den tatsächlichen Gegebenheiten abstrahieren können. Daß der Pfeil nach unten fällt, ist ebenfalls kein Naturgesetz, sondern liegt nur daran, daß wir unseren Bogenschützen zufälligerweise auf der Erde plaziert haben. Die Anwesenheit der Erde und deren Lufthülle sind lediglich die Anfangsbedingungen, die den Verlauf des Pfeils beeinflussen. Wüßten wir nichts von der kugelförmigen Erde und der bremsenden Wirkung der Luft, dann würden wir etwas für ein Gesetz halten, welches in Wirklichkeit durch ein zufälliges Zusammentreffen mehrerer Bedingungen bewirkt wird. Genau dies tat Aristoteles, als er glaubte, der natürliche Drang aller Dinge sei es, nach unten zu fallen. Aber in Abwesenheit einer Gravitationsquelle und einer bremsenden Luftschicht würde unser Pfeil für immer geradlinig weiter fliegen. Das ist ein Naturgesetz! Wirklich? Vielleicht müßten wir uns ja außerhalb unseres Bezugssystems begeben, um zu erkennen, daß wir bei der Beschreibung dieses Vorgangs einer bisher nicht entdeckten Anfangsbedingung auf den Leim gegangen sind.

Man kann so weiter fragen und zu dem Schluß kommen, daß wir nie in der Lage sein werden, schlüssige Erklärungen zu bekommen. Die Gesetze und Konstanten, die wir bisher nur empirisch ermitteln können, sind möglicherweise nie aus der Theorie ableitbar, sondern zufällige Anfangsbedingungen, die sich völlig anders hätten entwickeln können. Und diese Anfangsbedingungen könnten uns für immer verborgen bleiben, ebenso wie wir einem gefüllten Glas nie ansehen können, wie es gefüllt wurde. Wir wären dann nie in der Lage, die *wirklichen* Naturgesetze zu erkennen, die es unter anderem zulassen, daß in unserer Welt die von uns vorgefundenen Gesetzmäßigkeiten existieren können.

Dieser eher pessimistischen Sichtweise steht die Hoffnung vieler Wissenschaftler entgegen, dem Ziel eines umfassenden Verständnisses unserer Welt immer näher zu kommen und dieses irgendwann zu erreichen. Theoretisch wird sich dieser Konflikt wohl kaum lösen lassen. Wir sind darauf angewiesen, einfach abzuwarten, ob eine solche Theorie einmal vorhanden sein wird. Schon oft glaubte man sich diesem Ziel sehr nahe. Aber noch nie hatte man so viele gute Argumente dafür wie heute. Uns bleibt in der Zwischenzeit nur übrig, den bisher eingeschlagenen Weg weiterzugehen, beständig Daten zu sammeln und Überlegungen anzustellen. Vielleicht werden unsere Nachfahren es uns eines Tages danken, daß wir die Grundlagen geschaffen haben, die Welt zu verstehen.

DANKSAGUNG

Danksagungen in einem Buch ähneln der Abschlußszene von Quizsendungen, bei denen der Kandidat in der noch zur Verfügung stehenden Zeit möglichst viele Verwandte und Bekannte grüßen möchte. All denen, die als Gesprächspartner und kompetente Ratgeber zu einer Abrundung des vorliegenden Buches beitrugen, möchte ich deshalb ebenfalls meinen Dank aussprechen.

Der größte Dank gilt jedoch den Menschen, die die Grundlagen geschaffen haben, von denen dieses Buch handelt. Diese Ausnahmeerscheinungen der menschlichen Spezies haben es gewagt, in Bereiche vorzudringen, die den meisten von uns unverständlich sind. In diesem Dickicht haben sie Regeln gleichsam wie einen winzigen Pfad im undurchdringlichen Dschungel entdeckt. Wir können diese Pfade nachgehen, wenn wir uns auf ein Abenteuer einlassen wollen, das uns an unserem gesunden Menschenverstand mehr als einmal zweifeln läßt. Ohne Menschen wie Demokrit, Galilei, Newton, Darwin, Kant, Einstein, Gödel und viele andere müßte jeder, der nach der Wahrheit sucht, im ewigen Dunkel tappen. Ihnen allen gilt deshalb mein besonderer Dank dafür, daß sie uns die Arbeit abgenommen haben, für die wir nicht geeignet sind.

Meine Söhne Manuel und Adrian sollen in dieser Danksagung auch nicht unerwähnt bleiben, obwohl ihre Kritik nicht immer nur konstruktiv war. Ihnen ist dieses Buch in erster Linie gewidmet. Auch danke ich meiner Frau Irmi für geduldiges Zuhören und Verständnis dafür, daß bei ihren vielfältigen eigenen Verpflichtungen sich die knapp bemessene gemeinsame Freizeit in diesem Buch kristallisierte.

Für zahlreiche Hinweise und fruchtbare Diskussionen danke ich insbesondere auch meinem Freund Prof. Dr. Herbert Neumann. Unsere langjährigen gemeinsamen Kantinengespräche sind der eigentliche Auslöser für das Entstehen dieses Buches gewesen. Seine exzellenten Kenntnisse wissenschaftlich-historischer Zusammenhänge sind in das vorliegende Manuskript mit eingegangen. Auch mein Mitarbeiter Dr. Luis Maeso-Madronero hat sich viele der Ideen, die in diesem Buch dargestellt werden, geduldig angehört und bei gemeinsamen Gesprächen das Interesse an der Thematik wachgehalten. Dr. rer. nat. Matthias Bergbauer verdanke ich wertvolle Diskussionsbeiträge und Literaturhinweise zum Kapitel über das Leben. Prof. Dr. jur. Bodo Pieroth hat mich auf wichtige Beiträge zum Thema »Willensfreiheit und Determinismus« hingewiesen. Mit Pfarrer i. R. Julius Klein habe ich zahlreiche Debatten über das Verhältnis von Glauben und Naturwissenschaft geführt. Er lenkte mein Interesse auf das platonische Problem der »Baumhaftigkeit« und Augustinus' Infragestellung der Zeit. Ihnen allen gilt deshalb mein Dank in der Hoffnung, daß keiner von ihnen es mir übelnimmt, daß ich ihre Ideen schamlos ausgenutzt habe.

Martin Bergbauer

INDEX